中国轻工业"十三五"规划教材

高等职业教育食品智能加工技术专业教材

乳制品加工技术

（第二版）

胡会萍　张志强　主编

中国轻工业出版社

图书在版编目（CIP）数据

乳制品加工技术/胡会萍，张志强主编 . —2 版 . —北京：
中国轻工业出版社，2024.8
中国轻工业"十三五"规划教材　高等职业教育食品加工技术专业教材
ISBN 978-7-5184-2200-5

Ⅰ.①乳…　Ⅱ.①胡…②张…　Ⅲ.①乳制品–食品
加工–高等职业教育–教材　Ⅳ.①TS252.4

中国版本图书馆 CIP 数据核字（2018）第 300576 号

责任编辑:贾　磊　　责任终审:滕炎福　　整体设计:锋尚设计
策划编辑:贾　磊　　责任校对:吴大朋　　责任监印:张京华

出版发行:中国轻工业出版社(北京鲁谷东街 5 号,邮编:100040)
印　　刷:三河市万龙印装有限公司
经　　销:各地新华书店
版　　次:2024 年 8 月第 2 版第 6 次印刷
开　　本:720×1000　1/16　印张:22.75
字　　数:440 千字
书　　号:ISBN 978-7-5184-2200-5　　定价:49.00 元
邮购电话:010-85119873
发行电话:010-85119832　010-85119912
网　　址:http://www.chlip.com.cn
Email:club@ chlip.com.cn

本书编写人员

主　编　胡会萍(日照职业技术学院)

　　　　张志强(新疆轻工职业技术学院)

副主编　徐海祥(江苏农牧科技职业学院)

　　　　张海芳(内蒙古化工职业学院)

　　　　杨　希(安徽粮食工程职业学院)

参　编　温慧颖(长春职业技术学院)

　　　　陈芳甜(日照职业技术学院)

　　　　周艳华(长沙环境保护职业技术学院)

　　　　孙盟璐(黑龙江农垦职业学院)

　　　　杨　强(山东益膳房集团)

前言（第二版）

乳品行业是食品工业的重要组成部分，是关系国计民生的重要基础产业。"十三五"时期是我国乳品行业发展的重要战略机遇期。自 2016 年以来，国家出台了多项措施，如《婴幼儿配方乳粉产品配方注册管理办法》《全国奶业发展规划（2016—2020 年）》《关于推进奶业振兴保障乳品质量安全的意见》等，更新了与乳品相关的部分国家安全标准如乳酸菌检验、乳和乳制品杂质度检验等，并公布了新的国家职业资格如乳品评鉴师等，很大程度上保障了我国乳品行业的健康发展，使我国乳品行业面貌发生了较大改变，行业结构不断改善，质量安全保障水平进一步提升，行业发展总体呈现良好局面。

为了顺应时代潮流，紧跟行业企业发展，本教材在第一版基础上进行了修订。本次教材修订以应用型人才的职业需求为出发点，以培养乳制品加工技术应用能力为主线，按照高职教育教学的全新理念——问题导向式、情境式教学法和工作任务驱动法进行修订编写，着重体现培养学生的自主学习能力和创新思维能力，逐步提高学生的实践实训、职业素质等综合能力。

本教材第二版整体内容更加丰富，结构更加清晰明确。本教材共包括八个学习情境，若干个工作任务。每个学习情境由问题导入、目标管理、岗位认知、知识准备、技能训练、质量控制、巩固提升和知识拓展共八个环节构成。知识点、技能点突出，既包含了典型乳制品生产加工的主要工艺，又涵盖了乳制品生产的质量控制及产品的品质评鉴内容。

第二版主要修订内容如下：

（1）在每一学习情境开始提出问题，以问题为导向，引入主要学习训练目标及内容，增强学习兴趣。

（2）对第一版中的知识点、技能点进行进一步提炼、细化和整合，使每一学习情境中的重点、难点更加明确，更易理解和掌握。

（3）第一版中"评价标准"修订为"质量控制"，内容进行了删减、整合,更新了最新的、现行的国家标准,整合了第一版中的质量问题及控制措施内容,突出乳制品生产中质量控制的重要性。

(4)第一版中"自查自测"修订为"巩固提升",题型更加丰富,覆盖面涉及本情境的所有知识点和技能点。

(5)对第一版中"知识拓展"部分,补充更新了乳品行业企业发展的最新技术及最新动态。

(6)增加了"学习情境八 乳品品质评鉴"。本情境主要以乳品评鉴师国家职业资格为标准,以巴氏乳、灭菌乳、酸乳、乳粉、冰淇淋、干酪、奶油等乳制品产品的品质评鉴为主要内容。

(7)增加了"最新乳品国家法律法规及标准汇总"。

(8)紧跟高职信息化教育技术发展,结合乳制品加工技术资源共享课程的建设,增加了信息化资源,通过扫描二维码,就可以在移动终端上进行线上线下学习,突出了教材的实用性、可读性、便捷性和可视化。

(9)在思政育人方面,教材编写团队以教育部《高等学校课程思政建设指导纲要》为指导,深刻学习领悟党的二十大报告精神,梳理提炼思政元素,整理形成思政案例,将习近平新时代中国特色社会主义思想和社会主义核心价值观深度融入教材中,使教材在思想政治教育与专业知识体系教育上有机统一,实现"价值塑造、知识传授和能力培养"三位一体的人才培养目标。

本教材编写人员及分工如下:日照职业技术学院胡会萍编写学习情境一;内蒙古化工职业学院张海芳编写学习情境二;新疆轻工职业技术学院张志强编写学习情境三;长沙环境保护职业技术学院周艳华、黑龙江农垦职业学院孙盟璐共同编写学习情境四;安徽粮食工程职业学院杨希编写学习情境五;江苏农牧科技职业学院徐海祥编写学习情境六;长春职业技术学院温慧颖编写学习情境七;日照职业技术学院陈芳甜编写学习情境八;山东益膳房集团杨强指导编写部分技能训练内容。全书由胡会萍、张志强统稿。

本教材可供食品加工技术、食品营养与检测、食品生物技术、食品质量与安全等专业的学生使用,也可作为相关企业员工培训教材。

本教材的修订得益于同事、朋友、行业企业同仁以及第一版编者、读者富有建设性的意见,在此对他们表示由衷的感谢。

由于编者的知识水平有限,书中难免存在不足之处,敬请各位同行和专家以及广大读者批评指正。

编　者

前言（第一版）

　　本教材根据教育部倡导的高等职业教育工学结合人才培养模式，以国家乳品加工职业标准为依据，以培养乳品加工技术应用能力为主线，按照高职教育的全新理念——学习情境式教学和工作任务驱动进行编写，教材内容的选择以满足乳品加工职业所需职业能力的培养为核心，着重培养学生的自主学习能力和创新思维能力，提高学生的实践实训、职业素质等综合能力。

　　全书在编写的过程中十分注重思路上的突破与创新，重构了以学科体系为主的传统教材内容，主要表现在：全书共设计了七个学习情境，若干工作任务。每个学习情境首先明确了知识目标和技能目标，并根据国家职业标准对每一学习情境中对应的乳品加工工的工种进行了分析。工作任务包括【任务描述】、【知识准备】、【任务实施】、【评价标准】、【自查自测】、【知识拓展】六个环节。其中，【知识准备】环节对与重点知识与技能联系紧密的知识点进行归纳总结；【任务实施】环节以与重点知识为支撑内容的乳品加工工应用技能训练为主，突出了技能点；【知识拓展】环节结合现代乳制品加工业的发展趋势和前景，对乳品加工行业基础知识和职业能力加以补充。

　　本教材的编写分工：日照职业技术学院胡会萍编写学习情境一，内蒙古商贸职业学院陈志编写学习情境二，江苏食品药品职业技术学院邵虎编写学习情境三，日照职业技术学院胡会萍、宋庆武共同编写学习情境四，江苏食品药品职业技术学院师文添编写学习情境五，江苏农牧科技职业学院徐海洋编写学习情境六，烟台职业学院郭美丽编写学习情境七。全书由日照职业技术学院胡会萍和内蒙古商贸职业学院陈志负责统稿。

　　由于编者的水平有限，书中难免出现不足之处，敬请各位同行专家和广大读者批评指正。

编　者

((目 录

学习情境一
原料乳的验收与预处理

问题导入

1. 什么是乳牛的泌乳期和干乳期？有什么特点？
2. 什么是常乳？什么是异常乳？二者之间有什么不同？
3. 为什么说乳是一种营养丰富的食品？乳都由哪些营养成分组成？
4. 原料乳的物理和化学性质包括哪些？对乳的品质有哪些影响？
5. 为什么要对原料乳进行检验？通常原料乳的验收包括哪些项目？
6. 经检验接收的原料乳，能直接用来加工乳制品吗？还需要进行哪些预处理呢？

目标管理

1. 知识目标
(1) 熟悉并掌握原料乳中常乳和异常乳的概念和区别。
(2) 熟悉并掌握原料乳的基本成分和理化性质。
(3) 熟悉原料乳的微生物种类及其来源。
(4) 熟悉并掌握原料乳验收中所要进行的检验项目及原理。
2. 技能目标
(1) 会进行原料乳样品的采集及感官检验。
(2) 会进行原料乳酒精试验、相对密度及酸度测定等乳新鲜度检验。
(3) 会进行原料乳中总干物质、脂肪等基本理化指标的检验。
(4) 会熟练操作和维护净乳机、均质机等预处理相关仪器设备。

（1）原料乳检验工　主要从事原料乳检验的人员，对原料乳进行感官评定和理化检验，记录、计算和分析检验数据，完成检验报告。

（2）原料乳取样员　主要负责原料乳的取样、编号、送检，检查乳槽车卫生情况并进行记录，保持原料乳收购现场的良好秩序。

（3）原料乳计量员　主要负责原料乳计量验收，计量数据的采集和报告，计量器具的日常维护保养及相关设备器具的清洗消毒。

（4）原料乳预处理工　从事生乳净化、分离、标准化、冷却及杀菌等工序的人员。典型工作岗位包括：

①净乳机操作员：主要负责对原料乳进行净化处理使之达到工艺要求，净乳机的操作、日常维护保养和清洗消毒；

②冷藏操作员：主要负责原料乳的冷却、贮藏，冷藏设备的操作、日常维护保养和清洗消毒；

③制冷工：主要负责制冷机组的操作、日常维护保养和清洗消毒，使原料乳冷却介质达到规定要求；

④标准化计量员：主要负责对原料乳进行标准化处理使之达到工艺要求。

任务一　原料乳的性质及检验

【任务描述】

要获得优质的乳制品，就必须有优质的原料乳，只有利用符合标准的原料乳才能生产出优质的产品。本任务的主要内容涉及原料乳的种类及特点、原料乳的基本成分及物理化学性质、原料乳中微生物及其来源、乳样的采集、原料乳感官检验和理化检验技能、原料乳的掺假检验。

【知识准备】

【知识点 1-1-1】原料乳的种类及其特点

（一）乳及泌乳期

乳是哺乳动物分娩后由乳腺分泌的一种白色或微黄色的不透明液体，是哺乳动物出生后最适于消化吸收的营养物质。

乳牛在牛犊出生后不久就开始分泌乳汁，直至泌乳终止的这段时间，称为泌乳期。一头乳牛的一个泌乳期大约为 300 天。

正常情况下，乳牛产犊后 1.5~2 个月产乳量最大，之后逐渐减少，第 9 个月开始显著降低，到第 10 个月末、第 11 个月初达到干乳期。

（二）常乳

乳牛产犊 7 天以后至干乳期开始之前所产的乳，称为常乳。常乳的成分及性质基本趋于稳定，为乳制品的加工原料乳。

生乳（《GB 19301—2010 食品安全国家标准　生乳》）指从符合国家有关要求的健康奶畜乳房中挤出的无任何成分改变的常乳。产犊后 7 天内的初乳、应用抗生素期间和休药期间的乳汁、变质乳等不应用作生乳。

（三）异常乳

当乳牛受到饲养管理、疾病、气温以及其他各种因素的影响时，乳的成分和性质发生了变化，甚至不适于作为乳品加工的原料，不能加工出优质的产品，这种乳称为异常乳。异常乳包括生理异常乳、化学异常乳、病理异常乳和人为异常乳。

1. 生理异常乳

（1）营养不良乳　饲料不足、营养不良的乳牛所产的乳称为营养不良乳。当给乳牛喂以充足的饲料以后，牛乳质量与性质即可恢复正常。这种乳不能用于生产干酪，因为皱胃酶对其几乎不凝固。

（2）初乳　乳牛产犊后 1 周之内所分泌的乳，特别是产犊后 3 天之内的乳，称为初乳。

初乳成分组成上与常乳显著不同，其物理性质也与常乳差别很大。初乳一般呈黄褐色，有异臭，味苦，黏度大，相对密度大于常乳，为 1.060，呈酸性，冰点低于常乳，因此初乳不适于做普通乳制品生产用的原料乳。《GB 19301—2010 食品安全国家标准　生乳》中规定产犊后 7 天内的初乳不得使用。近年研究证明，初乳中含有大量的抗体，即免疫球蛋白，其体现出了初乳最有价值的方面。此外还含有较多的其他类对人体非常重要的活性物质，因此可利用牛初乳加工功能性保健乳制品。但因初乳中激素含量较高，自 2012 年以来，国家禁止在婴幼儿食品中添加初乳。

（3）末乳　乳牛产犊 8 个月以后泌乳量减少，一直达到干乳期所产的乳，称为末乳。末乳的化学成分有显著异常，细菌数及过氧化氢酶含量增加，酸度降低。一般泌乳末期乳的 pH 达 7.0，细菌数达 250 万个/mL，氯离子含量约为 0.06%，因此不适于作为乳制品加工的原料乳。

2. 化学异常乳

（1）酒精阳性乳　用体积分数 68%、70% 或 72% 的中性酒精与等量的乳进行混合，凡产生絮状凝块的乳称为酒精阳性乳，如图 1-1 所示。酒精阳性乳通常包括高酸度酒精阳性乳（酸度在 24°T 以上）、低酸度酒精阳性乳（酸度低于 16°T）两大类。

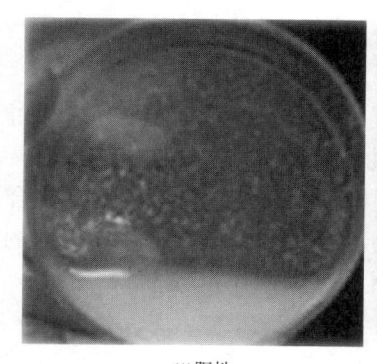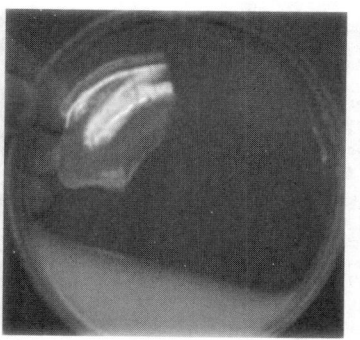

(1)阳性　　　　　　　　　　　　　　(2)阴性

图 1-1　乳酒精试验结果

高酸度酒精阳性乳产生的主要原因在于：挤乳时卫生条件不合格；挤乳后鲜乳的贮存温度过高时；未经冷却而远距离运输，促使乳中的乳酸菌大量生长繁殖，产生乳酸和其他有机酸，导致鲜乳酸度升高而呈酒精试验结果呈阳性。

低酸度酒精阳性乳产生的主要原因在于：遗传因素；产乳期和季节等不适；饲喂腐败饲料或者喂量不足，长期饲喂单一饲料和过量喂给食盐；挤乳过度而热能供给不足等。

[说明]

如果利用低酸度酒精阳性乳加工消毒乳、酸乳、乳粉等乳制品，其微生物和理化指标都符合乳制品标准的要求，主要是感官指标中的组织状态和风味欠佳。

（2）低成分乳　低成分乳是指原料乳的总干物质不足 11%，乳脂率低于2.7%的原料乳。

低成分乳的产生受以下多种因素的影响。

①季节和气温的影响：乳量冬季少，夏季多；含脂率冬季高，夏季低。

②饲料对含脂率的影响：限制精饲料、过量给予精料或对饲料加工处理等，以及多给粉末饲料或颗粒饲料都会使乳含脂率降低。

③饲料对无脂干物质的影响：长期营养不良则使乳量下降，并使无脂干物质和蛋白质含量减少。

④人为因素：在原料乳中加水，或撇去原料乳中上层的稀奶油等，都会使原料乳的干物质含量及乳脂率下降。

（3）混入杂质乳　混入杂质乳是指在乳中混入原来不存在的物质的乳。杂质的来源有多种途径。

①偶然混入：主要来源于牛舍环境的有昆虫、垫草、饲料、土壤、污水等；来源于牛体的有乳牛皮肤、粪便；来源于挤乳操作过程的有头发、衣服片、金属、纸、洗涤剂、杀菌剂。

②人为混入：主要包括水、中和剂、防腐剂和其他成分，如异种脂肪、异种蛋白等。

③经牛体进入：主要包括激素、抗生素、放射性物质、农药等。

（4）微生物污染乳　牛乳营养丰富，刚挤出的乳非常容易受到各种微生物的污染。通常乳中微生物的来源及污染途径包括乳房、牛舍空气、垫草、尘土、乳牛的排泄物、挤乳用具、乳桶以及挤乳人员等。

受到微生物污染的乳主要分为以下几类。

①酸败乳：由乳酸菌、丙酸菌、大肠杆菌、小球菌等造成，导致牛乳酸度增加，稳定性降低。

②黏质乳：由嗜冷菌、明串珠菌属菌等造成，常导致牛乳黏质化、蛋白质分解。

③着色乳：由嗜冷菌、球菌类、红色酵母等引起，使乳色泽黄变、赤变、蓝变。

④异常凝固分解乳：由蛋白质分解菌、脂肪分解菌、嗜冷菌、芽孢杆菌等引起，导致乳胨化、碱化和脂肪分解臭及苦味的产生。

⑤细菌性异常风味乳：由蛋白质分解菌、脂肪分解菌、嗜冷菌、大肠杆菌等引起，导致乳产生异臭、异味。

⑥噬菌体污染乳：由噬菌体引起，主要是乳酸菌噬菌体，常导致乳中菌体溶解、细菌数减少。

3. 病理异常乳

（1）乳房炎乳　乳牛患乳房炎后，所产的乳称为乳房炎乳。这类异常乳中乳糖含量低，氯离子含量增加，以及球蛋白含量升高，酪蛋白含量下降，并且体细胞数量增多，无脂干物质含量较常乳少。可以通过测定 pH、氯糖数、酪蛋白数、细胞数等方法来判断乳房炎乳。通常乳的 pH 在 6.8 以上，则认为是乳房炎阳性。

（2）其他病牛乳　除乳房炎以外，乳牛患有其他疾病时也可以导致乳的理化性质及成分发生变化。口蹄疫、布氏杆菌病等的乳牛所产的乳其质量变化大致与乳房炎乳相类似。另外，患酮体过剩、肝机能障碍、繁殖障碍等的乳牛，易分泌低酸度酒精阳性乳。

4. 人为异常乳

因人为因素导致乳的成分和性质发生变化，不适宜用作原料乳。

人为异常乳主要包括人为掺入水、中和剂、防腐剂和其他成分，如为了增加乳中蛋白质含量而添加的三聚氰胺、尿素等，为促进牛体生长和治疗疾病而注射的激素、抗生素等，以及饲料中放射性物质及农药的残留等。

【知识点 1-1-2】原料乳的成分及分散体系

（一）鲜乳的成分

鲜乳的化学成分极其复杂，乳中至少含有 100 种以上成分，其主要成分有水分、脂肪、蛋白质、乳糖、无机盐、维生素、酶类、气体等。参见表 1-1。

表 1-1　　　　　　　　　　　　　　　乳的化学成分

牛乳	乳干物质	脂质	水分
			脂肪
			磷脂质：卵磷脂、脑磷脂、神经磷脂
			脂溶性维生素：维生素 A、维生素 D、维生素 E、维生素 K、胡萝卜素
			胆固醇
		非脂干物质	蛋白质：乳蛋白、酪蛋白、乳白蛋白、乳球蛋白、非蛋白态氮化合物
			糖类：乳糖、葡萄糖
			矿物质：主要含钙、磷、钾、氯 少量含钠、镁、硫、铁 微量含锌、铝、铜、硅、碘 痕量含锰、钼、锂、锶、硼、氟
			色素：胡萝卜素、叶黄素
			水溶性维生素：维生素 B_1、维生素 B_2、维生素 B_6、维生素 B_{12}、维生素 C、烟酸、泛酸、生物素、叶酸
			酶类：解酯酶、磷酸酶、过氧化氢酶、过氧化物酶、还原酶、蛋白酶等
			细胞：乳房内部表皮细胞、白血球等
	气体		二氧化碳、氧、氮

　　乳干物质（DS），又称乳的总固形物含量或全乳固体（TS），指乳中除去水和气体之外的物质。乳干物质表示了乳的营养价值，用于实际生产中计算产品的得率。非脂乳固体（SNF）又称非质干物质，指除脂肪之外的总固形物含量。

　　正常牛乳中各种成分的组成大体上是稳定的，但受乳牛的品种、个体、泌乳期、年龄、饲料、季节、气温、挤奶情况及乳牛健康状态等因素的影响而有差异，因此只能列出其主要成分含量的变化范围和平均值，具体见表 1-2。乳成分中含量变化最大的是乳脂肪，其次是蛋白质，乳糖及灰分比较稳定，因此在实际生产中常用非脂乳固体作为评价原料乳质量的平均指标。

表 1-2　　　　　　　　　　乳中各种主要成分的含量　　　　　　　　单位:%（质量分数）

主要成分	变化范围	平均含量
水	85.5~89.5	87.5
干物质	10.5~14.5	13.0
非脂干物质	8.0~8.5	9.1
乳脂肪	2.5~6.0	3.9
乳蛋白质	2.9~5.0	3.4
乳糖	3.6~5.5	4.8
矿物质	0.6~0.9	0.8

（二）原料乳分散体系——乳的胶体性质

乳是一种包括真溶液、胶体悬浮液、乳浊液的复杂的具有胶体特性的生物学液体。

1. 真溶液

乳中的乳糖、水溶性盐类、水溶性维生素等呈分子或离子态分散于乳中，形成真溶液，其微粒直径小于或接近 1nm。

2. 高分子溶液

乳白蛋白及乳球蛋白呈大分子态分散于乳中，形成典型的高分子溶液，其微粒直径为 15~50nm。

3. 胶体悬浮液

酪蛋白在乳中形成酪蛋白酸钙 - 磷酸钙复合体胶粒。胶粒直径为 30~800nm，平均为 100nm。

4. 乳状液

乳脂肪是以脂肪球的形式分散于乳中，形成乳状液。脂肪球直径为 100~10000nm。此外，乳中含有的少量气体部分以分子态溶于乳中，部分经搅动后在乳中呈泡沫状态。

【知识点 1-1-3】原料乳的化学性质

（一）水分

水分是鲜乳中的主要组成部分，在牛乳中的含量平均为 87.5%。乳中水分又可分为游离水、结合水和结晶水。游离水是乳中的主要水分，即一般的常水，具有常水的性质，而结合水和结晶水则不同，在乳中具有特别的性质和作用。

（二）乳脂肪

乳脂肪是中性脂肪，在牛乳中的含量平均为 3.9%，是牛乳的主要成分之一。乳脂中有 97%~99% 的成分是乳脂肪，另外还含有约 1% 的磷脂和少量的固醇、游离脂肪酸、脂溶性维生素等。

1. 脂肪球

乳中的脂肪是以脂肪球的状态分散于其中，形状呈球形或椭球形（图 1-2）。脂肪球表面被脂肪球膜包裹着，使脂肪在乳中保持稳定的乳浊液状态，并使各个脂肪球独立地分散于乳中。脂肪球是乳中最大的颗粒，直径范围在 $0.1~20\mu m$，平均直径 $3~4\mu m$。1mL 牛乳中含有 $2\times10^9~4\times10^9$ 个脂肪球。乳脂肪球不仅是乳中最大的粒子，而且也是最轻的粒子，所以当乳静置一段时间后会分层，脂肪球将逐渐上浮，并在表面形成稀奶油，下层为脱脂乳。

2. 乳脂肪的化学组成

乳脂肪成分复杂，主要包括三酸甘油酯（主要组分）、甘油酸二酯、单酸甘油酯、脂肪酸、固醇、胡萝卜素（脂肪中的黄色物质）、维生素（维生素 A、维生素 D、维生素 E、维生素 K）和其他一些痕量物质。

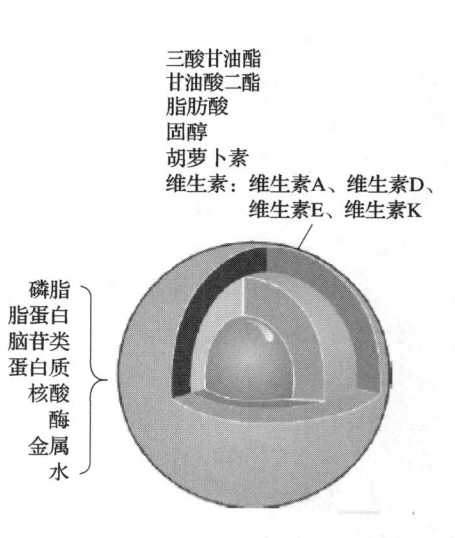

三酸甘油酯
甘油酸二酯
脂肪酸
固醇
胡萝卜素
维生素：维生素A、维生素D、
　　　　维生素E、维生素K

磷脂
脂蛋白
脑苷类
蛋白质
核酸
酶
金属
水

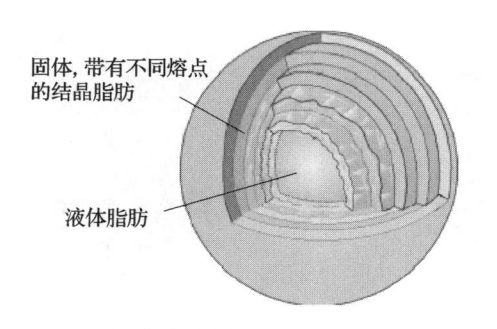

固体，带有不同熔点
的结晶脂肪

液体脂肪

图1-2　乳脂肪球剖面图　　　　　图1-3　乳脂肪球化学成分结构图

脂肪球膜由蛋白质、磷脂、高熔点甘油三酸酯、甾醇、维生素、金属离子、酶类及结合水等复杂的化合物所构成，其中起主导作用的是卵磷脂-蛋白质络合物，有层次地定向排列在脂肪球与乳浆的界面上。

乳脂肪的脂肪酸组成受饲料、营养、环境等因素的影响而变动，尤其是饲料的影响。一般来说，夏季青饲期所产牛乳不饱和脂肪酸含量升高，而冬季舍饲期所产牛乳饱和脂肪酸含量增多，所以夏季加工的奶油的熔点比较低，质地较软。

3. 乳脂肪的性质

（1）乳脂肪具有特殊的香味和柔软的质体，是制作高档食品的原料。乳脂肪中短链低级挥发性脂肪酸含量达14%左右，其中水溶性挥发脂肪酸含量高达8%（如丁酸、己酸、辛酸等），而其他动植物油中含量为1%左右。

（2）乳脂肪易受光、空气中的氧、热、金属铜、铁作用而氧化，从而产生脂肪氧化味。

（3）乳脂肪易在解脂酶及微生物作用下而产生水解，水解结果使酸度升高。由于乳脂肪含低级脂肪酸较多，尤其是含有酪酸（丁酸），所以即使轻度水解也能产生特别的刺激性气味，即所谓的脂肪分解味。

（4）乳脂肪易吸收周围环境中的其他气味，如饲料味、牛舍味、柴油味及香脂味等。

（5）乳脂肪在5℃以下呈固态，11℃以下呈半固态。

（6）乳脂肪的理化特点是水溶性脂肪酸值高，碘值低，挥发性脂肪酸较其他脂肪多，不饱和脂肪酸少，皂化值比一般脂肪高。

（三）乳蛋白质

牛乳中的蛋白质是乳中的主要含氮物质，平均含量约为 3.4%。根据理化特性和生化功能，乳蛋白质可分为酪蛋白（casein）、乳清蛋白（whey protein）及脂肪球膜蛋白（membrane protein）三大类。

1. 酪蛋白

（1）酪蛋白是指在 20℃ 下调节脱脂乳的 pH 至 4.6 时，沉淀（聚沉）的一类蛋白质。

（2）酪蛋白在乳中的存在形式——酪蛋白酸钙–磷酸钙复合体　乳中酪蛋白是以近似于球状的酪蛋白胶粒状态而存在（其中包含大约 1.2% 的钙和少量的镁），并与磷酸钙形成复合体，称作"酪蛋白酸钙–磷酸钙复合体"。其中含酪蛋白酸钙 95.2%，磷酸钙 4.8%。每 1mL 乳中含（5~15）×10^{22}个酪蛋白胶粒。酪蛋白胶粒的结构及亚酪蛋白胶粒的结构如图 1-4 所示。

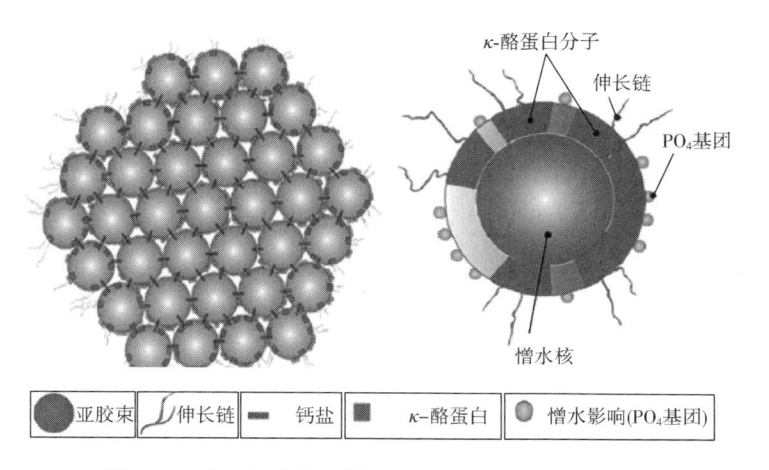

图 1-4　酪蛋白胶粒的结构及亚酪蛋白胶粒的结构图

（3）酪蛋白组成特点　酪蛋白是由 α-酪蛋白、β-酪蛋白、γ-酪蛋白、κ-酪蛋白组成。α-酪蛋白，约占总酪蛋白的 40%，κ-酪蛋白约占总酪蛋白的 15%。κ-酪蛋白通常与 α-酪蛋白结合而形成一种 α-κ 酪蛋白的复合体存在。α-酪蛋白含磷特别多，所以也可以称为磷蛋白。

（4）酪蛋白的生化特性　酪蛋白属于两性电解质（NH_3^+—R—COO^-），它在溶液中能形成两性离子，既具有酸性又具有碱性。酪蛋白的生化特性主要指酪蛋白的酸凝固、酶凝固和钙凝固。

①酸凝固原理：当牛乳中加酸后 pH 达 5.2 时，磷酸钙先行分离，酪蛋白开始沉淀，继续加酸而使 pH 达到 4.6 时，钙又从酪蛋白钙中分离，游离的酪蛋白完全沉淀。在加酸凝固时，酸只和酪蛋白作用，对乳清蛋白不起作用。如加酸不足，则钙不能完全被分离，于是在干酪素中往往包含一部分的钙盐。如果要获得

纯的酪蛋白，就必须在等电点下使酪蛋白凝固。

②酶凝固原理：在制造干酪时，酪蛋白在皱胃酶的作用下，形成副酪蛋白（Para-casein），此过程称为酶性变化。产生的副酪蛋白在游离钙的存在下，在副酪蛋白分子间形成"钙桥"，使副酪蛋白的微粒发生团聚作用而产生凝胶体。此过程称为非酶变化。酶凝固时钙和磷酸盐并不从酪蛋白胶粒中游离出来。

③钙凝固原理：乳中的钙和磷呈平衡状态存在，所以鲜乳中的酪蛋白胶粒具有一定的稳定性。当向乳中加入氯化钙时，则能破坏平衡状态，因此在加热时使酪蛋白发生凝固现象。采用钙凝固时，乳蛋白质的利用程度，几乎要比酸凝固法高5%，比皱胃酶凝固法约高10%以上。

2. 乳清蛋白

原料乳中除了在pH 4.6等电点处沉淀的酪蛋白之外，剩余的蛋白质称为乳清蛋白。占乳蛋白质的18%~20%。乳清蛋白可分为对热稳定和对热不稳定蛋白两大部分。

①对热不稳定乳清蛋白：当将乳清煮沸20min、pH为4.6~4.7时，沉淀的蛋白质属于对热不稳定的乳清蛋白，约占乳清蛋白的81%，包括乳白蛋白和乳球蛋白两种蛋白。

乳清在中性状态时，加入饱和硫酸铵或饱和硫酸镁进行盐析时，仍呈溶解状态而不析出的蛋白质，称为乳白蛋白。乳白蛋白又分为 α-乳白蛋白、血清白蛋白两种，α-乳白蛋白约占乳清蛋白的19.7%，血清白蛋白约占乳清蛋白的4.7%。乳白蛋白与酪蛋白的主要区别是不含磷，而富含硫，加热时易暴露出—SH、—S—S—键，甚至产生 H_2S，使乳或乳制品出现蒸煮味。乳白蛋白不被凝乳酶或酸凝固，属全价蛋白质，其在初乳中含量高达10%~12%，而常乳中仅有0.5%。

乳清在中性状态下，用饱和硫酸铵或硫酸镁盐析时，能析出且呈不溶解状态的乳清蛋白，称为乳球蛋白。乳球蛋白约占乳清蛋白的13%，其中 β-乳球蛋白约占乳球蛋白的43.6%。乳球蛋白与乳的免疫性有关，具有抗原作用，所以也称为免疫球蛋白（Ig），常乳中含量为0.6~1g/L，初乳中可达到100g/L。

②对热稳定的乳清蛋白：当将乳清煮沸20min，pH为4.6~4.7时，仍溶解于乳中的乳清蛋白为热稳定性乳清蛋白。它们主要是小分子蛋白和胨类，约占乳清蛋白的19%。

3. 脂肪球膜蛋白

牛乳中除酪蛋白和乳清蛋白外，还有一些蛋白质称为脂肪球膜蛋白，它们是吸附于脂肪球表面的蛋白质与磷脂质，构成脂肪球膜。脂肪球膜蛋白因含有卵磷脂，因此也称磷脂蛋白。

脂肪球膜蛋白对热较为敏感，且含有大量的硫，牛乳在70~75℃瞬间加热，—SH就会游离出来，产生蒸煮味。

[说明]

脂肪球膜蛋白质中的卵磷脂易在细菌性酶的作用下形成带有鱼腥味的三甲胺而被破坏。也易受细菌性酶的作用而分解，是奶油贮存过程中风味变坏的原因之一。

4. 其他蛋白

除了上述的几种特殊蛋白质外，乳中还含有数量很少的其他蛋白质和酶蛋白。

5. 非蛋白质氮

牛乳中的含氮物中除蛋白质外，还有非蛋白态的氮化物，约占总氮的 5%。其中包括氨基酸、尿素、尿酸、肌酐、肌酸及叶绿素等。

（四）乳糖（lactose）

乳糖（$C_{12}H_{22}O_{11}$）是一种从乳腺分泌的特有的碳水化合物。牛乳中约含 4.5%，占干物质的 38%～39%。兔乳含乳糖最少（约 1.8%），马乳最多（约 7.6%），人乳含量为 6%～8%。乳的甜味主要由乳糖引起，其甜度约为蔗糖的 1/6，如图 1-5 所示。

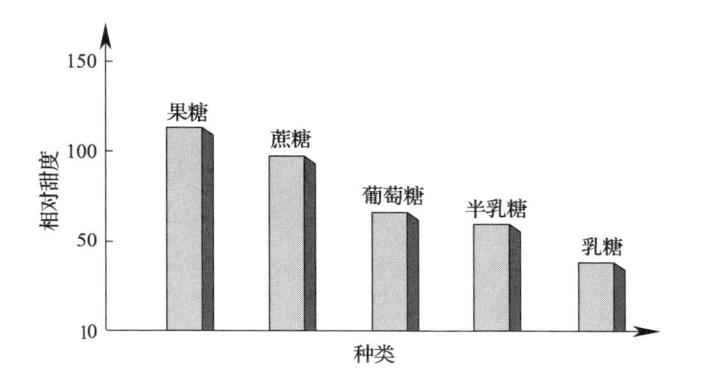

图 1-5　几种糖的相对甜度（蔗糖为 100）

乳糖为 D-葡萄糖与 D-半乳糖以 β-1，4 糖苷键结合的双糖，又称为 1，4-半乳糖苷葡萄糖。因其分子中有醛基，属还原糖。由于 D-葡萄糖分子中游离羟基的位置不同，乳糖有 α-乳糖和 β-乳糖两种异构体。α-乳糖很易与一分子结晶水结合，变为 α-乳糖水合物。

乳糖在乳糖酶的作用下可以分解成一分子的葡萄糖与一分子的半乳糖。半乳糖是形成脑神经中重要成分（糖脂质）的主要来源，所以对于初生婴儿有很重要的作用，有利于婴儿的脑及神经组织发育。

乳糖在消化器官内经乳糖酶作用而水解后才能被吸收。随着年龄的增长，人体消化道内缺乏乳糖酶，不能分解和吸收乳糖，饮用牛乳后出现呕吐、腹胀、腹泻等不适应症，这种现象称为乳糖不耐症。在乳制品加工中可以通过以下方法消除乳糖不耐症，如利用乳糖酶将乳中的乳糖分解为葡萄糖和半乳糖；利用乳酸菌发酵将乳糖转化成乳酸，既可以提高乳糖的消化吸收率，又可以改善产品口味。

（五）乳中的酶

乳中的酶主要来源于乳腺和微生物的代谢。其中重要的酶有脂肪酶、磷酸酶、过氧化氢酶、过氧化物酶、还原酶、蛋白酶和乳糖酶等。牛乳中的酶类可以因加热而被钝化，根据酶的种类，其各自钝化温度不同，从而可用于原料乳的质量检测和控制。

1. 脂肪酶

脂肪酶是指将脂肪分解为甘油及脂肪酸的酶。乳中的脂肪酶一部分来源于乳腺，另一部分来源于乳中的微生物，尤其是细菌的代谢产物。脂肪酶经 80℃、20s 加热可以完全钝化。因此在奶油生产中一般采用不低于 80~95℃ 的高温短时或超高温瞬时灭菌（UHT）处理，另外要避免使用末乳、乳房炎乳等异常乳，并尽量减少微生物的污染。

由于现代化的加工技术，如管道运输、搅拌、均质等常常会加剧脂肪球膜的破坏。在这种情况下，脂肪酶可将乳脂肪水解成游离的脂肪酸，过多的游离脂肪酸会使乳及乳制品产生脂肪分解臭，这是乳制品尤其是奶油生产中常见的一种质量缺陷。

2. 磷酸酶

磷酸酶能水解复杂的有机磷酸酯，是乳中的固有酶。乳中的磷酸酶主要是碱性磷酸酶，也有一些酸性磷酸酶。碱性磷酸酶经 62.8℃、30min 或 72℃、15s 加热而被钝化，可以利用这种性质来检验巴氏杀菌乳杀菌是否彻底。该检验方法称为磷酸酶试验，效果很好，即使在巴氏杀菌乳中混入 0.5% 的原料乳也能被检出。

3. 过氧化氢酶

乳中的过氧化氢酶主要来自白血球的细胞成分，特别是在初乳和乳房炎乳中含量最多。此外，乳中的细菌也可产生这种酶。过氧化氢酶可以将过氧化氢分解成水和游离氧，因此把一定量的过氧化氢加入乳样中，可通过测量乳中游离过氧化氢的含量来反映乳中过氧化氢酶的含量，从而可以判断原料乳是否来自健康乳牛。生产上通常将过氧化氢酶试验作为检验乳房炎乳的手段之一。过氧化氢酶经 75℃、20min 加热可全部钝化。

4. 过氧化物酶

过氧化物酶是最早从乳中发现的酶，是由乳腺分泌的固有酶。它能促使过氧化氢分解产生活泼的新生态氧，使多元酚、芳香胺及某些无机化合物氧化而变色，可利用多元酚等物质作为指示剂。过氧化物酶 80℃ 加热数秒就可以失活，因此，生产上可通过测定过氧化物酶的活力来判断巴氏杀菌的温度是否达到 80℃。但是有研究显示经 85℃、10s 加热处理的牛乳，在 20℃ 贮存 24h 或 37℃

贮存 4h 后，也能发现已钝化的过氧化物酶重新活化的现象。

5. 还原酶

乳中的还原酶主要是脱氢酶，是微生物的代谢产物之一。这种酶随微生物进入乳及乳制品中。乳中还原酶的量与微生物污染的程度成正比。这种酶能促使甲基蓝（美蓝）变为无色。因此，乳的微生物检验中常用还原酶试验来判断乳的新鲜程度。

6. 蛋白酶

乳中的蛋白酶一部分来源于乳腺，另一部分来源于乳中的微生物，它能使蛋白质降解，从而影响乳制品的风味和质地。蛋白酶具有强的耐热性，加热至 80℃、10min 时被钝化。蛋白酶在 pH7.5～8.0、37℃条件下活力最高。

（六）乳中维生素

牛乳中含有几乎所有已知的维生素，特别是维生素 B_2 含量很丰富，但维生素 D 的含量不多，若作为婴儿食品时应予以强化。乳中维生素有脂溶性维生素（如维生素 A、维生素 D、维生素 E、维生素 K）和水溶性维生素（如维生素 B_1、维生素 B_2、维生素 B_6、叶酸、维生素 B_{12}、维生素 C）两大类。

泌乳期对乳中维生素含量有直接影响，如初乳中维生素 A 及胡萝卜素含量多于常乳。乳中的维生素有的来源于饲料中，如维生素 E；有的可通过乳牛的瘤胃中的微生物进行合成，如 B 族维生素。青饲期与舍饲期产的乳相比，前者维生素含量高。

牛乳中维生素的热稳定性不同，如维生素 A、维生素 D、维生素 B_1、维生素 B_2、维生素 B_{12}、维生素 B_6 等对热稳定，维生素 C 等热稳定性差。乳在加工中维生素往往会遭受一定程度的破坏而损失。

（七）乳中的无机物和盐类

1. 乳中的无机物

无机物也称为矿物质，乳中的平均含量为 0.6%～0.9%，主要有磷、钙、镁、氯、硫、铁、钠、钾等。乳中钙的含量较人乳多 3～4 倍，因此牛乳在婴儿胃内所形成的蛋白凝块比较坚硬，不容易消化。乳中微量元素具有很大的意义，尤其对于幼儿机体的发育更为重要。牛乳中铁的含量为 100～900μg/L，较人乳中的少，因此人工哺育幼儿时，应补充铁的含量。

2. 乳中的盐类

乳中的无机物大部分构成盐类而存在，少部分与蛋白质结合或吸附在脂肪球膜上。乳中的盐类对乳的热稳定性、凝乳酶的凝固性等理化性质和乳制品的品质以及贮藏等影响很大。钾、钠及氯能完全解离成阳离子或阴离子存在于乳清中。钙盐、镁盐除一部分为可溶性外，另一部分则成不溶性的胶体状态存在。此外，由于牛乳在一般的 pH 下，乳蛋白质尤其是酪蛋白呈阴离子性质，所以能与阳离子直接结合而形成酪蛋白酸钙和酪蛋白酸镁。

（八）乳中其他成分

1. 乳中体细胞

体细胞（somatic cells）是指动植物体内不同于生殖细胞的任何细胞。牛乳中也常含有体细胞，主要是白血球、乳房分泌组织的上皮细胞及少量的红血球。牛乳中体细胞含量的多少是衡量乳牛乳房健康状况及牛乳卫生质量的标志之一，健康乳牛的乳中体细胞数一般不超过 200000 个/mL，但作为检验指标可不超过 500000 个/mL。

2. 乳中气体

牛乳中含有一定量的气体，其中大部分是 CO_2、N_2 和 O_2。细菌繁殖后，产生其他的气体如氢气、甲烷等。刚挤出的乳中气体含量较高（5%~6%），其中以 CO_2 为最多，N_2 次之，O_2 最少，所以乳品生产中的原料乳不能用刚挤出的乳检测其密度和酸度。在运输过程中气体含量数值高达容积量 10%。在牛乳的加工中，分散的和溶解的气体是一个严重问题，如果气体含量过高，将导致乳焦糊在加热器表面上。

【知识点 1-1-4】原料乳的物理性质

（一）乳的色泽

新鲜正常的乳呈不透明的乳白色或淡黄色，这是乳的基本色调。乳白色是由于乳中酪蛋白胶粒及脂肪球对光的不规则反射的结果。淡黄色是由于乳中含有脂溶性胡萝卜素和叶黄素，而水溶性的核黄素使乳清呈荧光性黄绿色。

（二）乳的气味与滋味

气味——乳特有的乳香味。乳中含有挥发性脂肪酸及其他挥发性物质，这些物质是牛乳滋味和气味的主要构成成分。这种乳香味随温度的高低而异，乳经加热后香味强烈，冷却后减弱。乳中羰基化合物，乳乙醛、丙酮、甲醛等均与牛乳风味有关。牛乳除了原有的香味之外容易吸收外界的各种气味。所以刚挤出的牛乳，如在牛舍中放置时间太久会带有牛粪味或饲料味，贮存器不良时则产生金属味，消毒温度过高则产生焦糖味。

滋味——稍带甜味和咸味。新鲜纯净的乳，由于含有乳糖和氯离子而稍带甜味和咸味。常乳中的咸味通常由于受到乳糖、脂肪、蛋白质等所调和而不易觉察，但是异常乳如乳房炎乳中的氯离子含量较高，因此有浓厚的咸味。

（三）乳的组织状态

新鲜正常的乳，呈均匀的液体，无沉淀、无凝块、无异物，无肉眼可见杂质。乳中的乳糖、水溶性盐类、水溶性维生素等呈分子或离子态分散于乳中，形成真溶液。乳白蛋白及乳球蛋白呈大分子态分散于乳中，形成典型的高分子溶液。酪蛋白在乳中形成酪蛋白酸钙－磷酸钙复合体胶粒。乳脂肪是以脂肪球的形式分散于乳中，形成乳浊液。此外，乳中含有的少量气体部分以分子态溶于乳中，部分经搅动后在乳中呈泡沫状态。

（四）乳的相对密度

乳的相对密度 D_4^{20} 系指乳在 20℃时的质量与同容积水在 4℃时的质量之比。正常乳的 D_4^{20} 平均为 1.030。我国乳品厂都采用这一标准。

乳的相对密度 d_{15}^{15}，系指乳在 15℃时的质量与同容积水在 15℃时的质量之比。正常乳的 d_{15}^{15} 平均为 1.032。

乳的相对密度通常会受到乳牛的品种、乳的温度、乳的成分和乳加工处理等多种因素的影响，因而测定乳的相对密度是检验乳的质量的一项重要指标。正常牛乳的相对密度的变动范围为 1.028~1.045。

（五）乳的酸度与 pH

1. 乳的酸度

乳的酸度可分为自然酸度（固有酸度）和发酵酸度。新鲜乳因含有蛋白质、柠檬酸盐、磷酸盐及二氧化碳等酸性物质而具有一定的酸度，称为自然酸度或固有酸度。挤出后的乳由于微生物的繁殖发酵产酸，导致乳的酸度逐渐升高，由发酵产酸而升高的这部分酸度称为发酵酸度。自然酸度和发酵酸度之和称为总酸度。一般条件下，乳品生产中所测定的酸度就是总酸度。

乳品工业中乳的酸度，是指以标准碱液用滴定法测定的滴定酸度。滴定酸度有多种测定方法和表示形式。我国滴定酸度用吉尔涅尔度（°T）或乳酸含量（乳酸%）来表示。

（1）吉尔涅尔度（°T）　取 10mL 牛乳，用 20mL 蒸馏水稀释，加入 0.5%的酚酞指示剂 0.5mL，以 0.1mol/L 溶液滴定。将所消耗的 NaOH 体积（mL）乘以 10，即为中和 100mL 牛乳所需的 0.1mol/L NaOH 体积（mL），每消耗 1mL 为 1°T。

（2）乳酸度　乳酸度是指用乳酸含量表示的酸度，按上述方法测定后用下式计算：

$$乳酸度（\%）= \frac{NaOH 体积（mL）\times 0.009}{供试牛乳质量（g）[即：体积（mL）\times 密度（g/mL）]}$$

正常乳的酸度为 16~18°T（0.15%~0.18%）。其中 3~4°T（0.05%~0.08%）来源于蛋白质，2~3°T（0.01%~0.02%）来源于 CO_2，10~12°T（0.06%~0.08%）来源于磷酸盐和柠檬酸盐。

2. 乳的 pH

乳的 pH 指乳中的氢离子浓度，也可用于表示乳的酸度。正常新鲜牛乳的 pH 为 6.5~6.7，一般酸败乳或初乳的 pH 在 6.4 以下，乳房炎乳或低酸度乳 pH 在 6.8 以上。但是由于乳是一种缓冲溶液，所以乳的 pH 不能完全反映乳的真实酸度。

（六）乳的热学性质

1. 乳的冰点

我国国标规定牛乳冰点的正常范围为 -0.560~-0.500℃。牛乳中作为溶质的乳糖与盐类是导致牛乳冰点下降的主要因素。正常牛乳的冰点很稳定，但是酸败的牛乳冰点会降低，掺水的牛乳的冰点会升高。因此通常可根据牛乳的冰点来检验乳的质量，并可以根据牛乳冰点的变动来推算牛乳中的掺水量。

2. 乳的沸点

牛乳的沸点在 101.33kPa（1atm）下约为 100.55℃。乳的沸点受乳中固形物含量的影响，当乳被浓缩到原体积的一半时，乳的沸点会上升到 101.05℃。

3. 乳的比热容

牛乳的比热容一般约为 3.89kJ/（kg·℃）。在乳制品生产过程中常用于加热量和制冷量的计算。乳及部分乳制品的比热容见表 1-3。

表 1-3 乳及部分乳制品的比热容

乳及乳制品	牛乳	稀奶油	干酪	炼乳	加糖乳粉
比热容/[kJ/（kg·℃）]	3.94~3.98	3.68~3.77	2.34~2.51	2.18~2.35	1.84~2.011

（七）乳的电学性质

1. 电导率

由于乳中含有盐类，因此具有导电性，可以传导电流。正常牛乳的电导率 25℃时为 0.004~0.005S/m。因此乳中的盐类受到任何破坏，都会影响电导率。乳房炎乳中 Na^+、Cl^- 等增多，电导率上升。一般电导率超过 0.006S/m，即可认为是病牛乳，所以可通过电导仪进行乳房炎乳的快速检测。

2. 氧化还原电势

一般牛乳的氧化还原电势 E_h 为 +0.23~+0.25V。乳经过加热，则产生还原性强的硫基化合物，而使 E_h 降低。铜离子存在可使 E_h 上升，而微生物污染后随着氧的消耗和产生还原性代谢产物，使 E_h 降低。若与甲基蓝、刃天青等氧化还原指示剂共存时，可使其褪色，此原理被应用于乳中微生物污染程度的检验。

（八）乳的黏度与表面张力

正常乳的黏度在 20℃时为 0.0015~0.002Pa·s。牛乳的黏度一般随温度的升高而降低，随乳固体物质的增多而增大。初乳、末乳、病牛乳的黏度比常乳的黏度大。

乳的表面张力表现为乳脂肪和水的接触面上所产生的相互排斥的一种力。牛乳的表面张力在 20℃时为 0.046~0.06N/cm。乳的表面张力随所含的物质而改变。初乳因含乳固体多，所以表面张力较常乳小。另外，随温度的升高，乳的表面张力会降低，随含脂率的减少而增大。

[说明]

乳的表面张力越小，加工中易引起很多的气泡。因此，实际生产中，有时需要调整乳的表面张力。例如加工发泡奶油冰淇淋时要设法降低乳的表面张力。生产消毒牛乳和进行乳的运输时就要设法加大乳的表面张力。

【知识点 1-1-5】**原料乳中的微生物**

牛乳在健康的乳房中时就已有某些细菌存在，加上在挤乳和处理过程中外界微生物不断侵入，因此乳中微生物的种类很多，有细菌、酵母和霉菌等多种类群，但最常见的而且活动占优势的微生物主要是一些细菌。常温下鲜乳中微生物菌群和 pH 的变化如图 1-6 所示。

（一）乳中微生物来源

1. 乳房

微生物常常污染乳头开口并蔓延至乳腺管及乳池，挤乳时乳汁将微生物冲洗下来，带入鲜乳中，一般情况下，最初挤出的乳含菌数比最后挤出的多几倍。因此，挤乳时最好把头乳弃去。正常存在于乳房中的微生物，主要是一些无害的球菌。当乳畜患有乳房炎、结核病、布鲁杆菌病、炭疽、口蹄疫、李氏杆菌病、伪结核、副伤寒、胎儿弯曲杆菌病等传染病时，其乳常成为人类疾病的传染来源。因此，对乳畜的健康状况必须严格监督，定期检查。

2. 乳畜体表

乳畜体表上常附着粪屑、垫草、灰尘等。挤乳时若不注意操作卫生，这些带有大量微生物的附着物就会落入乳中，造成严重污染，这些微生物多为芽孢杆菌和大肠杆菌。因此，挤乳前要彻底清洗乳房及体表，减少乳的污染。

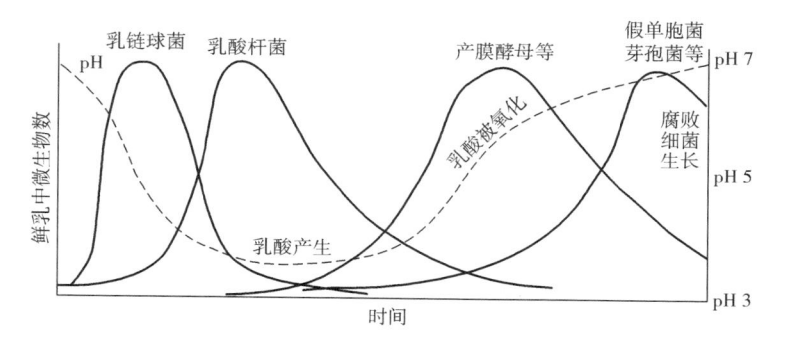

图 1-6　常温下鲜乳中微生物菌群和 pH 的变化

3. 容器和用具

挤乳所使用的容器及用具，如乳桶、挤乳机、滤乳布和毛巾等不清洁，是造成污染的重要途径。特别在夏秋季节，当容器及用具洗涮不彻底，消毒不严格时，微生物便在残渣中生长繁殖，这些细菌又多属耐热性球菌（约占 70%）和杆菌，一旦对乳造成污染，即使高温瞬间灭菌也难以彻底杀灭。

4. 空气

畜舍内飘浮的灰尘中常常含有许多微生物。通常每升空气中含有 50~100 个细菌，有尘土者可达 1000 个以上。其中多数为芽孢杆菌及球菌，此外也含有大量的霉菌孢子。空气中的尘埃落入乳中即可造成污染。因此，必须保持牛舍清洁卫生，打扫牛舍宜在挤乳后进行，挤乳前1h不宜清扫。

5. 水源

用于清洗牛乳房、挤乳用具和乳槽所用的水是乳中细菌的一个来源，井、泉、河水可能受到粪便中细菌的污染，也可能受土壤中细菌的污染，主要是一定数量的嗜冷菌。因此，这些水必须经过清洁处理或消毒后方可使用。

6. 蝇、蚊等昆虫

蝇、蚊有时会成为最大的污染源，特别是夏秋季节，由于苍蝇常在垃圾或粪便上停留，所以每个苍蝇体表可存在几百万甚至几亿个细菌。其中包括各种致病菌，当其落入乳中时就可把细菌带入乳中造成污染。

7. 饲料及褥草

乳被饲料中的微生物污染，主要是在挤乳前分发干草时，附着在干草上的细菌（主要是芽孢杆菌，如酪酸芽孢杆菌、枯草杆菌等），随同灰尘、草屑等飞散在厩舍的空气中，既污染了牛体又污染了所有用具，或挤乳时直接落入乳桶，造成乳的污染。此外，往厩舍内搬入褥草时，特别是灰尘多的碎褥草，舍内空气可被大量的细菌所污染，因此成为乳被细菌污染的来源。混有粪便的褥草，往往污染乳牛的皮肤和被毛，从而造成对乳的污染。

8. 工作人员

乳业工作人员，特别是挤乳员的手和服装，常成为乳被细菌污染的来源。因为在指甲缝里，手皮肤的皱纹里往往积聚有大量的微生物，甚至致病菌，所以，挤乳人员如不注意个人卫生，不严格执行卫生操作制度，挤乳时就可直接污染乳汁，特别是患有某些传染病，或是带菌（毒）者则更危险。因此，乳业工作人员应定期进行卫生防疫和体检，以便及时杜绝传染源。

（二）乳中微生物种类及性质

1. 细菌

（1）产酸菌　产酸菌主要为乳酸菌，指能分解乳糖产生乳酸的细菌，在乳和乳制品中主要有乳球菌科和乳杆菌科，包括链球菌属、明串珠菌属和乳杆菌属。

（2）产气菌　这类菌在牛乳中生长时能生成酸和气体。例如大肠杆菌和产气杆菌是常出现于牛乳中的产气菌，产气杆菌能在低温下增殖，是低温贮藏时能使牛乳酸败的一种重要微生物。

（3）肠道杆菌　肠道杆菌是一群寄生在肠道的革兰阴性短杆菌，在乳品生产中是评定乳制品污染程度的指标之一，其中主要有大肠菌群和沙门菌族。

（4）芽孢杆菌　该菌因能形成耐热性芽孢，所以杀菌处理后仍残存在乳中，可分为好气性杆菌属和嫌气性梭状菌属两种。

（5）低温菌　7℃以下能生长繁殖的细菌称为低温菌（即耐冷菌）。原料乳挤出后通常贮存在 7℃ 以下的贮乳罐中，其中常见的低温菌属有假单胞菌属、产碱杆菌属、无色杆菌属、黄杆菌属、短杆菌属、克雷伯菌属等，这些菌在低温下生长良好，能使乳中蛋白质分解引起牛乳胨化，并分解脂肪使牛乳产生哈喇味，引起乳制品腐败变质。

（6）中温菌　在 20~45℃ 范围内生长的细菌称为中温菌。此类微生物多出现在未经冷却或在炎热天气受到污染的乳中，常见的有乳酸菌、大肠菌群等。

（7）高温菌和耐热性细菌　高温菌或嗜热性细菌是指能在 40℃ 以上生长繁殖的菌群，最适宜温度在 45~55℃。如乳酸菌中的嗜热链球菌、保加利亚乳杆菌、好气性芽孢菌（如嗜热脂肪芽孢杆菌）等，特别是嗜热脂肪芽孢杆菌，最适生长温度为 60~70℃。耐热性细菌是指在一般杀菌条件下还能生存的细菌，通常是一些产芽孢细菌，它们通常存在于在巴氏杀菌乳中，超高温灭菌可将其及其芽孢杀死。

2. 放线菌

与乳品方面有关的放线菌有分枝杆菌属、放线菌属、链霉菌属。分枝杆菌属以嫌酸菌而闻名，是抗酸性的杆菌，无运动性，多数具有病原性。例如，结核分枝杆菌形成的毒素，有耐热性，对人体有害。放线菌属中与乳品有关的主要有牛型放线菌，此菌生长在牛的口腔和乳房，随后转入牛乳中。链霉菌属中与乳品有关的主要是干酪链霉菌，属胨化菌，能使蛋白质分解导致腐败变质。

3. 酵母菌

乳中常见的酵母有脆壁酵母、膜醭毕赤酵母、汉逊酵母、圆酵母属及假丝酵母属等。脆壁酵母能使乳糖形成酒精和二氧化碳，该酵母是生产牛乳酒、酸马乳酒的主要菌种。毕赤酵母能使低浓度的酒精饮料表面形成干燥皮膜，所以有产膜酵母之称。膜醭毕赤酵母主要存在于酸凝乳及发酵奶油中。汉逊酵母多存在于干酪及乳房炎乳中。圆酵母属是无孢酵母的代表，能使乳糖发酵，污染有此酵母的乳和乳制品，会产生酵母味，并能使干酪和炼乳罐头膨胀。假丝酵母属的氧化分解能力很强，能使乳酸分解形成二氧化碳和水，由于酒精发酵力很高，因此，也用于开菲乳（kefir）和酒精发酵。

4. 霉菌

牛乳及乳制品中存在的霉菌主要有根霉、毛霉、曲霉、青霉、串珠霉等，大多数（如污染于奶油、干酪表面的霉菌）属于有害菌。一些有益的霉菌可用于干酪的生产中，主要有白地霉、青霉菌属等，如生产卡门墙尔（camembert）干酪、罗奎福特（roguefert）干酪和青纹干酪。

5. 噬菌体

噬菌体是侵入微生物中病毒的总称，故也称细菌病毒。它只能生长于宿主菌内，并在宿主菌内裂殖，导致宿主的破裂。当生产发酵乳制品的发酵剂受噬菌体污染后，就会导致发酵的失败，是干酪、酸乳生产中必须注意的问题。

【技能训练】

影响原料乳质量的因素有很多，检验检测项目也很多。鉴于原料乳的验收过程需要在较短的时间内完成，一般乳品企业在原料乳验收时，多采用以下几种必检项目：感官检验、密度测定、酸度测定、酒精试验、脂肪含量测定、含碱检测、三聚氰胺检测、抗菌素检测、微生物检测等。

【技能点 1-1-1】 乳样的采集

（一）采样原则

采集乳样是乳品检验工作中非常重要的第一步。采取的乳样必须能代表整批乳的特点。否则，即使以后的样品处理及检测无论怎样严格、精确，也将毫无价值。

（二）器具材料

冰箱、直径 10mm 镀镍金属管、搅拌器、样品瓶、重铬酸盐或福尔马林（含甲醛 37%~40%）或过氧化氢（30%~33%）。

（三）采样方法

采样前必须用洁净的搅拌器在乳中充分搅拌，使乳的组成均匀一致。采样时应将清洗干净的采样管慢慢插入乳容器底部，然后用大拇指紧紧掩住采样管上端的开口，把带有乳汁的管从容器内抽出，将采得的检样注入带有瓶塞的干燥而清洁的三角瓶或烧杯中，并贴上标签，注明样品名称、编号等。乳样采集法如图 1-7 所示。

取样数量决定于检查的内容，一般只测定酸度和脂肪度时取 50mL 即可。如做全分析应取乳 200~300mL。采样时应采取两份平行乳样。

采样器可采用直径 10mm 的镀镍金属管，其长度应比盛乳容器高。若用玻璃管采样，需小心使用，防止玻璃碎片落入乳中。

（四）乳样的保存

采取的乳样如不能立即进行检查时，必须放入冰箱中保存或加入适当的防腐剂（做细菌学检查时不能添加防腐剂），以抑制微生物的生长和繁殖。

1. 低温保存法

乳样采取后，如果只需保存 1~2d，则可在 0~5℃ 的冰箱中快速冷却保存。

2. 添加防腐剂保存法

（1）重铬酸盐保存法　重铬酸盐为强氧化剂，能抑制乳中微生物活动。其方法是用 20% $K_2Cr_2O_7$ 或 10%

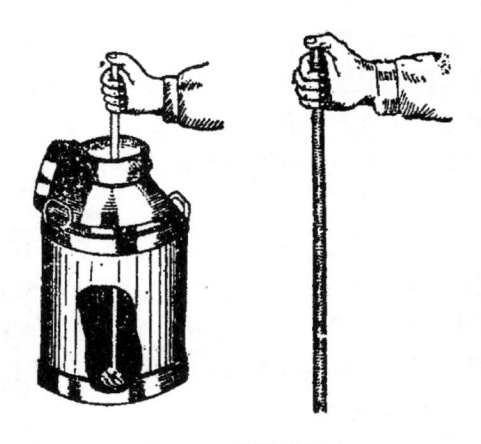

图 1-7　乳样采集法

$Na_2Cr_2O_7$ 溶液。在冬季每 100mL 乳中加入 0.5mL；在夏季每 100mL 乳中加入 0.75mL 即可保存 3～12d。

（2）甲醛保存法　甲醛可与细菌蛋白发生反应，声称甲醛蛋白，使细菌生命活动停止。其方法是用市售福尔马林（含甲醛 37%～40%），每 100mL 乳中加入 1～2 滴，即可保存 10～15d。

（3）过氧化氢保存法　过氧化氢的性质不稳定，易分解产生 [O]，使微生物生命活动停止。其方法是用市售过氧化氢（30%～33%），每 100mL 乳中加入 2～3 滴，密闭，可保存 6～10d。

【技能点 1-1-2】原料乳的感官检验

（一）检验原理

鲜乳的感官检验主要是进行嗅觉、味觉、外观、尘埃等的鉴定。正常鲜乳为乳白色或微带黄色，不得含有肉跟可见的异物，不得有红、绿等异色，不能有苦、涩、咸的滋味和饲料、青贮、霉等异味。

（二）器具材料

电炉、50mL 烧杯、250mL 三角瓶、玻璃棒、50mL 乳样。

（三）方法步骤

1. 初检

打开乳车罐盖或乳桶盖，观察牛乳表面有无杂草、杂物、上浮脂肪团块及色泽和组织状态，闻罐内牛乳气味。

2. 取样

在取样之前先用奶耙将乳搅拌均匀，取适量乳样与无菌采样瓶中待检。

3. 温度测定

取样后，立即将校准过的温度计插入样品中，待温度计不再变化时（一般为 1min 左右），读取读数。

4. 色泽鉴定

取适量乳样于 50mL 烧杯中，在自然光下观察色泽和组织状态。

5. 气味和滋味鉴定

取 50mL 乳样于 250mL 三角瓶中，置于电炉上煮沸，闻其气味。冷却至 25℃，用温开水漱口，品尝其滋味。

6. 组织状态鉴定

将少量乳倒入小烧杯内静置 1h 左右后，再小心将其倒入另一小烧杯内，仔细观察第一个小烧杯内底部有无沉淀和絮状物，再取 1 滴乳于大拇指上，检查是否黏滑。

7. 结果判定

具体判断标准可参考表 1-4。

表 1-4　　　　　　　　　　　　　　原料乳的感官评价标准

项目	评价标准	等级
色泽鉴别	乳白色或稍带微黄色	优
	色泽较差，白色中稍带青色	良
	浅粉色或显著的黄绿色，或是色泽灰暗	劣
组织状态鉴别	呈均匀的流体，无沉淀、凝块和机械杂质，无黏稠和浓厚现象	优
	呈均匀的流体，无凝块，但可见少量微小的颗粒，脂肪聚粘表层呈液化状态	良
	呈稠而不匀的溶液状，有乳凝结成的致密凝块或絮状物	劣
气味鉴别	具有乳特有的乳香味，无其他任何异味	优
	乳中固有的香味稍使或有异味	良
	有明显的异味，如酸臭味、牛粪味、金属味、鱼腥味、汽油味等	劣
滋味鉴别	具有鲜乳独具的纯香味，滋味可口而稍甜，无其他任何异常滋味	优
	有微酸味（表明乳已开始酸败），或有其他轻微的异味	良
	有酸味、咸味、苦味等	劣

　　说明：①凡经感官鉴别后认为是优质的乳及乳制品，可以销售或直接供人食用。但未经有效灭菌的新鲜乳不得市售和直接供人食用；②凡经感官鉴别后认为是良质的乳及乳制品均不得销售和直接供人食用，可根据具体情况限制作为食品加工原料；③凡经感官鉴别为劣质的乳及乳制品，不得供人食用或作为食品工业原料，可限作非食品加工用原料或作销毁处理。在乳及乳制品的四项感官鉴别指标中，若有一项表现为劣质品级即应按第③条所述方法处理。如有一项指标为次质品级，而其他三项均识别为良质者，即应按第②条所述的方法处理。

【技能点 1-1-3】酒精试验

（一）试验目的及原理

　　酒精试验的目的在于检验原料乳中蛋白质的稳定性。其原理为生鲜乳在酸度升高后，与等体积的中性酒精混合后会出现絮凝片，酸度值可根据生产絮凝片时对应的乙醇浓度粗略判断，参考标准见表 1-5。

表 1-5　　　　　　　　　　　　　　酒精试验参考标准

酒精体积分数/%	界限酸度/°T（不产生絮片的酸度）	酒精体积分数/%	界限酸度/°T（不产生絮片的酸度）
68	<20	72	<18
70	<19	75	17

（二）器具材料

1. 器皿

平皿（直径 90mm）、温度计、吸管（2mL）。

2. 试剂

所有试剂应为分析纯；试验用水应为蒸馏水；用分析纯中性乙醇配制 68%、70%、72%、75% 中性酒精。如果酒精呈酸性，可用 0.1mol/L NaOH 溶液进行中和至稍有粉色，中和指示剂 5g/L 酚酞。使用时间达 5~10d 必须重新调节。

3. 乳样

10mL。

（三）方法步骤

分别取 2mL 的不同浓度的中性酒精于平皿中，加入同体积（2mL）的乳样，轻轻摇动平皿，若出现絮片或絮团状，则为酒精阳性乳，表示酸度较高，反之则为阴性正常乳。

【技能点 1-1-4】原料乳相对密度的测定

（一）目的及原理

目的在于判断原料乳中乳固形物的含量。利用乳稠计（图 1-8）在乳中取得浮力与重力相平衡的原理测定。

（二）器具材料

20℃/4℃ 乳稠计（密度计）、温度计（0~100℃）、200~250mL 量筒、200mL 乳样。

（三）操作方法

将乳充分搅拌均匀，抽取 100~200mL 乳样置于 200~250mL 量筒中，然后将 20℃/4℃ 乳稠计轻轻插入量筒的中心，使其徐徐下沉，切勿使其与筒壁相碰，待静止后，以乳液面月牙形底部为准读数，同时用温度计测定乳的温度。

（四）测定值校正

因乳的密度随温度升高而减小，随温度降低而增大。如果乳温不是 20℃，则在乳稠计上的读数，还必须进行温度的校正。测定值可用计算法和查表法进行校正。

（1）计算法 温度每升高或降低 1℃，乳的密度在乳稠计上减小或增加 0.0002。

（2）查表法 根据乳温和乳稠计读数，查牛乳温度换算表，将乳稠计读数换算成 20℃ 时的密度。

乳稠计有 20℃/4℃ 和 15℃/15℃ 两种。在同一温度下 d_{15}^{15} 和 D_4^{20} 的绝对值差异很小。因为测定的温度不同，乳的 D_4^{20} 较 d_{15}^{15} 小 0.002。在乳

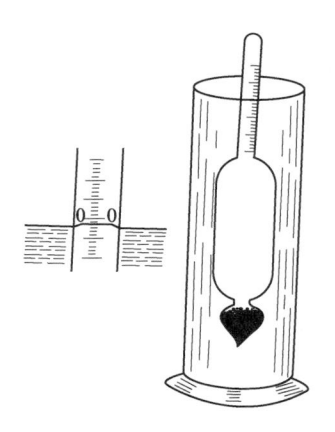

图 1-8 乳密度的测定

品工业中可用此数来进行乳 d_{15}^{15} 和 D_4^{20} 的换算。如乳的 D_4^{20} 为 1.030 时，其 d_{15}^{15} 即为 1.030+0.002，即 1.032。

乳的 d_{15}^{15} 和 D_4^{20} 也可用度数来表示。

$$度数 = （读数-1）×1000$$

例　题

【例 1-1】 计算法：乳温 18℃，密度计读数 1.034。求乳的 D_4^{20} 和 d_{15}^{15}。

$$D_4^{20} = 1.034- [0.0002×2] = 1.0336$$
$$D_4^{20} 的度数 = （1.0336-1）×1000=33.6°$$
$$d_{15}^{15} = 1.0336+0.002 = 1.0356$$
$$d_{15}^{15} 的度数 = （1.0356-1）×1000=35.6°$$

【例 1-2】 查表法：乳温 16℃，密度计读数为 1.0305，即 30.5°，求乳的 d_{15}^{15} 和 D_4^{20}。

查表：同 16℃，30.5°对应于 20℃时密度计读数为 29.5°，即 20℃该乳 D_4^{20} 为 1.0295。

$$d_{15}^{15} 度数 = 1.0295+0.002 = （1.0315-1）×1000=31.5°。$$

【例 1-3】 乳的 D_4^{20} 为 1.031 时，其度数为

$$度数 = （1.031-1）×1000=31°$$
$$该乳的 d_{15}^{15} 度数 = 31°+2°=33°$$

【技能点 1-1-5】 原料乳酸度的测定

（一）目的及原理

1. 目的

通过测定乳的酸度可以确定乳的新鲜度，同时可反映乳质的实际情况。

2. 原理

乳的酸度是乳中乳酸、乳酸盐、磷酸、磷酸盐等酸及盐的浓度。新鲜牛乳的酸度一般为 16~18°T。在牛乳存放过程中，由于微生物的活动，分解乳糖产生乳酸，使乳的酸度升高。所以测定乳的酸度是判定乳新鲜度的重要指标。

（二）器具材料

1. 器具

碱式滴定管、10mL 吸管、150mL 锥形瓶、铁架台、滴定管架。

2. 试剂

0.1mol/L NaOH 标准溶液、0.5%酚酞指示剂、蒸馏水。

3. 乳样

20mL。

（三）操作方法

取乳样 10mL 于 150mL 三角瓶中，再加入 20mL 蒸馏水和 0.5mL0.5%酚酞溶液，摇匀，用 0.1mol/L 氢氧化钠溶液滴定至微红色，并在 1min 内不消失为止，

记录 0.1mol/L 氢氧化钠所消耗的体积（毫升）。

（四）计算滴定酸度

$$吉尔涅尔度（°T）= V×F×10$$

式中　V——滴定时消耗的 0.1mol/L 氢氧化钠溶液的体积，mL

　　　F——0.1mol/L 氢氧化钠的校正系数

　　　10——乳样的倍数

$$乳酸含量（\%）= \frac{B×F×0.009}{乳样的毫升数×乳的相对密度}$$

式中　B——中和乳样的酸所消耗的 0.1mol/L 氢氧化钠溶液的体积，mL

　　　F——0.1mol/L 氢氧化钠的校正系数

　0.009——乳酸换算系数，即 1mL 0.1mol/L 氢氧化钠能结合 0.009g 乳酸

（五）品质判定

根据测定的结果判定乳的品质，见表 1-6。

表 1-6　　　　　　　　　　　滴定酸度与牛乳品质关系表

滴定酸度/°T	牛乳品质	滴定酸度/°T	牛乳品质
低于 16	加碱或加水等异常的乳	高于 25	酸性乳
16～20	正常新鲜乳	高于 27	加热凝固
高于 21	微酸的乳	60 以上	酸化乳，能自身凝固

【技能点 1-1-6】原料乳总干物质的测定

（一）原理

乳经过加热，水分被蒸发，乳样所损失的重量就是水分的重量，剩余的物质就是乳中总干物质。

（二）器具材料

带盖铝皿或带盖扁形称量瓶（直径 50mm）、干燥箱、分析天平、干燥器、坩埚钳、海砂。

（三）操作方法

（1）取精致海砂 20g 于铝皿或称量瓶中，在 98～100℃ 干燥 2h，放入干燥器中冷却 20min，称量，并反复干燥至质量恒定（前后两次质量之差不超过 1mg）。

（2）吸取乳样 5mL，置于已质量恒定的器皿中，称量（准确至 0.2mg）。

（3）将器皿置于水浴上蒸干，擦去器皿外的水分，于 98～100℃ 干燥 2h，取出后放入干燥器中冷却 15min，称量后再于 98～100℃ 干燥 1h，取出冷却后再称量，并反复干燥至质量恒定（前后两次质量之差不超过 1mg）。

（四）计算方法

$$总干物质（\%）=\frac{m_1-m_2}{m_1-m_3}\times100\%$$

式中 m_1——器皿+海砂+乳样的质量，g

m_2——器皿+海砂+乳样中的干物质的质量，g

m_3——器皿+海砂质量，g

【技能点 1-1-7】原料乳中脂肪含量的测定（盖勃法）

（一）原理

用浓硫酸溶解乳中的乳糖和蛋白质等非脂成分，将牛乳中的酪蛋白钙盐转变成可溶性的重硫酸酪蛋白，使脂肪球膜被破坏，脂肪游离出来，再利用加热离心，使脂肪完全迅速分离，直接读取脂肪层的数值，便可知被测乳的含脂率。

（二）器具材料

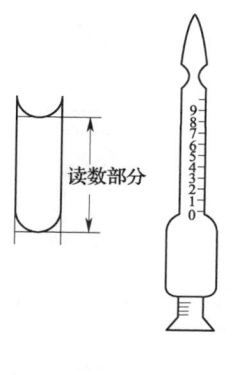

图 1-9　盖勃氏乳脂计

1. 试剂

（1）硫酸　相对密度（1.816±0.003）（20℃），相当于约91%的硫酸。

（2）异戊醇　相对密度（0.811±0.002）（20℃），沸程 128～132℃。

2. 仪器

（1）盖勃氏乳脂计　颈部刻度为 0.0～9.0，容积为 1.0mL，如图 1-9 所示。

（2）盖勃氏离心机。

（3）标准移乳管（11mL）。

（三）测定方法

（1）在乳脂计中先加入 10mL 硫酸（颈口勿沾湿硫酸），再沿管壁小心地加入混匀的牛乳 11mL，使样品和硫酸不要混合，然后加 1mL 异戊醇，塞上橡皮塞，用布把瓶口包裹住（以防振摇时酸液冲出溅蚀衣着），使瓶口向外向下，用力振摇使凝块完全溶解，呈均匀棕色液体。

（2）静置数分钟后瓶口向下，置于 65～70℃ 水浴中放 5min，取出擦干，调节橡皮塞使脂肪柱在乳脂计的刻度内。

（3）放入离心机中，以 800～1000r/min 的转速离心 5min，取出乳脂计，再置 65～70℃ 水浴中（注意水浴水面应高于乳脂瓶脂肪层），5min 后取出立即读数，脂肪层上下弯月形下缘数字之差，即为脂肪的质量分数。

（4）注意事项

①硫酸的浓度要严格遵守规定的要求，如过浓会使乳炭化成黑色溶液而影响读数，过稀而不能使酪蛋白完全溶解，会使测定值偏低或使脂肪层浑浊。

②硫酸除可破坏球膜，使脂肪游离出来外，还可增加液体相对密度，使脂肪

容易浮出。

③盖勃法中所用异戊醇的作用是促使脂肪析出，并能降低脂肪球的表面张力，以利于形成连续的脂肪层。

④1mL异戊醇应能完全溶于酸中，但由于质量不纯，可能有部分析出掺入到油层，而使结果偏高。因此在使用未知规格的异戊醇之前，应先做验证试验，其方法为：将硫酸、水（代替牛乳）及异戊醇按测定样品时的数量注入乳脂计中，振摇后静置24h澄清，如在乳脂计的上部狭长部分无油层析出，认为适用；否则表明异戊醇质量不佳，不能采用。

⑤加热（65~70℃水浴中）和离心的目的是促使脂肪离析。

⑥盖勃法所用移乳管为11mL，实际注入的样品为10.9mL，样品的质量为11.25g，乳脂计刻度部分（0~8）的容积为1mL，当充满脂肪时，脂肪的质量为0.9g，11.25g样品中含有0.9g脂肪，故全部刻度表示为脂肪含量 $0.9/11.25 \times 100\% = 8\%$，刻度数即为脂肪含量。

【技能点1-1-8】原料乳中蛋白质的测定

（一）原理

蛋白质为含氮有机物，牛乳中的蛋白质与硫酸和催化剂一同加热消化，使蛋白质分解，其中C、H形成 CO_2 及 H_2O 逸去，分解的氨与硫酸结合成硫酸铵，然后碱化蒸馏使氨游离，用硼酸吸收后，再以盐酸的标准溶液滴定，根据酸的消耗量得到样液中N的含量，乘以换算系数，即为蛋白质的含量。

（二）器具材料

1. 仪器

全套改良微量凯氏定氮装置。

2. 试剂

硫酸铜、硫酸钾、硫酸、混合指示液［1g/L甲基红乙醇溶液与1g/L溴甲酚绿乙醇溶液临用时按1∶5的比例（V/V）混合］、氢氧化钠溶液（400g/L）、硼酸溶液（20g/L）、标准滴定溶液（0.0100mol/L HCl标准溶液）。

（三）方法步骤

准确称取牛乳10mL小心移入已干燥的250mL定氮瓶中，加入0.5g硫酸铜，6g硫酸钾及20mL硫酸，稍摇匀后，于瓶口放一小漏斗，将瓶以45°斜支于有小圆孔的石棉网上，小心加热，待内容物全部炭化，泡沫完全停止后，加强火力，并保持瓶内液体沸腾（微沸），至液体呈蓝色澄清透明后，再继续加热0.5h，放冷，小心加入20mL水，再放冷，移入100mL容量瓶中，并用少量水洗定氮瓶，洗液并入容量瓶中，再加水至刻度，混匀备用，同时做试剂空白试验。

（四）结果处理

1. 结果记录

将结果填入表1-7中。

表 1-7   原料乳中蛋白质测定结果表

盐酸标准溶液浓度/（mol/L）	样品滴定耗盐酸量/mL			空白滴定耗盐酸时/mL		
	1	2	平均	1	2	平均

2. 结果计算

$$x = \frac{c \times (V_1 - V_2) \times \dfrac{M}{1000}}{m} \times F \times 100\%$$

式中　　x——样品中蛋白质的含量，g/100g

　　　　c——HCl 标准溶液的浓度，mol/L

　　　　V_1——滴定样品吸收液时消耗盐酸标准溶液体积，mL

　　　　V_2——滴定空白吸收液时消耗盐酸标准溶液体积，mL

　　　　m——样品质量，g

　　　　M——氮的摩尔质量，14.01g/mol

　　　　F——氮换算为蛋白质的系数（乳制品 6.38）

（五）注意事项

（1）消化时不要用强火，应保持和缓沸腾，注意不断转动凯氏烧瓶，以便利用冷凝酸液将附在瓶壁上的固体残渣洗下并促进其消化完全。

（2）样品中若含脂肪较多时，消化过程中易产生大量泡沫，为防止泡沫溢出瓶外，在开始消化时应用小火加热，并不断摇动；或者加入少量辛醇或液体石蜡或硅油消泡剂，并同时注意控制热源强度。

（3）蒸馏装置不得漏气。加碱要足量，操作要迅速；漏斗应采用水封措施，以免氨由此逸出损失。蒸馏前若加碱量不足，消化液呈蓝色不生成氢氧化铜沉淀，此时需再增加氢氧化钠用量。

（4）蒸馏完毕后，应先将冷凝管下端提离液面清洗管口，再蒸 1min 后关掉热源，否则可能造成吸收液倒吸。

【技能点 1-1-9】原料乳的细菌和体细胞数检验

一般现场收购鲜乳不做细菌检验，但在加工以前，必须检查细菌总数和体细胞数，以确定原料乳的质量和等级。如果是加工发酵制品的原料乳，必须做抗生物质检查。

（一）细菌检查

细菌检查方法很多，有美蓝还原试验、细菌总数测定、直接镜检等。

1. 美蓝还原试验

美蓝还原试验是用来判断原料乳新鲜程度的一种色素还原试验。新鲜乳加入亚甲基蓝后染为蓝色，如乳中污染有大量微生物，则产生还原酶使颜色逐渐变淡，直至无色。通过测定颜色变化速度，可以间接地推断出鲜乳中的细菌数。该法除可迅速地间接查明细菌数外，对白细胞及其他细胞的还原作用也敏感。因此，还可检验异常乳（乳房炎乳及初乳或末乳）。

2. 稀释倾注平板法

平板培养计数是取样稀释后，接种于琼脂培养基上，培养24h后计数，测定样品的细菌总数。该法测定样品中的活菌数，需要时间较长。

3. 直接镜检法（费里德法）

利用显微镜直接观察确定鲜乳中微生物数量的一种方法。取一定量的乳样，在载玻片上涂抹一定的面积，经过干燥、染色，镜检观察细菌数，根据显微镜视野面积，推断出鲜乳中的细菌总数，而非活菌数。直接镜检比平板培养法更能迅速判断结果，通过观察细菌的形态，还能推断红菌数增多的原因。

（二）体细胞数检验

正常乳中的体细胞，多数来源于上皮组织的单核细胞，如有明显的多核细胞出现，可判断为异常乳，常用的方法有直接镜检法（同细菌检验）或加利福尼亚细胞数测定法（GMT法），GMT法是根据细胞表面活性剂的表面张力，细胞在遇到表面活性剂时，会收缩凝固，细胞越多，凝集状态越强，出现的凝集片越多。

【技能点 1-1-10】原料乳掺假检验

（一）掺碱（碳酸钠）的检出

1. 仪器与药品

5mL吸管2支、试管2个、试管架1个、0.04%的溴麝香酚蓝酒精溶液。

2. 操作方法

取被检乳样3mL注入试管中，然后用滴管吸取0.04%溴麝香酚蓝溶液，小心地沿试管壁滴加5滴，使两液面轻轻地互相接触，切勿使两溶液混合，放置在试管架上，静置2min，根据接触面出现的色环特征进行判定，同时以正常乳作对照。

3. 判定标准

判定标准见表1-8。

表 1-8　　　　　　　　　　　碳酸钠检出判定标准表

乳中碳酸钠的浓度/（g/100mL）	色环的颜色特征
0	黄色
0.03	黄绿色
	淡绿色
0.05	绿色
	深绿色
0.1	青绿色

续表

乳中碳酸钠的浓度/（g/100mL）	色环的颜色特征
0.7	淡青色
1.0	青色
1.5	深青色

注：溴麝香草酚蓝指示剂范围为 pH 6.0~7.6。颜色变化：黄→黄绿→绿→蓝。

（二）掺糖的检出

1. 仪器与药品

5mL 吸管 1 支、量筒 1 支、50mL 烧杯 1 个、试管 1 支、50mL 三角瓶 1 个、漏斗 1 个、滤纸 2 张、100mL 烧杯 1 个、电炉 1 个、0.1g 间苯二酚 1 包。

2. 操作方法

量取 30mL 乳样于 50mL 烧杯中，然后加入 2mL 浓盐酸，混匀，待乳凝固后进行过滤。吸取 15mL 滤液于试管中，再加入 0.1g 间苯二酚，混匀，溶解后，置沸水中数分钟。

3. 判定标准

出现红色者为掺糖可疑。

（三）尿素的检出

1. 仪器与药品

5mL、1mL 吸管各 2 支、试管 2 支、1%硝酸钠溶液、浓硫酸（相对密度 1.80~1.84）格里斯试剂（89g 酒石酸，10g 对氨基苯磺酸和 1g α-萘胺三种试剂在乳钵中研成细末，贮存在茶色瓶中备用）。

2. 操作方法

取乳样 3mL 注入试管中，向试管中加入 1%硝酸钠 1mL 及浓硫酸 1mL，摇匀后再加入少量格里斯试剂粉混合后，观察颜色变化。如有尿素存在则颜色不变（因尿素与亚硝酸盐作用在酸性溶液中生成 CO_2、N_2 和 H_2O），无尿素则亚硝酸盐与对氨基苯碘酸重氮化后再与 α-萘胺作用形成偶氮化合物，呈紫红色。

（四）掺水试验

1. 折射计法

于 4 体积乳中加入 1 体积硫酸铜溶液（每 1L 中含 72.5g $CuSO_4 \cdot H_2O$）摇匀后过滤，然后在 20℃时测定乳清（滤液）的折射计读数，如计数低于 36，则表示有加水的可能。

2. 乳中掺水情况

可由非脂固体含量推算，一般牛乳的非脂含固体含量在 8.9%~9.0%，最低限为 8.5%。若低于 8.5%时，即有掺水的可疑，其掺水量由所测样品的非脂固体含量与 8.5%之差计算得出。

$$掺水量（\%）=\frac{8.5-x}{8.5}\times100$$

注：非脂固体量可由全乳固体量减去脂率得出。全固体量可由已测得的乳相对密度和含脂率二个因素代入下式求得。

$$全固体量=\frac{d\times0.029}{4}+1.2F+0.14$$

式中　d——乳相对密度读数

　　　　F——含脂率

（五）掺淀粉的检出

1. 仪器与药品

5mL 吸管 2 支，大试管 2 支，碘溶液（碘化钾 1g 溶于少量蒸馏水中以此溶液溶解 0.5g 碘，全溶后移入 100mL 溶量瓶中，加水至刻度）。

2. 操作方法

取样乳 5mL 注入试管中，加入碘液 2~3 滴，如有淀粉存在，则出现蓝色沉淀。

注：乳中掺水取出乳脂或加淀粉，可使乳保持正常密度。

（六）掺豆浆的检出

1. 仪器与药品

5mL 吸管 2 支，2mL 吸管 1 支，大试管 2 支，28g/100mL 氢氧化钾溶液，乙醇乙醚等量混合液。

2. 操作方法

取样乳 5mL 注入试管中，吸取乙醇乙醚等量混合应付 3mL 加入试管中，再加入 28g/100mL 氢氧化钾溶液 2mL 摇匀后置于试管架上，5~10min 内观察颜色变化，呈黄色时则表明有豆浆存在，同是作对照试验（因豆浆中含有皂角甙与氢氧化钾作用而呈现黄色）。

（七）乳中抗生素的检出

1. 原理

往检样中先后加入菌液和 TTC 指示剂（2，3，5-氯化三苯四氮唑），如检样中有抗生素或有抗生素物质残留时，试验菌被抑制，不能使 TTC 还原为红色化合物，因而检样无色；反之，则细菌大量繁殖，TTC 指示剂被还原成红色化合物 TF（2，3，5-三苯基甲腊），从而可判定检样中有无抗生素残留。其反应式如下：

2，3，5-氯化三苯四氮唑（无色）　　　　　　　　2，3，5-三苯基甲腊（红色）

2. 仪器与药品

恒温水浴槽，恒温培养箱，1mL 灭菌试管 2 支，灭菌的 10mL 具塞刻度试管或灭菌带棉塞的普通试管 3 支，试验菌液 ［嗜热链球菌（*Str. thermophilus*）］接种在灭菌脱脂乳培养基中，36℃±1℃保温培养 15h，然后用灭菌脱脂乳以 1∶1 的比例（*V/V*）稀释备用，4g/100mL TTC 试剂（1g TTC 溶于 25mL 无菌蒸馏水中，置于褐色的瓶中在冷暗处保存，最好现用现配）。

3. 操作方法

吸取 9mL 样乳注入试管甲中，另两个试管乙、丙作为对照，加入无抗生素乳，将各管置 80 水浴中保温 5min，冷却到 37℃以下；向试管甲和试管乙中各加入试验菌液 1mL 充分混合，然后将试管甲、乙、丙三试管置于 37℃恒温水浴中保温 2h（注意水面不要高于试管的液面，并要避光）取出；向三个试管中各加 0.3mL TTC 试剂，混合后置于恒温箱中 37℃保温 30min，观察试管中的颜色变化，如甲管与乙管中同时出现红色，则表明无抗生素存在，甲管与乙管相同颜色无变化，则判定有抗生素存在。

【质量控制】

原料乳质量要求按照《GB 19301—2010 食品安全国家标准　生乳》的规定。该标准规定了生乳的技术要求，包括感官要求、理化指标、污染物限量、真菌毒素限量、微生物限量、农药残留限量和兽药残留限量等。具体内容见表 1-9。

表 1-9　　　　　　　　　　　原料乳（生乳）质量要求

	项目	指标	检验方法
感官要求	色泽	呈乳白色或微黄色	取适量试样置于 50mL 烧杯中，在自然光下观察色泽和组织状态。闻其气味，用温开水漱口，品尝滋味
	滋味、气味	具有乳固有的香味，无异味	
	组织状态	呈均匀一致液体，无凝块、无沉淀、无正常视力可见异物	
理化指标	冰点[①②]/℃	-0.560~-0.500	GB 5413.38
	相对密度（20℃/4℃）≥	1.027	GB 5413.33
	蛋白质含量/（g/100g）≥	2.8	GB 5009.5
	脂肪含量/（g/100g）≥	3.1	GB 5413.3
	杂质度/（mg/kg）≤	4.0	GB 5413.30
	非脂乳固体含量/（g/100g）≥	8.1	GB 5413.39
	酸度/（°T） 牛乳[②] 羊乳	12~18 6~13	GB 5413.34

续表

项目		指标	检验方法
	污染物限量	应符合 GB 2762 的规定	
	真菌毒素限量	应符合 GB 2761 的规定	
微生物指标	菌落总数／〔CFU/g（mL）〕≤	2×10^6	GB 4789.2
	农药残留限量和兽药残留限量	农药残留量应符合 GB 2763 及国家有关规定和公告	
		兽药残留量应符合国家有关规定和公告	

注：①挤出 3h 后检测；②仅适用于荷斯坦奶牛。

任务二　原料乳的收集与贮存

【任务描述】

原料乳的收集、贮存与运输是乳制品生产上重要的环节（图 1-10）。从牧场收集的牛乳需要及时进行过滤净化，冷藏运输。本任务内容涉及原料乳的过滤、净化，冷却与贮存，离心净化机的操作与维护，贮奶罐的操作与维护。

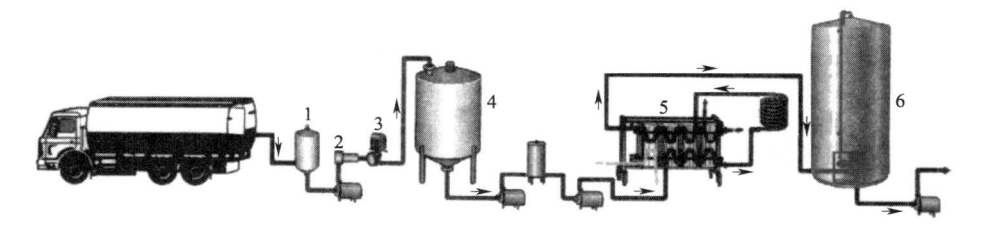

图 1-10　原料乳的收集与贮存

1—脱气装置　2—过滤器　3—牛乳计量计　4—中间贮存　5—预杀菌和冷却　6—贮乳罐

【知识准备】

【知识点 1-2-1】 原料乳的过滤与净化

（一）原料乳的过滤

在没有严格遵守卫生条件下挤乳时，牛乳容易被大量粪屑、饲料、垫草、牛毛和蚊蝇等污染，因此牛乳必须及时进行过滤。常用的过滤方法有常压（自然）过滤、吸滤（减压过滤）和加压过滤等。过滤材料多采用滤孔比较粗的纱布、人造纤维等，也可采用膜技术（如微滤）去除杂质。

目前牧场中一般采用尼龙或其他类化纤滤布过滤，既干净、容易清洗，又很耐用，过滤效果好，如图 1-11 所示。凡是将乳从一个地方送到另一个地方，从一个工序到另外一个工序，或者由一个容器送到另一个容器时，都应该进行过滤。

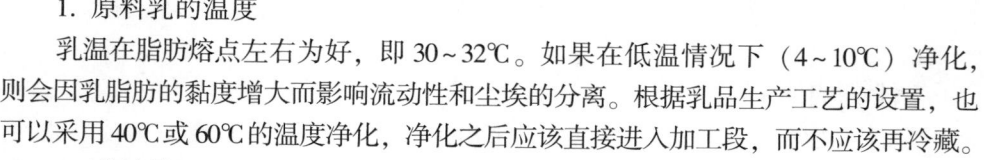

图 1-11　自然纱布过滤

除用纱布过滤外，也可以用过滤器进行过滤。如管式过滤器，设备简单，并备有冷却器，过滤后，可以马上进行冷却。适用于收乳站和小规模工厂的收乳间用，或用于原料乳进入贮乳罐之前的过滤。另有双联过滤器，适用于工厂的前处理。

（二）原料乳的净化

原料乳经过数次过滤后，虽然除去了大部分的杂质，但是，由于乳中污染了很多极为微小的机械杂质和细菌细胞，难以用一般的过滤方法除去。为了达到最高的纯净度，一般采用离心净乳机对过滤后的乳进行进一步净化。

原料乳净化时的要求如下。

1. 原料乳的温度

乳温在脂肪熔点左右为好，即 30~32℃。如果在低温情况下（4~10℃）净化，则会因乳脂肪的黏度增大而影响流动性和尘埃的分离。根据乳品生产工艺的设置，也可以采用40℃或60℃的温度净化，净化之后应该直接进入加工段，而不应该再冷藏。

2. 进料量

根据离心净乳机的工作原理，进料量越少，在分离钵内的乳层则越薄，净化效果则越好。大流量时，分离钵内的乳层加厚，净化不彻底。但也少考虑到生产效率问题，所以一般进料量比额定数减少 10%~15%。

3. 事先过滤

原料乳在进入分离机之前要先进行较好的过滤，去除大的杂质。一些大的杂质进入分离机内可使分离钵之间的缝隙加大，从而使乳层加厚，使乳净化不完全，影响净化效果。

【知识点 1-2-2】原料乳的冷却与贮存

（一）乳的冷却

1. 冷却的目的和意义

刚挤下的乳，温度约在36℃左右，是微生物繁殖最适宜的温度，如果不及时冷却，则侵入乳中的微生物大量繁殖，酸度迅速增高，不仅降低乳的质量，甚至使乳凝固变质（表1-10）。所以挤出后的乳应迅速进行冷却，以抑制乳中微生物的繁殖，保持乳的新鲜，是获得优质原料乳的必要条件。

表 1-10　　　　　　　　乳的冷却与乳中细菌数的关系　　　　　单位：个/mL

贮存时间	冷却乳	未冷却的乳	贮存时间	冷却乳	未冷却的乳
刚挤出的乳	11500	11500	12h 以后	7800	114000
3h 以后	11500	18500	24h 以后	62000	1300000
6h 以后	6000	102000			

挤乳时严格遵守制度和将挤出的乳迅速进行冷却，是保证鲜乳较长时间保持新鲜状态的必要条件。刚挤出的乳马上降至10℃以下，就可以抑制微生物的繁殖。若降至2~3℃时，几乎不繁殖。通常在生产上，不立即加工的原料乳应降至5℃以下贮藏。

2. 冷却方法

（1）水池冷却法 最普通而简易的方法是将装奶的奶桶放在水池中用冰水或冷水进行冷却（图1-12）。

用水池冷却牛乳时，可使乳冷却到比冷却用水的温度高3~4℃。在北方由于地下水温低，即使在夏天也在10℃以下，直接用地下水即可达到冷却的目的。在南方为了使乳冷却到较低的温度，可在池水中加入冰块。

为了加速冷却，需经常进行搅拌，并按照水温进行排水和换水。池中水量应为冷却乳量的4倍。每隔3d应将水池彻底洗净后，再用石灰溶液洗涤一次。挤下的乳应随时进行冷却，不要将所有的乳挤完后才将乳桶浸在水池中。

水池冷却的缺点是冷却缓慢和消耗水量较多。

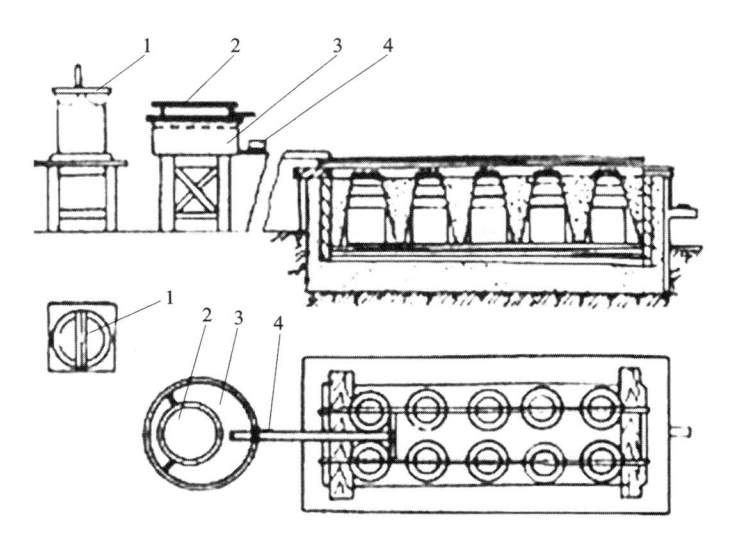

图1-12 水池冷却乳的方法
1—量乳器 2—过滤器 3—接收槽 4—开关

（2）冷排冷却法 冷排冷却器是由金属排管组成（图1-13）。乳从上部分分配槽底部的细孔流出，形成波层，流过冷却器的表面再流入贮乳槽中，冷却介质（冷水或冷盐水）从冷却器的下部自下而上通过冷却器的每根排管，以降低沿冷却器表面流下的乳的温度。

特点：构造简单，价格低廉，冷却效率也比较高，适于小规模加工厂及乳牛场使用。

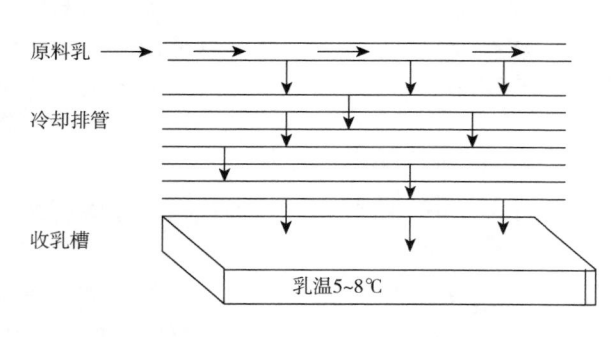

原料乳 →

冷却排管

收乳槽

乳温5~8℃

图1-13　冷排冷却法示意图

（3）浸没式冷却法
浸没式冷却器是一种小型轻便灵巧的冷却器，可以插入贮乳槽或乳桶中以冷却牛乳（图1-14）。带有离心式搅拌器，可以调节搅拌速度，并带有自动控制开关，可以定时自动进行搅拌，所以可使牛乳均匀冷却，并防止稀奶油上浮。

在较大规模的乳牛场冷却牛乳时，为了提高冷却器效率，节约制冷机的动力消耗，在使用浸没式冷却器以前，最好能先用片式预冷器使牛乳温度降低，然后再由浸没式冷却器来进一步冷却。

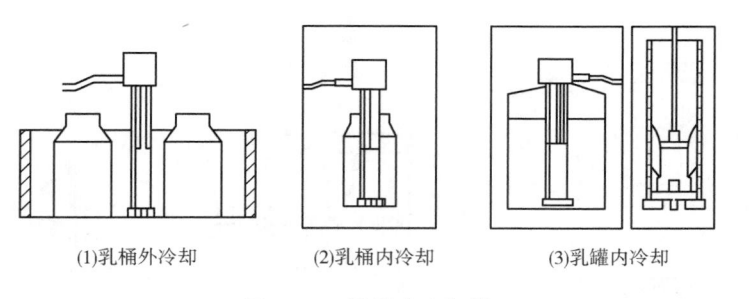

(1)乳桶外冷却　　(2)乳桶内冷却　　(3)乳罐内冷却

图1-14　浸没式冷却器

（4）片式预冷法　一般中、大型乳品厂多采用片（板）式预冷器来冷却鲜牛乳。片式预冷器占地面积小，但是降温效果有时不理想。如果直接采用地下水做冷源（4~8℃的水），则可使鲜乳降至6~10℃，效果极为理想。以一般15℃自来水做冷源时，则要配合使用浸没式冷却器进一步降温。如用15℃的冷水作冷剂来冷却牛乳时，刚刚挤下的牛乳（35℃左右）通过片式预冷器后，可以冷却到18℃左右，然后直接流入贮乳槽内，再用浸没式冷却器进一步冷却。

（二）乳的贮存

为了保证工厂连续生产的需要，冷却后的乳还要继续保存在低温处。冷却只能暂时抑制微生物的生长繁殖，当乳温逐渐升高时，微生物又开始生长繁殖。因此，冷却后的原料乳应在处理前的整个时间内维持在低温下，温度越低保持时间越长，贮乳时间与冷却温度的关系如表1-11、图1-15所示。

表 1-11　　　　　　　　　贮乳时间与冷却温度的关系

贮乳时间/h	6~12	12~18	18~24	24~36
应降至温度/℃	10~8	8~6	6~5	5~4

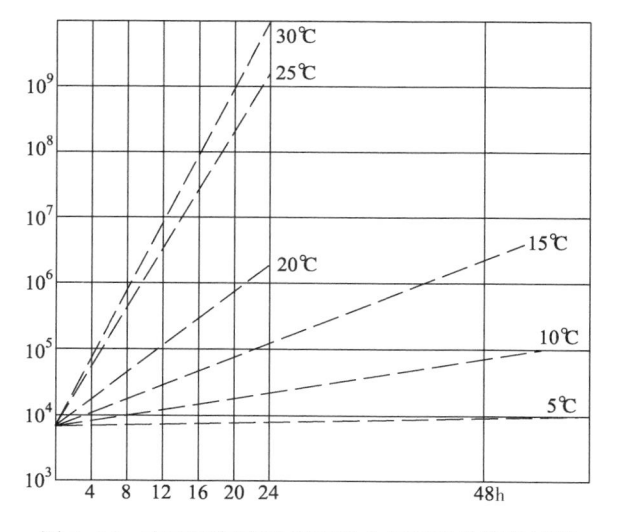

图 1-15　在不同保存温度下乳中细菌数的增长情况

贮乳罐装乳能力一般为 5t、10t 或 30t，现代化大规模乳品厂的贮乳罐可达 100t。10t 以下的贮藏罐多装于室内，为立式或卧式，大罐多装于室外，带保温层和防雨层，均为立式。贮乳罐的结构如图 1-16 所示。

鲜乳贮量为日处理量或为日处理量的 2/3。而且每只贮乳罐的容量应与生产品种的班生产能力相适应。每班的处理量一般相当于两只贮乳罐的乳容量，否则将用多只贮乳罐，增加了调罐、清洗的工作量，会增加牛乳的损耗。

罐体设计要求：不锈钢材质，隔热尤为重要。外边有绝缘层（保温层）或冷却夹层，以防止乳罐温度上升。要求恒温性能良好，一般乳经过 24h 贮存后，乳温上升不得超过 2~3℃。罐中配有搅拌器、

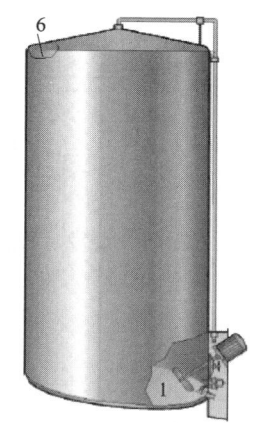
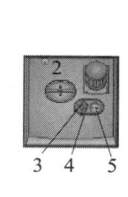

图 1-16　带探孔、指示器等的贮乳罐
1—搅拌器　2—探孔　3—温度指示　4—低液位电极 5—气动液位指示器　6—高液位电极

液位指示计、湿度指示器、各种开口、不锈钢爬梯、视镜和灯孔、手孔或入孔。配有适当的搅拌机构，定时搅拌乳液，防止脂肪上浮而造成分布不均匀。

【技能训练】
【技能点1-2-1】 离心净乳机的操作与维护

净乳机（图1-17）主要是收乳过程中用来对牛乳进行净化处理，其工作原理是通过净乳机中分离碟片的高速离心旋转，达到除去牛乳中可能含有的机械杂质和体细胞等物质。

图1-17 离心净乳机

1. 离心净乳机的构造

离心净乳机的构造基本与奶油分离机（见技能点1-3-1）相似。其不同点为：分离钵具有较大的聚尘空间，杯盘上没有孔，上部没有分配杯盘。没有专用离心净乳机时，也可以用奶油分离机。

2. 净乳机的净化原理

乳在分离钵内受强大离心力的作用，将大量的固体杂质留在分离钵内壁上，而乳被净化。固体杂质被分离并沿着钵片的下侧被甩到分离机壳的周围，沉积物从这里又被收集到排渣室。每工作2~3h需停车排渣。所以目前大型乳品企业多采用自动排渣净乳机或三用分离机（奶油分离、净乳、标准化），对提高乳的质量和产量起了重要作用。

离心净乳机结构原理如图1-18所示。

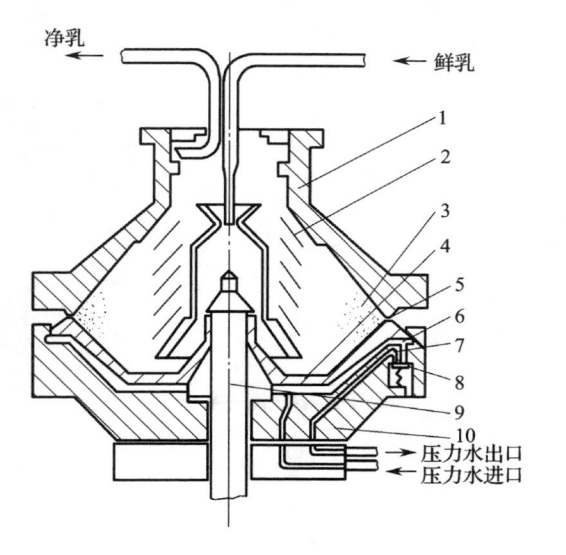

图1-18 离心净乳机的结构原理

1—转鼓 2—碟片 3—环形间隙 4—活动底 5—密封圈
6—压力水室 7—压力水管道 8—阀门 9—转轴 10—转鼓底

3. 净乳机的安全操作与维护

在开机前应检查齿轮箱润滑油、电动机转向、刹车情况，机盖上手轮是否旋紧，进出料装置顶部吊环有无松动，地脚螺栓有无松动。另外应注意开启高位水箱水阀，待溢流管有水流出时即可关闭，以保证净乳机运转水压正常。

（1）净乳机启动后 6~8min 达到全速，此时测速器转速为 71~73r/min，用手指掀住指示器盖凸起点，单位时间内计数。

（2）由于分离筒转动惯性大，起动过程中电动机负荷将会出现一定程度超载，其最大电流约为 30A，起动完毕，分离机达到额定转速后，电流即稳定并低于电动机的额定电流。

（3）当净乳机起动完毕，并确认运行正常后，将控制阀转到密封位置，待指示管有水流出时，表明活塞已密封，此时可将控制阀转到补偿位置。

（4）打开进料阀，同时观察排污罐出口有无泄漏，确认密封完好后，调整进料阀至所需处理的生产能力。

（5）净乳机运行中，应检查机器有无异常的振动和噪声，正常工作电流有无超过电动机额定值，并需及时排除，严禁分离机带病运行。

（6）当物料分离性能低于规定要求时，分离机应进行排渣，听到冲击噪声后，排渣即结束，再将控制阀转至空位位置，若需继续分离工作，可重复"密封—排渣"工作程序。

（7）停车前，先用清水重复"密封—排渣"操作，把净乳机的奶挤出，以保持分离机内清洁。另外每天应对其进行一次就地清洗系统（CIP）清洗。

【技能点 1-2-2】贮乳罐的操作与维护

牛乳被运到乳品加工企业，其温度不允许高于 10℃。通常用板式冷却器冷却到 4℃以下，将牛乳放入贮乳罐（图 1-16）中。贮乳罐是一种保温和贮存原料乳的设备，由圆柱形不锈钢内筒及不锈钢外壳，中间填充玻璃棉，作为保温层。有利于保温和贮存。内筒中装有叶片或搅拌器，使存入缸内的乳不会形成乳脂肪上浮，上部并装有温度计，便于测量缸内的液料温度。

立式贮乳罐操作需要注意的事项如下。

（1）在液料贮存前应严格清洗并消毒，待冷却后贮入牛乳。

（2）液料存入缸内后，应间断打开搅拌器搅拌，否则会形成乳脂肪上浮，影响物料的质量。

（3）料液放出缸后凡与物料接触的工作表面及管道，旋塞等均要彻底清洗，死角不得积有污垢，缸体外应经常擦洗，保持花型光亮美观。

（4）缸体表面及内胆用温水冲洗，切勿用盐水冲洗，以免腐蚀设备。

（5）减速器及电机、轴承应定期加油和更换润滑油。

任务三　原料乳的预处理

【任务描述】

原料乳运送到工厂后，还需要进行脱气、标准化、均质等预处理加工。本任务内容涉及原料乳的脱气、标准化及均质；乳脂离心分离机的操作与维护；均质机的操作与维护。

【知识准备】

【知识点1-3-1】原料乳的脱气

牛乳刚刚被挤出后含5.5%~7%的气体，经过贮存、运输和收购后含量在10%以上，而且绝大多数为非结合的分散气体，对牛乳加工有不利的影响。气体对牛乳加工的破坏作用主要有以下几个方面：

（1）影响牛乳计量的准确度；

（2）使巴氏杀菌机中结垢增加；

（3）影响分离和分离效率；

（4）影响牛乳标准化的准确度；

（5）影响奶油的产量；

（6）促使脂肪球聚合；

（7）促使游离脂肪吸附于奶油包装的内层；

（8）促使发酵乳中的乳清析出。

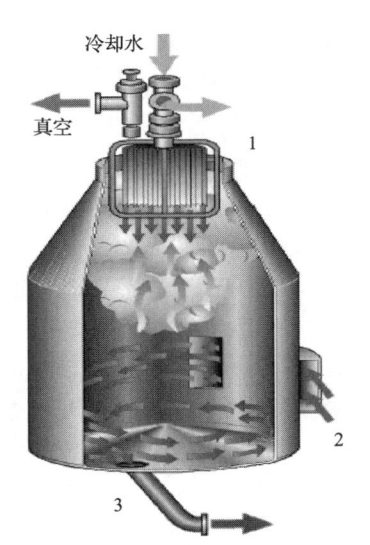

图1-19　真空脱气罐

1—安装在缸里的冷凝器　2—切线方向的牛乳进口　3—带水平控制系统的牛乳

　　所以，在牛乳处理的不同阶段进行脱气是非常必要的。通常采用真空脱气罐（图1-19）进行牛乳的脱气处理工艺。工作时，将牛乳预热至68℃后，泵入真空脱气罐，则牛乳温度立即降到60℃，这时牛乳中的空气和部分水分蒸发到罐顶部，遇到罐冷凝器后，蒸发的水分冷凝回到罐底部，而空气及一些非冷凝气体（异味）由真空泵抽吸排除。脱气后的牛乳在60℃条件下进行分离、标准化、均质，然后进入杀菌工序。

【知识点1-3-2】原料乳的标准化

　　一般把调整原料乳中脂肪和无脂干物质之间以及其他成分间的比例关系，使加工出的乳产品符合产品标准的这一过程称为原料乳标准化。例如市售一般低脂巴氏灭菌乳的脂肪含量为1%，常规巴氏灭菌乳含脂率为3%。标准化的目的是调整原料乳中脂肪和非脂固体之间的比例，使其符合我们的生产的产品品种的要求。因此，凡不符合标准的原料乳，都需要进行标准化以后，才能用于生产。

　　（一）标准化计算原则及方法

　　1. 计算原则

　　如果原料乳中脂肪含量不足时，应添加稀奶油或分离一部分脱脂乳；当原料乳中脂肪含量过高时，则可添加脱脂乳或提取一部分稀奶油，另外要按产品标准加入和调整乳中的其他成分。

　　2. 计算方法

　　原料乳的标准化可通过添加稀奶油或脱脂乳进行调整，如将全脂乳与脱脂乳混合，或将稀奶油与全脂乳混合，或将稀奶油与脱脂乳混合，或将脱脂乳与无水奶油混合等。

　　标准化时，应首先了解即将标准化的原料乳的脂肪和非脂乳固体含量，以及用于标准化的稀奶油或脱脂乳的脂肪和非脂乳固体含量，这些是标准化的计算依据。具体的计算方法是，假设原料乳含脂率为 p（%），脱脂乳或稀奶油的含脂率为 q（%），按比例混合后，混合乳的含脂率为 γ（%），拟标准化的原料乳量为 X（kg），需添加的稀奶油或脱脂乳量为 Y（kg）时，对脂肪进行物料衡算，则：

$$pX+qY=\gamma\ (X+Y)\quad \frac{X}{Y}=\frac{\gamma-q}{p-\gamma}$$

式中　q——稀奶油或脱脂乳脂肪含量，%

　　　　p——原料乳脂肪含量，%

　　　　γ——最终产品的脂肪含量，%

　　　　X——最终产品的数量，kg

　　　　Y——需添加的稀奶油或脱脂乳数量，kg

　　式中，若 $q<\gamma$、$p>\gamma$，则表示需添加脱脂乳；反之，则表示需加稀奶油。用图形表示如下：

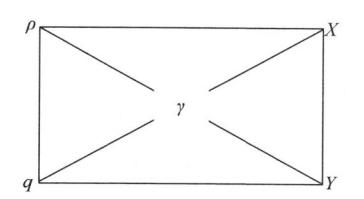

例　题

【例1-4】　有1000kg含脂率为3.7%的原料乳，因乳脂率高，拟用含脂0.2%的脱脂乳调整，使标准化后的混合乳含量为3.0%，需加脱脂乳多少？

解：$\gamma=3.0$，$q=0.2$，$p=3.7$，则需加脱脂乳的量为：

$$Y=\frac{3.7-3}{3.0-0.2}\times1000=250\ (\text{kg})$$

【例1-5】　有1000kg含脂率为2.8%的原料乳，欲使其脂肪含量为3.0%，应加多少脂肪含量为35%的稀奶油？

解：$q-\gamma=32$，$p-\gamma=0.2$，需加脱脂乳为：

$$Y=\frac{0.2\times1000}{32}=6.25\ (\text{kg})$$

（二）标准化原理和标准化方法

1. 标准化原理

乳制品中脂肪与无脂干物质间的比值取决于标准化后乳中脂肪与无脂干物质之间的比值，而标准化后乳中的脂肪与无脂干物质之间的比值是根据原料乳中脂肪与无脂干物质之间的比例进行调整的。即如果所有其他的参数都是常数，那么从分离机中分离出来的稀奶油和脱脂乳的脂肪含量也是常数。如图1-20所示。

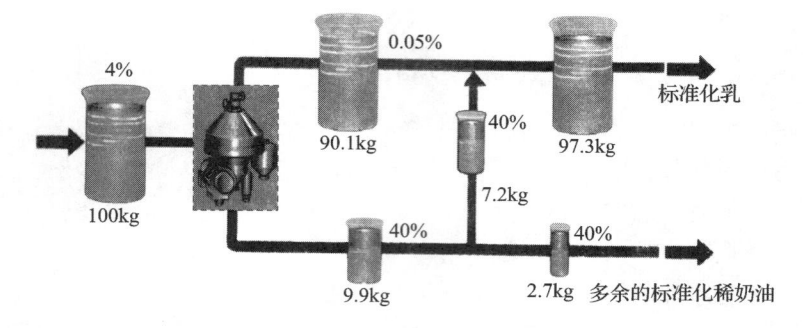

图1-20　标准化原理

2. 标准化方法

常用的标准化方法有三种，即预标准化、后标准化、直接标准化。这三种方法的共同点是，标准化之前的第一步必须把全脂乳分离成脱脂乳和稀奶油。

（1）预标准化　预标准化是指在杀菌之前进行标准化。为了调高或降低含脂率，将分离出来的脱脂乳或稀奶油与全脂乳在乳罐中混合，以达到要求的含脂率。如果标准化乳脂率高于原料乳的，则需将稀奶油按计算比例与原料乳混合至达到要求的含脂率；如果标准化乳脂率低于原料乳的，则需将脱脂乳按计算比例与原料乳在罐中混合达到稀释的目的。

（2）后标准化　后标准化是指在杀菌后进行标准化。而含脂率的调整方法则与预标准化相同。后标准化由于是在杀菌后再对产品进行混合，因此会有多次污染的危险。

上述两种方法都需要使用大型的、笨重的混合罐，分析和调整都很费工，因此近年来越来越多地使用第三种方法，即直接标准化。

（3）直接标准化　直接自动标准化是将全脂乳加热至 $55\sim65℃$ ，然后，按预先设定好的脂肪含量，分离出脱脂乳和稀奶油，把来自分离机的定量稀奶油立即在管道系统内重新与脱脂乳定量混合，以得到所需含脂率的标准乳，多余的稀奶油会流向稀奶油巴氏杀菌机。直接标准化的特点为快速、稳定、精确、与分离机联合运作、单位时间处理量大。

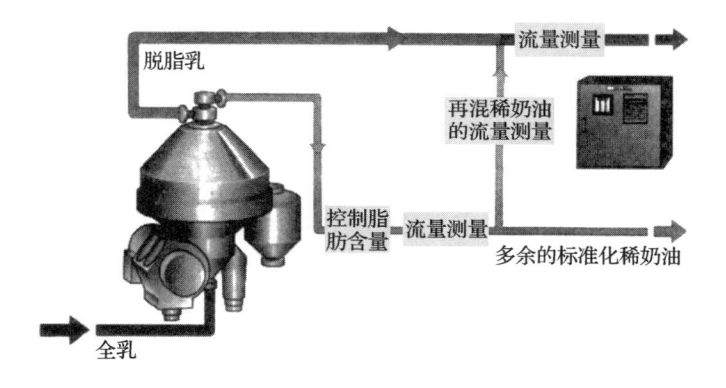

图 1-21　直接标准化的示意图

直接标准化系统由以下三条线路组成（图 1-21）：

第一条线路调节分离机脱脂乳出口的外压。在流量改变或后序设备压力降低的情况下，保持外压不变；

第二条线路调节分离机稀奶油出口的流量。不论原料乳的流量或含脂率发生任何变化，稀奶油的含脂率都能保持稳定；

第三条线路调节稀奶油数量。实现稀奶油与脱脂乳重新定量混合，生成含脂率符合要求的标准乳，并排出多余的稀奶油。这条线路能按一定的稀奶油和脱脂乳比率，连续地调节稀奶油的混合量。

为了达到工艺中要求的精确度，必须控制流量的波动、进乳含脂率的波动和预热温度的波动。

【知识点 1-3-3】原料乳的均质

牛乳在放置一段时间后，上部分会出现一层淡黄色的脂肪层，称为"脂肪上浮"。就其原因主要是因为乳脂肪的相对密度小（0.945）、脂肪球直径大，且大小不均匀，容易聚结成团块，影响乳的感官质量。

（一）均质及其特点

在强力的机械作用下（16.7~20.6MPa）将乳中大的脂肪球破碎成小的脂肪球，均匀一致地分散在乳中，这一过程称为均质。其目的就在于使不均匀的脂肪球呈数量更多的较小的脂肪球颗粒而均匀一致地分散在乳中。

自然状态的牛乳，其脂肪球直径大小不均匀，变动于 1~10μm，75%的脂肪球直径为 2.5~5μm，其余为 0.1~2.2μm。经均质，脂肪球直径可控制在 1.0μm 以下（表1-12）。图 1-22 所示为均质前后脂肪球大小的变化。均质后的乳脂肪表面积增大，浮力下降，乳可长时间保持不分层，可防止脂肪球上浮，不易形成稀奶油层脂肪。

表 1-12 均质压力与脂肪球直径

压力/MPa	脂肪球直径/μm	脂肪球平均直径/μm
0	1~18	3.71
3.5	1~14	2.39
7	1~7	1.68
10.5	1~4	1.40
14	1~3	1.08
17.5	1~3	0.99
21	0.5~2	0.76

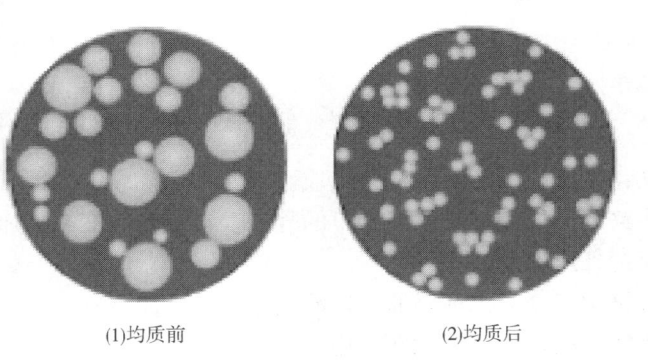

(1)均质前　　　　　　　　　　(2)均质后

图 1-22　均质前后的脂肪球变化

对原料乳进行均质，有一定的优点，但是也有一些负面影响。

（1）均质的优点

①脂肪球变小不会导致形成奶油层。

②颜色更白，更易引起食欲。

③降低了脂肪氧化的敏感性。

④更强的整体风味，更好的口感。

⑤发酵乳制品更具稳定性。

（2）均质的缺点

①均质乳不能有效分离出稀奶油。

②增加了一些对光线、日光和荧光灯的敏感性，可以导致"日照味"。

③降低了蛋白质的热稳定性。

④均质乳不利于生产半硬或硬质干酪，因为凝块很软，以致难于脱水。

（二）均质的方法及原理

1. 均质的方法

生产上一般采用二段式，即第一段均质使用较高的压力（16.7~20.6MPa），目的是破碎脂肪球。第二段均质使用低压（3.4~4.9MPa），目的是分散已破碎的小脂肪球，防止粘连。如图1-23所示。

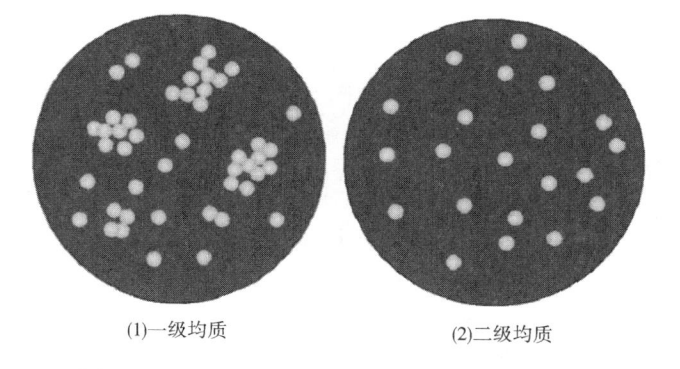

(1)一级均质　　　　　　　　(2)二级均质

图1-23　一级均质的脂肪球和二级均质的脂肪球

2. 均质机工作过程及工作原理

（1）均质机工作过程　牛乳以较高的压力被送入阀座与均质头之间的空间，间隙的宽度大约是0mm或是均质乳中脂肪球尺寸的100倍。液体通常以100~400m/s的速度通过窄小的环隙，均质就在这10~15μs中发生。在这一刹那，所有柱塞泵传过来的压力能都转换成了动能。经过均质装置后，这些能量中的一部分又转回为压力能，另一部分能量作为热量散失。在均质装置上每40Pa的压力降就会使温度升高1℃，用于均质的能量不足1%。

（2）均质机的工作原理　均质作用是由以下三个因素协调作用而产生的（图1-24）：

①剪切作用：牛乳以高速度通过均质头中的窄缝（0mm）时，由于涡流而对脂肪产生剪切力，使脂肪破碎；

②空穴作用：液体静压能降至脂肪的蒸汽压力之下，会在液体内部产生局部瞬时真空，形成空穴现象，使脂肪球爆裂而粉碎；

③撞击作用：当脂肪球以高速度冲击均质阀时，使脂肪球破碎。高压均质机中使用前后排列的两个均质头进行双级均质处理来提高均质效果。

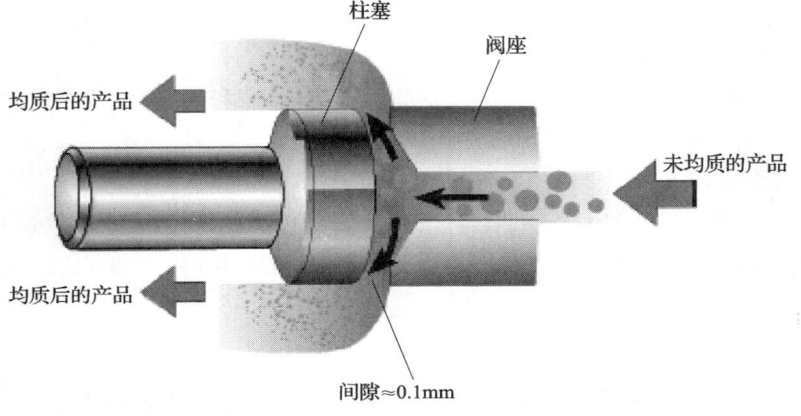

图1-24　均质机工作原理

3. 影响均质的因素

（1）含脂率　含脂率过高时会在均质时形成脂肪球粘连，因为大脂肪球破碎后形成许多小脂肪球，而形成新的脂肪球膜需要一定的时间，如果均质乳的脂肪率过高，那么新的小脂肪球间的距离就小，这样会在保护膜形成之前因脂肪球的碰撞而产生粘连。当含脂率大于12%时，此现象就易发生，所以稀奶油的均质要特别注意，可采用"加温"并"部分均质法"，即均质50%，再与未均质的混合。

（2）均质温度　均质温度高，均质形成的粘化现象就少，一般在60~70℃为佳。低温下均质产生粘化乳现象较多。

（3）均质压力　均质压力低，达不到均质效果；压力过高，又会使酪蛋白受影响，对以后的灭菌十分不利，杀菌时往往会产生絮凝沉淀。

【技能训练】

【技能点1-3-1】乳脂离心分离机的操作与维护

（一）牛乳的分离

净化后的牛乳，是由脱脂乳和稀奶油组成。由于原料乳中的脂肪与非脂固体的含量随乳牛品种、地区、季节和饲养管理等因素不同而有较大差别。而在不同乳制品中，其脂肪和非脂固体的含量要求保持一定比例。因此，必须对原料乳进行标准化，调整乳中脂肪和非脂固体间的比例关系，使其比例符合产品要求。在完成这些工序之前，都有必要进行牛乳的分离。

（二）分离方法及设备

牛乳分离有重力分离和离心分离两种方法。由于离心分离在牛乳分离中具有分离速度高，分离效果好，便于实现自动控制和连续生产的特点，是牛乳分离的主要手段。

离心分离机根据其具体结构不同，有管式、室式、碟式三种形式。其中碟式分离机是在管式和室式分离机的基础上发展起来的一种高效离心分离机，是用于乳品分离的主要形式。图 1-25 所示为碟片式分离机结构。碟片分离机在转鼓内装有许多相互保持一定间距的锥形碟片，使液体在碟片间形成薄层流动而进行分离，可以减少液体扰动，减小沉降面积，从而大大增加分离效果和生产力。在碟片中部开有小孔，称为"中性孔"。物料从中心管加入，由底部分配到碟片层的"中性孔"位置，分别进入各层碟片之间，形成薄层分离。密度小的轻液在内侧，沿碟片上表面向中心流动，由轻液口排出；重液则在外侧，沿碟片下表面流向四周，经重液口排出。少量的固相颗粒则沉积于转鼓内壁，定期排出。

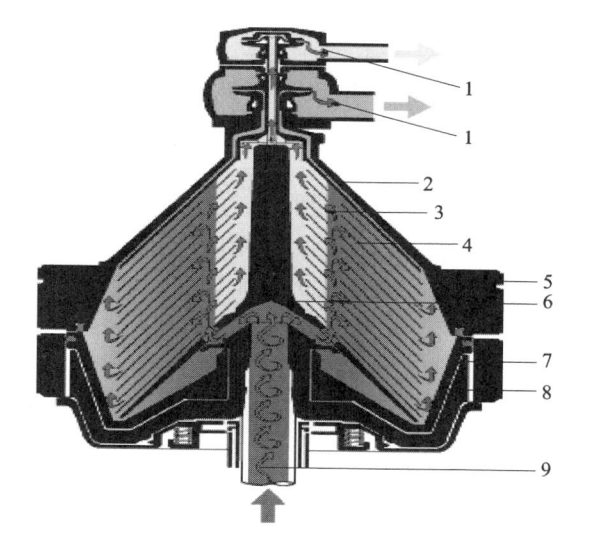

图 1-25　碟片式分离机

1—出口泵　2—钵罩　3—分配孔　4—碟片组　5—锁紧环

6—分配器　7—滑动钵底部　8—钵体　9—空心钵轴

（三）牛乳分离机操作要点

（1）要严格控制进料量，进料量不能超过生产能力。否则将影响分离效果。

（2）采用空载启动，即在分离机达到规定转速后，再开始进料，减少启动负荷。

（3）牛乳分离前，应预热，并经过净化，避免导致碟片堵塞，影响分离。

（4）牛乳分离过程中应注意观察脱脂乳和稀奶油的质量，及时取样测定。一般脱脂乳中残留的脂肪含量应为 0.01%~0.05%。

（四）影响牛乳分离效果的因素。

1. 转速

转速越高分离效果越好。但转速的提高受到分离机机械结构和材料强度的限制，一般控制在 7000r/min 以下。

2. 牛乳流量

进入分离机的牛乳流量应低于分离机的生产能力。若流量过大，分离效果差，脱脂不完全，稀奶油的获得率也较低，对生产不利。

3. 脂肪球大小

脂肪球直径越大，分离效果越好。但设计或选用分离机时还应考虑到需要分离的大量的小脂肪球。目前可分离出的最小的脂肪球直径为 1μm 左右。

4. 牛乳的清洁度

牛乳中的杂质会在分离时沉积在转鼓的四周内壁上，使转鼓的有效容积减少，影响分离效果。因此，应注意分离前的净化和分离中的定时清洗。

5. 牛乳的温度

乳温提高，黏度降低，脂肪球与脱脂乳的密度差增大，有利于提高分离效果。但应注意不要使温度过高，以避免引起蛋白质凝固或起跑，一般乳温控制在 35~40℃，封闭式分离机有时可高达 50℃。

6. 碟片的结构

碟片的最大直径与最小直径之差和碟片的仰角，对提高分离效果关系甚大。一般以碟片平均半径与高度之比为 0.45~0.70，仰角为 45°~60° 为佳。

7. 稀奶油含脂率

稀奶油含脂率根据生产质量要求调节。稀奶油含脂率低时，密度大，易分离获得；含脂率高时，密度小，分离难度大些。

【技能点 1-3-2】均质机的操作与维护

（一）均质机的原理

均质机是一种高压泵，加高压的牛乳通过均质阀流向低压部时，由于切变和冲击的力量，或者由于通过阀门后随着压力的急剧减少产生爆破作用，和通过阀门时由于产生气泡的破坏作用，也就是所谓空化效应等的力量，使脂肪球破碎。一般采用的压力为 17MPa。

生产上所用的均质机，有一段均质（图 1-26）和两段均质（图 1-27）。

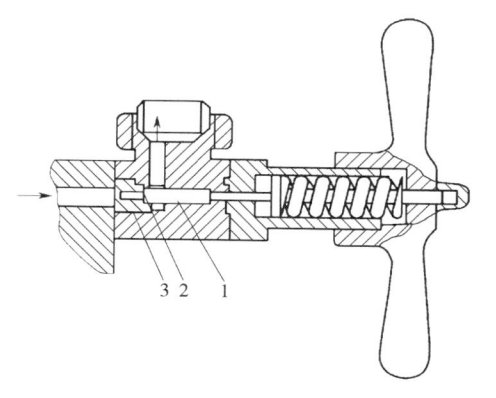

图 1-26　一般均质阀的构造
1—阀杆　2—内插密封圈　3—阀座

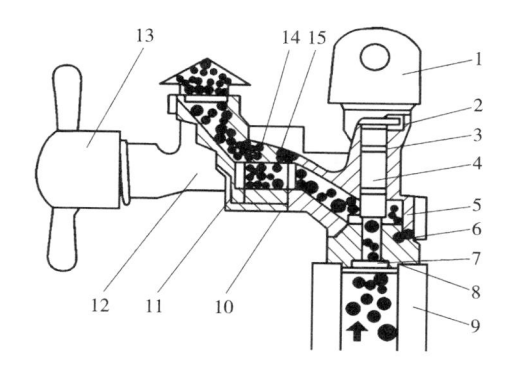

图 1-27　二段式均质机脂肪球破碎的示意图
1、13—均质阀调整螺母　2—均质阀调整弹簧导板　3、6、8、10、15—密封圈
4—第一段均质阀柱塞　5—冲击圈　7—第一段阀座　9—机头
11—第二段均质阀柱塞　12—第二段均质阀本体　14—第二段均质阀座

图 1-28 和图 1-29 是均质头及其液压系统结构示意图。在物料的入口处，柱塞泵使物料的压力从 0.3MPa 提升至 10~25MPa。液压泵的油压与阀芯的均质压力保持平衡。

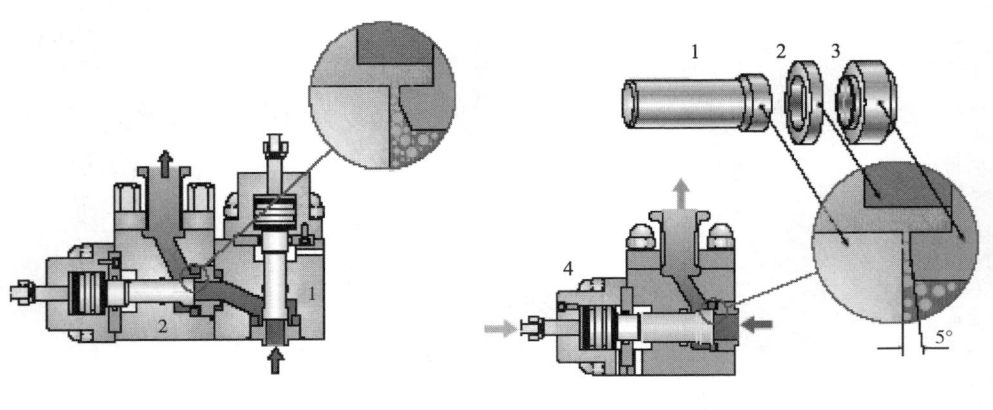

图 1-28　两级均质头
1—第一级均质　2—第二级均质

图 1-29　一级均质装置的组成
1—均质头　2—均质环　3—阀座　4—液压传动装置

（二）均质的工艺要求

（1）均质前需要进行预热，达到 60~65℃。

（2）均质方法一般采用二段式，即第一段均质使用较高的压力（16.7~20.6MPa），目的是破碎脂肪球。第二段均质使用低压（3.4~4.9MPa），目的是分散已破碎的小脂肪球，防止粘连。

（三）均质机的安全操作与维护

开机前应进行常规检查，首先检查各紧固件是否有松动，油箱油位、冷却水供应是否正常。其次检查调压手柄是否处于卸压状态，压力表是否完好。开机时应打开柱塞冷却水，供料正常后，开启启动按钮。加压时先将二级压力调至 5MPa，再缓慢将一级压力调至要求工作压力。停机程序为待物料快均质完时先下调一级压力再下调二级压力。然后打开旁通阀门，启动停车按钮，待杀菌机组清洗完后，关闭冷却水。最后应拆下缓压器人工清洗干净。

具体操作步骤如下：

（1）打开控制柜右门，闭合总电源电键。关闭控制柜右门。

（2）启动冰水循环泵及冰水机组，使冰水处于内循环状态。

（3）保温管连接至操作接至预定时间上（5s、10s、15s、300s）；启动供水泵；补充加热循环水；关闭物料冷却水，调节均质机（处于卸压状态）。打开加热蒸汽总阀，调节作用蒸汽压力至预定值。

（4）阀门（1）、阀门（3）处于短接状态，阀门（2）旋进。

（5）打开均质机、物料泵冷却水阀门，依次启动热水泵、均质机、物料泵，调杀菌温度于手动状态，并开启电动蒸汽阀门。让系统预热升温。

（6）热水温度升至 103℃时，调节电动蒸汽阀，使其稳定。

（7）随时补充物料平衡槽的水。

（8）出料温度升至 90℃时，运行 30min（对物料管杀菌）。

（9）旋进阀门（1），热水处于预热状态，物料处于冷却状态，调整蒸汽供给量（也可通过调节蒸汽压力实现）至杀菌温度 91～94℃（发酵乳杀菌温度），开启物料冷却水阀门并控制其流量，使出料温度达到预定出料温度。开始对物料实施杀菌。

（10）杀菌结束后，申请 CIP 清洗。

（11）停机操作　依次关闭蒸汽总阀、电动蒸汽阀、热水泵、均质机、物料泵、冷却水。

注意事项：均质机、物料泵的冷却水不能间断；注意维持均质机正常的油压；运行过程中，平衡罐内不能无料或水。

（四）均质效果检测

均质效果可以用以下方法来检验。

（1）显微镜检验　一般采用 100 倍的显微镜镜检，可直接观察均质后乳脂肪球的大小和均匀程度。在显微镜下直接用油镜镜检脂肪球的大小是最方便、最直接和快速的方法，但缺点是只能定性不能定量，而且要有较丰富的实践经验。

（2）均质指数法　用分液漏斗或量筒取 250mL 均质乳样，放在 4℃或 6℃保持 48h，然后检测上层 1/10 和下层 9/10 处的含脂率，最后根据下式算出均质指数，均质指数一般为 1～10。

$$均质指数 = F_{上层} - F_{下层} \times 100\%$$

（3）尼罗（NIZO）法　取 25mL 乳样在半径 250mm，转速为 1000r/min 的离心机内，于 40℃条件下离心 30min。然后取下层 20mL 样品和离心前样品分别测其含脂率，二者相除，乘以 100 即得尼罗值。一般巴氏杀菌乳的尼罗值在 50%～80%。此法较迅速，但精确度不高。

（4）激光测定法　激光光速通过均质乳样时，其光的散射决定于脂肪球的大小和数量，然后将结果转换成脂肪球分布图即可。此法快速准确，但仪器昂贵，不适于乳品厂使用。

【巩固提升】

（一）填空题

1. 测得牛乳中干物质含量为 12%，脂肪含量为 3%，那么非脂乳固体是（　　　　）%。

2. 酪蛋白在牛乳中以（　　　　）复合体存在。

3. 正常牛乳的酸度（　　　　）°T。

4. 挤出后的牛乳应立即冷却到（　　　　）℃。

5. "乳糖不耐症"是因为人体内缺少了（　　　　）。

6. 乳中除去水和气体之外的物质称为（　　　　）。

（二）名词解释

常乳、乳干物质、总酸度、固有酸度、发酵酸度、吉尔涅尔度。

（三）简答题

1. 乳的甜味、咸味来自哪些物质？

2. 乳的 D_4^{20} 值和 d_{15}^{15} 值之间如何换算？

3. 为什么刚挤出的乳不能测量其相对密度与酸度？

4. 我国酸度常用的表示方法有哪几种？

5. 乳的自然酸度由哪些物质引起？

6. 异常乳可以分为哪几大类？

7. 乳房炎乳的判断方法有哪几种？

8. 原料乳验收时应检验的指标有哪些？

9. 乳酒精试验的目的和意义是什么？

10. 原料乳过滤的常用方法有哪几种？

11. 乳净化时的要求有哪些？

12. 原料乳冷却的要求有哪些？

13. 原料乳冷却方法有哪些？各自优缺点是什么？

14. 原料乳为何要进行标准化？

15. 乳均质的意义和优缺点是什么？

16. 影响乳均质的因素有哪些？

（四）计算题

有 1000kg 含脂率为 3.5% 的原料乳，因含脂率过高，拟用含脂率为 0.2% 的脱脂乳调整，使标准化后的混合乳脂肪含量为 3.0%，需加脱脂乳多少？另有 1000kg 含脂率为 2.8% 的原料乳，欲使其脂肪含量为 3.0%，应加多少脂肪含量为 35% 的稀奶油？

（五）技能测试题

1. 将牛乳的感官验收项目的具体内容填入下表中。

验收项目	内容
牛乳的色泽	
牛乳的滋气味	
牛乳的组织状态	

2. 将牛乳的均质各项目的具体内容填入下表中。

验收项目	内容	
均质的目的和原理	目的： 原理：	
均质的条件	温度：	压力：
均质机的操作		
均质机操作及注意事项		

【知识拓展】

（一）中国奶业质量报告

《中国奶业质量报告》每年发布一次，权威介绍一年来奶业的整体生产情况、乳制品质量安全情况，目的是把国产乳品质量安全的情况告诉消费者，把奶业焕然一新的面貌展现给消费者，把全行业齐心协力建设现代奶业的信心和决心传递给消费者，让消费者放心选择、明白消费。

"十三五"开局以来，我国奶业以奶业供给侧结构性改革为主线，以保障乳品质量安全为核心，加快转变乳牛养殖方式，推动乳品加工优化升级，现代奶业建设不断向前迈进。2016 年，国务院有关部门继续加强乳品质量安全监管工作，进一步完善乳品法规标准体系，着力提高奶乳养殖水平，大力提升乳品企业竞争力，全过程严格监管婴幼儿配方乳粉，不断加大执法监管力度，构建严密的全产业链质量监管体系和高效安全的生产体系，有力保障了乳品质量安全。

《中国奶业质量报告（2017）》显示，我国乳源质量安全水平大幅提升，生鲜乳和乳制品质量安全水平处于历史最好时期。原农业部奶及奶制品质量监督检验测试中心（北京）按照原农业部统一部署，带领全国 45 家质检机构，连续 9 年实施全国生鲜乳质量安全监测计划，监测范围覆盖全国所有生鲜乳收购站和运输车。生鲜乳质量安全监管体系日趋完善，监管力度不断加强。截止到 2016 年，累计抽检生鲜乳样品 17.8 万批次，检测指标包括违法添加物、理化和微生物指标等 10 余项。生鲜乳抽检结果显示，三聚氰胺等违法添加物合格率连续多年保持在 100%；乳蛋白和乳脂肪平均值分别达到 3.22g/100g 和 3.87g/100g，菌落总数平均值降至 25 万 CFU/mL，体细胞数平均值为 59.2 万个/mL。主要质量卫生指标达到了发达国家水平。从产品的角度来看。全国乳制品抽检合格率 99.5%，婴幼儿配方乳粉抽检合格率 98.7%，在各类食品中位居前列，即使与国际相比较，也已经达到很高水平。

优质乳只能产自本土乳，进口乳并非好于国产乳。我国奶业从法规政策、标准制度的完善到现代化奶源建设、乳品生产质量控制都取得了显著的发展，实现我国民族奶业的全面振兴。在 2016 年，共有来自 19 个国家 10 类 154 批次进口乳产品不符合我国现行国家标准，被退货或销毁。该质检中心连续多年对国产和进口乳产品开展科学系统的比较评估，与国产乳产品相比，进口乳产品的热敏感指标糠氨酸含量明显偏高，β-乳球蛋白等活性蛋白含量显著低于国产乳产品，这说明牛乳的受热强度，有显著的差异，进口 UHT 灭菌乳产品存在过热加工风险，同时，进口乳产品还存在运输距离远和储存时间长等问题，进口乳产品很难为中国消费者担当起优质乳的重任。

发展奶业、提升奶业、振兴奶业，是推进农业供给侧结构性改革的重大任务，原农业部、工业和信息化部、商务部、原国家食品药品监督管理总局等部门，从奶源、产品和市场流通等环节对于乳制品进行监管，监管频次、力度、标准的严格程度，都是远超国外的。当前我国奶业发展势头向好，质量安全水平确实处于历史最好水平。

（二）喝牛乳的好处

牛乳中含有人体必须各种营养物质，这些营养物质组成比例适宜，极易被消化吸收。因此，牛乳被誉为大自然赐予人类"接近完美的食物"，适合各年龄段的人群饮用。

牛乳中含有蛋白质、脂肪、乳糖、钙、磷、维生素 B_1、维生素 B_2 以及其他多种矿物、维生素和生物活性物质（如乳铁蛋白、免疫球蛋白等）有利于人体健康的物质。

牛乳中的蛋白质含有人体所需的必需氨基酸，消化率达 96% 以上，是优质全价蛋白质。牛乳中的蛋白质具有轻度解毒的功能，可以阻止对砷、铅等重金属的吸收。

牛乳中的脂肪组成主要为短链和中链脂肪酸，由于脂肪球直径小，呈高度乳化状态，极易被人体吸收。

牛乳中的钙、磷不仅数量多，而且比例比较适当，人体最易吸收，对于佝偻病、老年骨质疏松症都有较好的预防和治疗作用；同时它与牛乳中的酪蛋白磷酸肽共同作用可以预防龋齿。

牛乳中的乳糖，是哺乳动物乳汁所特有的，经消化可得到葡萄糖和半乳糖，有利于婴幼儿大脑发育。

牛乳中的维生素 B_1、维生素 B_2 以及其他多种矿物质、维生素也都是人体营养和健康不可或缺的物质。

牛乳中还有含量较少，但种类繁多、功能强大的生物活性物质和许多未知因子，这些物质具有抗菌、生物稳定、降血压、抗黏附、抗糖尿病、抗胆固醇、抗癌、免疫调节、益生素和益生元作用。

可以说"终生喝奶，终身受益"。据考证，长寿民族都有长期喝奶的历史和风俗。为强壮民族，日本倡导"一杯奶强壮一个民族"，国民身高增加，国民素质提升。中国从建国初期的人均不足 0.5kg 增长至目前的 36kg 多，身高和素质也都有大幅提升。可以想象，随着经济收入的增加，随着消费理念的改善，我国居民乳品消费水平将大幅增加，未来达到膳食指南要求的每天 300g 的标准，强壮民族的梦想将不再遥远。

（三）非牛乳乳源介绍

1. 羊乳

羊乳是山羊或绵羊泌出的乳汁，羊乳味甘、性温，入胃、心、肾经；有滋阴养胃、补益肾脏、润肠通便、解毒的作用；可用于虚痨羸瘦、消渴、反胃、呃逆、口疮、漆疮等症。羊乳含蛋白质、脂肪、碳水化合物、维生素 A、维生素 B、钙、钾、铁等营养成分。现代营养学研究发现，羊乳中的蛋白质、矿物质，尤其是钙、磷的含量都比牛乳略高；维生素 A、维生素 B 含量也高于牛乳，对保护视力、恢复体能有好处。和牛乳相比，羊乳更容易消化，婴儿对羊乳的消化率可达94%以上。

国内外营养学家一致认为，羊乳是最接近人乳的乳品，被誉为"乳中之王"。羊乳粉恰好满足了部分对牛乳过敏的婴幼儿的需求。近年来，随着羊乳脱膻技术的进步，令消费者厌烦的膻味没有了，而羊乳乳味香浓、纯正的特点得到了保留。目前，我国山羊乳产量约占中国乳类总产量的3%，但在一些欧美发达国家，羊乳已成为人们生活的必需品，且品种齐全，市场占有率超过80%，大大超过牛乳。有专家预计，随着人们消费结构、消费意识、消费观念的深刻变化，羊乳粉走俏中国高端婴幼儿配方奶粉市场应该是情理之中的事。

2. 驴乳

驴乳蛋白中含有两类蛋白质，即酪蛋白和乳清蛋白。酪蛋白属于难溶性蛋白质，较难消化吸收；乳清蛋白属于可溶性蛋白质，更易被人体消化吸收。驴乳是乳清蛋白性乳类，生物学价值很高，在各种家畜乳中，驴乳的酪蛋白和乳清蛋白的比例最接近人乳。驴乳中富含必需脂肪酸，尤其是亚油酸，其含量占总脂肪酸的27.95%，分别比牛乳、人乳分别高25.36、18.38个百分点；亚油酸和亚麻酸的含量占脂肪酸的30.7%，因此驴乳是人体必须脂肪酸的最佳来源之一。此外，驴乳中矿物质含量较低，饮用后对肾脏形成的负担较轻，正好适合于婴幼儿肾功能不完善的特点。驴乳和人乳成分间的差异，较易通过配料进行调整。因此，驴乳是最适合的婴幼儿代乳品或代乳品基料。驴乳具有蛋白质中乳清蛋白比率高，氨基酸种类齐全，低脂肪、低胆固醇，脂肪中不饱和脂肪酸比率高，总矿物质含量较低等营养特点，基本化学成分和人乳非常相近，具有较大的开发利用价值。目前在新疆已经成功生产驴乳粉并上市的驴乳品牌有冻干工艺生产的"驴妈妈"品牌，低温喷雾干燥工艺生产的"花麒"驴乳等。

驴乳不仅具有较高的营养价值，而且具有较广泛的药用价值。早在《本草纲目》中就有记载："驴乳，气味甘，冷利，无毒，热频饮之可治气郁，解小儿热毒，不生痘疹"。驴乳在《中国药膳大辞典》《中华养生大辞典》中称："可入药、味甘、性寒；主治消渴，黄疸，小儿惊痫"。此外，由于驴乳具有美容的功效，还被广泛地应用于化妆品行业，从埃及王后及尼罗王妃时代开始，就有记载人们采用驴乳沐浴护理皮肤；古罗马的贵族妇女也曾用驴乳沐浴，使肌肤美白娇嫩。

3. 骆驼乳

骆驼被称为"沙漠之舟"，它独具耐饥饿、耐渴、耐劳、耐极端温度和严酷环境的性能。在我国荒漠草原畜牧业中，骆驼是唯一既是生产工具，又是生活资料的家畜品种，它兼有绒、乳、肉、皮等产品和役用等生产性能。骆驼乳是一种珍稀，极具营养价值的滋补佳品，它含有丰富的蛋白质、钙、维生素及胰岛素、乳铁蛋白等功能成分，具有治疗多种慢性疾病，改善人体免疫的作用。

我国目前约有骆驼 25 万峰，主要分布在内蒙古、新疆等五省区约 110 万平方千米的干旱荒漠草原上，据不完全统计，新疆约占全国总数的 20%。乌鲁木齐市达坂城地区是新疆的主要骆驼养殖基地之一，由于地理气候恶劣，风沙大、土壤盐碱含量高，不适宜农作物种植，戈壁滩上主要以骆驼刺生长为主，当地牧民以养殖骆驼为生。目前该地区骆驼养殖规模已达 1000 峰，每天生产骆驼鲜乳1000 多千克，牧民以销售散骆驼乳为主，每千克骆驼鲜乳售价达 20 元以上。近年来，随着消费者对骆驼乳营养保健价值的认同，作为一种天然的滋补食品，骆驼乳的市场需求日益扩大，促进了当地牧民骆驼养殖积极性提高，骆驼繁育养殖规模不断扩大。

4. 马乳

马乳营养丰富，其蛋白质中乳清蛋白所占比率较高，氨基酸种类齐全；脂肪含量较低，但人体必需脂肪酸（亚油酸和 α-亚麻酸）占比高；乳糖含量高；富含钙、磷、维生素 C、牛磺酸等功能性成分，具有较高的营养保健作用和开发利用价值。新疆是我国多民族聚居地和养马大省，维吾尔、哈萨克、蒙古等少数民族居民素有饮用马乳和酸马乳的传统，2014 年存栏马 89.4 万匹，占全国14.8%，居全国第一位，具有发展马乳生产的资源优势。2010 年以来，在科技界和企业界的共同努力下，新疆马乳生产有了一定发展，目前已有 2 家马乳制品加工企业，开发生产的马乳粉、酸马乳等产品，有的已销往内地省（区）市，受到消费者青睐。生马乳是马乳制品的原料，马乳粉是马乳主要产品和基础产品。

思政元素
中国乳业新技术、新发展

思政案例2：传统奶业向现代化奶业转变——
中国乳业高端化、智能化、绿色化发展

思政元素
爱国奉献、责任担当，践行社会主义核心价值观

思政案例3：抗疫排头兵，乳企在行动

学习情境二
液态乳加工技术

问题导入

1. 市场上销售的液态乳有哪些种类？它们有何不同？
2. 如何区分巴氏杀菌乳、超高温灭菌乳和调制乳？
3. 对原料乳进行热处理的目的是什么？热处理都有哪些方式？
4. 巴氏杀菌乳和超高温灭菌乳加工工艺有何异同？
5. 无菌包装是如何实现的？
6. 风味多样的调制乳是怎样生产的呢？

目标管理

1. 知识目标
（1）熟悉巴氏杀菌乳、超高温灭菌乳、风味乳饮料的基本概念和特点。
（2）掌握巴氏杀菌乳、超高温灭菌乳、风味乳饮料的基本生产工艺。
（3）掌握原料乳的预处理、标准化、均质、杀菌、无菌灌装的工艺操作。
（4）了解乳制品加工中就地清洗（CIP）清洗过程和注意事项。

2. 技能目标
（1）会进行巴氏杀菌乳生产和质量控制。
（2）会进行超高温灭菌乳的生产和质量控制。
（3）会进行风味乳饮料调制加工。

岗位认知

（1）乳品加工工　主要从事乳品加工设备和辅助设备的使用，对标准化物料或乳进行加工的人员。

（2）配料员　主要负责调味乳产品配料机所用设备器具清洗工作，做到领料品名、数量、配料总量准确无误，记录填写规范。

（3）均质机操作工　主要负责对标准化如进行均质使之达到工艺要求，进行均质机的操作、日常维护保养和清洗消毒。

（4）热处理操作工　根据工艺要求采用相应的热处理方式达到消毒、杀菌或灭菌的目的，进行热处理设备的操作、日常维护保养和清洗消毒。

（5）CIP 清洗员　主要负责 CIP 清洗工作，按清洗对象选择合适的清洗程序，达到有效的清洗效果。

任务一　巴氏杀菌乳加工技术

【任务描述】

巴氏杀菌乳是常见的历史悠久的一种乳制品，是一种既能达到杀菌目的又不损害原料乳的营养品质的乳制品。本任务的主要学习和技能训练内容包括巴氏杀菌乳的分类、巴氏杀菌乳的质量标准、巴氏杀菌乳的生产工艺和销售贮藏要求。

【知识准备】

【知识点 2-1-1】原料乳的热处理

（一）原料乳热处理目的

原料乳的热处理方式主要包括杀菌和灭菌，是乳品加工中最重要的工序，这一工序不仅影响产品的质量，而且影响风味和色泽，其目的主要在于：

（1）保证安全　热处理主要杀死致病菌，如结核杆菌、金黄色葡萄球菌、沙门菌、李斯特菌等病原菌，以及进入乳中的潜在病原菌、腐败菌，其中许多菌耐高温。

（2）延长保质期　主要杀死腐败菌和它们的芽孢，灭活乳中固有的或由微生物分泌的酶，抑制了脂肪自身的氧化引起的化学变质。

（二）原料乳热处理方式

从杀死微生物的观点来看，牛乳的热处理强度是越强越好。但是，强烈的热处理对牛乳的外观、味道和营养价值会产生不良的后果。如牛乳中的蛋白质在高温下变性，强烈的加热使牛乳味道改变，首先是出现"煮熟味"，然后是焦味。因此，时间和温度组合的选择必须考虑到微生物和产品质量两方面，以达到最佳效果。原料乳常见的热处理方式见表 2-1。

表 2-1　　　　　　　　　　　　　原料乳的热处理方法

热处理方法		温度/℃	时间
巴氏杀菌	初次杀菌	63~65	15s
	低温长时巴氏杀菌（LTLT）	63	30min
	高温短时巴氏杀菌（HTST）	72~75	15~20s
	超巴氏杀菌（ELS）	125~138	2~4s
灭菌	超高温瞬时灭菌（UHT）	135~140	2~4s
	带包装灭菌	115~120	20~30min

1. 初次杀菌

在许多的大型乳品厂中，收乳之后不能立即对所有的牛乳进行巴氏杀菌和加工处理。因此许多乳品厂先将牛乳预热至低于巴氏杀菌的温度，以暂时阻止细菌的生，也称预杀菌。预杀菌只是在特殊情况下采用，实际上，牛乳在到达乳品厂 24h 之内应全部进行巴氏杀菌。

2. 低温长时巴氏杀菌（LTLT）

最早采用的巴氏杀菌方法，是一种间歇式巴氏杀菌方法，即牛乳在 63℃ 条件下保持 30min 达到巴氏杀菌的目的。

3. 高温短时巴氏杀菌（HTST）

把牛乳加热到 72~75℃，15~20s 或 80~85℃，10~20s 后再冷却。具体时间和温度的组合可根据所处理的产品类型而变化。

4. 超巴氏杀菌

当产品货架期有特殊要求时，可以采用超巴氏杀菌。超巴氏杀菌的温度为 125~138℃，时间 2~4s，然后将产品冷却到 7℃ 以下贮存和分销，可使牛乳保质期延长至 40d 甚至更长。即延长保质期乳（ESL 乳）。

5. 超高温瞬时杀菌（UHT）

超高温处理是一个在密闭系统中连续的加工过程，这可以防止空气中微生物的污染。产品要连续快速地通过加热和冷却段。无菌灌装是加工过程中的重要部分，它可以防止产品的再次污染。

6. 带包装灭菌

带包装灭菌是灭菌最初的形式，现在仍然沿用，是对灌装后产品的灭菌，通常是加热到 115~120℃ 保持 20~30min。

（三）热处理原理

1. 传热理论

为了实现热传递，两种物质必须具有不同的温度。热量总是从高温物质向低温物质传递，如图 2-1 所示。温差越大，传热速度越快。在传热过程中，温差逐渐减小，传热速度减慢，当温度相等时，传热完全停止。

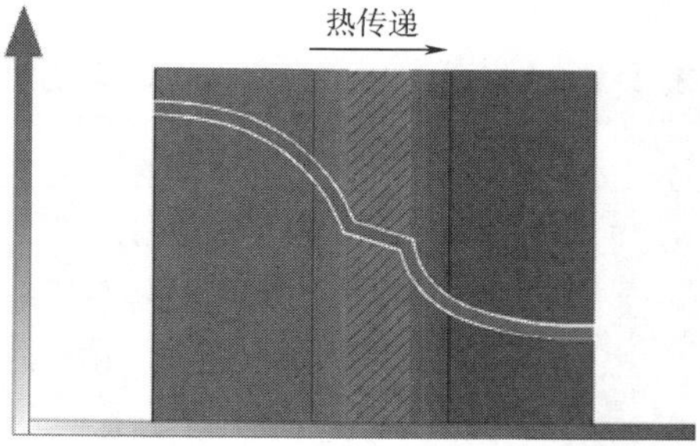

2. 传热方式

热传递方式有传导、对流和辐射三种。乳品厂中所有的传热

图 2-1　热量由加热介质传给间壁另一侧的冷产品

多以传导和对流的方式进行。经常使用直接加热和间接加热两种方法。

（1）直接加热是将加热介质与产品直接混合。使用较少，有些国家禁用。

（2）间接加热是在产品和加热介质或冷却介质之间放置了一个间壁物，热量由介质传到间壁，再由间壁传到产品。

间接加热是乳品厂中最常使用的方法。

3. 常用设备

常用的设备热交换器就是通过间接加热的方法来传递热量的。广泛应用的有三种类型的热交换器：板式热交换器、管式热交换器和刮板式热交换器。如图 2-2 所示。

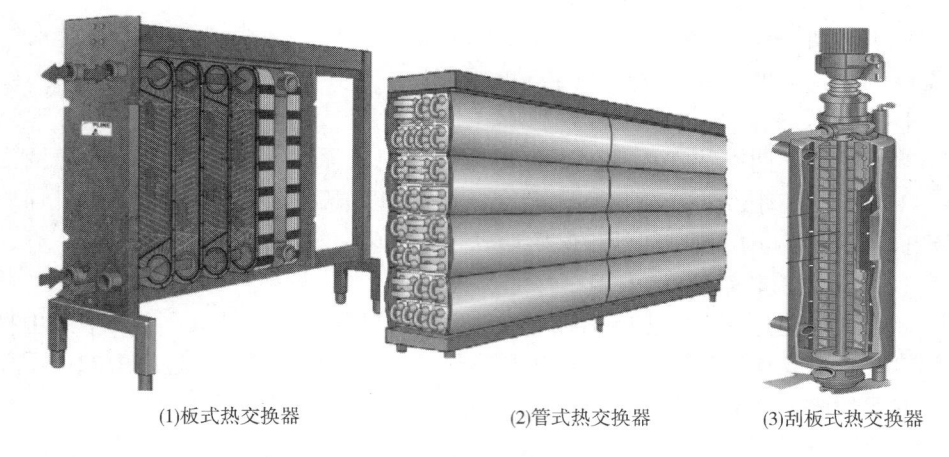

(1)板式热交换器　　　　(2)管式热交换器　　　　(3)刮板式热交换器

图 2-2　热交换器

（1）板式热交换器　乳制品的热处理大多在板式热交换器中进行。板式热

交换器常常缩写成 PHE，由夹在框架中的一组不锈钢板组成。该框架可以包括几个独立的板组——区段不同的处理阶段，如预热、杀菌，冷却等均可在此进行。根据产品要求的出口温度，热介质是热水，冷介质可以是冷水、冰水或丙基乙二醇。

（2）管式热交换器　在某些情况下，管式热交换器也用于乳制品的巴氏杀菌/超高温处理。管式热交换器可以处理含有一定颗粒的产品。颗粒的最大直径取决于管子的直径。从热传递的观点看，管式热交换器比板式热交换器的传热效率低。管式热交换器现有两种截然不同的类型：多个/单个流道，多个/单个管道。

（3）刮板式热交换器　用于加热和冷却黏稠的成块的产品或是用于产品的结晶。产品一侧的工作压力很高，所以凡是能泵送的产品均可用此设备处理。

【知识点 2-1-2】巴氏杀菌乳概述

（一）巴氏杀菌乳的概念

巴氏杀菌乳又称为市售乳，消毒乳，是以鲜牛乳为原料，经过离心净化、标准化、均质、杀菌和冷却，以液体状态灌装，供消费者直接食用的商品乳。

《GB 19645—2010 食品安全国家标准　巴氏杀菌乳》中的定义为，巴氏杀菌乳（pasteurized milk）仅以生牛（羊）乳为原料，经巴氏杀菌等工序制得的液体产品。

（二）巴氏杀菌乳的种类

人们根据脂肪含量、营养成分、原料来源不同对巴氏杀菌乳进行分类。

1. 按脂肪含量不同

巴氏杀菌乳分为全脂乳、高脂乳、低脂乳和脱脂乳。

2. 按营养成分不同

巴氏杀菌乳可分为：

（1）普通消毒乳　除脂肪含量标准化调整外，其他成分不变。

（2）强化牛乳　根据不同消费群体的日常营养需要，有针对性地强化维生素和矿物质。如早餐乳，学生专用乳等。

（3）调配乳　将牛乳的成分进行调整，使其接近母乳的成分和性质，更适合婴幼儿饮用。

3. 按添加风味不同

巴氏杀菌乳分为可可乳、巧克力乳、草莓乳、香蕉乳、菠萝乳以及调制酸乳等。

【知识点 2-1-3】巴氏杀菌对乳成分的影响

（一）对微生物的影响

巴氏杀菌能够杀死牛乳中绝大多数的细菌，但并不是灭菌。细菌的孢子和牛乳中的耐热菌很难通过巴氏杀菌来杀死。因此，巴氏杀菌必须在适当的冷藏条件下贮藏（4℃以下）。在欧洲巴氏杀菌乳细菌总数不能超过 3 万个/mL，美国规定不能超过 2 万个/mL。

（二）对营养成分的影响

巴氏杀菌对牛乳营养成分的影响很小，脂溶性维生素 A、维生素 D 的损失不明显。巴氏杀菌乳中乳清蛋白变性为 3%~5%。

（三）对酶的影响

在巴氏杀菌过程中的一些内源性酶被破坏，脂肪酶和蛋白分解酶的破坏可以大大降低脂肪和蛋白质的分解，防止牛乳产生不良的风味，延长牛乳的货架期。

【知识点 2-1-4】巴氏杀菌乳的包装、贮存和分销

（一）包装的目的

包装的目的主要为便于分送和零售，防止外界杂质混入成品中和微生物再污染，保存风味和防止吸收外界气味而产生异味，以及防止维生素等营养成分受损失等。

（二）包装材料及形式

1. 包装材料

包装材料应具有以下特性：能保证产品的质量和营养价值；能保证产品的卫生及清洁，对内容物无任何污染；避光、密封，有一定的抗压强度；便于运输；便于携带和开启；便于灌装、适宜自动化生产；有一定的美观装饰作用。

2. 包装形式

巴氏杀菌乳的包装形式主要有玻璃瓶、聚乙烯塑料瓶、塑料袋、复合塑纸袋和纸盒等。

（三）包装注意事项

在巴氏杀菌乳的包装过程中，要注意：避免二次污染，包括包装环境、包装材料及包装设备的污染；避免灌装时产品的升温；包装设备和包装材料的要求要高等。

（四）巴氏杀菌乳的贮存、分销

在巴氏杀菌乳的储存和分销过程中，必须保持冷链的连续性，尤其是出厂转运过程和产品的货架贮存过程是冷链的两个最薄弱环节。贮存温度一般为 4~6℃。贮藏期为 8~10d。巴氏杀菌乳在贮存、分销时要注意：小心轻放；远离有异味的物质；避光；防尘和避免高温；避免强烈震动等。

【技能训练】

【技能点 2-1-1】巴氏杀菌乳的加工

一般在巴氏杀菌乳的生产过程中，牛乳需经冷却、离心、净乳、预热均质和巴氏杀菌。巴氏杀菌乳的生产工艺流程如下：

原料乳验收 ⟶ 预处理 ⟶ 标准化 ⟶ 均质 ⟶ 巴氏杀菌 ⟶ 冷却 ⟶

灌装封口 ⟶ 装箱 ⟶ 冷藏

巴氏杀菌乳的加工工艺各企业有所不同，最简单的全脂巴氏杀菌乳加工生产

线应配备巴氏杀菌机、缓冲罐和包装机等设备。图 2-3 所示为一种巴氏杀菌乳
生产工艺流程图。

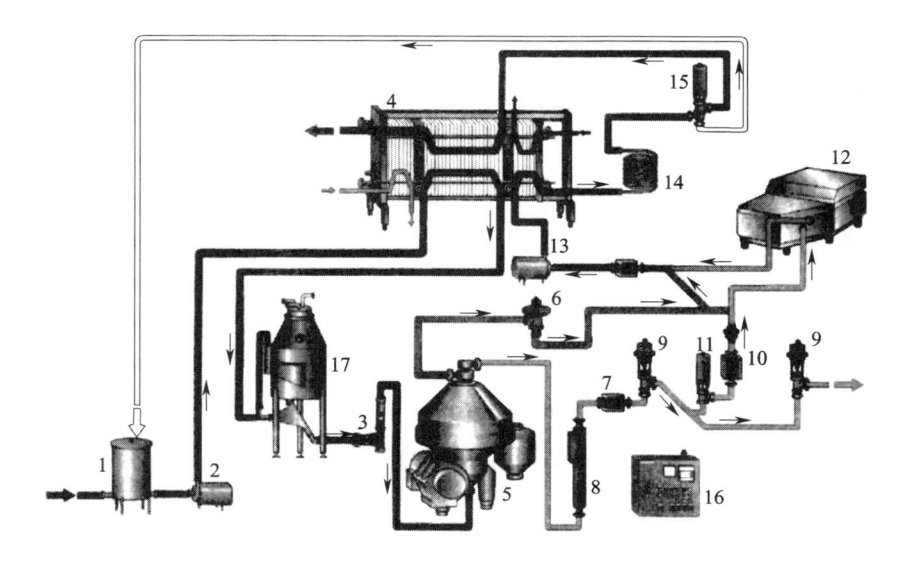

图 2-3　巴氏杀菌乳生产工艺流程图

1—平衡槽　2—进料泵　3—流量控制器　4—板式热交换器　5—分离机　6—稳压阀
7—流量传感器　8—密度传感器　9—调节阀　10—截止阀　11—检查阀　12—均质机
13—增压泵　14—保温管　15—转向阀　16—控制柜　17—闪蒸罐

工艺流程解析与操作要点如下。

1. 离心

牛乳经过平衡槽（1）进入到生产线，（如果牛乳中含有大量的空气或异常
气味物质就要脱气，脱气是在真空脱气机中进行）被泵（2 进料泵）入到板式换
热器（4），先预热然后再到分离机（5），在这里经离心分离成脱脂乳和稀奶油。

2. 标准化

不管进入分离机的原料乳含脂率和流速发生任何变化，从分离机流出来的稀
奶油的含脂率都能调整到要求的标准，并保持这一标准。稀奶油部分的含脂率通
常调到 40%，也可调到其他标准，例如，如该稀奶油打算用来生产黄油，则可
调到 37%。稀奶油含脂率通过控制系统保持恒定，此系统包括流量传感器（7）、
密度传感器（8）、调节阀（9）和标准化控制系统（16）。

3. 均质

经过标准化系统之后，稀奶油分成两路：一路接着进行均质，同时保证有适
当的每小时流过的容积来达到市乳最后所要求的含脂率；另一路为多余稀奶油，
被送到稀奶油加工车间。均质机的生产能力需仔细计算并且要确定流速。

4. 巴氏杀菌

离开分离机的稀奶油和脱脂乳并不立即混合，而是刚好在进入流量传感器（7）之前在管道中进行。在进行巴氏杀菌之前，含脂率10%的稀奶油最后在管中与脱脂乳混合达到3%的含脂率。经过含脂率标准化的乳，被泵入到板式换热器的加热板中进行巴氏杀菌，所需的保温时间由单独的保温管（14）所保证，巴氏杀菌温度被连续记录下来。

5. 回流控制

泵（13）是升压泵，即增加了产品的压力，这样如果板式换热器发生渗漏，经巴氏杀菌的乳不会被未加工的乳或冷却介质所污染。如果巴氏杀菌的温度降低了，可被温度传感器所测到。信号促使开启转向阀（15），牛乳流向平衡槽（1）。

6. 冷却灌装

巴氏杀菌后，牛乳流到板式换热器冷却段，先与流入的未经处理的乳进行回收换热，本身被冷却，然后在冷却段再由冰水进行冷却，冷却后牛乳被泵入到灌装机。

【技能点2-1-2】巴氏杀菌乳杀菌效果检验

（一）乳中过氧化物酶试验（淀粉碘化钾法）

1. 原理

过氧化物酶能使过氧化物分解产生［O］，而［O］能氧化还原性物质（如碘化钾），I_2遇淀粉产生蓝色反应。

$$H_2O_2 \xrightarrow{\text{过氧化物酶}} [O] + H_2O$$
$$2KI + [O] \longrightarrow I_2 + 2KOH$$

2. 仪器与药品

试管、5mL吸管、3%淀粉碘化钾溶液、2%过氧化氢溶液。

3. 操作方法

吸取3~5mL乳样于试管中，加3% KI淀粉溶液5滴和2% H_2O_2两滴，摇匀，然后观察乳样在1min内有无颜色变化。

4. 判定标准

无蓝色变化则说明乳中无过氧化化酶，说明乳已经过63℃、30min巴氏杀菌。有蓝色变化则说明乳中有过氧化物酶，说明乳未经巴氏杀菌或经杀菌后又混入了生乳。

颜色反应如在1min后发生，这并不是过氧化物酶的作用，而是H_2O_2性质不稳定，能逐渐分解产生［O］。所以，检查时必须注意变化的时间。

（二）磷酸酶试验（酚酞磷酸钠法）

1. 原理

酚酞磷酸钠在磷酸酶的作用下分解，产生酚酞和磷酸氢二钠。氨缓冲溶液为碱性，所产生的酚酞使溶液变红。根据颜色有无变红，可确定乳中有无磷酸酶的存在。

反应式如下：

酚肽磷酸钠　　　磷酸酶　　　酚肽

2. 仪器与药品

试管、1mL 吸管、2mL 吸管、水浴箱、氨缓冲液、酚酞磷酸钠溶液。

3. 操作方法

吸取 2mL 乳样于试管中，加 1mL 酚酞磷酸钠溶液，摇匀，放于 40~45℃ 的水浴箱内加热，每隔 10min 或 1h 观察一次内容物的颜色变化情况。

4. 判定标准

无颜色变化则说明磷酸酶已破坏，乳经过 80℃ 以上的巴氏杀菌。出现红色或鲜红色则说明磷酸酶未破坏，乳未经巴氏杀菌或杀菌后又混入生乳。

【质量控制】

巴氏杀菌乳产品的质量标准应符合《GB 19645—2010 食品安全国家标准 巴氏杀菌乳》的规定，包括原料要求、感官要求、理化指标、污染物限量、真菌毒素限量、微生物限量、其他包装要求等。产品在出厂前按照 GB 19645—2010 进行检验，各项指标要符合表 2-2 中的质量要求。

表 2-2　　　　　　　　　　　巴氏杀菌乳质量标准

项目		指标	检验方法
感官要求	色泽	呈均匀一致的乳白色，或微黄色	取适量试样置于 50mL 烧杯中，在自然光下观察色泽和组织状态。闻其气味，用温开水漱口，品尝滋味
	滋味和气味	具有乳固有的滋味和气味，无异味	
	组织状态	均匀的液体，无沉淀，无凝块，无黏稠现象	
理化指标	脂肪含量* /（g/100g）≥	3.1	GB 5413.3
	蛋白质 /（g/100g） 牛乳 ≥ 羊乳 ≥	2.9 2.8	GB 5009.5
	非脂乳固体含量/（g/100g）≥	8.1	GB 5413.39
	酸度/（°T） 牛乳 羊乳	12~18 6~13	GB 5413.34
* 仅适用于全脂巴氏杀菌乳			

续表

项目		指标				检验方法
		采样方案*及限量（若非指定，均以 CFU/g 或 CFU/mL 表示）				
		n	c	m	M	
微生物限量	菌落总数	5	2	50000	100000	GB 4789.2
	大肠菌群	5	2	1	5	GB 4789.3 平板计数法
	金黄色葡萄球菌	5	0	0/25g（mL）	—	GB 4789.10 定性检验
	沙门菌	5	0	0/25g（mL）	—	GB 4789.4
	* 样品的分析及处理按 GB 4789.1 和 GB 4789.18 执行					
污染物限量	应符合 GB 2762 的规定					
真菌毒素限量	应符合 GB 2761 的规定					
其他	应在产品包装主要展示面上紧邻产品名称的位置，使用不小于产品名称字号且字体高度不小于主要展示面高度五分之一的汉字标注"鲜牛（羊）奶"或"鲜牛（羊）乳"					

任务二　超高温灭菌乳加工技术

【任务描述】

超高温灭菌乳是一种具有较长保质期的可直接饮用的乳制品。本任务的主要学习和技能训练内容包括灭菌乳的定义和种类、超高温灭菌乳概念和灭菌原理、超高温灭菌方法、超高温灭菌纯乳的加工工艺和质量标准以及工艺特点和无菌灌装技术。

【知识准备】

【知识点 2-2-1】　灭菌乳概述

灭菌乳系指以鲜牛乳为原料，经净化、标准化、均质、灭菌和无菌包装或包装后再进行灭菌，从而具有较长保质期的可直接饮用的商品乳。

根据热处理灭菌条件不同，灭菌乳可分为三类。

（1）一次灭菌乳　将乳装瓶后，用 110~120℃、10~20min 加压灭菌。

（2）二次灭菌乳　将乳预先经巴氏杀菌，装入容器后，再用 110~120℃、10~20min 加压灭菌。

（3）超高温灭菌乳　一般采用 130~150℃、0.5~4s 杀菌。通过升高灭菌温度和缩短保持时间也能达到相同的灭菌效果。这种灭菌方式称为超高温灭菌。

《GB 25190—2010 食品安全国家标准　灭菌乳》中超高温灭菌乳的定义为：以生牛（羊）乳为原料，添加或不添加复原乳，在连续流动的状态下，加热到至少 132℃ 并保持很短时间的灭菌，再经无菌灌装等工序制成的液体产品。

【知识点 2-2-2】超高温灭菌方法及原理

超高温灭菌法（UHT）是英国于 1956 年开始，1957—1965 年通过大量的基础理论研究和细菌学实验后才用于生产的。超高温灭菌方式的出现，大大改善了灭菌乳的特性，在保证灭菌效率的同时降低了产品的化学变化。超高温瞬时灭菌乳，无需冷藏，可在常温下长期保存，具有卫生、安全、快捷等优点。现在乳品企业多采用 UHT 杀菌。

通常导致产品变质的微生物包括加工过程中残留的耐热微生物或灭菌后再污染的微生物。再污染的微生物包括热敏性和耐热性微生物（如芽孢）。研究发现，以嗜热脂肪芽孢杆菌的孢子来确定不同温度下的残留情况：温度上升 10℃，杀死孢子的速度上升 11 倍；以枯草芽孢杆菌做实验，杀菌温度每上升 10℃，孢子杀死速度可达 30 倍。牛乳在高温处理的过程中，最普遍的化学变化之一是，蛋白质和还原糖作用（褐变作用）。实验表明，杀菌温度每上升 10℃，褐变现象增大 2.5~3 倍。这说明，杀菌温度越高，其杀菌效果越大，引起的化学变化也越大。

杀菌效果是由杀菌效率（SE）来衡量的。杀菌效率是杀菌前后孢子数的对数比来表示的：

$$SE = \lg \frac{P}{F}$$

式中　SE——杀菌效率

　　　P——表示杀菌前的原始孢子数

　　　F——表示杀菌后的最终孢子数

把已知数量的枯草芽孢杆菌的孢子移植到原乳中，然后用超高温设备处理，实验结果如下：杀菌温度不同、时间相同（4s）时，其杀菌效率接近，见表 2-3。同时实验在 135℃、4s 条件下，移植不同数量的孢子进行杀菌，其杀菌效率接近。所以，超高温灭菌乳通常采取的灭菌条件为 137℃、4s。

表 2-3　　　　　　杀菌温度不同、时间相同（4s）的杀菌效率

温度/℃	原始孢子数/（个/mL）	最终孢子数/（个/mL）	杀菌效率 SE
140	45 万	0.0004	>9
135	45 万	0.0004	>9
130	45 万	0.0007	8.8
125	45 万	0.45	6

一般灭菌乳成品的商业标准为：不得超过 1/1000 孢子数。例如假设我们要加工 10000L 的产品，其中含耐热芽孢 100CFU/mL，若灭菌效率 SE 为 8，则整批产品中的残留芽孢数为：

$$10000×1000×100/10^8 = 10 （个）$$

通过超高温加工，整批产品中将有 10 个芽孢残存。如将产品在理想的无菌灌装状态下分装于 10000 个 1L 容器中，这 10 个芽孢我们假设代表着 10 个含有单个芽孢的容器，或者说 10000 个容器中含有 10 个芽孢。我们再假设残存的每个芽孢在条件适宜时足以使产品变质，因此每个容器含有 1/1000 个芽孢就等于 1000 个容器中含有 1 个芽孢，因此就导致 1000 个产品中有 1 个变质，或者说是有 0.1% 的产品变质。这就是我们通常所说的 0.1% 胀包率。

【知识点 2-2-3】超高温灭菌加热系统

超高温加工是指将产品加热到 135~142℃ 保持几秒钟，然后冷却到一定温度后再进行无菌灌装。生产上基于各种因素设计出了不同类型的超高温加工系统，这些加工系统虽都能生产出令人满意的产品，但每种系统又各具特点，应用范围有所不同。常用的有以下两种方法：直接系统和间接系统。见表 2-4。

表 2-4 　　　　　　　　　　　　UHT 加热介质和加热系统

加热介质	加热系统	
蒸汽或热水加热	间接加热	板式加热
		管式加热（中心管式和壳管式）
		刮板式加热
	直接蒸汽加热	直接喷射式（蒸汽喷入牛乳）
		直接混注式（牛乳喷入蒸汽）

1. 直接系统

在"直接系统"中，产品进入系统后与加热介质直接接触，随之在真空缸中闪蒸冷却，及最后间接冷却至包装温度，直接系统可分为：蒸汽注射系统（蒸汽注入产品）和蒸汽混注系统（产品进入充满蒸汽的罐中）。

即牛乳先经预热后，有蒸汽直接喷入牛乳中或牛乳喷入蒸汽中两种方式，使乳在瞬时被加热到 140℃，然后进入真空室，由于蒸发立即冷却，最后在无菌条件下进行均质、冷却。牛乳变化大致如下：原料乳（5℃）→预热至 75℃→蒸汽直接加热至 140℃（保温 4s）→冷却至 76℃→均质（压力 15MPa~25MPa）→冷却至 20℃→无菌储罐→无菌包装。

2. 间接系统

在"间接系统"中，热量从加热介质中通过一个间壁（板片或管壁）传送到产品中。间接系统可分为板式热交换器、管式热交换器、刮板式热交换器。

间接加热系统根据热交换器传热面的不同可分为板式热交换系统（图2-4）和管式热交换系统（图2-5），某些特殊产品的加工使用刮板式加热系统。原料乳在（板式或管式）热交换器内被前阶段的高温灭菌乳预热至66℃（同时高温灭菌乳被新进乳冷却），然后经过均质机，在15~25MPa的压力下进行均质。之后进入（板式或管式）热交换器的加热段，被热水系统加热至137℃，进入保温管保温4s，然后进入无菌冷却，由137℃降到76℃，最后进入回收阶段，被5℃左右的新进乳冷却至20℃，进入无菌贮藏罐贮藏。间接加热工程中牛乳温度变化大致如下：原料乳（5℃）→预热至66℃→加热至137℃（保温4s）→水冷却至76℃→均质（压力15~25MPa）→被新进乳（5℃）冷却至20℃→无菌贮罐→无菌包装。

[说明]

原料乳在加热过程中是不能沸腾的，因为沸腾后所产生的蒸汽将占据系统的流道，从而减少了物料的灭菌时间，使灭菌效率降低。在间接加热系统中，沸腾往往产生于灭菌段。为了防止沸腾，原料乳在最高温度时必须保持一定的背压使其等于该温度下的饱和蒸汽压。由于乳中水分含量很高，因此这一饱和蒸汽压必须等于灭菌温度下的饱和蒸汽压，135℃需保持0.2MPa的背压以避免料液沸腾，150℃则需0.375MPa的背压。经验介绍，生产中背压设置至少要比饱和蒸汽压高0.1MPa。所以，在超高温板式热交换器的灭菌段就需要保持0.4MPa的背压。

板式热交换器间接加热工作过程（图2-4）：间接加热类型的超高温灭菌设备生产能力可高达30000L/h，标准化后的牛乳由贮存罐泵送至超高温灭菌系统的平衡槽（1），由此经供料泵（2）送至板式热交换器的热回收段。在此段中，标准乳被已经UHT处理过的乳加热至75℃，同时，UHT乳被冷却。预热后的标准乳随即在18~25MPa的压力下均质（均质机4）。均质后的标准乳继续到板式热交换器的加热段被加热至137℃，加热介质为一封闭的热水循环，通过蒸汽喷射头（5）将蒸汽喷入循环水中控制温度。加热后，标准乳流经保温管（6），保温管的容量保证保温时间为4s。最后，进入冷却段，首先与循环热水的换热，随后与进入系统的冷标准乳换热，离开热回收段后，标准乳完全变成UHT乳，直接连续流到无菌包装机或流向一个无菌罐作中间贮存。

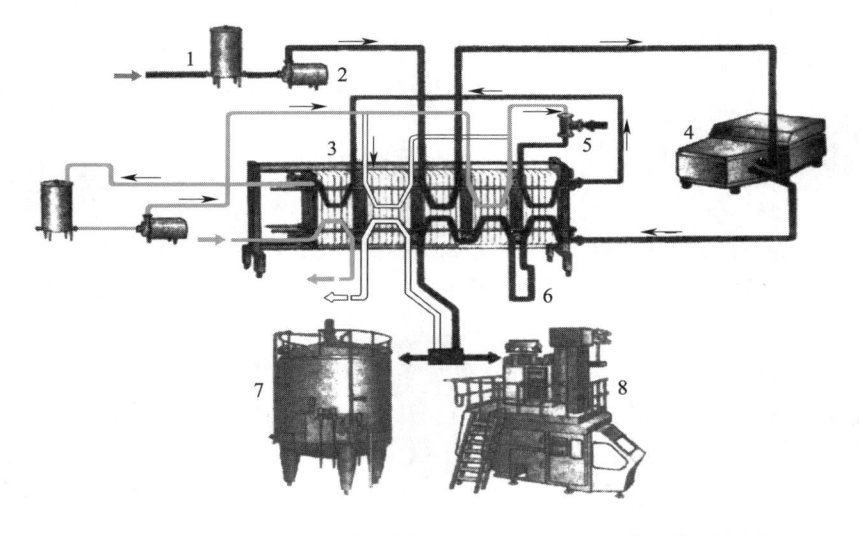

图 2-4　以板式热交换器间接加热的间接超高温灭菌系统示意图

1—平衡槽　2—供料泵　3—板式热交换器　4—均质机

5—蒸汽喷射头　6—保温管　7—无菌缸　8—无菌灌装

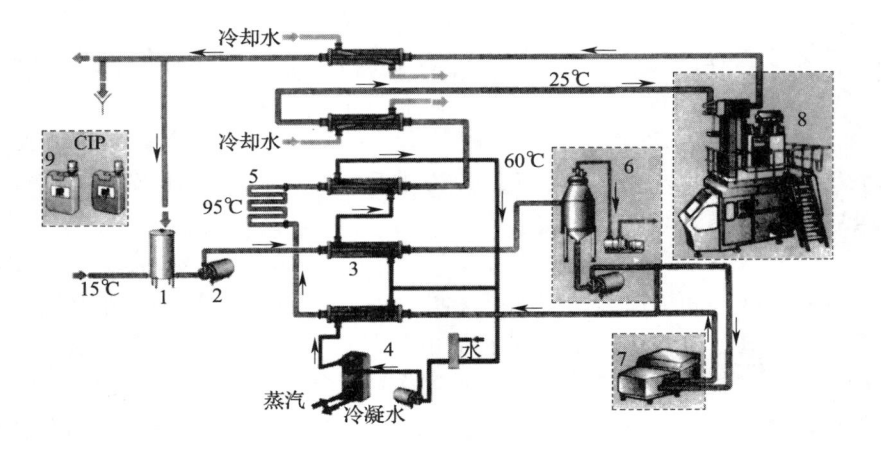

图 2-5　以管式换热器为基础的间接超高温灭菌系统示意图

1—平衡槽　2—供料泵　3—管式换热器　4—热水系统

5—保温管　6—闪蒸罐　7—均质机　8—无菌包装机　9—CIP

【知识点 2-2-4】无菌包装

　　UHT 灭菌乳多采用无菌包装。经过超高温灭菌生产出的商业无菌产品，是以整体形式存在的。必须分装于单个的包装中才能进行贮存、运输和销售，使产品具有商业价值。因此，无菌包装系统是生产超高温灭菌乳不可缺少的。

所谓的无菌包装是将杀菌后的牛乳，在无菌条件下装入事先杀过菌的容器内，该过程包括包装材料或包装容器的灭菌。由于产品要求在非冷藏条件下具有长货架期，所以包装也必须提供完全防光和隔氧的保护。这样长期保存鲜乳的包装需要有一个薄铝夹层，其夹在聚乙烯塑料层之间。无菌包装的 UHT 灭菌乳在室温下可贮藏 6 个月以上。

1. 包装容器的材料及灭菌方法

用于灭菌乳包装的材料较多，生产中常用的有复合硬质塑料包装纸、复合挤出薄膜和聚乙烯（PE）吹塑瓶。

容器灭菌的方法也有很多，包括物理法（紫外线辐射、饱和蒸汽）和化学试剂法（过氧化氢 H_2O_2）。

（1）紫外线辐射灭菌　波长 265nm 的紫外线，具有很强的杀菌力。杀菌原理是细菌细胞中的 DNA 直接吸收紫外线而被杀死。因此，紫外线杀菌灯在乳品工厂被广泛采用。主要用于空气杀菌。其缺点为只对照射的表面有杀菌效果。

（2）饱和蒸汽灭菌　饱和蒸汽灭菌是一种比较可靠、安全的灭菌方法。

（3）双氧水（H_2O_2）灭菌　由于双氧水的强氧化作用，使微生物（包括芽孢）破坏，而且处理后容易排除。因此，这种方法被广泛采用。与热灭菌过程一样，H_2O_2 灭菌的主要影响因素也是时间和温度。总体来说，目前双氧水灭菌系统主要有两种，一种是将 H_2O_2 加热到一定温度，然后对包装盒或包装材料进行灭菌。这种灭菌一般在 H_2O_2 水槽中进行。另一种是将 H_2O_2 均匀地涂布或喷洒于包装材料表面，然后通过电加热器或辐射或热空气加热蒸发 H_2O_2，从而完成灭菌过程。用于这种灭菌的 H_2O_2 中一般要加入表面活性剂以降低聚乙烯的表面张力，使 H_2O_2 均匀分布于包装材料表面。真正的灭菌过程是在 H_2O_2 加热和蒸发的过程中进行的。由于水的沸点低于 H_2O_2 的，因此灭菌是在高温、高浓度的 H_2O_2 中，很短时间内完成的。在实际生产中，H_2O_2 的体积分数一般为 30%~35%。

2. 无菌包装系统的类型

无菌包装系统形式多样，但究其本质不外乎包装容器形状的不同、包装材料的不同和灌装前是否预成型。无菌纸包装系统广泛应用于液态乳制品，纸包装系统主要分为两种类型，即包装过程中的成型和预成型。

包装所用的材料通常是纸板内外都覆以聚乙烯，这样包装材料能有效地阻挡液体的渗透，并能良好地进行内、外表面的封合。为了延长产品的保质期，包装材料中要增加一层氧气屏障，通常要复合一层很薄的铝箔，如聚乙烯/纸/聚乙烯/铝箔/聚乙烯/聚乙烯等复合包装材料。

纸卷成型包装系统是目前使用最广泛的包装系统。包装材料由纸卷连续供给包装机，经过一系列成型过程进行灌装、封合和切割。纸卷成型包装系统典型的包装机为 TBA/3 型（图 2-6）、TBA/19、TBA/21、TBA/22 型（图 2-7）。

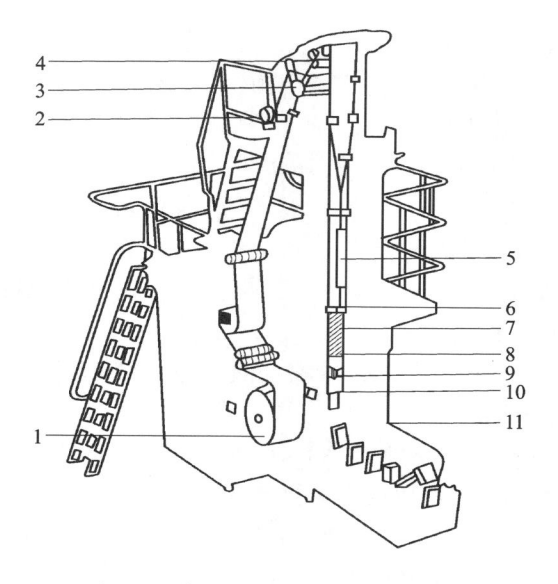

图 2-6　典型的 TBA-3 型包装机结构

1—纸卷　2—纵封贴条　3—辊轮　4—对压辊轮　5—纵封加热器　6—导轮

7—加热器　8—液位控制　9—灌注管　10—横封　11—终端成型处

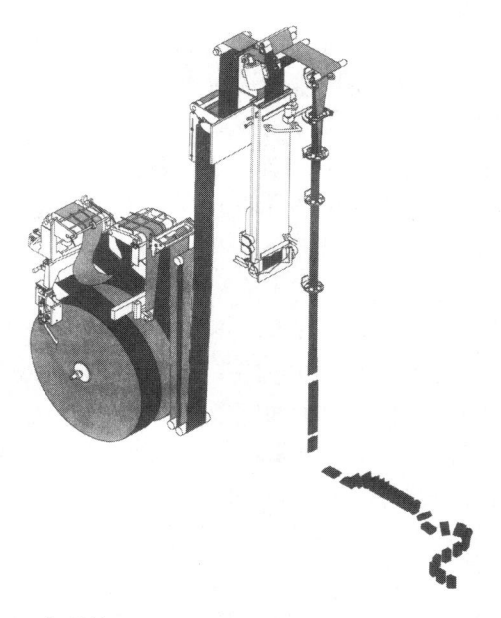

图 2-7　典型的 TBA/19、TBA/21、TBA/22 型包装机结构

3. 无菌罐

无菌罐，用于 UHT 处理乳制品的中间贮存。

最终产品由 UHT 设备直接进行包装，UHT 系统要求有一个不少于 300L 的产品回流，产品回流循环可以保持灌装的压力的稳定。对过度处理敏感的产品不能使用这一回流，这时就必须由无菌罐来提供灌装机的流量压力要求。

在 UHT 线上、无菌罐可有不同的用途，但这要取决于设备的设计以及生产和包装线的不同单元的生产能力，如图 2-8 所示。

（1）如果包装机中有一台意外停机，无菌罐用于照应停机期间的剩余产品。

（2）两种产品同时包装，首先将一个产品贮满无菌罐，足以保证整批包装，随后，UHT 设备转换生产另一种产品并直接在包装机线上进行包装。

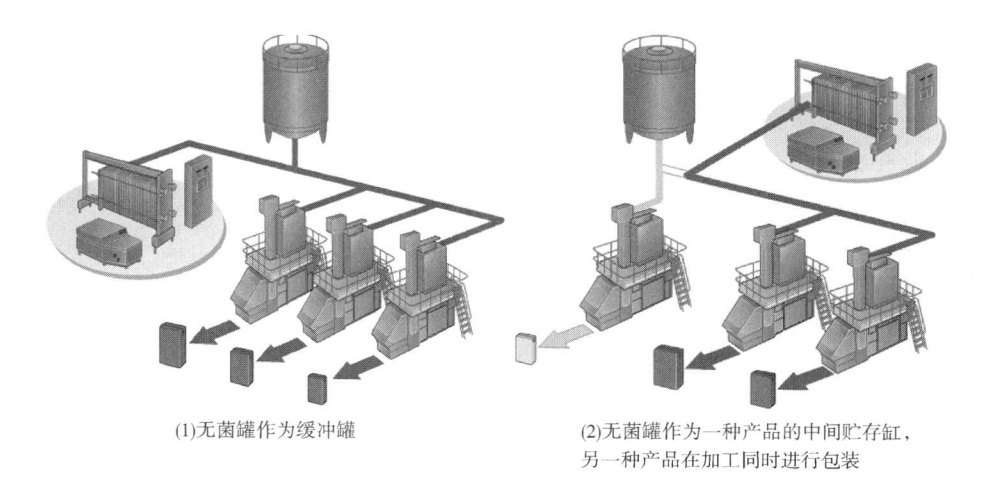

(1)无菌罐作为缓冲罐　　　　　　　(2)无菌罐作为一种产品的中间贮存缸，
　　　　　　　　　　　　　　　　　　另一种产品在加工同时进行包装

图 2-8　无菌罐的用途

【知识点 2-2-5】 灭菌乳在加工和贮藏过程中的质量变化

合适的灭菌工艺需要考虑从微生物和酶的角度来达到理想的商业无菌，同时要尽量减轻对产品及其质量特性的不良影响。生产灭菌乳采用的高温处理，会使产品产生一系列的物理化学变化，这些物理的变化主要包括蛋白质的沉积、脂肪的分离、胶凝作用等（表 2-5）。

表 2-5　　　　　　　灭菌牛乳在热处理及贮藏过程中发生的理化变化

化学成分或特性	产生的变化
蛋白质	发生变性（50%~85%）、在酪蛋白胶粒表面与 κ-酪蛋白形成复合物、酪蛋白胶粒发生一定的分解，形成单个的酪蛋白；在贮藏过程中发生水解、非蛋白态氨增加、聚合作用
矿物质	由于在加工过程中形成磷酸盐沉积，钙和镁的含量会降低

续表

化学成分或特性	产生的变化
乳糖	分解产生甲酸等有机酸、美拉德反应、异构化形成乳酮糖
凝乳酶凝结时间	在超高温灭菌和保持式灭菌过程中增加，而 UHT 乳在贮藏过程中减少
对酒精的敏感性	超高温灭菌乳：在贮藏过程中增加 保持式灭菌乳：在贮藏过程中没有变化 超高温灭菌乳：在贮藏过程中显著增加
对钙的敏感性	保持式灭菌乳：一定程度的增加
脂类	在贮藏过程中会发生氧化分解（被耐热性或重新激活的脂酶）

1. 蛋白质的变化

在加热灭菌的过程中乳清蛋白的变性以及乳清蛋白与酪蛋白的结合，变性的比例为50%～85%。在灭菌过程中，乳球蛋白和κ-酪蛋白在酪蛋白胶粒表面形成不可逆转的含二硫键的产物，这些产物会改变酪蛋白胶粒的凝集性能。在灭菌过程中酪蛋白还会发生分解作用并使酪蛋白胶粒分散。会影响产品的感官和物理化学特性。

2. 乳糖的变化

在灭菌过程中，乳糖通常会迅速降解产生甲酸、乳酸、丙酮酸、丙酸、丁酸等有机酸。乳糖与蛋白质的残留氨基酸结合会发生美拉德反应，同时发生异构化生成乳酮糖。乳糖的异构化是可逆的，可能会发生一些其他方面的异构化。

3. 沉积物的形成

在加工灭菌乳的过程中存在污染就会形成沉积物。间接加热法生产的灭菌乳沉积物较少。对超高温灭菌乳而言，形成沉淀物也是很常见的现象，但并不一定表示产品质量有很大的问题。如果在产品中形成了沉积物表明在加工过程中有污染。如果产品中有少量的沉积物可能与加热的程度以及牛乳中钙离子的比例有关。

4. 灭菌牛乳产品的老化胶凝作用

灭菌乳在储藏过程中黏度会明显的变化，发生老化凝胶现象，最终使产品变成凝胶状。这是灭菌乳一个重要的质量问题，同时也是灭菌乳保质期结束的信号。一般来说，超高温灭菌乳在最初的储藏阶段产品会一定程度地变稀，随后会在很长一段时间内保持稳定，在此阶段产品的黏度没有明显的变化。然后，在储藏过程中会发生脱水作用，产品的黏度会急剧增加，形成不可逆的凝胶。

虽然这些变化可能会明显地影响产品的感官质量特性，但影响的程度可以通过调整加工工艺和储藏条件来控制。比如脂肪分离可通过均质条件和热处理条件来控制；蛋白质的沉积可通过改善生产的单元操作来减少。

【技能训练】

【技能点 2-2-1】 典型超高温灭菌乳的加工

（一）超高温灭菌纯牛乳加工工艺流程

工艺流程如图 2-9 所示。

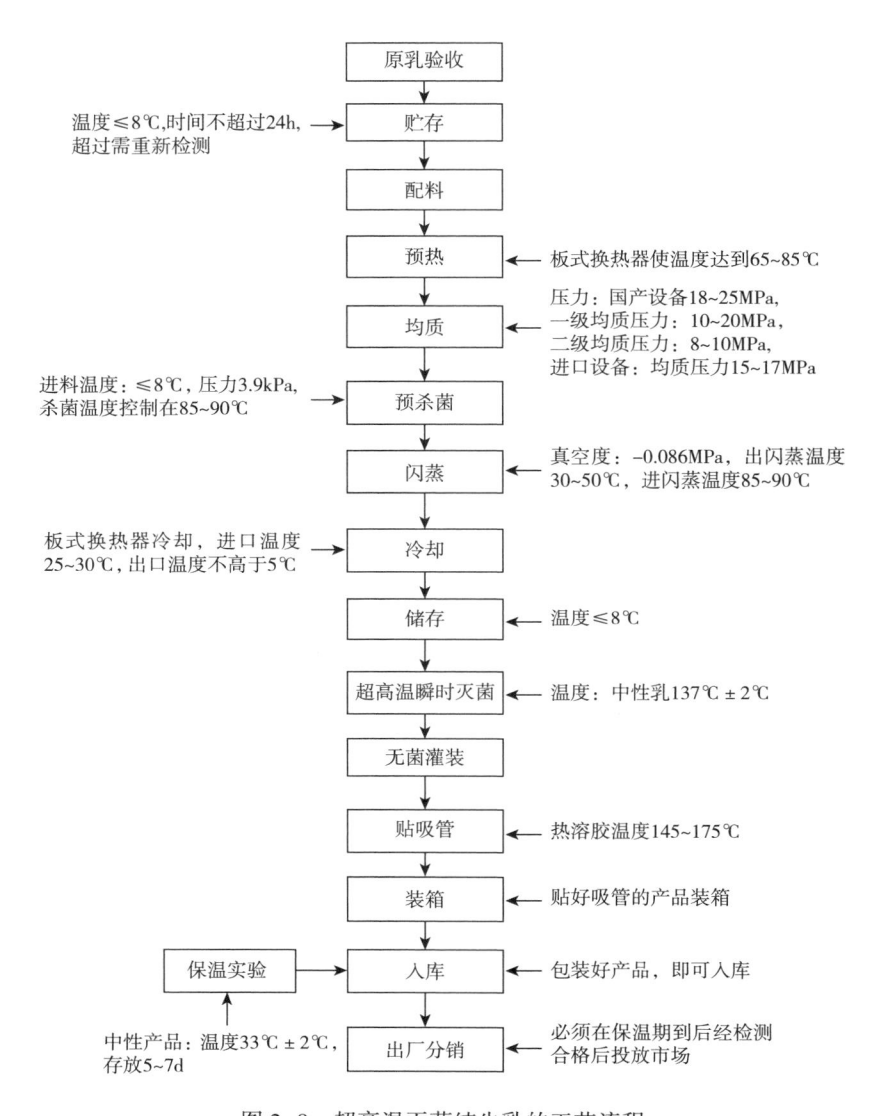

图 2-9　超高温灭菌纯牛乳的工艺流程

（二）超高温灭菌纯牛乳的加工工艺要点及质量控制

1. 原料乳的选择

用于生产灭菌乳的牛乳必须新鲜，正常的盐类平衡及正常的蛋白质、脂肪含量，不含初乳和抗生素乳。具体见表 2-6。

原料乳首先经验收、预处理、标准化、巴氏杀菌等过程。超高温灭菌乳的加工工艺通常包含巴氏杀菌过程，尤其在现有条件下这更为重要。巴氏杀菌可更有效地提高生产的灵活性，及时杀死嗜冷菌，避免其繁殖代谢产生的酶类影响产品的保质期。

表 2-6　　　　　　　　　　超高温灭菌乳的原料乳的一般要求

项目	指标	项目	指标
理化特性		滴定酸度/°T	12~18
脂肪含量/%	≥3.10	冰点/℃	-0.59~-0.54
蛋白质含量/%	≥2.95	抗生素含量/（μg/mL）	
相对密度（20℃/4℃）	≥1.028	青霉素	≤0.004
酸度（以乳酸计）/%	≤0.144	其他	不得检出
pH	6.6~6.8	体细胞数/（个/mL）	≤500000
杂质度/（mg/kg）	≤4	微生物特性	
汞含量/（mg/kg）	≤0.01	细菌总数/（CFU/mL）	≤100000
农药含量/（mg/kg）	≤0.1	芽孢总数/（CFU/mL）	≤100
蛋白稳定性	通过75%（体积分数）的酒精试验	耐热芽孢数/（CFU/mL）	≤10
		嗜冷菌数/（CFU/mL）	≤1000

2. 灭菌

灭菌工艺要求杀死原料乳中全部微生物，而且对产品的颜色、滋气味、组织状态及营养品质没有严重损害。原料乳在板式热交换器内被前阶段的高温灭菌乳预热至65~85℃（同时高温灭菌乳被新进乳冷却），然后经过均质机，在10~20MPa的压力下进行均质。经巴氏杀菌后的乳升温至83℃进入脱气罐，在一定真空度下脱气，以75℃离开脱气罐后，进入加热段，在这里牛乳被加热至灭菌温度（通常为137℃），在保温管中保持4s，然后进入热回收管。牛乳被水冷却至灌装温度。

3. 无菌贮罐

灭菌乳在无菌条件下被连续地从管道内送往包装机。为了平衡灭菌机和包装机生产能力的差异，并保证在灭菌机或包装机中间停车时不致产生影响，可在灭菌机和包装机之间装一个无菌贮罐，因为灭菌机的生产能力有一定的伸缩性，可调节少量灭菌乳从包装机返回灭菌机。例如，牛乳的灭菌温度低于设定值，则牛乳就返回平衡槽，重新灭菌。无菌贮罐的容量一般为3.5~20m³。

4. 无菌包装

灭菌乳进入包装机进行包装，新接触的灌乳管路、包装材料及周围空气都必须灭菌，经检验合格后方可进行包装生产。

【技能点 2-2-2】 灭菌乳生产控制要点

超高温灭菌为高度自动化操作。均质机配有专用控制柜，并与总控制柜连通。主要操作由控制柜指挥。

（一）流程控制

生产中的开车、设备灭菌、牛乳灭菌、水灭菌、中间清洗及最后清洗等都有不同的流程和程序，都由控制盘统一控制。操作人员只需操作控制按钮即可。

（二）流量控制

设备的生产能力由物料流量决定，物料流量由均质机的转速控制——流量要稳定。生产中，应首先设定准确均质机的转速，以保持要求的牛乳流量。

（三）灭菌温度控制

牛乳灭菌的最高温度要先行设定。在生产过程中，实际的灭菌温度不断变化，在控制盘上控制系统可根据记录数据发出指令，不断调整进汽阀的开启大小，以保持稳定的灭菌温度——灭菌温度要稳定。应注意稳定蒸汽压力使其不低于 0.6MPa。

（四）冷却温度控制

由冷却阀的调节来控制——冷却温度要稳定。

（五）无菌包装

必须符合以下要求：

（1）包装容器和封合方法必须适合无菌灌装，并且封合后的容器在贮存和分销期间必须能阻挡微生物透过，同时包装容器应能阻止产品发生化学变化；

（2）容器和产品接触的表面在灌装前必须经过灭菌，灭菌效果与灭菌前容器表面的污染程度有关；

（3）灌装过程中，产品不能受到来自任何设备表面或周围环境等的污染；

（4）若采用盖子封合，封合前必须及时灭菌；

（5）封合必须在无菌区域内进行，以防止微生物污染。

【质量控制】

超高温灭菌乳产品质量标准应符合《GB 25190—2010 食品安全国家标准 灭菌乳》的规定。产品在出厂前按照《GB 19645—2010 食品安全国家标准　巴氏杀菌乳》进行检验，各项指标要符合表 2-7 中的质量要求。

表 2-7　　　　　　　　　　超高温灭菌乳质量要求

项目	指标	检验方法
色泽	呈均匀一致的乳白色，或微黄色	取适量试样置于 50mL 烧杯中，在自然光下观察色泽和组织状态。闻其气味，用温开水漱口，品尝滋味
滋味和气味	具有乳固有的滋味和气味，无异味	
组织状态	均匀的液体，无沉淀，无凝块，无黏稠现象	
脂肪含量*/（g/100g）≥	3.1	GB 5413.3

续表

项目	指标	检验方法
蛋白质含量/（g/100g） 牛乳 ≥ 羊乳 ≥	2.9 2.8	GB 5009.5
非脂乳固体含量/（g/100g） ≥	8.1	GB 5413.39
酸度/（°T） 牛乳 羊乳	12~18 6~13	GB 5413.34
污染物限量	应符合 GB 2762 的规定	
真菌毒素限量	应符合 GB 2761 的规定	
微生物限量	应符合商业无菌要求，按 GB/T 4789.26 规定的方法检验	
其他	（1）仅以生牛（羊）乳为原料的超高温灭菌乳应在产品包装主要展示面上紧邻产品名称的位置，使用不小于产品名称字号且字体高度不小于主要展示面高度五分之一的汉字标注"纯牛（羊）奶"或"纯牛（羊）乳"。 （2）全部用乳粉生产的灭菌乳应在产品名称紧邻部位标明"复原乳"或"复原奶"；在生牛（羊）乳中添加部分乳粉生产的灭菌乳应在产品名称紧邻部位标明"含××%复原乳"或"含××%复原奶"。 注："××%"是指所添加乳粉占灭菌乳中全乳固体的质量分数。 （3）"复原乳"或"复原奶"与产品名称应标识在包装容器的同一主要展示版面；标识的"复原乳"或"复原奶"字样应醒目，其字号不小于产品名称的字号，字体高度不小于主要展示版面高度的五分之一	

注：* 仅适用于全脂灭菌乳。

任务三　调制乳加工技术

【任务描述】

市售调制乳（含乳饮料）通常分为两大类：中性含乳饮料和酸性含乳饮料。中性含乳饮料又称为风味含乳饮料，酸性含乳饮料有调制型含乳饮料和乳酸菌发酵型含乳饮料。本任务的主要学习和实施内容包括超高温灭菌含乳中性和酸性饮料种类、特点，典型风味乳饮料及乳酸菌发酵酸性乳饮料的加工技术和质量控制。

【知识准备】

【知识点 2-3-1】调制乳

（一）调制乳

《GB 25191—2010 食品安全国家标准　调制乳》中的定义是，以不低于80%

的生牛（羊）乳或复原乳为主要原料，添加其他原料或食品添加剂或营养强化剂，采用适当的杀菌或灭菌等工艺制成的液体产品。调制乳包括调味乳饮料（风味乳饮料）和营养强化乳饮料。

市售调制乳（含乳饮料）通常分为两大类，即中性含乳饮料和酸性含乳饮料。

（二）中性含乳饮料

中性含乳饮料又称风味含乳饮料，一般以原料乳或乳粉为主要原料，然后加入水、糖、稳定剂、香精和色素等，经热处理而制得。

市场上常见的风味乳饮料有草莓乳、香蕉乳、巧克力乳、咖啡乳等产品，所采用的包装形式主要有无菌包装和塑料瓶包装。

（三）调配型酸性含乳饮料

调配型酸性含乳饮料是指用乳酸、柠檬酸或果汁将牛乳的 pH 调整到酪蛋白的等电点（pH4.6）以下而制成的一种乳饮料。

发酵型的酸性含乳饮料在国内通常称为"乳酸菌饮料"或"酸乳饮料"。发酵型的酸性含乳饮料为通常以牛乳或乳粉，果菜汁或糖类为原料，添加或不添加食品添加剂与辅料，经杀菌、冷却、接种乳酸菌发酵剂培养发酵，然后经稀释而制成的活性（非杀菌型）或非活性（杀菌型）的饮料。

[说明]

复原乳，也称再制乳，是指以全脂乳粉、浓缩乳、脱脂乳和无水奶油等为原料，按照一定比例混合溶解后，制成与牛乳成分相近的乳。

复原乳种类：①以全脂乳粉或全脂浓缩乳为原料，加水直接复原而成的乳制品。②以脱脂乳粉和无水奶油等为原料按一定比例混合后加水复原而成的乳制品。

复原乳与纯鲜乳的区别：①原料不同，前者为乳粉，后者为液体生鲜乳。②营养成分不同，前者在加工过程中经历两次高温灭菌处理，营养成分损失大，后者营养成分基本保存完整。

【知识点 2-3-2】调制乳常用原辅料及食品添加剂

（一）原辅料

1. 白砂糖

性质：白砂糖含蔗糖99%以上，是非还原糖，水解后生成等分子的葡萄糖和果糖。色泽洁白明亮，晶格整齐、均匀、坚实，易溶于水，随温度升高溶解度增大。按照晶粒大小可分为粗砂、中砂和细砂。

作用：甜味调整剂和热量的主要来源。

用法：生产时通常配成55%~58%的糖浆溶液。

2. 可可粉

性质：由可可豆加工而成的棕红色粉体，按照含脂量可分成高脂（22%~

24%)、中脂（10%~12%）和低脂（5%~7%）。按照加工方法不同分为天然可可粉（pH 5.4~5.7）和碱化可可粉（pH 6.8~7.2），天然可可粉多用于巧克力生产，碱化可可粉多用于调制乳生产。

作用：用以生产巧克力调制乳，提供热量和营养。

用法：将可可粉溶于热水中，然后将可可浆加热到85~95℃，并在此温度保持20~30min，最后冷却，再加入到牛乳中。

3. 果蔬汁类

由于调制乳含有2.3%以上的蛋白质，不适宜生产酸性产品，适宜中性产品。因此用到的果蔬汁类一般以中性果蔬汁——红枣汁、枸杞汁、胡萝卜汁和芦荟汁为主。

用法：原汁或浓缩汁。

4. 谷物类

以小麦片、麦仁、麦精粉、燕麦及糯米、粳米、籼米等为主。补充谷物膳食纤维及其他营养成分。

用法：预处理熟化后加入调制乳中。

（二）食品添加剂

1. 增稠剂（稳定剂）

性质：溶于水，在一定条件下充分水化形成黏稠、滑腻或胶冻的大分子物质。

作用：与乳形成凝胶，有效改善调制乳体系的稳定性。

种类：常用于调制乳中的增稠剂有海藻酸钠、羧甲基纤维素钠（CMC）、卡拉胶等。它们可以以单体使用，也可以几种单体复合使用。

用法：生产上一般采用高剪切溶解的方法，在不停的高速搅拌下缓缓将增稠剂加入到水中，连续搅拌直至称为浓稠的胶液，适当加热或溶解前加入适量白砂糖干粉混合，有助于溶解。添加量通常为千分之几。

2. 乳化剂

性质：能使两种或两种以上互不相溶的液体（如油和水）均匀地分散成乳化液或乳浊液，乳化剂分子中同时具有亲水基和亲油基，是易在水和油的界面形成吸附层的表面活性剂。乳化剂分为水包油型（O/W）和油包水型（W/O）。

作用：改善脂肪在混合料中的分散性，使均质后的混合料呈稳定的乳浊液，提高产品的分散稳定性。

种类：常用于调制乳中的乳化剂有蔗糖脂肪酸酯、单甘油酯等。

3. 甜味剂

作用：赋予甜味，改善口感、调节和增强风味、掩蔽不良风味。

种类：常用于调制乳中的甜味剂有阿斯巴甜（APM）、木糖醇等。

4. 食用香精

作用：改善和增强调制乳的香气和香味。

种类：常用于调制乳中的食用香精一般为稳定性好的水溶性香精，常用品种有：可可香精、巧克力香精、麦香香精、红枣香精等。

【知识点2-3-3】 典型调制乳的加工工艺

（一） 典型调制乳工艺流程

工艺流程如图2-10所示。

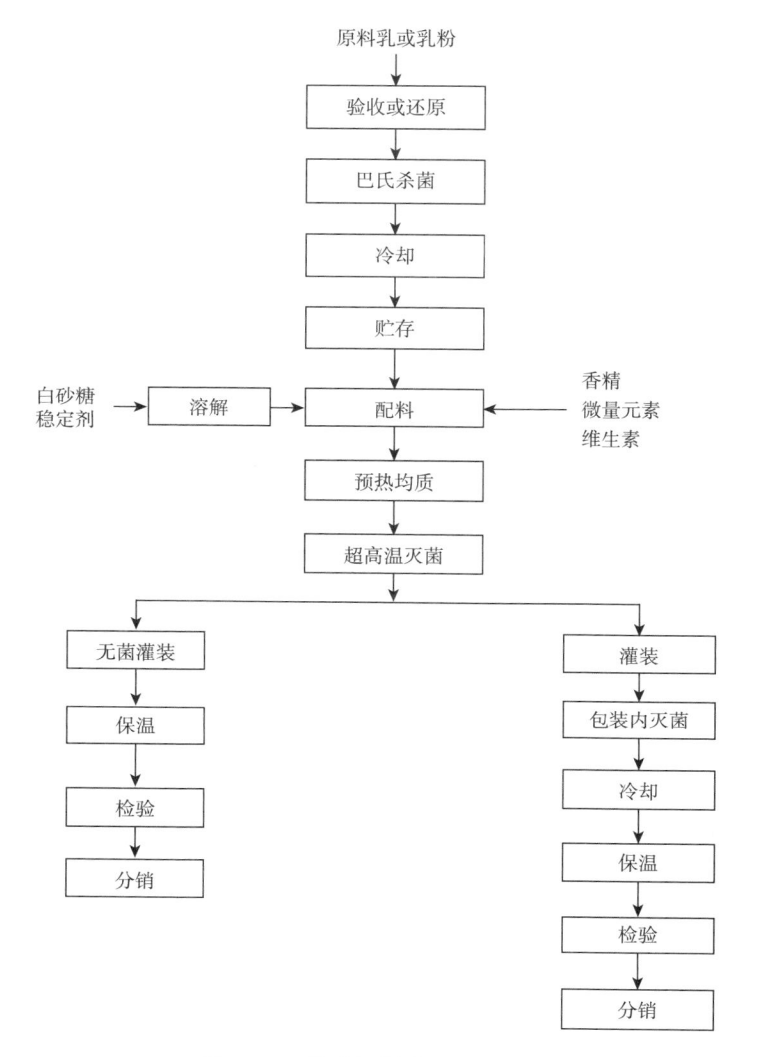

图2-10 典型调制乳的工艺流程

（二） 调制乳加工操作要点

1. 原料乳验收

一般原料乳酸度应小于18°T，细菌总数最好应控制在20万CFU/mL以内。对超高温产品来说，还应控制乳的芽孢数及耐热芽孢数。若采用乳粉还原来生产风味乳饮料，乳粉也必须符合标准后方可使用。

2. 乳粉还原

首先将软化的水加热到 45~50℃，然后通过乳粉还原设备进行乳粉的还原，待乳粉完全溶解后，停止罐内的搅拌器，在此温度下水合 20~30min。

3. 巴氏杀菌

待原料乳检验完毕或乳粉还原后，先进行巴氏杀菌，同时将乳液冷却至 4℃。

4. 配料

根据配方，准确称取各种原辅料。糖处理，一种方法是用奶溶糖进行净乳，另一种是先将糖溶解于热水中，95℃保持 15~20min，冷却再经过滤后泵入乳中。蔗糖酯溶于水后加入。若采用优质鲜乳为原料，可不加稳定剂。但大多数情况下采用乳粉还原时，则必须使用稳定剂。最后加入香精，充分搅拌均匀。

5. 均质

各种原料在调和罐内调和后，用过滤器除去杂物，进行高压均质，均质压力 10~15MPa。

6. 超高温灭菌

与 UHT 乳一样，通常采用 137℃、4s 灭菌。在超高温灭菌设备内应包括脱气和均质处理装置。通常均质首先进行脱气，脱气后温度一般为 70~75℃，然后再均质。

【技能训练】

【技能点 2-3-1】 巧克力风味乳饮料的加工

（一）配方

全脂乳 80kg，脱脂乳粉 2.5kg，蔗糖 6.2kg，可可粉 1.5kg，稳定剂 0.02kg，色素 0.01kg，水 9.47kg。

（二）工艺流程

巧克力风味乳饮料具体工艺流程如图 2-11 所示。

（三）操作要点

1. 选料

使用优质新鲜乳或乳粉为原料。

2. 可可粉的预处理

由于可可粉中含有大量的芽孢，同时含有许多颗粒，因此为保证灭菌效果和改进产品的口感，在加入到牛乳中时可可粉必须经过预处理。在生产中，一般先将可可粉溶于热水中，然后将可可浆加热到 85~95℃，并在此温度下保持 20~30min，最后冷却，再加入到牛乳中。

3. 稳定剂的溶解

一般将稳定剂与其 5~10 倍的糖混合，然后溶解于 80~90℃的软化水中。

4. 配料

将所有的原辅料加入到配料罐中后，低速搅拌 15~25min，以保证所有的物

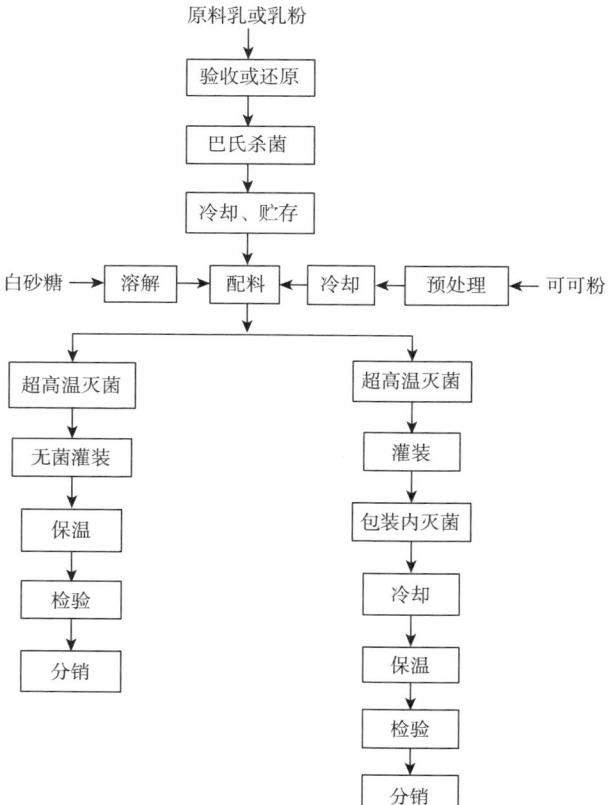

图 2-11 巧克力风味乳饮料工艺流程

料混合均匀，尤其是稳定剂能均匀分散于乳中。

5. 灭菌

巧克力乳饮料的灭菌条件为 139～142℃、4s。

【技能点 2-3-2】 调配型酸性含乳饮料的加工

（一）配方

1. 典型调配型酸性含乳饮料的配方

乳粉：3%～12%；果汁或果味香精适量；稳定剂：0.35%～0.6%；柠檬酸：调 pH3.8～4.0；柠檬酸钠：0.5%。

2. 典型调配型酸性含乳饮料的理化指标

脂肪：≥1.0%；糖：12%；蛋白质：≥1.0%；总固形物：15%。

（二）工艺流程

以牛乳为原料的工艺流程如图 2-12 所示，以乳粉为原料的工艺流程如图 2-13 所示。

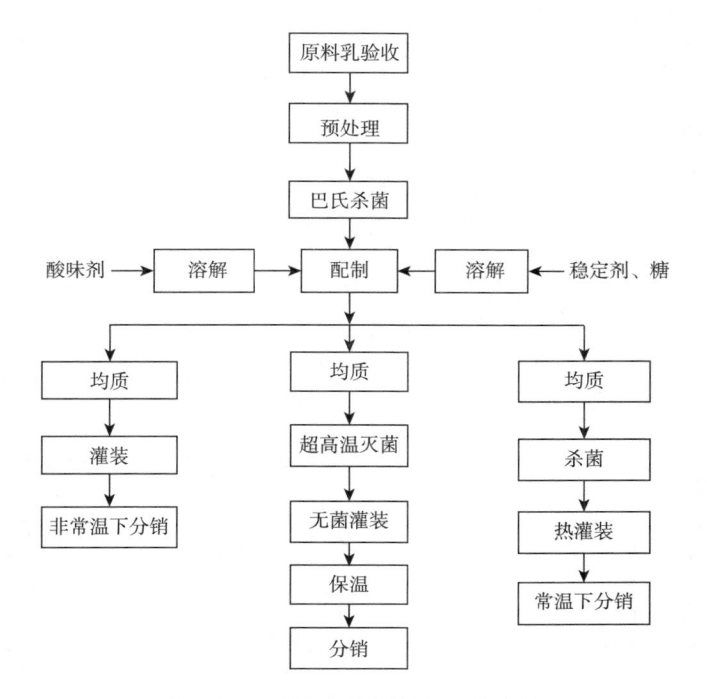

图 2-12　以牛乳为原料的工艺流程

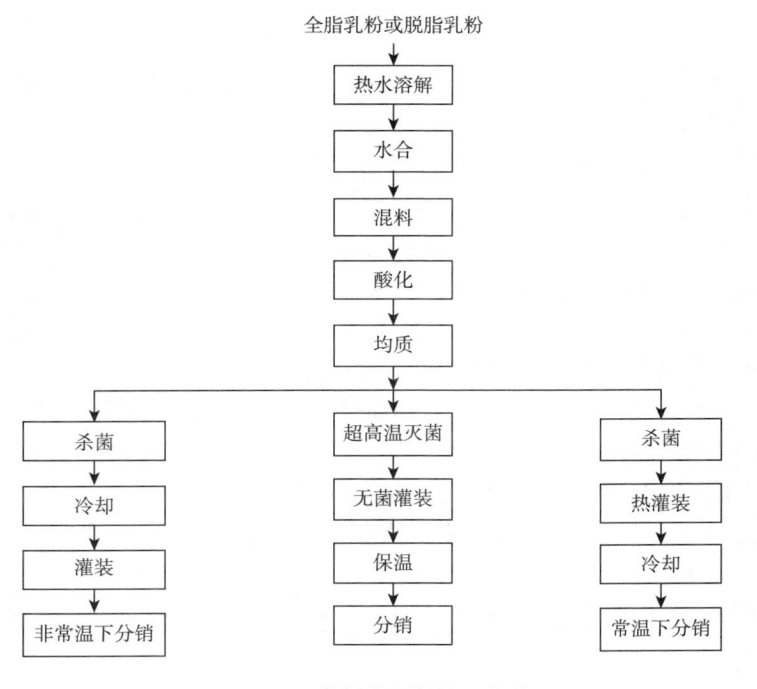

图 2-13　以乳粉为原料的工艺流程

（三）操作要点

1. 乳粉的还原

用大约一半的50℃左右的软化水来溶解乳粉，确保乳粉完全溶解。

2. 稳定剂的溶解方法

将稳定剂与为其质量5~10倍的白砂糖预先干混，然后在高速搅拌下（2500~3000r/min），将稳定剂和糖的混合物加入到70℃左右的热水中打浆溶解，经胶体磨分散均匀。

3. 混料

将稳定剂溶液、剩余白砂糖及其他甜味剂，加入到原料乳或还原乳中，混合均匀后，进行酸化

4. 酸化

酸化过程是调配型酸性含乳饮料生产中最重要的步骤，成品的品质取决于调酸过程。

[说明]

酸化前应将牛乳的温度降至20℃以下，以得到最佳的酸化效果。为保证酸溶液与牛乳充分均匀地混合，混料罐应配备高速搅拌器，同时酸味剂用软化水稀释（10%~20%溶液）缓慢地加入或泵入混料罐，通过喷洒器以液滴形式迅速、均匀地分散于混合料液中。加酸液浓度太高或过快，会使酸化过程形成的酪蛋白颗粒粗大，产品易出现沉淀现象。为了避免局部酸度偏差过大，可在酸化前在酸液中加入一些缓冲盐类如柠檬酸钠等。为保证酪蛋白颗粒的稳定性，在升温及均质前，应先将牛乳的pH降至4.0以下。

5. 调和

酸化过程结束后，将香精、复合微量元素及维生素加入到酸化的牛乳中，同时对产品进行标准化定容。

6. 杀菌

由于调配型酸性含乳饮料pH一般在3.8~4.2，因此它属于高酸食品，其杀菌的对象为霉菌和酵母菌，采用137℃、4s的杀菌条件。杀菌设备中一般都有脱气和均质处理装置，常用均质压力为20MPa。对于包装于塑料瓶中的调配型酸性含乳饮料来说，通常在灌装后，再采用95~98℃、30~45min的水溶杀菌，然后快速冷却至20℃分装。

（四）影响调配型酸性含乳饮料质量的因素

1. 原料乳及乳粉质量

要生产高品质的调配型酸性含乳饮料，必须使用高品质的乳粉或原料乳。乳粉还原后应有好的蛋白质稳定性，乳粉的细菌总数应控制在10000CFU/g。

2. 稳定剂的种类和质量

调配型酸性含乳饮料最适宜的稳定剂是果胶或其他稳定剂的混合物。考虑到成本，通常使用一些胶类稳定剂，如耐酸性羧甲基纤维素（CMC）、黄原胶和海藻酸丙二醇酯（PGA）等。在实际生产中，两种或两种以上稳定剂混合使用比单一使用效果好，使用量根据酸度、蛋白质含量的增加而增加。在酸性含乳饮料中，稳定剂的用量一般在1%以下。

3. 水的质量

若配料使用的水碱度过高，会影响饮料的口感，也易造成蛋白质沉淀、分层。一般要求对水进行软化处理。

4. 酸的种类

调配型酸性含乳饮料可以使用柠檬酸，乳酸和苹果酸作酸味料，且以用乳酸生产出的产品质量最佳，但由于乳酸为液体，运输不便，价格较高，因此一般采用柠檬酸与乳酸的混合酸溶液作酸味料。

（五）调配型酸性含乳饮料成品稳定性的检查方法

（1）在玻璃杯的内壁上倒少量饮料成品，若形成了像牛乳似的、细的、均匀的薄膜，则证明产品质量是稳定的。

（2）取少量产品放在载玻片上，用显微镜观察。若视野中观察到的颗粒很小而且分布均匀，表明产品是稳定的；若观察到有大的颗粒，表明产品在贮藏过程中是不稳定的。

（3）取10mL的成品放入带刻度的离心管内，经2800r/min转速离心10min。离心结束后，观察离心管底部的沉淀量。若沉淀量低于1%，证明该产品稳定；否则产品不稳定。

【质量控制】

（一）质量标准

调制乳的质量标准应符合《GB 25191—2010 食品安全国家标准　调制乳》的规定，包括原料要求、感官要求、理化指标、污染物限量、真菌毒素限量、微生物限量、其他包装要求等。产品在出厂前按照 GB 25191—2010 进行检验，各项指标要符合表2-8中的质量要求。

表2-8　　　　　　　　　　　调制乳质量要求

项目	指标	检验方法
色泽	呈调制乳应有的色泽	取适量试于50mL烧杯中，在自然光下观察色泽和组织状态。闻其气味，用温开水漱口，品尝滋味
滋味和气味	具有调制乳应有的香味，无异味	
组织状态	呈均匀一致的液体，无凝块，可有与配方相符的辅料的沉淀物、无正常视力可见异物	

续表

项目				指标		检验方法
脂肪含量①/（g/100g）≥ ①仅适用于全脂产品。				2.5		GB 5413.3
蛋白质含量/（g/100g）≥				2.3		GB 5009.5
污染物限量				应符合 GB 2762 的规定		
真菌毒素限量				应符合 GB 2761 的规定		
微生物限量	项目			采样方案②及限量（若非指定，均以 CFU/g 或 CFU/mL 表示）		
		n	*c*	*m*	*M*	
	菌落总数	5	2	50000	100000	GB 4789.2
	大肠菌群	5	2	1	5	GB 4789.3 平板计数法
	金黄色葡萄球菌	5	0	0/25g（mL）	—	GB 4789.10 定性检验
	沙门菌	5	0	0/25g（mL）	—	GB 4789.4
	②样品的分析及处理按 GB 4789.1 和 GB 4789.18 执行					
食品添加剂和营养强化剂				食品添加剂和营养强化剂质量应符合相应的安全标准和有关规定。食品添加剂和营养强化剂的使用应符合 GB 2760 和 GB 14880 的规定		
其他				（1）全部用乳粉生产的调制乳应在产品名称紧邻部位标明"复原乳"或"复原奶"；在生牛（羊）乳中部分乳粉生产的调制乳应在产品名称紧邻部位标明"含××%复原乳"或"含××%复原奶"。 注："××%"是指所添加乳粉占调制乳中全乳固体的质量分数。 （2）"复原乳"或"复原奶"与产品名称应标识在包装容器的同一主要展示版面上；标识的"复原乳"或"原奶"字样应醒目，其字号不小于产品名称的字号，字体高度不小于主要展示版面高度的五分之一		

（二）调制乳生产中常见的质量问题及控制措施

1. 巧克力含乳饮料生产中常见质量问题及控制措施

（1）沉淀

①可可粉的质量及用量：一般可可粉的用量为 1%～3%，同时应使用高质量的可可粉，其中大于 75μm 的颗粒总量应小于 0.5%。

②卡拉胶的用量：若卡拉胶用量过少，形成的网状结构的强度不足以悬浮可可粉的颗粒，这也会引起沉淀。可通过增加卡拉胶用量，同时也可通过添加一些盐类如柠檬酸三钠、磷酸氢二钠等来增强卡拉胶的作用。

③蛋白质和脂肪含量：若牛乳中蛋白质和脂肪含量过低，那么同样卡拉胶形

成的触变性凝胶的强度弱，无法悬浮可可粉颗粒导致沉淀。解决办法为增加蛋白质和脂肪含量或增加卡拉胶用量。

④可可粉的预处理：若可可粉的预处理方法不当，在加入牛乳前没有充分吸水润湿，那么可可粉的颗粒可能导致灭菌不彻底以及产品沉淀。

⑤灌装温度：通常卡拉胶在30℃以下才能形成凝胶（最好为25℃），因此，若灭菌后不及时将巧克力乳饮料温度降至25℃以下，那么巧克力乳饮料在仓库内就需很长时间（尤其是夏季）才能从灌装时的30℃以上冷却至25℃以下。因此，在形成网状结构之前，可可粉的颗粒就可能已沉淀于包装的底部，那么卡拉胶就起不到悬浮可可粉颗粒的作用。

（2）凝块

①原料乳质量：若原料乳质量差，蛋白质的稳定性差，那么巧克力乳饮料就可能产生沉淀或凝块等缺陷。

②稳定剂用量：若可可粉中含卡拉胶或稳定剂用量过多，那么卡拉胶将形成真正的凝胶，而不是触变性的凝胶。

③热处理强度：若热处理过度，蛋白质稳定性就会降低，巧克力乳饮料会结块。

2. 调配型酸性含乳饮料生产中常见的质量问题及控制措施

（1）沉淀及分层　选用的稳定剂不合适，选用稳定剂不合适即所选取稳定剂在产品保质期内达不到应有的效果。为解决此问题，可考虑采用果胶或其他稳定剂复配使用。一般采用纯果胶时，用量为0.35%~0.60%，但具体的用量和配比必须通过实验来确定。

（2）酸液浓度过高　调酸时，若酸液浓度过高，就很难保证在局部牛乳与酸液能良好地混合，从而使局部酸度偏差太大，导致局部蛋白质沉淀。解决的方法是酸化前，将酸稀释为10%或20%的溶液，同时，也可在酸化前，将一些缓冲盐类（如柠檬酸钠等）加入到酸液中。

（3）混料罐内搅拌器的搅拌速度过低　搅拌速度过低，就很难保证整个酸化过程中酸液与牛乳能均匀地混合，从而导致局部pH过低，产生蛋白质沉淀。因此，为提高生产高品质的调配型酸性含乳饮料，应配备带有高速搅拌器的配料罐。

（4）调酸过程中加酸过快　加酸速度过快，可能导致局部牛乳与酸液混合不均匀，从而使形成的酪蛋白颗粒过大，且大小分布不匀。采用正常的稳定剂用量，就很难保持酪蛋白颗粒的悬浮，因此整个调酸过程加酸速度不宜过快。

（5）产品口感过于稀薄　有时生产出来的酸性含乳饮料喝起来像淡水一样，造成此类问题的原因可能是乳粉热处理不当或最终产品的总固形物含量过低、甜酸比例不当所致。

【巩固提升】

（一）名词解释

巴氏杀菌乳、超高温灭菌乳、调制乳、中性含乳饮料、酸性含乳饮料。

（二）简答题

1. 巴氏杀菌乳常采用哪些包装材料？各有何特点？

2. 巴氏杀菌法会对原料乳产生哪些影响？

3. 对原料乳进行杀菌的主要目的是什么？

4. 举例说明什么是 0.1% 涨包率？

5. 常用的超高温灭菌加工方法有哪些？

6. 灭菌乳在加工和储藏过程中常会发生哪些变化？

7. 含乳饮料中常用到的稳定剂有哪些？使用时应注意哪些问题？

8. 调配型酸性含乳饮料生产中常见的质量问题是什么？

9. 巧克力风味乳饮料生产中常见的质量问题及解决办法是什么？

（三）技能测试题

1. 绘图并说明巴氏杀菌乳的工艺流程。在加工中应该注意哪些问题？

2. 如何检验巴氏杀菌乳的杀菌效果？

3. 分析超高温灭菌纯牛乳的主要工艺及质量控制要点。

4. 包装容器常采用哪些灭菌方式？

5. 超高温灭菌乳应符合怎样的感官要求？

6. 绘图说明典型风味含乳饮料的加工工艺流程及工艺要点。

7. 如何判断调配型酸性含乳饮料的稳定性？

【知识拓展】

（一）就地清洗（CIP）及其操作规程

20 世纪 80 年代以来，随着加工技术的不断提高，特别是灭菌手段的改进（使用板式或管式换热器）及管道式输送技术的应用，就地自动清洗被乳品企业广泛应用，即设备（热交换器、罐体、管道、泵、阀门等）及整个加工线在无需人工拆开或打开的前提下，通过清洗泵在闭合回路中的循环，以高速的液流冲洗设备的内部表面而达到清洗效果，此项技术被称为就地清洗（cleaning in place，CIP），CIP 具有如下优点：①清洗成本低，水、清洗液、杀菌剂及蒸汽的消耗量少；②安全可靠，设备无需拆卸，不必进入大型乳罐；③清洗效果好，按设定程序进行，减少和避免了人为失误。

CIP 操作规程简述如下。

（一）常温设备（罐，管路，配料系统，收乳系统）

（1）温水冲洗 5min，温度 35~40℃。

（2）碱溶液循环 20min，碱溶液质量浓度 1.5~2.0g/100mL，温度 80~85℃。

（3）温水冲至无碱液。

（4）酸溶液循环 15min，酸溶液质量浓度 1.0~1.5g/100mL，温度 70~75℃。

（5）清水冲至无酸液。

（6）热水循环 10~20min，温度 90℃以上。

　　若停产 12h，生产前用 90℃ 以上的热水冲洗 8～10min，若停产 24h，按 (1)、(2)、(3)、(4)、(5)、(6) 程序进行清洗。

　　每日停机后必须将管路的活节、三通阀、管路死角拆下后浸于消毒液（200～250mg/L）中浸泡 30min，取出后手工清洗，垫片磨损必须及时更换，确保管路相接触的密封性，同时绝对不允许出现活节，脱节现象。

　　（二）均质与杀菌设备（换热器、均质系统等）

　　（1）温水冲洗 5min，温度 35～40℃。

　　（2）碱溶液循环 35min，碱溶液质量浓度 2.0～2.5g/100mL，温度 90℃（物料杀菌温度）。

　　（3）清水冲至无碱液。

　　（4）酸溶液循环 20min，酸溶液质量浓度 1.0～1.5g/100mL，温度 70～75℃。

　　（5）清水冲至无酸液。

　　（6）热水循环 8～10min，温度 90℃ 以上。

　　若停产 12h，生产前用 90℃ 以上的热水冲洗 8～10min，若停产 24h，按 (1)、(2)、(3)、(4)、(5)、(6) 程序进行清洗。

　　每日停机后必须将管路的活节，三通阀，管路死角拆下后浸于消毒液（200～250mg/L）中浸泡 30min，取出后手工清洗，垫片磨损必须及时更换，确保管路相接触的密封性，同时绝对不允许出现活节，脱节现象。

　　（三）灌装机清洗

　　1. 外部清洗

　　要求用清洗剂清洗，要求用量为 250mL。

　　2. 内部清洗

　　（1）先用冷水冲洗 5min，温度 30～45℃。温水冲洗 10min，温度 ≥50℃。

　　（2）碱溶液循环 30min，碱溶液质量浓度 2.0～2.5g/100mL，温度 80～85℃（中亚设备为碱溶液循环 20min，质量浓度 2.0～2.5g/100mL，温度 80℃ 以上）。

　　（3）温水（50℃）冲至无碱液。

　　（4）酸溶液循环 20min，酸溶液质量浓度 1.5～2.0g/100mL，温度 70～75℃（酸溶液循环 20min，质量浓度 1.0～1.5g/100mL、温度 80℃ 以上）。

　　（5）温水（≥50℃）冲至无酸液。

　　（6）热水循环换 8～10min，温度 90℃ 以上。

　　（7）纯鲜牛乳生产 8.5h 必须做清洗。

　　若停产 12h，生产前用 90℃ 以上的热水冲洗 8～10min，若停产 24h，按 (1)、(2)、(3)、(4)、(5)、(6) 步的程序进行清洗。

　　每日停机后必须将管路的活节、三通阀、管路死角拆下后浸于消毒液（200～250mg/L）中浸泡 30min，取出后手工清洗，垫片磨损必须及时更换，确保管路相接触的密封性，同时绝对不允许出现活节，脱节现象。

（四）常用清洗剂

（1）碱性洗涤剂　2.0%~2.5%的氢氧化钠溶液。

（2）酸性洗涤剂　1.0%~1.5%硝酸溶液。

（五）清洗与卫生操作规程补充说明

（1）CIP 酸碱罐液位必须保持在 1/3 以上。

（2）碱溶液浓度、酸溶液浓度、温度、时间、流量必须在工艺范围。

（3）清洗后要彻底检查，若未清洗干净，必须重新清洗直到清洗干净为止。并保证所清洗管路、设备等检测呈中性。

（4）所有设备的清洗时间，均从其温度升至工艺范围时开始记时。

（5）如因设备原因中途停机超过 45min，必须做中间清洗（AIC）或 CIP（中性产品做 CIP，酸性产品连续运转时间不超过 6h 做中间清洗中，否则做 CIP）。

（6）每配完一罐料，必须用水冲净，每班配完够杀菌机运行料液后，做一次中间清洗，每三天做一次 CIP。

（7）预处理操作工在与原料接触前，必须用 75%的酒精对双手彻底消毒。

（8）罐装工自升温至生产结束，每两小时对罐装车间地面及二层平台用绿先锋液消毒一次（用拖步蘸绿先锋液拖洗地面）。

（9）罐装工必须保证消毒液的质量浓度（250~300mg/L）、净度，任何人进入车间必须经过消毒池。

（10）所使用的消毒酒精及消毒液的浓度必须在消毒范围内，酒精浓度74%~75%，消毒液质量浓度 250~300mg/L。

（11）生产过程中，如发生中途停电，停机等异常情况，必须做中间清洗或 CIP，酸性产品连续运转时间不超过 6h 做中间清洗，否则做 CIP。

（二）ESL 乳

ESL 乳，即延长货架期的巴氏杀菌乳，是一种营养价值高的优质鲜牛乳。

为尽可能避免乳制品在加工、包装和分销过程中被二次污染，目前 ESL 乳主要采用比巴氏杀菌乳更高的杀菌温度，但比 UHT 乳的杀菌温度低，保温时间更短。

因此，ESL 乳不但有巴氏杀菌乳的新鲜口感，而且灭菌后的 ESL 乳的细菌数比巴氏杀菌乳更低；包装过程中受二次污染的几率小于巴氏杀菌乳，在贮存、分销过程中菌落数也低于巴氏杀菌乳，所以保质期长于巴氏杀菌乳，而表观的色、香、味以及内在的营养成分的保留状况与传统的巴氏杀菌乳十分接近，所以被称为"新一代巴氏杀菌乳"。同时，ESL 乳克服了 UHT 乳味道和质地方面的缺陷，包括氧化不新鲜的味道，奶油和脂肪分离，形成凝胶或沉淀等。

ESL 乳制品的货架期一般定在巴氏杀菌乳与 UHT 乳之间，其货架寿命在冷藏条件下至少 15d，最长可达 45d。这主要取决于产品从原料到分销的整个过程中的加工工艺、技术装备及卫生和质量控制。

ESL 乳在满足消费者对产品营养、新鲜与安全的追求的同时，又解决了常规巴氏乳保质期短和 UHT 乳营养破坏大的问题。ESL 乳的技术在我国尚处于起步应用阶段，又由于从生产原料到最终销售的整个过程均需要较高的生产卫生条件和优良的冷链分销系统，使生产成本相对提高，所以在当前一段时期内制约了 ESL 乳技术在我国的推广应用。

随着乳品工业的不断发展，奶源分布的日趋合理、物流配送的不断改善以及人们对液态乳口味、营养要求的提高，在不久的将来，ESL 乳将是国内重点开发和生产的新品种，使消费者和经销商各取所需，共同受益，使乳制品生产和消费更上一个新台阶。

（三）超高温灭菌乳加工工艺术语

（1）液体乳半成品　配料之前贴吸管之前物料。

（2）液体乳成品　经贴吸管、装箱、保温试验后合格的产品。

（3）超高温瞬时灭菌（UHT）　物料在 135～140℃经 4s 杀菌称作超高温瞬时灭菌。

（4）无菌灌装　经超高温瞬时灭菌的物料，在无菌环境中灌装成成品的过程称作无菌灌装。

（5）贴吸管　在机械作用下用胶粘吸管的过程。

（6）保温试验　在 32℃±2℃的条件下，经 5～7d 保温，检测其微生物变化情况的试验。

（7）无菌乳　经超高温瞬时灭菌，在无菌条件下，用隔离空气和光线的材料灌装的包装盒，具有以上三个条件生产的产品称作无菌乳。

（8）商业无菌　不含致病菌微生物及微生物毒素，正常贮存条件（常温下保质期内）下微生物在产品的保质期内不发生增殖。

（9）胀包　指液体包装食物在储存期间，由于微生物繁殖代谢产气，使产品包装膨胀的现象，胀包有时伴随着酸包出现。

（10）酸包　指液体包装食品，在储存期间由于微生物及生化作用使产品 pH 降低，口味变酸的现象。

（11）苦包　指液体包装食品，在储存期间由于微生物繁殖代谢产生苦味导致产品变苦、变质。

（12）接种　将激活的菌种投入到适宜其生长条件的料液中。

（13）发酵　在恒温、封闭的条件下，活性乳酸菌与牛乳发生生化反应，产酸、产香气，使牛乳口感和风味得以改善。

（14）灌装　用灌装机将合格的料液灌装到爆炸材料中密闭。

学习情境三
酸乳加工技术

问题导入

1. 市场上销售的酸乳都有哪些种类？它们之间有什么特点和不同？你最喜欢的是哪一种？为什么？

2. 酸乳的发酵剂是什么？其在酸乳生产中起什么作用？发酵剂是如何制作的？

3. 大家熟知的老酸奶、果粒酸奶是怎样做出来的呢？

4. 凝固型酸乳和搅拌型酸乳的工艺有什么不同？

5. 假如你作为一名酸乳生产的技术人员，该如何保证产品的良好品质呢？

目标管理

1. 知识目标

（1）熟悉酸乳发酵剂的形态、保存方法及发酵剂活力的影响因素。

（2）熟悉凝固型酸乳加工的原辅材料、工艺流程、操作要点、质量标准、凝固型酸乳常见的质量问题及解决方法。

（3）熟悉搅拌型酸乳生产原辅材料、工艺流程、操作要点、搅拌型酸乳常见质量问题及原因分析与解决方法。

（4）熟悉乳酸菌发酵饮料的加工工艺、操作要点及影响乳酸菌发酵饮料质量的主要因素。

2. 技能目标

（1）会根据酸乳产品特点及发酵剂的要求对发酵剂进行选择和制备。

（2）会利用鲜牛乳、乳粉和已制备的发酵剂等原辅材料，生产出符合产品质量指标要求的凝固型或搅拌型酸乳。

（3）会在生产过程中对生产设备进行合理操作，会对出现的质量问题进行分析并解决。

（1）发酵员　主要负责发酵菌种的活化及中间发酵剂、工作发酵剂的制备，以及所用设备器具的日常维护保养及清洗消毒。

（2）配料员　主要负责酸乳产品配方和根据加工工艺进行配料，以及所用设备器具清洗消毒工作，做到领料品名、数量、配料总量准确无误，记录填写规范。

（3）杀菌员　主要负责对配制好的酸乳料液进行杀菌，以及所用设备器具的日常维护保养及清洗消毒。

（4）灌装员　主要负责对酸乳产品的灌装，以及灌装设备的日常维护保养及清洗消毒。

任务一　酸乳发酵剂制备技术

【任务描述】

以原料乳和商品发酵剂菌种为主要原料，经过菌种的活化和扩培操作，可制备母发酵剂、中间发酵剂和生产发酵剂。本任务主要通过对发酵剂活力的影响因素进行分析，对制成的发酵剂的质量进行控制，以制备符合酸乳产品要求的生产发酵剂。

【知识准备】

【知识点3-1-1】酸乳概述

（一）术语及定义

《GB 19302—2010 食品安全国家标准　发酵乳》中的相关定义如下。

（1）发酵乳（fermented milk）　以生牛（羊）乳或乳粉为原料，经杀菌、发酵后制成的 pH 降低的产品。

（2）酸乳（yoghurt）　以生牛（羊）乳或乳粉为原料，经杀菌、接种嗜热链球菌和保加利亚乳杆菌（德氏乳杆菌保加利亚亚种）发酵制成的产品。

（3）风味发酵乳（flavored fermented milk）以80%以上生牛（羊）乳或乳粉为原料，添加其他原料，经杀菌、发酵后 pH 降低，发酵前或后添加或不添加食品添加剂、营养强化剂、果蔬、谷物等制成的产品。

（4）风味酸乳（flavored yoghurt）　以80%以上生牛（羊）乳或乳粉为原料，添加其他原料，经杀菌、接种嗜热链球菌和保加利亚乳杆菌（德氏乳杆菌保加利亚亚种）发酵前或后添加或不添加食品添加剂、营养强化剂、果蔬、谷物等制成的产品。

（二）酸乳的分类

通常根据酸乳产品的组织状态、口味、乳原料中脂肪含量、发酵后的加工工艺和发酵剂菌种的组成可以将酸乳分成不同类型。

1. 按成品的组织状态分类

（1）凝固型酸乳 其发酵过程在包装容器中进行，从而使成品因发酵而保留其凝乳状态。

（2）搅拌型酸乳 发酵后的凝乳在灌装前搅拌成黏稠状组织状态。

2. 按产品的口味分类

（1）天然纯酸乳产品 只由原料乳和菌种发酵而成，不含任何辅料和添加剂。产品只由原料乳和菌种发酵而成，不含任何辅料和添加剂。

（2）加糖酸乳产品 由原料乳和糖加入菌种发酵而成。在我国市场上常见，糖的添加量较低，一般为 6%~7%。

（3）调味酸乳 在天然酸乳或加糖酸乳中加入香料而成。酸乳容器的底部加有果酱的酸乳称为圣代酸乳。

（4）果料酸乳 成品是由天然酸乳与糖、果料混合而成。成品是由天然酸乳与糖、果料混合而成。

（5）复合型或营养健康型酸乳 通常在酸乳中强化不同的营养素（维生素、食用纤维素等）或在酸乳中混入不同的辅料（如谷物、干果、菇类、蔬菜汁等）而成。这种酸乳在西方国家非常流行，人们常在早餐中食用。

（6）疗效酸乳 包括低乳糖酸乳、低热量酸乳、维生素酸乳或蛋白质强化酸乳。

3. 按发酵后的加工工艺分类

（1）浓缩酸乳 将正常酸乳中的部分乳清除去而得到的浓缩产品。其除去乳清的方式与加工干酪方式类似，有时也称作酸乳干酪。

（2）冷冻酸乳 在酸乳中加入果料、增稠剂或乳化剂，然后将其进行冷冻处理而得到的产品。

（3）充气酸乳 发酵后在酸乳中加入稳定剂和起泡剂（通常是碳酸盐），经过均质处理即得这类产品。这类产品通常是以充 CO_2 的酸乳饮料形式存在。

（4）酸乳粉 通常使用冷冻干燥法或喷雾干燥法将酸乳中约 95% 的水分除去而制成酸乳粉。制造酸乳粉时，在酸乳中加入淀粉或其他水解胶体后再进行干燥处理而成。

4. 按原料中乳脂肪的含量进行分类

这种酸乳分类可以依酸乳中脂肪含量的不同而有所差异。我国新的酸乳标准将酸乳分为全脂酸乳、部分脱脂酸乳和脱脂酸乳，具体见表 3-1。

表 3-1 我国酸乳成分标准 单位:%

项目			纯酸乳	调味酸乳	果料酸乳
脂肪含量	全脂	≥	3.1	2.5	2.5
	部分脱脂		1.0~2.0	0.8~1.6	0.8~1.6
	脱脂	≤	0.5	0.4	0.4
蛋白质含量		≥	2.9	2.3	2.3
非脂乳固体		≤	8.1	6.5	6.5

5. 按菌种组成和特点分类

（1）酸乳 通常仅指用德氏乳杆菌保加利亚亚种和嗜热链球菌发酵而成的产品，也是消费者偏爱的传统发酵乳品种。

（2）双歧杆菌酸乳 是指以生鲜牛乳为原料，添加双歧杆菌或含有双歧杆菌的混合菌种进行发酵而成的酸乳产品。

（3）嗜酸乳杆菌酸乳 通常是指在高温处理过的脱脂乳或全乳中，接种选择培养的嗜酸乳杆菌，培养至其大量出现，充分生成乳酸凝固形成的产品。

（4）干酪乳杆菌酸乳 这类酸乳产品在生产时的发酵剂菌种中常含有干酪乳杆菌。

（5）乳糖酶生产的酸乳 只有部分乳糖酶被发酵酒精菌种利用作为能源并转化为乳酸，这些过量的乳糖可增加酸乳的甜度，却不增加热量，提高它的治疗作用，但是商业化的成本还比较高，固定化酶的使用可提高其生产的经济性，将使其生产和消费变得更为可行。

（三）酸乳的营养价值和保健功能

从世界范围来看，酸乳是发展最快的乳制品，是当今乳制品开发研究核消费的主流。随着生活水平的提高，人们对食品需求已由营养、安全上升为保健功效，而酸乳由于其特有的营养价值和保健功能，越来越受人们的关注和认可。

1. 酸乳的营养价值

（1）鲜牛乳经发酵后，其营养成分会发生一定的变化 乳中所含的乳糖被部分分解成半乳糖和葡萄糖，后者进而转化为乳酸等有机酸。半乳糖被机体吸收后可参与幼儿脑苷和神经物质的合成。乳糖还可以在肠道内被微生物代谢，进而促进对磷、钙、铁的吸收，防止婴儿佝偻病，防治老人骨质疏松症。

（2）发酵产生的乳酸会使乳蛋白变成微细的凝乳粒，易于消化吸收 由于乳酸菌的发酵作用，部分乳脂肪发生解离，变成易于有机体吸收状态。另外，乳酸菌中的许多菌株能够释放活性酶类和 B 族维生素等营养物质。研究发现，来自人体肠道的双歧杆菌能产生叶酸、维生素 B_6、维生素 B_{12} 等多种维生素，产生的数量因种类不同各异。此外，酸乳中还含有细胞壁外多糖、矿物质、芳香物质、呈味物质等。

2. 酸乳的保健功能

（1）减免乳糖不耐症 促进乳蛋白的消化许多老年人由于缺乏 β-半乳糖苷酶而对乳糖有吸收障碍，这些人如果饮用鲜牛乳往往会有腹胀、腹痛、呕吐等不适反应，称为乳糖不耐症。而牛乳经发酵后，其所含的乳糖部分被发酵剂菌种利用分解产生乳酸，而且发酵剂也会释放 β-半乳糖苷酶，以帮助乳糖在小肠中降解，从而解决一些乳糖吸收障碍问题，缓解乳糖不耐症。

（2）改善矿物质的代谢吸收，调节机体微量元素的平衡 酸乳中所含的钙、磷、铁、维生素、氨基酸等是机体的重要营养成分，其中磷是骨骼的重要组成成分，而钙是牛乳中含量最高的矿物质，它可以促进幼儿骨骼发育，防止老年骨质疏松症。维生素 D、乳糖、磷、精氨酸等都可以促进机体对钙的吸收。

（3）调节肠道的微生态，抑制有害微生物的生长，降低肠道疾病发生率健康人体肠道中的微生物的种类、数量是相对稳定的，他们彼此协调，形成一个微生态体系。然而这些自然繁殖的乳酸菌的数目会随着人年龄的增长、胃肠分泌功能的变化、疾病及抗生素的使用等原因而逐渐下降，引起体内菌群失调，这就需要人为进行调节补充。

有的乳酸菌能够在肠道内定植，和肠道内的有害菌争夺营养物质，对其产生竞争性抑制，形成一个不利于有害菌生长的环境。另外，乳酸菌合成的产物中的短链脂肪酸也可以抑制有害菌的生长，或由此降低肠道环境的 pH，对志贺菌、沙门菌、大肠杆菌等致病菌产生拮抗作用，阻止其生长紧殖，从而控制体内的内毒素，减少腹泻等疾病的发生。

（4）降低胆固醇，预防心血管疾病 研究证实，酸乳能降低血液中胆固醇的含量，一般来说可以降低胆固醇的含量达 1%～25%。这是由于乳酸菌可在肠道内吸附、繁殖，从而干扰了小肠壁对胆固醇的吸收，也有人认为是微生物细胞吸收了胆固醇，通过微生物代谢将胆固醇转化为胆酸及胆汁酸而排出体外。

（5）具有防衰老和延年益寿功效 引起机体衰老的原因很多，一般认为是由于自由基的过量产生及诱导的氧化反应使生物膜受损，酶反应活力降低，细胞功能受到损害。自由基活性越强，细胞损伤得就越厉害，机体衰老得就越快，而酸乳中由于有超氧化物歧化酶及其他类抗氧化物质，可消除自由基，阻止机体老化的发生，因此，酸乳制品作为老年人食品就更具有实际意义。

（6）具有抑癌防癌的效果 肠道中有害菌产生的酚类、吲哚、亚硝酸、亚硝胺等物质具有强致癌性，而通过乳酸菌作用，可调整肠内菌群，抑制有害菌过量生成，同时降低了有害物质（致癌诱变剂）的浓度，减少了癌变发生率。试验还证实，食用酸乳后，乳中的乳酸菌对体内的巨噬细胞有激活作用，增强了机体的免疫力，所以酸乳有抑制癌变的作用。

【知识点 3-1-2】 酸乳发酵剂

（一）酸乳发酵剂的概念及作用

1. 概念

发酵剂是一种能够促进乳的酸化过程，含有高浓度乳酸菌的微生物培养物。

2. 作用

当发酵剂接种到处理过的原料乳中，在一定条件下繁殖，其代谢产物使发酵乳制品具有一定的酸度、滋味、香味和黏稠度等特性。无论对于酸乳还是其他发酵乳制品生产来说，质量优良的发酵剂制备都是至关重要的。

发酵剂的主要作用主要有：

①分解乳糖产生乳酸；

②产生挥发性的物质，如丁二酮、乙醛等，从而使酸乳具有典型的风味；

③具有一定的降解脂肪、蛋白质的作用，从而使酸乳更利于消化吸收；

④酸化过程抑制了致病菌的生长。

（二）酸乳发酵剂的分类

1. 按发酵剂制备过程分类

（1）乳酸菌纯培养物　即一级原始菌种，一般多接种在脱脂乳、乳清、肉汁或其他培养基中，当生产单位取得菌种后，即可将其移植于灭菌脱脂乳中，恢复活力以供生产需要。

（2）母发酵剂及中间发酵剂　母发酵剂即一级菌种的扩大再培养，是生产发酵剂的基础；中间发酵剂即在实际生产中，母发酵剂的量不足以生产工作发酵剂，而从母发酵剂逐步扩大培养生产的发酵剂。

（3）生产发酵剂　即母发酵剂或中间发酵剂的扩大再培养，是用于实际生产的发酵剂，又名工作发酵剂。

（4）直投式发酵剂（DVI 或 DVS）指高度浓缩和标准化的冷冻或冷冻干燥发酵剂菌种，可供生产企业直接加入到已热处理过的原料乳中进行发酵，而无需对其进行活化、扩培等其他处理的生产发酵剂。它可以单独使用，也可以混合使用，以使产品获得理想的特性。

2. 按使用发酵剂的目的分类

（1）单一发酵剂　只含有一种菌的发酵剂。

（2）混合发酵剂　含有两种或两种以上菌的发酵剂，如保加利亚乳杆菌和嗜热链球菌按 1∶1 或 1∶2 比例混合的酸乳发酵。在制备混合发酵剂时，必须注意各菌种生长的最适温度及其耐盐性。混合菌株的目的是要它们产生理想的共生效果而不是彼此竞争，因此它们的特性在这些方面必须互相补充。

（3）补充发酵剂　为了增加酸乳的黏稠度、风味或增强产品的保健作用而选择特殊菌种制作的发酵剂，一般可单独培养或混合后再加入乳中。表 3-2 所示为一些重要的发酵剂菌种的特性。

表 3-2　　　　　　　　　　　一些重要的发酵剂菌种的特性

发酵剂名称		最适生长温度/℃	最大耐盐性（以食盐质量分数计）/%	产酸量/%	柠檬酸发酵
链球菌	乳酸链球菌	30	4~6.5	0.8~1.0	-
	乳脂链球菌	25~30	4	0.8~1.0	-
	丁二酮链球菌	30	4~6.5	0.8~1.0	+
	嗜热链球菌	40~45	2	0.8~1.0	-
	嗜柠檬酸明串珠菌	20~25	—	< 0.8	+
乳杆菌	瑞士乳杆菌	40~50	2	2.5~3.0	-
	乳酸乳杆菌	40~50	2	1.5~2.0	-
	保加利亚乳杆菌	40~50	2	1.5~2.0	-
	嗜酸乳杆菌	35~40	—	1.5~2.0	-

注：+结果呈阳性；-结果呈阴性。

【知识点 3-1-3】 不同形态发酵剂的保存

为了生产和科研的需要，使分离收集或获得的菌种，即细菌纯培养物，长期保持它们的形态特征、生理生化特性和遗传性状的稳定性是非常重要的。为了使发酵剂菌种维持较长时期的活性，保持其原来的性状，人们已经创建了不少菌种保存的方法。通常，各种物理形态的酸乳发酵剂可通过下述方法进行保存。

（一）液体发酵剂

发酵剂菌种可在两种不同的生长培养基中以液态形式保存（培养基一般为活化培养基或发酵生产所用的培养基）。第一种为不含抗生素的复原脱脂乳，该复原脱脂乳的含量为非脂乳固体 10~12g/100g。这种培养基在 121℃ 高压灭菌 10~15min 后，取样在 30℃ 培养 7d 以检查其灭菌程度。以 1~2mL/100mL 接种量接种后，在 30℃ 培养 16~18h，或在 42℃，培养 3~4h。培养结束后，凝固的发酵剂必须立即冷却。液态发酵剂的保存温度为 2~8℃，每半个月活化一次。

（二）粉末状发酵剂

粉状发酵剂是通过冷冻干燥培养到最大乳酸菌数的液体发酵剂而制得的。冷冻干燥一般可与真空结合进行，该方法可以最大限度地减少乳酸菌活性的损失。粉状发酵剂与液态发酵剂相比，具有良好的保存质量，更强的稳定性和乳酸菌活力，由于接种次数减少，降低了被污染的机会等优点。

嗜热型乳酸菌发酵剂，因具有较高的耐热性，所以可以采用喷雾干燥技术来制备干粉发酵剂；嗜温型乳酸菌发酵剂则更适宜于用冷冻干燥技术来制备干粉发酵剂。为使喷雾干燥后发酵剂具有更好的活力和更高的活菌数，常在喷雾干燥之前向发酵培养液中添加一定比例的保护剂，如抗坏血酸和谷氨酸等稳定物质。

（三）冷冻干燥发酵剂

冷冻干燥法是一种适用范围很广的菌种保存方法，发酵剂采用冷冻干燥技术不仅为了保存菌种，更主要的是为了生产大量直投式或间接生产所需的发酵剂，以满足乳品工业生产需求。

冷冻干燥方法有两种：①-20℃冷冻（不发生冷缩）和-80～-40℃深度冷冻（会发生浓缩）；②-196℃超低温液氮冷冻（会发生浓缩）。

冷冻浓缩发酵剂是通过冷冻浓缩乳酸菌生长活力最高点时的液态发酵剂而制成的发酵剂。超浓缩冷冻发酵剂是在乳酸菌培养基中添加了生长促进剂，由氨水不断中和产生的乳酸，最后用离心机来浓缩菌种。未浓缩的发酵剂可在-20℃进行冷冻，而浓缩形式的发酵剂可在-80～-40℃深层冷冻或在-196℃液氮中进行超低温冷冻，可维持其活力在很长时间内不发生损失。浓缩发酵剂、深冻发酵剂、冷冻发酵剂，在生产商推荐的条件下保存能维持很长的时间，且活力不会有太多的损失。应该说明的是，深冻发酵剂比冷冻干燥发酵剂需要更低的贮存温度，而且要求用装有干冰的绝热塑料盒包装运输，时间不能超过12h，而冷冻干燥发酵剂在20℃温度下运输10d也不会缩短原有的货架期。

【技能训练】

【技能点3-1-1】酸乳发酵剂的制备技术

发酵剂的制备是乳品厂中最难也是最主要的工艺之一。因为现代化乳品厂加工量很大，发酵剂制作的失败会导致重大的经济损失。生产上常进行的发酵剂的制备步骤如图3-1所示。

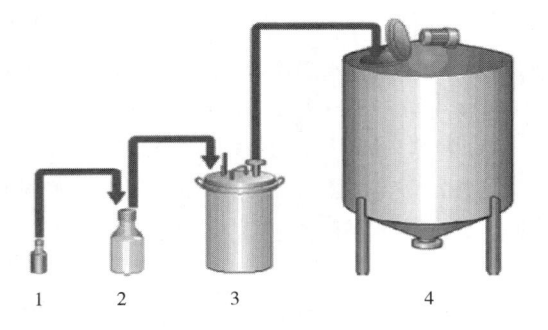

图3-1 发酵剂的制备步骤

1—乳酸菌纯培养物（商品发酵剂） 2—母发酵剂 3—中间发酵剂 4—生产发酵剂

（一）培养基的制备

1. 母发酵剂、中间发酵剂培养基的制备

母发酵剂、中间发酵剂的培养基一般用高质量无抗菌素残留的脱脂乳粉制备，最好不用全脂乳粉，主要是因为其游离脂肪酸的存在将抑制菌种的增殖。培养基的干物质含量为 10%～12%，推荐杀菌温度、杀菌时间是 90℃，保持 30min，

2. 工作发酵剂的培养基

可用高质量无抗菌素残留的脱脂乳粉或全脂乳制备。培养基的干物质含量为 10%～12%。操作时，先把配制好的培养基加热到 90～95℃，并保持 30～45min 进行灭菌冷却到菌种培养温度后接种发酵。

3. 生产发酵剂的培养基

制取生产发酵剂的培养基最好与成品的原料相同，以使菌种的生活环境不致急剧改变而影响菌种的活力。最常用的培养基是脱脂乳，但也可用特级脱脂乳粉按 9%～12% 的干物质制成的再制脱脂乳替代。某些乳品厂也使用精选的高质量鲜乳做培养基。用具有恒定成分的、无抗生素的再制脱脂乳做培养基，比用普通脱脂乳做培养基更可靠。

培养基也可以通过添加一些生长因子如 Mn^{2+} 而加以强化，比如每升发酵剂添加 0.2g $MnSO_4$ 能促进噬柠檬酸明串珠菌的生长；抗噬菌体培养基也可用于生产单菌株或多菌珠发酵剂，这些培养基中含有磷酸盐、柠檬酸盐或其他螯合剂，它能使 Ca^{2+} 成为不溶物，这样做的原因是大多数噬菌体的增殖需要 Ca^{2+}，从培养基中去掉 Ca^{2+}，保护乳酸菌免遭噬菌体感染，可以避免发酵剂活力降低。

（二）纯培养菌种的活化

从菌种研究所和销售单位购买的乳酸菌纯培养物（商品发酵剂），菌种通常保存在试管或安培瓶中。由于保存、寄送等影响，活力减弱，故使用前需要反复接种以恢复其活力，即在无菌操作条件下接种到灭菌的脱脂乳试管中多次传代、培养，而后保存在 0～4℃冰箱中，每隔 1～2 周移植一次。但在长期移植过程中，可能会有杂菌污染，造成菌种退化或菌种老化、裂解。因此，菌种须不定期的纯化、复壮。

1. 液态纯乳酸菌发酵剂菌种的活化方法

（1）接种时先将装菌种的试管口用火焰灭菌。

（2）打开棉塞，用灭菌吸管从试管底部吸取 1～2mL 的纯培养物，立即移入预先准备好的灭菌培养基中，根据菌种采用的培养特性放入培养箱进行培养。

（3）凝固后在无菌条件下用灭菌吸管取出 1～2mL，按上述方法移入灭菌过的培养基中，如此反复多次，待乳酸菌充分活化后，即可制备母发酵剂。

2. 冷冻干燥发酵剂活化方法

（1）将总固形物含量约 12% 的脱脂乳或复原脱脂乳加入到专用发酵剂烧瓶中，并在适当密封的情况下于 121℃保持 15min 或 90℃保持 30min，进行杀菌。

（2）将杀菌后的脱脂乳冷却至 46～47℃（为了尽快恢复其活力，该菌种的培养温度比正常情况下要高出 2～3℃）。

（3）加入冷冻干燥发酵剂（若是铝箔袋包装的发酵剂，在剪开前先用75%的酒精擦拭袋口。剪刀要用燃烧的酒精棉灼烧）。一次未用完的发酵剂，应在无菌的条件下将开口密封好，以免污染。然后放入冷冻的冰柜中，并尽快用完。

（4）充分摇动烧瓶，使发酵剂分散均匀。

（5）在培养温度下发酵约4h，直到脱脂乳完全凝固。有时可反复接种几次以恢复菌种的活力。

（三）母发酵剂和中间发酵剂的制备

母发酵剂和中间发酵剂的制备需在严格的卫生条件下进行操作，制备间应尽可能使用经过滤的正压空气，操作小间应用400~800mg/L次氯酸钠溶液喷雾，操作过程尽量避免污染杂菌。从母发酵剂到中间发酵剂罐的无菌转运流程如图3-2所示。

母发酵剂一次制备后可存于4℃冰箱中保存。对于混合菌种，每周活化一次即可。母发酵剂在活化过程中可能会带来杂菌或噬菌体的污染，应定期更换，一般最长不超过1个月。

（四）生产发酵剂的制备

生产发酵剂的制备要求极高的卫生条件。要把可能感染的酵母菌、霉菌、噬菌体的污染危险降低到最低限度。生产发酵剂车间最好与加工车间隔离，要有良好的卫生条件，最好有换气设备。为防止来自环境中的微生物污染，每天要喷雾200mg/L的次氯酸钠溶液消毒，工作人员在操作前也要用100~150mg/L的次氯酸钠溶液洗手消毒。氯水应专人配制并每天更换。对于发酵设备的清洗系统必须仔细设计，以防清洗剂和消毒剂的残留物与发酵剂接触而污染发酵剂。

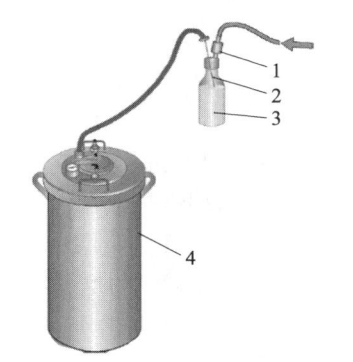

图 3-2　从母发酵剂到中间发酵剂罐的无菌转运
1—无菌过滤器　2—无菌注射器　3—母发酵剂瓶子　4—中间发酵剂容器

1. 传统的生产发酵剂制备方法

目前，许多乳品厂仍然通过几个连续的步骤把中间发酵剂培养成自己的生产发酵剂。

（1）生产发酵剂的制备工艺流程 先将脱脂乳、新鲜全脂乳或复原脱脂乳（总固形物含量 10%~12%）加热到 90℃，保持 30~60min 后，冷却到 42~43℃接种中间发酵剂，发酵到酸度高于 0.8% 后冷却到 4℃。此时生产发酵剂的活菌数应达到 10^8~10^9 CFU/mL。

（2）从中间发酵剂到生产发酵剂的无菌传送如图 3-3 所示。

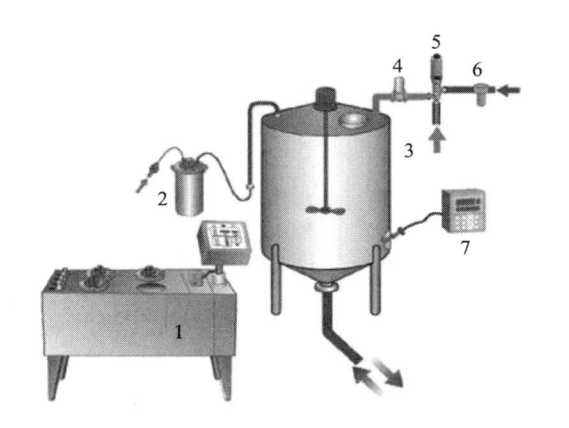

图 3-3 中间发酵剂到生产发酵剂的无菌传送

1—培养器 2—中间发酵剂容器 3—生产发酵剂罐 4—过滤器
5—气阀 6—蒸汽过滤器 7—pH 测定仪

图 3-4 冷冻浓缩干燥发酵剂直接制备生产发酵剂

2. 由浓缩冷冻发酵剂直接制备生产发酵剂

近几年，浓缩冷冻发酵剂已直接用于制作生产发酵剂或直接用于生产，如图

3-4 所示。

现在，乳品厂通过冷冻浓缩干燥发酵剂直接制备生产发酵剂时，对发酵剂的要求是不需要任何中间扩培，可直接用于生产的经特殊设计、浓缩的发酵剂。

（五）发酵剂制备过程的注意事项

1. 活化

（1）母发酵剂仅第一次由原培养物（菌种）制作外，在一般生产过程中，均由前代发酵剂制作。如果出现污染或活力降低时才可使用试管菌种制备母发酵剂。

（2）全部活化过程要求严格无菌操作，否则污染杂菌给生产造成损失。应该在无菌超净工作台内酒精灯火焰旁进行无菌操作。

（3）注意培养活化时间勿过长，培养至乳凝固即可。否则因产生乳酸过高，而导致乳清析出过多，菌种容易衰老，其活力反而下降。一般活力高的菌种经37℃培养过夜牛乳即凝固，此时不需继续传代活化，可将菌种管放入冰箱中保藏或制作发酵剂使用。如果凝固时间超过 12h，说明菌种活力尚未恢复，需每天传代移植一次，反复传代几次至菌种活力恢复为止。

（4）活化冻干菌种时，脱脂乳添加 0.5%葡萄糖及 0.5%酵母膏可以加快活化速度。

（5）注意在每次活化之后，均要进行革兰染色镜检，如果菌种纯，无杂菌污染，且发酵活力已恢复，方可作为发酵剂菌种；如果菌种不纯，则必须做分离培养，分离到纯菌种后，才可继续活化使用。

2. 扩培

（1）应选择新鲜、品质好的牛乳制作脱脂乳培养基。鲜乳中菌数不能太高，一般低于 10^4 个/mL，不含抗生素和消毒剂，不宜选用乳房炎乳制作发酵剂。脱脂乳培养基灭菌要彻底。灭菌结束后，应尽快人工放气降压，将培养基立即取出，否则牛乳受热时间过长发生褐变（美拉德反应），破坏牛乳营养成分而影响乳酸菌生长。

（2）如果采用德氏乳杆菌保加利亚亚种和嗜热链球菌制作普通酸乳时，为保证球、杆菌数量在发酵过程中维持适宜的比例，最好先分别制备单一菌种发酵剂。使用时再分别以 1.5%接种到原料乳中，总接种量为 3%，发酵温度 43℃培养 2.0~2.5h，或 37℃培养 3.0~3.5h。因为混合菌种经几次扩大培养后，两种菌在数量上的 1：1 比例容易失调，导致产酸慢，延长发酵周期。对复合菌种的发酵剂也要注意各菌之间的菌数比例平衡问题。

（3）盛装发酵剂的容器最好用玻璃制品，以便观察牛乳发酵情况。容器应严密，口要小，盖或塞要紧密，以防微生物污染。三角瓶口小，容量大，用棉塞塞紧瓶口，较严密，适于制备发酵剂。当然也可采用金属容器。

（4）接种时要严格按无菌操作进行，防止杂菌污染。最好在无菌室内调制发酵剂，可减少空气污染，特别要注意酵母菌、霉菌与噬菌体的污染。操作台要用消毒水消毒。接种时尽量不要直接倾倒，而用灭菌吸管转移。

（5）发酵剂培养凝固后应立即冷却。发酵剂量少时可置于4℃冰箱中保存。量多时可在冷水中保存，直至使用。发酵剂在保存过程中不要振荡，否则破坏凝乳性状，不利于品质鉴定。

【技能点 3-1-2】 发酵剂的质量检测

发酵剂质量的优劣直接影响成品的质量。因此在使用前必须对发酵剂进行质量检验。乳酸菌发酵剂的质量必须符合特定要求，其质量控制方法主要有如下几种。

（一）感官指标及检查

（1）凝块需有适当的硬度，均匀细腻，组织均匀富有弹性，表面无变色、龟裂、无气泡，乳清析出少。

（2）需具有一定的芳香味和酸味，不得有腐败味、苦味、饲料味和酵母味等异味。

（3）凝块完全粉碎后，质地均匀，细腻滑润，略带黏性，不含块状物。

（4）接种后在规定时间内产生凝固，无延长现象。活力测定（酸度、感官、挥发酸、滋味）符合规定指标。

对于液态发酵剂，首先检查其组织状态、色泽及有无乳清分离等，其次检查凝乳的硬度，然后品尝酸味和风味，看其有无苦味和异味等。

（二）形态与活力检查

1. 形态与菌种比例检查

使用革兰染色或纽曼（Newman's）染色发酵剂涂片，并用高倍光学显微镜（油镜）观察乳酸菌形态是否正常及杆菌与球菌的比例等。

2. 活力检查

发酵剂的活力是指该菌种的产酸能力，可利用乳酸菌的繁殖而产生酸和色素还原等现象来评定。好的酸乳发酵剂活力一般在0.8%以上。活力测定的方法必须简单而迅速。常采用的方法有酸度测定方法和刃天青（$C_{12}H_{17}NO_4$）还原实验。

（1）酸度测定 在高压灭菌的脱脂乳中加入3%的发酵剂，置于37.8℃的温箱中培养3.5h，测定其酸度。酸度达0.7%则认为活力较好，并以酸度的数值（此时为0.7）来表示，0.4%可以认为有活力。一般发酵剂的酸度以90~110°T为宜。

（2）刃天青还原实验 在9mL脱脂乳中加入1mL发酵剂和1mL 0.005%刃天青溶液，在36.7℃的温箱中培养35min以上，如完全褪色则表示活力良好。

（3）双乙酰的检验 用2.5mL待检发酵剂放在直径为16mm的试管中，加入10mg肌酸和2.5mL 40%的NaOH溶液，混合均匀后使其静置，如果在表面生成红色即表示双乙酰的存在，而且颜色的浓淡代表双乙酰含量的多少。

（三）污染程度检查

（1）催化酶试验　乳酸菌催化酶试验应呈阴性，阳性反应是污染所致。

（2）大肠菌群试验检测粪便污染情况。

（3）乳酸菌发酵剂中不许出现酵母或霉菌。

（4）检测噬菌体的污染情况。

（5）定期进行发酵剂设备和容器涂抹检验　应定期对发酵剂生产设备和容器进行涂抹检验来判定工器具的清洗效果和车间整体卫生状况。

【技能点 3-1-3】发酵剂生产设备的操作与维护

一次性（直投式）发酵剂的制备需采用高新技术或专利技术，生产成本偏高，且供货也不稳定，所以大部分厂家还是采用传统的方法来扩大制备生产发酵剂。

发酵剂的生产主要是培养基的准备以及制备时应保持高度的清洁卫生，以防止污染。目前发酵剂的制备方法主要使用简单的微生物技术或使用机械防护系统等。

（一）简单的微生物技术

1. 设备

图 3-5　密闭的工作发酵剂制备罐

该部分中使用的设备为实验室器具和发酵罐，包括：①玻璃试管、三角瓶、250mL 三角瓶等用于母发酵剂制备的器皿；②2~5L 的大三角瓶，用于中间发酵剂的制备；③带刻度的移液管。

2. 操作注意事项

首先将脱脂乳粉制成复原乳（总乳固体含量 10%~12%）作为培养基，盛放的玻璃器皿用脱脂棉塞塞住，然后置于高压灭菌锅中灭菌。灭菌温度 115℃ 或 121℃，时间随乳量多少而变化。通常情况下，操作中采用的移液管应用牛皮纸包扎好并置于 160℃ 烘箱中至少灭菌 2h，或采用 121℃ 的蒸汽灭菌 15min。

对于用来制备母发酵剂的灭过菌的牛乳，为了检查其无菌状况，可以在使用前将其置于 30℃ 或 50℃ 的培养箱中培养 2d。

（二）机械保护系统

1. 密闭的罐体系统

一般这种罐体带有夹层，此夹层既可用于加热也可用于冷却，如图 3-5 所示。罐体上方的人孔、搅拌机轴封、发酵剂注入孔密封良好，罐顶的空气出入孔应装有无菌过滤器（每次用完后要彻底杀菌，使之处于无菌状态，在下次生产前再装上）。在培养基的加热与冷却中，空气进出发酵剂罐时都得通过无菌过滤的出入孔。发酵剂的加入是通过一个很小的开口进行的，且接种前罐外用 75% 的酒精喷雾杀菌，接种口用蘸有 200mg/L 次氯酸钠溶液的干净纱布擦拭。接种时要用火焰灭菌，防止污染的空气进入。从该系统可以看出，在培养基的加热与冷却，发酵剂的冷却等过程中都确保了进入罐内的空气是无菌的。

2. 阿法拉伐（Alfa-Laval）系统

阿法拉伐系统使用有压的无菌过滤系统进行发酵剂的运送，如图 3-6 所示。

母发酵剂和中间发酵剂是在另一个特殊设备中制备的，容器的容积分别为 0.5L 和 20L。前一装置是带胶塞密封和环状空间金属丝帽的玻璃瓶。中间发酵剂容器有两个配件，一个是空气压缩器，另一个是连接到工作发酵剂罐的不锈钢管。

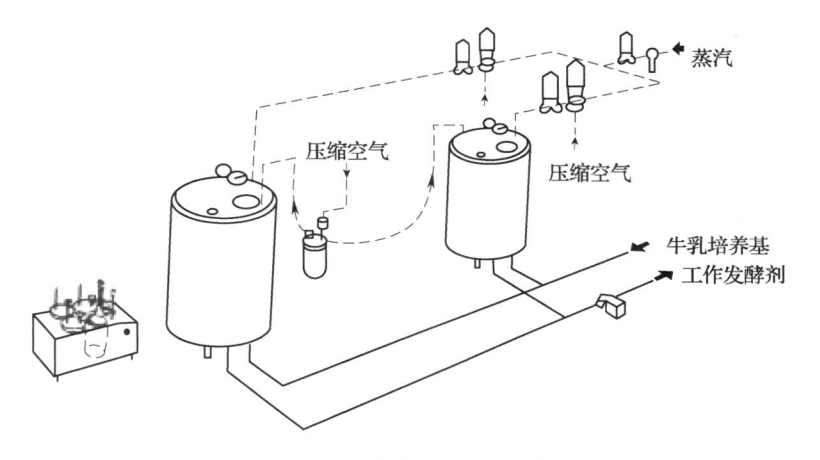

图 3-6　Alfa-Laval 酸乳工作发酵剂的生产设备

培养基是在罐中加热，适合中等规模的乳品厂，这种方法两个罐可交替使用。这类罐带有夹层，既可用蒸汽或热水对罐体加热，也可循环冰水，冷却罐内培养基或制成的发酵剂。热处理温度与时间的组合由操作工来监控。

发酵剂接种时（从母发酵剂到中间发酵剂）用两个一次性的无菌注射器，一个是短的，另一个能触到瓶底。通过短注射器压缩无菌空气在瓶子上方形成压力，来置换并迫使发酵剂通过长注射器针头到中间发酵剂罐。

同样的原理适用于把发酵剂从中间发酵剂罐输送到工作发酵剂罐，只不过使用的是一种特殊的阀门而已。

【技能点 3-1-4】发酵剂制备实例

（一）材料器具

1. 菌种

德氏乳杆菌保加利亚亚种及嗜热链球菌脱脂乳试管培养物（原菌种）。

2. 培养基

灭菌脱脂乳培养基（总固形物 10%~12%，将脱脂乳装入试管或三角瓶中于高压灭菌锅中 115℃ 灭菌 20min）。

3. 试剂与染色剂

无菌生理盐水或无菌水、革兰染色液。

4. 仪器与其他用品

特制蜗卷铂耳环、接种环、镊子、75% 酒精消毒棉球、载玻片、酒精灯、显微镜、高压灭菌锅、冰箱、温箱、超净工作台、灭菌试管及吸管（10mL、5mL及 1mL）等。

（二）制备工艺流程

商品发酵剂菌种（原菌种培养物）$\longrightarrow$ 活化 $\longrightarrow$ 发酵剂制备 $\longrightarrow$ 质量鉴定 $\longrightarrow$ 保藏

（三）方法与步骤

1. 菌种的选择

在发酵乳制品生产中常用的乳酸菌有十几种，应用时要根据发酵产品的种类进行有目的的选择。在正常的酸乳生产中，一般使用嗜热链球菌和保加利亚乳杆菌的混合菌种来作为发酵剂。

2. 商品发酵剂菌种的活化

保藏的发酵剂菌种活力不旺盛，处于维持生命的休眠状态，特别是冻干菌种，在冻干过程中受到激烈的物理刺激，部分已死亡，存活率降低。因此在生产使用之前要进行活化，使其活力恢复正常，具体操作如下。

（1）菌种活化在无菌超净工作台内进行。先用 75% 酒精棉球擦拭消毒安瓿瓶（管）外壁，而后将安瓿管上部用酒精灯火焰烧热，再滴几滴无菌水或生理盐水于加热部分，使玻璃管炸裂后，用灭菌镊子轻掰掉管的上部，以灭菌铂耳环捣碎干燥物，烧烤管口待冷却后，将少量或全部粉末状菌种转入灭菌脱脂乳试管中，摇匀后，置于 37℃ 或 42~43℃ 温箱中培养至凝固，再继续移植到新的灭菌脱脂乳试管中恒温培养，传代活化几次，直至活力恢复为止。

（2）脱脂乳试管保藏的菌种活化时直接用灭菌蜗卷铂耳环取 1~2 环原培养物，接入灭菌新鲜脱脂乳试管中培养即可。其活化方法与脱脂乳试管保藏方法相同，可循环使用。

3. 母发酵剂和生产发酵剂的扩培

（1）制备工艺流程

商品菌种纯培养物活化（5mL 试管灭菌脱脂乳，接种比例 1%）$\longrightarrow$ 接种母发酵剂（100mL或 250mL 三角瓶灭菌脱脂乳，接种比例 3%）$\longrightarrow$ 接种生产或工作发酵剂（5L 大三角瓶或菌种罐灭菌原料乳，接种比例 3%）

（2）制备方法

①母发酵剂的制备：将脱脂乳分装于试管中和三角瓶中，每试管装 10mL，每三角瓶装入 100~250mL，然后塞上棉塞，再外加牛皮纸用细绳扎紧后进行高压灭菌，灭菌温度在 115℃保持 20min，然后冷却至 43℃左右接入上述已活化的菌种，接种量 2%~3%，充分混匀后，置于恒温中培养（温度 42~43℃，时间 2.5~3h）至凝乳完全，最后再放于 4℃冰箱内保存。

②生产发酵剂的制备：将脱脂乳分装于 500mL 以上的三角瓶中或不锈钢培养罐中（罐的容量为 5~l0L），盖严后进行灭菌，灭菌温度同上，取出冷却至 43℃接种，接种量 3%，充分混合后置于 42~43℃的恒温箱中培养至凝乳完全。此菌种经冷藏过夜后可供生产酸乳使用。

4. 发酵剂质量检验

（1）感官检验　观察发酵剂的质地，组织状态，凝固与乳清析出情况以及味道和色泽，好的发酵剂应凝固均匀，细腻、致密、无块状物，有一定弹性，乳清析出较少，具有一定酸味和香味，无异味、无气泡和色泽变化。

（2）化学检验　主要检查酸度和挥发酸，含生香菌的发酵剂需检查丁二酮。

丁二酮检查方法：取发酵剂 5~10mL 置于试管中，加入等体积 0.4g/mL KOH 溶液和微量肌酐或肌氨酸，振荡混匀，静置于 48~50℃水浴中 2h（或 37℃温箱中 4h），观察结果。如有丁二酮存在，试管的上部呈现红色。

（3）细菌学检查　主要检查发酵剂内的乳酸菌数量及有无杂菌污染情况。品质好的发酵剂菌数不应低于 10^8~10^9CFU/mL。乳酸菌计数方法有以下两种。

①显微镜直接计数：将发酵剂经 1:10 稀释后，取 5μL 涂片、固定、甲苯胺蓝染色、镜检菌数，同时观察有无杂菌污染。

②平板菌落计数法：利用 MRS 乳酸菌计数培养基，采用稀释倾注平板培养法检查发酵剂的活菌数。

前一种计数方法快速简便，但误差较大，死活菌都计数在内。后者计算活菌数，采用改良 MRS 培养基可以选择性地快速检测乳酸菌的数量。

（4）活力测定　以凝乳时间、产酸能力、还原刃天青能力、活菌数量判定发酵剂菌种的活力。

①肉眼观察：观察并记录单一菌种发酵剂的凝乳时间。

②酸度测定：用 0.1moL/L NaOH 滴定法测定发酵剂的酸度。

③还原刃天青能力测定：还原刃天青所需的时间。

④活菌计数：采用稀释倾注平板培养法测定发酵剂的活菌数量。

5. 乳酸菌的菌种保藏

目前常用的保藏方法有脱脂乳试管法和低温冷冻真空干燥法。

（1）乳试管保藏法　以无菌操作用灭菌蜗卷铂耳环取 1~2 环（尽量自试管底部取菌）脱脂乳试管原菌种移植于新鲜 5mL 脱脂乳试管中，轻轻振荡后，于

37℃温箱中培养过夜，待乳凝固时取出。观察其凝固性状，乳凝固应该结实、致密，允许有极少量乳清析出或最好不析出。同时进行涂片、革兰染色镜检，确定无杂菌污染，尤其是无酵母菌和芽孢杆菌污染，而后置于4℃冰箱中保存。每隔2~3周同法传代一次，以维持菌种活力。

（2）冻真空干燥保藏法　于安瓿菌种管内经冻干的乳酸菌，置4℃冰箱中一般可存活5~15年，也便于携带。

【质量控制】

（一）优良发酵剂的质量标准

乳酸菌发酵剂的质量，必须符合下列各项标准。

（1）凝块应有适当的硬度，均匀而细滑，富有弹性，组织状态均匀一致，表面光滑，无龟裂，无皱纹，未产生气泡及乳清分离等现象。

（2）具有优良的风味，不得有腐败味、苦味、饲料味和酵母味等异味。

（3）若将凝块完全粉碎后，质地均匀，细腻滑润，略带黏性，不含块状物。

（4）接种后，在规定时间内产生凝固，无延长现象。活力（酸度）测定符合规定指标。为了不影响生产发酵剂要提前制备，可在低温条件下短时间贮藏。

（二）优良发酵剂菌种的选择要点

菌种的选择对发酵剂的质量起重要作用。生产上可根据不同的生产目的选择适当的菌种，一般要求生产优良发酵的菌种应具备以下生产性能。

1. 产黏性

发酵过程中产生的黏性物质有助于改善酸乳的组织状态和黏稠度，尤其是在酸乳干物质含量不太高时更为重要，但一般情况下产黏发酵剂往往会对酸乳的风味有一定程度的影响。

2. 产香性

酸乳发酵剂产生的芳香物质通常为乙醛、丁二酮、丙酮和挥发性酸，评价发酵剂产香能力的大小主要有感官评价、挥发性酸的测定以及测定乙醛生成能力等方法。近年来，为了使酸乳制品具有特殊的质地，已经采用加入特殊产香的德氏乳杆菌保加利亚亚种菌株或嗜热链球菌丁二酮产香菌株，也可加入嗜酸乳杆菌、干酪乳杆菌。另外，双歧杆菌因其独特的生理功能已逐渐受到人们的喜爱和重视。

3. 蛋白质的水解性

嗜热链球菌在乳中表现出很弱的蛋白质水解性，德氏乳杆菌保加利亚亚种的蛋白水解活性较高，并产生大量的游离氨基酸和肽类。影响蛋白质水解活性的因素主要有温度、pH、菌种及其贮藏的时间等。

4. 产酸能力

判断发酵剂产酸能力的方法有两种，即测定酸度和产酸曲线。产酸能力强的发酵剂在发酵过程中容易导致产酸过度和后酸化过快，所以生产中一般选择产酸能力中等或弱的发酵剂。

5. 后酸化能力

后酸化是指酸乳生产过程中终止发酵后，发酵剂菌种在冷却和冷藏阶段仍能继续缓慢产酸。它包括两个阶段：①从发酵终点（42℃）冷却到 19~20℃时酸度的增加；②从 19~20℃冷却到 10~12℃时酸度的增加；③在 0~6℃冷库中冷藏阶段酸度的增加。酸乳生产应选择后酸化尽可能弱的发酵剂，以便控制产品质量。

6. 发酵剂活力

活力大小是评价发酵剂质量好坏的主要指标。活力值并非越高发酵剂质量就越好，因为产酸强的发酵剂在培养的过程中会引起过度产酸，导致在标准条件下培养后活力较高。研究表明，活力在乳酸度 0.60%~1.10% 范围内都可以进行正常生产，而最佳活力是 0.80%~0.95%。生产上通常依据活力不同来确定接种量的大小。发酵剂的活力与质量的关系见表 3-3。

表 3-3　　　　　　　　　　发酵剂的活力与质量的关系

活力（乳酸度）/%	<0.40	0.40~0.60	>0.60	0.65~0.75	0.80~0.95
接种量	—	—	5.5%	4.0%~5.5%	2.5%~3.5%
生产管理	更换发酵剂	发酵超过 5h 易污染	可投入生产	增大接种量	最佳活力

发酵剂活力会受到一些因素的影响，主要有以下 4 点。

（1）天然抑制物　牛乳中存在不同的天然抑菌因子，主要功能是增强犊牛的抗感染与抗疾病的能力。这些物质包括凝集素、溶菌酶等，这些物质通常对热不稳定，加热后即被破坏。

（2）抗生素残留　患乳房炎等疾病的乳牛常用青霉素、链霉素等抗生素药物进行治疗，乳在一定时间内会残留一定的抗生素，用于生产酸乳的所有乳制品原料中都不允许有抗生素残留。

（3）噬菌体　噬菌体的存在对酸乳的生产时致命的，噬菌体对嗜热链球菌的侵袭，通常表现为发酵时间长，产品酸度低，并有不愉快的味道。

（4）清洗剂和杀菌剂残留　清洗剂和杀菌剂是乳品厂用来清洗和杀菌用的化学物品，这些化合物的残留会影响发酵菌种的活力，它们主要来自人为工作的失误或就地清洗（CIP）系统循环的失控。

（三）发酵剂制备技术控制要点

发酵剂制备技术控制要点见表 3-4。

表 3-4　　　　　　　　　　　　　发酵剂制备技术控制要点

生产流程	使用设备	管理项目及基准值	有关加工工艺要求
原料乳验收	碱式滴定管 乳成分分析仪 恒温箱	72%酒精试验 酸度≤16°T 发酵试验 脂肪含量≥3.1% 蛋白质含量≥2.95% 非脂乳固体含量≥8.1%	按 GB 19301 和《采购物资技术标准》执行
过滤	滤网	120 目滤网过滤	
冷却储存	板式换热器，储乳罐	冷却至 2~6℃	如果温度高于 6℃，需重新回冷
标准化	标准化设备	脂肪≥3.1% 蛋白质≥2.9% 非脂乳固体≥8.1%	标准化后指标应达到要求
检验	乳成分分析仪	—	对标准化后料液指标检验，如指标不符合要求应返回重新配料
杀菌	夹层锅	杀菌	采用 90 ~ 100℃/≥10min 杀菌
冷却接种	发酵罐	接种后温度应保持在 43~45℃	—
恒温发酵	发酵室	温度维持 42~43℃	—
入库冷藏	冷库	酸度控制在 60~80°T	库温 2~6℃ 保存不得超过 2d
出库检验	—	出库酸度要求达到 90~110°T	—
生产使用	—	—	经检验后如指标全部符合要求，可用于生产

任务二　凝固型酸乳加工技术

【任务描述】

凝固型酸乳是在包装容器中进行发酵与冷却的酸乳。本任务介绍了凝固型酸乳加工的原辅料及质量标准，凝固型酸乳的生产工艺流程及操作要点及凝固型酸乳的质量控制和检验方法，凝固型酸乳常见的质量问题及解决措施、凝固型酸乳洗瓶机的操作与维护以及凝固型酸乳灌装机的操作与维护方法。

【知识准备】

【知识点 3-2-1】凝固型酸乳加工用原辅料

（一）原料乳

制作酸乳的原料乳的质量比一般乳制品的原料乳的要求高。除按规定验收合格外，还必须满足下列要求：

（1）酸度在18°T以下，杂菌数不高于50000CFU/mL，总乳固形物含量不低于11.5%，其中非脂乳固体不低于8.5%。

（2）不得使用含有抗生素或残留有效氯等杀菌剂的鲜牛乳。一般乳牛注射抗生素后4d内所产的乳不得使用，因为常用的发酵剂菌种对抗生素和残留杀菌剂、清洗剂非常敏感，往往会引起发酵失败。

（3）不得使用患有乳房炎乳牛的牛乳，否则会影响酸乳的风味和蛋白质的凝胶力。

（二）甜味剂

酸乳制品中加入甜味剂的主要目的是为了减少酸乳特有的酸味感觉，使其口味更柔和，更易被消费者所接受。消费者的需求主要体现于所用甜度的高低，从而影响了糖的用量。另外，对于特殊消费群（如糖尿病病人），甜味剂的种类局限于低热能的替代糖类。

由于甜度是以味觉判断而无绝对值的标准，通常以蔗糖甜度为相对标准来衡量各种甜味剂的相对甜度，表3-5列出一些食品工业中使用的甜味剂的相对甜度。

表3-5 蔗糖与其他甜味剂相对甜度的比较（以蔗糖甜度为1计）

甜味剂成分	与蔗糖的相对甜度	甜味剂成分	与蔗糖的相对甜度
乳糖	0.4	甘露醇	0.7
麦芽糖	0.4	甘氨酸	0.7
山梨醇	0.5	甘油	0.8
甘露糖	0.6	转化糖	0.7~0.9
半乳糖	0.6	果糖	1.1~1.5
葡萄糖	0.7	环已基氨基磺酸盐	30~80
木糖	0.7	阿斯巴甜	200

酸乳中使用最广泛的甜味剂是蔗糖。考虑到过多的蔗糖会影响酸乳发酵时间，通常建议蔗糖的使用量（在原料乳中）最好不超10%。在生产条件允许的情况下，可以在原料乳中用5%左右的蔗糖，余下的糖在发酵之后混入酸乳中（如生产果料酸乳时，将糖加入果料中）。

随着人们生活水平的提高和现代化生活节奏的加快，越来越多的消费者需要高营养、低热量的食品，从而使一些天然甜味剂在乳制品中的应用得以推广，如果葡糖浆、甜味菊苷、葡萄糖和阿斯巴甜等。

（三）发酵剂

根据联合国粮农组织（FAD）关于酸乳的定义，酸乳中所用的乳酸菌发酵剂为嗜热链球菌与保加利亚乳杆菌。乳酸菌在发酵中除将部分乳糖转化为乳酸外，也由于其蛋白酶和脂肪酶的活力而产生一些游离氨鉴酸和易挥发脂肪酸等副产物。另外，在同一温度下，不同菌的生长速度也有所不同，因此上述两种菌株的比例及其他乳酸菌的加入均会直接影响酸乳成品的风味和质地。

成品酸乳的特征要求，是选择其所用菌种的关键因素，而其菌种的纯度则直接影响到酸乳质量的一致性。

（四）其他食品添加剂和营养强化剂

若生产不同风味与质地特征的酸乳时，可以按有关规定适量使用食品添加剂，主要有稳定剂、香精香料和食用色素等。食品添加剂和营养强化剂的质量应符合相应的安全标准和有关规定，使用应符合《GB 2760—2014 食品安全国家标准 食品添加剂使用标准》和《GB 14880—2012 食品安全国家标准 食品营养强化剂使用标准》的规定。

【知识点 3-2-2】典型凝固型酸乳的生产工艺

（一）典型凝固型酸乳生产工艺流程

典型凝固型酸乳生产工艺流程如图 3-7 和图 3-8 所示。

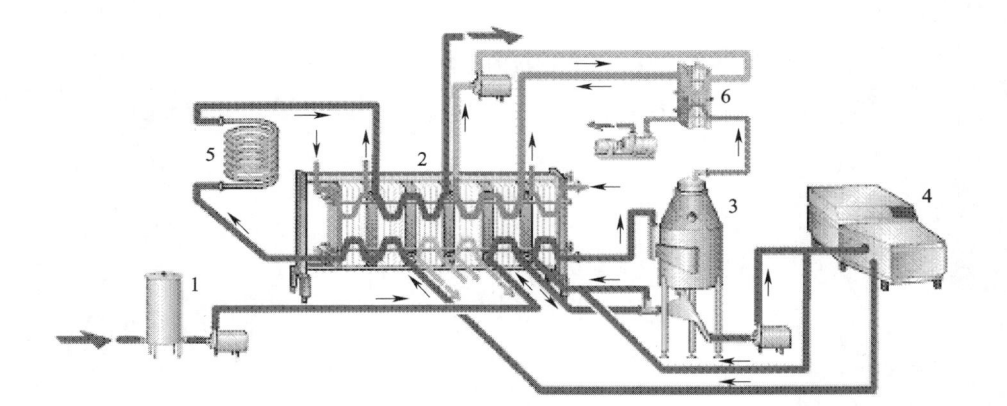

图 3-7　酸乳生产的一般预处理工艺线路
1—平衡罐　2—板式热交换器　3—真空浓缩罐　4—均质机　5—保温管　6—板式冷却器

（二）凝固型酸乳生产操作要点

1. 原料乳的检验、收纳

原料乳的检验、收纳按《GB 19301—2010 食品安全国家标准 生乳》执行。生产酸乳所用原料乳必须符合下列条件：酸度≤18°T；脂肪≥3.1%；乳固体≥11.5%；杂菌总数≤50 万 CFU/mL。此外，原料乳不应含有抗生素等乳酸菌生长抑制因子。原料乳在检验合格后，由乳品厂收乳部门负责收纳。

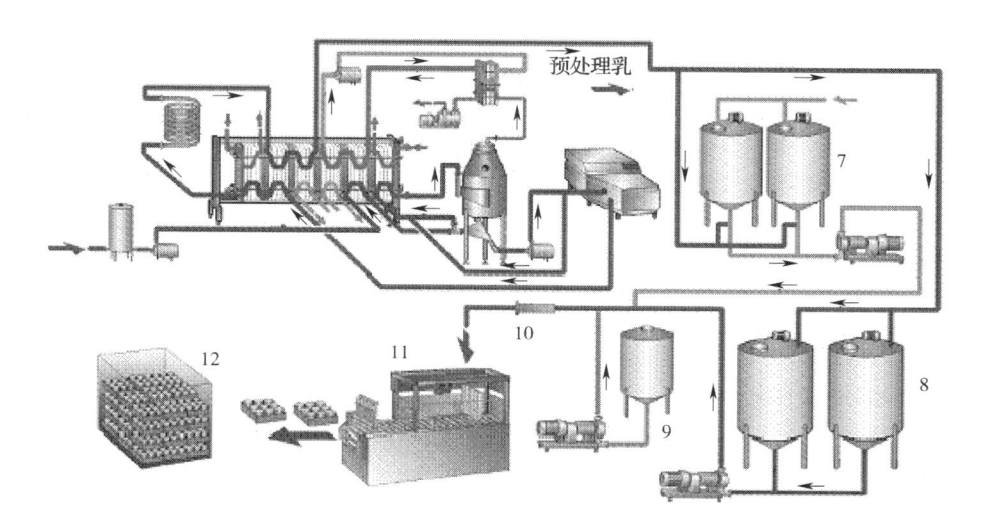

图 3-8　典型凝固型酸乳生产线路

7—生产发酵剂罐　8—缓冲罐　9—香精罐　10—果料混合器　11—灌装　12—发酵室培养

2. 原料乳的预处理

在酸乳生产前还要进行一系列的预处理过程。预处理主要是指对收纳的原料乳进行过滤、冷却、贮存等操作过程。过滤时使用 120 目的滤网进行过滤，原料乳过滤后应立即用板式换热器进行冷却，至温度 2~6℃，如果温度高于 6℃，需重新回冷。

3. 标准化

目前酸乳加工厂对原料乳进行标准化，一般是通过以下三种途径来实现。

（1）直接加混原料组成　本法通过在原料乳中直接加混全脂或脱脂乳粉或强化原料乳中某一乳的组分来达到原料乳标准化的目的。

（2）浓缩原料乳　作为乳品加工的重要工艺之一，浓缩通常采用蒸发浓缩、反渗透浓缩、超滤浓缩三种方法。

（3）复原乳　在某些国家和地区，由于乳源条件的限制，常以脱脂乳粉、全脂乳粉、无水奶油为原料，根据所需原料乳的化学组成，用水来配制成标准原料乳。利用这种复原乳生产的酸乳产品质量稳定，但往往带有一定程度的"乳粉味"。

大型乳品企业通过专门的设备对原料乳进行标准化。一般标准化的指标为脂肪≥3.1%、蛋白质≥2.9%、非脂乳固体≥8.1%。

4. 配料

配料的目的是保证混合料中固态组分充分分散和水合。配料时需考虑混合料液的温度与时间。充分利用搅拌、混合时间与温度的配合达到上述目的。如混合时间过长则会造成混合料中脂肪上浮，也会使过多空气进入混合料中，并在均质过程中影响混合料的稳定性。

在酸乳生产中，通常建议在 10℃ 以下，混料水合时间 ≥30min，混合时间控制在 1.5~3h。在配料结束时，应立即对料液指标进行检验，如指标不符合要求应返回重新配料。

5. 均质

物料调配后应泵送入热交换器，预热至 60~75℃，然后再进行均质处理。均质可使原料充分混匀，能阻止奶油上浮，保证乳脂肪均匀分布，有利于提高酸乳的稳定性和稠度，并使酸乳质地细腻，口感良好。通常情况下，混合物料的均质压力应为 18~20MPa。

6. 杀菌

（1）目的　杀灭原料乳中的杂菌，确保乳酸菌的正常生长和繁殖；钝化原料乳中对发酵剂有抑制作用的天然抑制物；使乳中的乳清蛋白变性，以达到改善组织状态，提高黏稠度和防止成品乳清析出的目的。同时热处理也会产生一些对乳酸菌生长具有促进作用的物质，降低氧化还原电势等。

（2）杀菌温度和时间　在酸乳生产中，选择杀菌温度和时间时，在考虑对原料乳中微生物致死效率的同时，也要考虑所需成品 pH 和质量要求。通常选用 90~95℃、3~5min 或 85℃、30min 的杀菌方式。酸乳生产中的杀菌温度、时间的组合方式见表 3-6。

表 3-6　　　　　　　　酸乳加工中杀菌温度和时间的组合方式

时间	温度/℃	加工过程	说明
30min	85	高温长时（HTST）	杀死所有微生物细胞和
5min	90~95	很高温度短时间（VHTST）	部分芽孢
3s	115	低温 UHT（超高温瞬时灭菌）	除低温 UHT 处理外其他
16s	135	长时间 UHT	过程几乎杀死所有包括
1~2s	140	UHT	芽孢在内的微生物
0.8s	150	法国 UHT	

7. 接种

杀菌后的混合料液要马上降温到发酵剂菌种最适生长温度 45℃ 左右。接种时发酵剂的用量要根据菌种的活力、发酵方法、生产时间的安排和混合菌种配比的不同比例而定。制作酸乳常用的发酵剂为嗜热链球菌和保加利亚乳杆菌的混合菌种，降低杆菌的比例则酸乳在保质期限内产酸平缓，防止酸化过度，如生产短保质期普通酸乳，发酵剂中球菌和杆菌的比例应调整为 1∶1 或 2∶1。

制备的生产发酵剂应事先在无菌操作条件下搅拌成均匀细腻的状态，不应有大凝块，以免影响成品质量。如果用直投式发酵剂，则只需按规定的比例将这种发酵剂撒入乳罐中，或撒入工作发酵剂培养罐中扩大培养后即可用作生产发酵剂进行接种。

为了使菌种在灭菌的混合液中均匀分散，应保持料液处于不断搅拌的状态，并严格注意操作过程的卫生，防止细菌、酵母、霉菌、噬菌体及其他有害微生物对接种过的乳液造成污染。

8. 灌装

接种后经充分搅拌的原料乳应立即连续灌装到零售容器中。灌装容器一般有玻璃瓶、塑杯、纸盒、陶瓷瓶等。

（1）灌装容器　灌装材料须符合下列要求：①包装材料必须对人体无毒无害，具有稳定的化学性质，不能和产品的各组分产生任何反映，保证产品的质量及营养价值；②具备良好的密封性，保证产品的卫生及清洁，确保在贮存和运输时不被其他微生物污染；③对产品有足够的保护性能，即要有一定的强度，耐挤压，具备阻隔性、耐温性和避光等，同时符合一定的微生物标准。

凝固型酸乳使用最多的包装容器是玻璃瓶，因其能很好的保持酸乳组织状态、容器的本身无有害浸出物质。生产凝固型酸乳的玻璃瓶如图 3-9 所示。

（2）灌装　灌装过程应尽可能的短，最好从开始灌装到结束控制在 1h 之内。在工作前，要对工作环境进行杀菌，杀灭其中的细菌后再充满无菌空气，以获得无菌环境。在灌装前需对包装容器进行清洗和蒸汽灭菌。应采用饱和蒸汽对玻璃瓶进行杀菌。对一些灌装容器上残留的洗涤剂（如氢氧化钠）和消毒剂（如氯化物）必须清洗干净，以免影响菌种活力，确保酸乳的正常发酵和凝固。

图 3-9 玻璃瓶

9. 发酵、后发酵

用保加利亚乳杆菌与嗜热链球菌作混合发酵剂时，发酵温度正常保持在 42~43℃，培养时间为 2.5~4.0h（2%~4%的接种量，若使用一次性直投菌种，时间有所延长，为 3~7h）。

（1）发酵终点的判断　发酵终点的判断尤为关键，将极大影响酸乳的口感，一般可依据如下条件来判断：①滴定酸度达到 65°T 以上；②pH 低于 4.6；③表面有少量水痕；④倾斜酸乳瓶或杯，乳变得黏稠。

（2）发酵时注意事项　发酵时应注意避免震动，否则会影响组织状态；发酵温度应恒定，避免忽高忽低；发酵室内温度上下均匀；掌握好发酵时间，防止酸度不够或过度以及乳清析出。

（3）冷却与后发酵 为了及时抑制酸乳中乳酸菌的活性，防止其产酸过度，应立即对酸乳进行自然风或强排风冷却，时间约为 30min。在冷却过程中，酸乳中的乳酸菌继续发酵产酸，酸乳的酸度进一步升高，但其升高的幅度远低于发酵阶段，这个过程称为后发酵。后发酵结束后，酸乳的酸度可达 80°T 以上。

10. 冷藏、后熟

经后发酵的酸乳立即移入 2~6℃的冷库中进行冷藏、后熟。冷藏具有促进酸乳风味物质的产生、改善酸乳组织状态的作用。风味物质的高峰期一般是在发酵结束后 4h 达到，特别是由多种风味物质相互平衡来形成酸乳的良好风味，一般需 12~24h 才能完成，这段时期有时也称为后熟期。凝固型酸乳的发酵和冷却工段如图 3-10 所示。

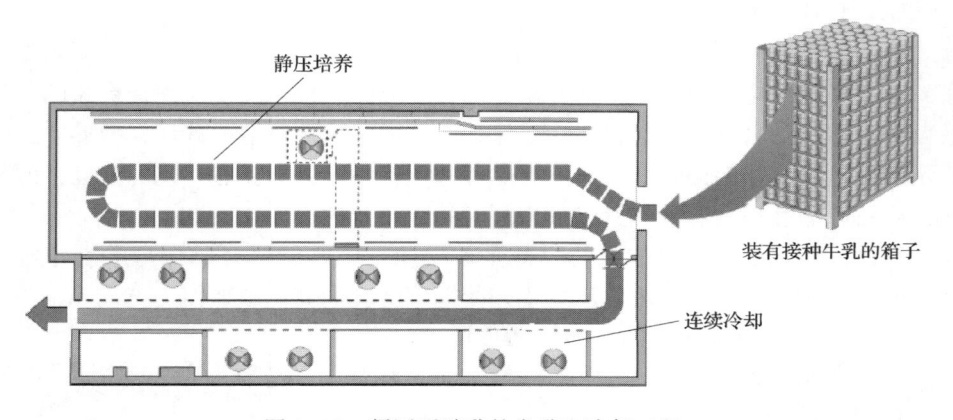

图 3-10 凝固型酸乳的发酵和冷却工段

【知识点 3-2-3】凝固型酸乳工艺控制要点

（一）原料乳的质量控制

生产酸乳用的原料乳，比一般的原料乳品质要求高，其控制指标为：①蛋白质不低于 2.8%，脂肪不低于 3.1%，非脂乳固体不低于 8.1%，否则将会影响发酵时蛋白质的凝胶作用。一般情况下，乳固体含量为 12%的原料乳，可以生产出品质较好的酸乳；②不得使用含有抗生素或残留有杀菌剂的乳。一般乳牛注射抗生素后 7d 内所产的乳不得使用。用于生产酸乳的原料乳要经过严格的抗生素试验和酸乳小样的发酵试验；③患有乳房炎的牛产的乳不得使用，否则会影响酸乳的风味和蛋白质的凝胶力；④用于制作酸乳的鲜牛乳细菌总数小于 500000CFU/mL。

（二）工艺过程管理与控制

1. 加糖

加糖主要是为了调节凝固型酸乳的风味，使酸乳甜中带酸，酸中带甜，同时也可提高原料乳的干物质含量和黏稠度，有利于增加酸乳的凝固性，保持产品组织状态细致光滑。糖的添加量为 4%~10%，过高会使乳酸菌处于高渗状态下脱水，影响生长繁殖，过低则会使酸乳出现尖酸味道。加糖方法是先将原料乳加热到50℃，再加入砂糖搅拌均匀，待65℃时用泵循环通过设备滤除杂质；也可把糖盛在桶内，将预热到50℃的牛乳倒入糖中搅拌均匀，用纱布过滤后加入原料乳中。

2. 净乳

原料乳检测合格后，进入加工车间时，第一道工序是过滤，用120目筛网进行过滤，注意保持筛网勤换勤洗，适时更换。为了达到理想的效果，乳品厂一般配有净乳机，在进入加工环节时进行第二次净化，以除去原料乳中异物和血球等，净乳后的原料乳杂质度应低于0.625mg/kg，这一环节有利于提高酸乳的质量和卫生。

3. 预热、均质、杀菌、冷却

经过配料后的物料，先进行预热至60~75℃后，将其泵入均质机，此时均质效果较为理想，乳脂肪、酪蛋白得以细化。一般在18~20MPa压力下进行均质，均质后的物料进入杀菌设备继续升温。常采用90~95℃、5~10min或80~85℃、30min的杀菌条件，使杀菌较为彻底。夹层罐杀菌效果较好，也可使用板式换热器或UHT法，杀菌后的料液再经热交换或冷却段降温至43~45℃。由于各加工厂生产的规模不同，所用设备不同，可灵活采用不同的方式进行杀菌。

4. 接种、灌装

一般而言，凝固型酸乳常用菌种为保加利亚乳杆菌和嗜热链球菌，发酵剂的接种量应适当。若接种量低时产酸受到抑制，形成对菌种不良的生长环境，乳酸杆菌无法充分发挥作用；接种量高时产酸过快，酸度上升过高，使酸乳产生香味和组织状态方面的缺陷。接种时，必须按无菌操作方式进行，避免微生物污染。加入菌种后要充分搅拌，使菌种均匀分散，并要保持温度相对恒定。

接种之后立即进行灌装，容器可采用瓷罐、玻璃瓶、塑料杯、纸制盒等。无论采取何种灌装和包装方式，关键是防止污染，保持灌装机的清洁，保证操作人员和设备、器具的干净卫生。包装容器和材料要保存于良好环境，灌装前进行消毒处理。应严格控制灌装时间，一般控制在1h内完成。

5. 发酵、冷却

发酵室应具有良好的保温性，一般用电或蒸汽管道加热，要保证室内温度均匀。培养温度与菌种关系密切，单一菌种和混合菌种需要的培养温度不同，通常使用混合菌种，最适温度为40~43℃，培养时间一般在3h左右。温度和时间是控制发酵过程的关键，与接种量、菌种活性、冷却速度、容器类型、季节等直接相关，因此在实践中应总结最佳方案，因地制宜，不能一概而论。

要做好发酵进程的监管，准确判定发酵终点。终点判定过早会使风味差、组织嫩软；过迟则酸度高，乳清析出过多。最好由经验丰富的专人把关，当酸度达到65~70°T时终止培养；或缓慢倾斜瓶身，观察酸乳的流动性和组织状态，如流动性较差，有微小颗粒出现可终止发酵。由于酸乳是连续生产，实践中可总结每批每班的温度时间，结合观察即可准确判定发酵终点。初生产者可采用测定结合观察的办法来总结经验。

发酵结束后将酸乳移出发酵室进入冷却阶段。可先在常温下自然冷却，也可采用通风、水浴、冷却室等办法辅助其冷却。在 10℃ 左右将酸乳转入冷库，在 2~7℃ 进行冷藏后熟。如果发现酸度偏高，应直接入冷库，缩短冷却时间。要根据加工条件、酸乳类型和希望得到的性质，灵活科学地使用容器，并轻拿轻放，防止因震动导致酸乳组织破坏。

6. 冷藏、后熟

牛乳的冰点平均为 -0.54℃，天然酸乳冰点平均为 -1℃，风味酸乳更低，因此最好在 0℃ 下冷藏。由于酸乳风味物质一般需 12~24h 才能完成，因此冷却能促进香味物质的产生和改善酸乳的硬度。运输和销售最好保持冷链，即用保温车或冷藏车运输，各销售点应有冰箱冷藏，避免升温。切忌升温与降温的反复进行。

【技能训练】

【技能点 3-2-1】 凝固型酸乳的加工

（一）原辅料及基本配方

1. 原辅料

（1）原料乳　选用符合质量要求的无抗生素新鲜乳、脱脂乳或再制乳为原料。生鲜牛乳应符合 GB 19301 规定的要求。

（2）酸乳菌种　保加利亚乳杆菌（德氏乳杆菌保加利亚亚种）、嗜热链球菌或其他由国务院卫生行政部门批准使用的菌种。

（3）其他原料　应符合相应安全标准和有关规定。食品添加剂和营养强化剂的使用应符合 GB 2760 和 GB 14880 的规定。

2. 配方

鲜牛乳 700kg，蔗糖 80kg，脱脂乳粉及稀奶油（按标准化需要量添加），菌种（传代液态菌种按 2%~4% 的添加量进行添加，一次性直投菌种按规定添加量添加），凝固型酸乳稳定剂 4~5kg（可根据实际情况加以调整）。

（二）仪器设备

恒温培养箱、冰箱、高压杀菌锅、电炉、电子秤、玻璃瓶、温度计等。

（三）工艺流程

蔗糖+稳定剂+牛乳 → 溶解

牛乳 → 验收 → 过滤 → 净乳 → 标准化 → 冷却 → 配料 → 真空脱气 → 均质 →

杀菌 → 冷却 → 接种 →（← 原味酸乳）灌装 → 发酵 → 后酵 → 冷藏 → 后熟 → 销售

（← 香精、色素 → 调味酸乳）

（四）操作要点

1. 鲜乳预处理

（1）过滤 已检验合格的鲜乳经过 120 目筛网初步过滤除去大杂质和杂物，再经过双联过滤器二次过滤，生产时应及时清洗筛网和过滤器，确保除大杂彻底。筛网应保持清洁完好无破损。

（2）净乳 开启净乳机，待正常工作后（0.03~0.05MPa），立即注入乳液，通过除杂（小杂）后，乳液中杂质度即符合要求。

（3）冷却贮乳：通过板式换热器的乳液冷却到 4℃以下（高于 4℃可打回流）打到贮乳罐，并开启乳罐搅拌器搅拌；直冷式乳罐需要开启制冷开关，确保乳液在 4℃以下贮存并开启乳罐搅拌器搅拌。

2. 脱气

调节真空脱气机，使其压力在 -0.08~-0.06MPa，并开启电磁调速电机，保持转速为 500~600r/min。

3. 标准化配料

根据原料乳的成分，按照产品要求对生产酸乳的原料乳进行标准化，计算所要补充的各物质的量。在平衡罐中打入少量牛乳，加入需要添加的乳粉、稀奶油等，化匀后打入配料罐。糖、稳定剂混合，用定量的热水溶解，化匀后打入配料罐。向配料罐中添加其余牛乳，开启搅拌器进行充分混合。需贮料时，两贮料罐应交替使用，且遵循"先进先出"原则，罐内料液贮存不得超过 2h，以免酸度增高，影响产品质量。（最好采用化糖锅化糖。每次化糖时，糖量称量准确，水量定量标准，当水温大于 90℃时开始下糖，边下糖边搅拌，糖粒完全溶解，无异色、无异味、无异臭，待糖液完全溶解后再保温 15~20min，并及时按要求过滤放糖。糖液两层筛网过滤，筛面应清洁无破损，每层目数不得低于 160。）

4. 预热/脱气

将料液进行预热（温度为 60~80℃）后再进行脱气，正常生产时脱气液位为 79%~80%（不生产时脱气液位为 85%）。

5. 均质

均质机工作压力为 16~18MPa（低压为 5MPa），开机时先打回流，待压力稳定后方可打入板式换热器进行热处理。

6. 热处理

热处理温度为 90~95℃，时间 5min，生产时要时刻注意汽源压力及出料温度，杀菌后排料温度≤45℃，并确保自动记录仪处于有效状态。

7. 接种

将发酵剂按照不同菌种的接种量要求加入杀菌牛乳贮罐中，如需要同时加入香精、着色剂，盖上密封盖，开启搅拌器，30~60r/min 搅拌 10~15min。

8. 灌装

调试自动灌装机，控制好封口温度、高频电流，并根据其封口情况调节制盖频率和主电机频率（一般情况下，195mL 灌装机主机频率不超过 30Hz，确保封口平整牢固、计量准确）。

9. 发酵

将灌装后的产品放入培养箱发酵，发酵温度和时间按照菌种使用说明，严格控制酸乳的发酵终点。

10. 冷却

发酵后的产品采用二段式冷却，首先在发酵室内用冷空气进行循环冷却，使其迅速降温至 15~22℃，再移入冷库进一步冷却至 2~6℃后熟、冷藏。

11. 装箱

后熟完成后，产品经检验合格，对其进行贴标、上盖、喷码，贴标要规范牢固，封盖要严实稳固，喷码要清晰正确，装箱数量及封口符合要求。

【技能点 3-2-2】 凝固型酸乳洗瓶机的操作与维护

自动洗瓶机将乳瓶的输送、浸渍、喷洗、冲淋消毒等过程集装于一个整机内，乳瓶由链条带动，达到自动连续清洗的目的。乳瓶由一端的下层进瓶运输带送至进瓶处，瓶口朝下翻入带有瓶斗的输动链，先经预冲水冲洗表面污垢，然后浸渍于碱液槽内。碱液温度维持约 65℃，使瓶壁油污积垢松弛，经过循环水、清水和消毒水（氯水）分别冲淋后，即可达到清洁消毒、安全卫生的要求。乳瓶在机内随带有瓶斗的传动链运行一周，仍回到前端，翻入出瓶运输带送出。洗瓶车间如图 3-11 所示。

图 3-11　洗瓶车间

【技能点 3-2-3】 凝固型酸乳灌装机的操作与维护

无菌灌装系统如图 3-12 所示。

图 3-12　无菌灌装系统

该系统由空瓶消毒器、无菌环缝灌装机、瓶盖贮盖和消毒器以及压盖式无菌封瓶机组成。整个系统采用热蒸汽对瓶及瓶盖进行消毒和保持灌装与封盖时的无菌状态。空瓶进入消毒器内隔离仓先抽成真空以使隔离仓和瓶内空气净化。随后受到 0.4MPa、154℃湿蒸汽消毒 1.5～2s，由于瓶子只有表面受到高热，因而瓶子进入灌装机前很快冷却到 49℃左右。灌装器事先杀菌消毒，并通入 262℃过热蒸汽保持无菌，直注式环缝灌装器将等流量无菌产品注入瓶内。无菌压盖机类似普通的自动蒸汽喷射真空封瓶机，但用过热蒸汽保持无菌，可用于回旋盖印压旋盖封口。瓶盖从贮盖器自动定向排列送至瓶盖消毒器，用过热蒸汽消毒后自动放置在进入压盖机且已灌装的瓶口上，然后自动压盖，送出机外。

【质量控制】

（一）酸乳质量标准

酸乳质量标准应符合《GB 19302—2010 食品安全国家标准　发酵乳》中的规定。包括原料要求、感官要求、理化指标、污染物限量、真菌毒素限量、微生物限量、其他包装要求等。产品在出厂前按照 GB 19302—2010 进行检验，各项指标要符合表 3-7 中的质量要求。

表 3-7　　　　　　　　　　酸乳质量要求

项目		指标		检验方法
		发酵乳	风味发酵乳	
感官要求	色泽	色泽均匀一致，呈乳白色或微黄色	具有与添加成分相符的色泽	取适量试样置于 50mL 烧杯中，在自然光下观察色泽和组织状态。闻其气味，用温开水漱口，品尝滋味
	滋味和气味	具有发酵乳特有的滋味、气味	具有与添加成分相符的滋味和气味	
	组织状态	组织细腻、均匀，允许有少量乳清析出	具有添加成分特有的组织状态	
理化指标	脂肪含量[a] / （g/100g） ≥	3.1	2.5	GB 5413.3
	非脂乳固体含量 / （g/100g） ≥	8.1	—	GB 5413.39
	蛋白质含量 / （g/100g） ≥	2.9	2.3	GB 5009.5
	酸度/（°T） ≥	70.0		GB 5413.34
[a] 仅适用于全脂产品				

微生物限量		采样方案[b] 及限量 （若非指定，均以 CFU/g 或 CFU/mL 表示）				
		n	c	m	M	
	大肠菌群	5	2	1	5	GB 4789.3 平板计数法
	金黄色葡萄球菌	5	0	0/25g（mL）	—	GB 4789.10 定性检验
	沙门菌	5	0	0/25g（mL）	—	GB 4789.4
	酵母	≤100				GB 4789.15
	霉菌	≤30				
[b] 样品的分析及处理按 GB 4789.1 和 GB 4789.18 执行						

乳酸菌数[c] ≥	$1×10^6$ ［CFU/g（mL）］	GB 4789.35
	[c] 发酵后经热处理的产品对乳酸菌数不作要求	
污染物限量	应符合 GB 2762 的规定	
真菌毒素限量	应符合 GB 2761 的规定	
食品添加剂和营养强化剂	食品添加剂和营养强化剂质量应符合相应的安全标准和有关规定。食品添加剂和营养强化剂的使用应符合 GB 2760 和 GB 14880 的规定	

续表

项目	指标		检验方法
	发酵乳	风味发酵乳	
其他	（1）发酵后经热处理的产品应标识"××热处理发酵乳"、"××热处理风味发酵乳"、"××热处理酸乳/奶"或"××热处理风味酸乳/奶" （2）全部用乳粉生产的产品应在产品名称紧邻部位标明"复原乳"或"复原奶"；在生牛（羊）乳中添加部分乳粉生产的产品应在产品名称紧邻部位标明"含××%复原乳"或"含××%复原奶" 　　注："××%"是指所添加乳粉占产品中全乳固体的质量分数。 （3）"复原乳"或"复原奶"与产品名称应标识在包装容器的同一主要展示版面；标识的"复原乳"或"复原奶"字样应醒目，其字号不小于产品名称的字号，字体高度不小于主要展示版面高度的五分之一		

（二）凝固型酸乳常见质量问题及控制措施

在凝固型酸乳加工中，由于各种原因，常会出现一些质量问题，下面简要介绍问题的发生原因和控制措施。

1. 凝固性差

酸乳有时会出现凝固性差或不凝固现象，黏稠度较低，出现乳清分离，可能的原因主要有以下几方面：

（1）原料乳质量　当乳中含有抗生素、防腐剂时，会抑制乳酸菌的生长，从而导致发酵不力、凝固性差。试验证明原料乳中含微量青霉素时，对乳酸菌便有明显抑制作用。乳房炎乳由于其白细胞含量较高，对乳酸菌也有不同的噬菌作用。此外，原料乳掺假，特别是掺碱，使发酵所产的酸被中和，而不能积累达到凝乳要求的 pH，从而使乳不凝固或凝固不好。牛乳中掺水，会使乳的总干物质降低，也会影响酸乳的凝固性。

因此，必须把好原料验收关，杜绝使用含有抗生素、农药以及防腐剂、掺碱或掺水牛乳加工酸乳。

（2）发酵温度和时间　发酵温度依所采用乳酸菌种类的不同而异。若发酵温度低于或高于乳酸菌最适生长温度，则乳酸菌活力下降，凝乳能力降低，使酸乳凝固性降低。发酵时间短，也会造成酸乳凝固性能降低。此外，发酵室温度不稳定也是造成酸乳凝固性降低的原因之一。因此，在实际加工中，应尽可能保持发酵室的温度恒定，并控制发酵温度和时间。

（3）噬菌体污染　是造成发酵缓慢、凝固不完全的原因之一。由于噬菌体对菌的选择作用，可采用经常更换发酵剂的方法加以控制，此外，两种以上菌种混合使用也可减少噬菌体危害。

（4）发酵剂活力　发酵剂活力弱或接种量太少会造成酸乳的凝固性下降。对一些灌装容器上残留的洗涤剂（如氢氧化钠）和消毒剂（如氯化物）须清洗干净，以免影响菌种活力，确保酸乳的正常发酵和凝固。

（5）加糖量　加工酸乳时，加入适当的蔗糖可使产品产生良好的风味，凝块细腻光滑，提高黏度，并有利于乳酸菌产酸量的提高。若加量过大，会产生高渗透压，抑制了乳酸菌的生长繁殖，造成乳酸菌脱水死亡，相应活力下降，使牛乳不能很好凝固。试验证明，6.5%的加糖量对产品的口味最佳，也不影响乳酸菌的生长。

2. 乳清析出

乳清析出是加工酸乳时常见的质量问题，其原因主要有以下几种。

（1）原料乳热处理不当　热处理温度偏低或时间不够，就不能使大量乳清蛋白变性，变性乳清蛋白可与酪蛋白形成复合物，能容纳更多的水分，并且具有最小的脱水收缩作用。据研究，要保证酸乳吸收大量水分和不发生脱水收缩作用，至少要使75%的乳清蛋白变性，这就要求85℃、20~30min或90℃、5~10min的热处理；UHT加热（135~150℃、2~4s）处理虽能达到灭菌效果，但不能达到75%的乳清蛋白变性，所以酸乳加工不宜用UHT加热处理。

（2）发酵时间　若发酵时间过长，乳酸菌继续生长繁殖，产酸量不断增加。酸性的过度增强破坏了原来已形成的胶体结构，使其容纳的水分游离出来形成乳清上浮。发酵时间过短，乳蛋白质的胶体结构还未充分形成，不能包裹乳中原有的水分，也会形成乳清析出。因此，应在发酵时抽样检查，发现牛乳已完全凝固，就应立即停止发酵。

（3）其他因素　原料乳中总干物质含量低、酸乳凝胶机械振动、乳中钙盐不足、发酵剂添加量过大等也会造成乳清析出，在加工时应加以注意，乳中添加适量的 $CaCl_2$，既可减少乳清析出，又可赋予酸乳一定的硬度。

酸乳搅拌速度过快，过度搅拌或泵送造成空气混入产品，将造成乳清分离。此外，酸乳发酵过度、冷却温度不适及干物质含量不足也可造成乳清分离现象。因此，应选择合适的搅拌器搅拌并注意降低搅拌温度。同时可选用适当的稳定剂，以提高酸乳的黏度，防止乳清分离，其用量为0.1%~0.5%。

3. 风味不良

正常酸乳应有发酵乳纯正的风味，但在加工过程中常出现以下不良风味。

（1）无芳香味　主要由菌种选择及操作不当所引起。正常的酸乳加工应保证两种以上的菌种混合使用并选择适宜的比例。任何一方占优势均会导致产香不足，风味变劣。高温短时发酵和固体含量不足也是造成芳香味不足的因素。芳香味主要来自发酵剂分解柠檬酸产生的丁二酮等物质，所以原料乳中应保证足够的柠檬酸含量。

（2）酸乳的不洁味 主要由发酵剂或发酵过程中污染杂菌引起。被丁酸菌污染可使产品带刺鼻怪味，被酵母菌污染不仅产生不良风味。还会影响酸乳的组织状态，使酸乳产生气泡。因此，要严格保证卫生条件。

（3）酸乳的酸甜度 酸乳过酸、过甜均会影响风味。发酵过度、冷藏时温度偏高和加糖量较低等会使酸乳偏酸，而发酵不足或加糖过高又会导致酸乳偏甜。因此，应尽量避免发酵过度现象，并应在 0~4℃ 条件下冷藏，防止温度过高，严格控制加糖量。

（4）原料乳的异味 牛体臭味、氧化臭味及由于过度热处理或添加了风味不良的炼乳或乳粉等也是造成其风味不良的原因之一。

4. 表面霉菌生长

酸乳贮藏时间过长或温度过高时，往往在表面出现有霉菌。白色霉菌不易被注意。这种酸乳被人误食后，轻者有腹胀感觉，重者引起腹痛下泻。因此要严格保证卫生条件并根据市场情况控制好贮藏时间和贮藏温度。

5. 口感差

优质酸乳柔嫩、细滑、清香可口。采用高酸度的乳或劣质的乳粉加工的酸乳口感粗糙，有沙状感。因此，加工酸乳时，应采用新鲜牛乳或优质乳粉，并采取均质处理，使乳中蛋白质颗粒细微化，达到改善口感的目的。

6. 沙状组织

酸乳在组织外观上有许多沙状颗粒存在，不细腻，沙状结构的产生有多种原因，在制作搅拌型酸乳时，应选择适宜的发酵温度，避免原料乳受热过度，减少乳粉用量，避免干物质过多和较高温度下的搅拌。

任务三 搅拌型酸乳加工技术

【任务描述】

本任务介绍了搅拌型酸乳生产的原辅材料质量控制方法，搅拌型酸乳加工工艺流程及操作要点，搅拌型酸牛乳常见质量问题及原因分析与控制措施以及影响搅拌型酸乳质量的主要因素。

【知识准备】

【知识点 3-3-1】搅拌型酸乳生产用原辅料

（一）原料乳

原料乳必须是高质量的，要求酸度在 18°T 以下，杂菌数不高于 50 万 CFU/mL，总干物质含量不得低于 11.5%。不得使用病畜乳如乳房炎乳和残留抗菌素、杀菌剂、防腐剂的牛乳。

（二）辅料

1. 脱脂乳粉（全脂乳粉）

用作发酵乳的脱脂乳粉质量必须高，无抗生素、防腐剂。脱脂乳粉可提高干物质含量，改善产品组织状态，促进乳酸菌产酸，一般添加量为 $1\% \sim 1.5\%$。

2. 稳定剂

在搅拌型酸乳生产中，通常添加稳定剂，稳定剂一般有明胶、果胶、琼脂、变性淀粉、CMC 及复合型稳定剂，其添加量应控制在 $0.1\% \sim 0.5\%$。

3. 果料

目前市场上果料酸乳越来越受到消费者的欢迎，而其发展的主要原因可能不仅是人们对新口味、新产品的追求，也可能是由于果料酸乳中的糖协调了人们对天然纯酸乳中酸度的敏感程度。用于生产酸乳产品的果料种类繁多，区别主要在于其干物质含量、果料加入比例或果料种类。它们有的是含防腐剂的，有的是经过灭菌处理的，还有的则是在无菌状态下包装的。当其他辅料是以类似果料样酱状形式混入酸乳中，选用时所应注意的特征指标与果料的相似。否则，应特殊考虑。如使用膨化食品时，应考虑成品总温度对其酥脆性的影响。

果料的添加方式主要有以下三种。

（1）将果料直接混入搅拌型酸乳中而制成果料酸乳，也称"瑞士酸乳"。

（2）将果料装入酸乳包装容器底部，然后加入搅拌型酸乳，或注入接过种的牛乳使其在容器内发酵。这种方法制得的酸乳常被称为"圣代型酸乳"。

（3）将果料置于酸乳的上层，也称"西式"果料酸乳。

另外，由谷物、豆类和膨化食品等所制成的辅料在酸乳制品中得以应用，使酸乳制品越来越多地出现在消费者的日常生活中。

【知识点 3-3-2】 典型搅拌型酸乳生产工艺

（一）典型搅拌型酸乳生产工艺流程

搅拌型酸乳生产工艺流程如图 3-13 所示。

（二）搅拌型酸乳生产操作要点

搅拌型酸乳生产中，从原料乳验收一直到接种，基本与凝固型酸乳相同两者最大的区别在于凝固型酸乳是先灌装后发酵，而搅拌型酸乳是先大罐发酵后灌装。

1. 鲜乳预处理

（1）过滤　已检验合格的鲜乳经过 120 目筛网初步过滤除去大杂质和杂物，再经过双联过滤器二次过滤，生产时应及时清洗筛网和过滤器，确保除大杂彻底。筛网应保持清洁完好无破损。

（2）净乳　开启净乳机待正常工作后（0.03～0.05MPa），立即注入乳液，通过除杂后，乳液中杂质度即符合要求。

（3）冷却贮乳　通过板式换热器的乳液冷却到 4℃以下（高于 4℃可打回流）打到贮乳罐，并开启乳罐搅拌器搅拌；直冷式乳罐需要开启制冷开关，确

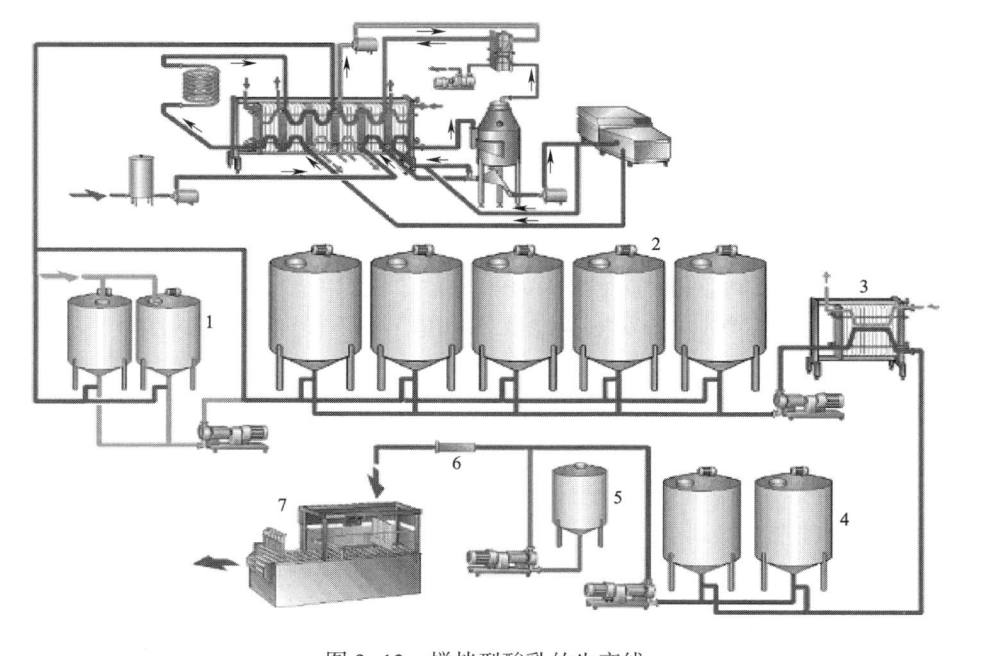

图 3-13 搅拌型酸乳的生产线

1—生产发酵剂罐 2—发酵罐 3—板式热交换器 4—缓冲罐 5—果料/香料罐 6—混合器 7—包装

保乳液在 4℃以下贮存并开启乳罐搅拌器搅拌。

2. 脱气

调节真空脱气机，使其压力在-0.08～-0.06MPa，并开启电磁调速电机，保持转速为 500～600r/min。

3. 标准化

根据原料乳的成分，按照产品要求对生产酸乳的原料乳进行标准化，计算所要补充的各物质的量。在平衡罐中打入少量牛乳，加入需要添加的乳粉、稀奶油等，混匀后打入配料罐。糖、稳定剂混合，用定量的热水溶解，混匀后打入配料罐。向配料罐中添加其余牛乳，开启搅拌器进行充分混合。需贮料时，两贮料罐应交替使用，且遵循"先进先出"原则，罐内料液贮存不得超过 2h，以免酸度增高，影响产品质量。另外，糖的溶解最好采用糖化锅，产品风味更好。注意糖量称量准确，水量定量标准，当水温大于 90℃时开始加糖，边加糖边搅拌，糖粒完全溶解，无异色、无异味、无异臭，待糖液完全溶解后再保温 15～20min，并及时按要求过滤放糖。用两层糖网过滤，每层目数不得低于 160，网面清洁无破损。

4. 预热/脱气

将料液进行预热（温度为 60～80℃）后再进行脱气，正常生产时脱气液位为 79%～80%（不生产时脱气液位为 85%）。

5. 均质

均质机工作压力为 16~18MPa（低压为 5MPa），开机时先打回流，待压力稳定后，方可打入板式换热器进行热处理。

6. 热处理

热处理的温度一般采用 80~90℃、处理时间 ≥15s，生产时要时刻注意汽源压力及出料温度，杀菌后排料温度 ≤45℃，并确保自动记录仪处于有效状态。

7. 接种

热处理后的乳要马上降温到发酵剂菌种最适生长温度。接种量要根据菌种活力、发酵方法、生产时间的安排和混合菌种配比的不同而定。一般生产发酵剂，其产酸活力均在 0.7%~1.0%，此时接种量应为 2%~4%。如果活力低于 0.6% 时，则不应用于生产。

8. 发酵

发酵通常是在专门的发酵罐中进行的。若使用由原始商品菌种传代制作的生产发酵剂生产搅拌型酸乳，一般发酵温度为 42~43℃，接种量为 2%~3%，时间为 2.5~3h；若使用直投式菌种时，可按使用说明接入规定接种量，发酵温度一般为 42~43℃，时间为 4~6h。

9. 搅拌破乳

破乳是一个物理过程，搅拌法是破乳最常用的方法。当发酵罐内凝乳发酵的酸度达到 60~90°T 时，应终止发酵。开启搅拌器，并调节搅拌速度，使转速控制在 48r/min 以下，同时开启容积泵排料并通过板式冷却器将物料冷却到 20℃以下。

搅拌程度的判断：存在大量肉眼不可见的凝胶粒子，同时又存在少量肉眼可见的凝乳片。在搅拌型酸乳中，凝乳粒子的直径是 0.01~0.4mm，经过均质后凝乳粒子直径都在 0.01mm 以下。如果对凝乳搅拌得当，不仅不会出现乳清分离和分层现象，而且凝乳变得很稳定，其保水性大大增强。

通常所用的搅拌方法有以下两种。

（1）凝胶体层滑法　不是采用搅拌方式破坏胶体，而是借助薄板（薄的圆板或薄竹板）或用粗细适当的金属丝制的筛子，使凝乳体滑动。

（2）凝胶体搅拌法　凝胶体搅拌法有机械搅拌法和手动搅拌法两种。机械搅拌法使用宽叶片搅拌器、螺旋桨搅拌器、涡轮搅拌器等。叶片搅拌器具有较大的构件和表面积，转速慢，适合于凝胶体的搅拌；螺旋桨搅拌器每分钟转速较高，适合搅拌较大量的液体；涡轮搅拌器是在运转中形成放射形液流的高速搅拌器，也是制造液体酸乳常用的搅拌器。手动搅拌是在凝胶结构上，采用损伤最小的手动搅拌可得到较高的黏度。手动搅拌一般用于小规模生产。

10. 冷却

搅拌型酸乳的冷却可采用板式冷却器、管式冷却器、表面刮板式热交换器、冷却缸等冷却。凝乳在冷却过程的处理是很关键的。若采用夹套冷却，搅拌速度不应超过48r/min，从而使凝乳组织结构的破坏减小到最低限度。如果采用连续冷却，应采用容积泵输送凝乳（从发酵罐到冷却器）。冷却温度的高低根据需要而定。通常发酵后的凝乳先冷却至15～20℃，然后混入香味剂或果料后灌装，再冷却至10℃以下。冷却温度会影响灌装充填期间酸度的变化，当生产批量大时，充填所需的时间长，应尽可能降低冷却温度。为避免泵对酸乳凝乳组织的影响，冷却之后在往包装机输送时，应采用高位自流的方法。

11. 调味/香

果料和各种类型的调香物质等可在酸乳自缓冲罐到包装机的输送过程中加入。在果料处理中，杀菌是十分重要的，对带固体颗粒的水果或浆果进行巴氏杀菌，其杀菌温度应控制在能抑制一切有生长能力的细菌，而又不影响果料的风味和质地的范围内。酸乳与果蔬、果料的混合方式有两种：一种是间隙生产法，在罐中将酸乳与杀菌的果料（或果酱）混匀，此法用于生产规模较小的企业，另一种是连续混料法，用计量泵将杀菌的果料泵入在线混合器连续地添加到酸乳中去，混合非常均匀。安装在管道上的果料混合装置如图3-14所示。

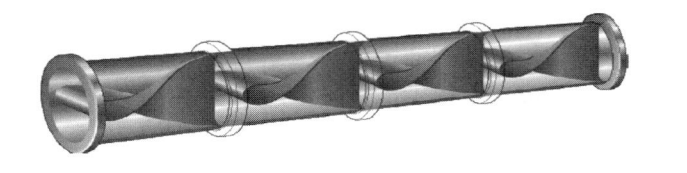

图3-14　管道果料混合装置

12. 灌装

调试自动灌装机，控制好封口温度、高频电流，并根据其封口情况调节制盖频率和主电机频率（一般情况下，195mL灌装机主机频率不超过30Hz，490mL灌装机主机频率不超过20Hz），确保封口平整牢固、计量准确。

13. 冷却、成熟

灌装后的产品移入冷库进一步冷却至4～7℃，并在此温度下成熟至少16h。

14. 装箱

经检验合格后，对其合格产品进行贴标、上盖、喷码，贴标要规范牢固，封盖要严实稳固，喷码要清晰正确，装箱数量及封口应符合要求。

【知识点3-3-3】搅拌型酸乳工艺控制要点

适当的黏稠度是反映搅拌型酸乳成品质量的重要物理指标和感官指标。通过合理的工艺管理控制提高成品的黏稠度，会赋予成品良好的稠厚圆滑的外观和细腻纯正的风味，从而增加消费者购买的需求感。

1. 乳固体和非乳固体的含量

乳固体含量对成品的黏稠度有一定的影响：蛋白质和乳糖的增加有利于酸乳

的水合作用，可增进酸乳的黏稠度；但从降低成本来看，增加乳固体含量并不是提高酸乳稠度的好措施。

2. 原料乳均质

均质处理除起到细化乳脂肪球、防止脂肪上浮、避免分层现象的作用外，还有增加蛋白质水合能力的作用，因此对酸乳的稳定性和增稠有显著的促进作用。

3. 原料乳加热处理

这是影响酸乳黏稠度的重要因素，最佳条件是 90~95℃、5min。

4. 搅拌

一般而言，搅拌的速度要慢，强度要中等或弱，时间要短（4min），pH 要低（pH 4.3~4.4），温度要低（一般低于 38~40℃）。

5. 菌种特性

某些嗜热链球菌或保加利亚乳杆菌菌株可产生黏质物，这些黏质物是由阿拉伯糖、甘露糖、葡萄糖和半乳糖构成的黏质多糖。单从黏度这一角度看，能产生大量黏质物的乳酸菌应该是优良菌株，但若片面追求产品的高黏稠度，容易破坏正常酸乳应有的组织状态与滑爽圆润的口感，特别是当用羹匙挑起来出现黏丝时，食用者会产生不愉快的感觉。出现这种现象后，可对菌种进行多次传代培养，菌株的黏质物产生能力可因此而下降，待达到符合要求时再应用即可。相反，当所用菌株黏质物产生能力过低时，可采用低温培养方法传代，这样可提高其产生黏质物的能力。

【技能训练】

【技能点 3-3-1】 搅拌型酸乳的加工

（一）原辅料及基本配方

1. 原辅料

（1）原料乳 选用符合质量要求的无抗生素新鲜乳、脱脂乳或再制乳为原料。生鲜牛乳应符合 GB 19301 规定的要求。

（2）酸乳菌种 直投式发酵剂。

（3）其他原料 应符合相应安全标准和有关规定。食品添加剂和营养强化剂的使用应符合 GB 2760 和 GB 14880 的规定。

2. 配方

鲜牛乳 600kg，蔗糖 80kg，果料 100kg 或食用香精、色素适量（按 GB 2746 规定的用量进行添加），脱脂乳粉及稀奶油（按标准化需要量添加），搅拌型酸乳稳定剂 4~5kg（可根据实际情况加以调整），直投菌种（按规定添加量添加）。

（二）仪器设备

恒温培养箱、冰箱、高压杀菌锅、电炉、电子秤、玻璃瓶、温度计等。

（三）工艺流程

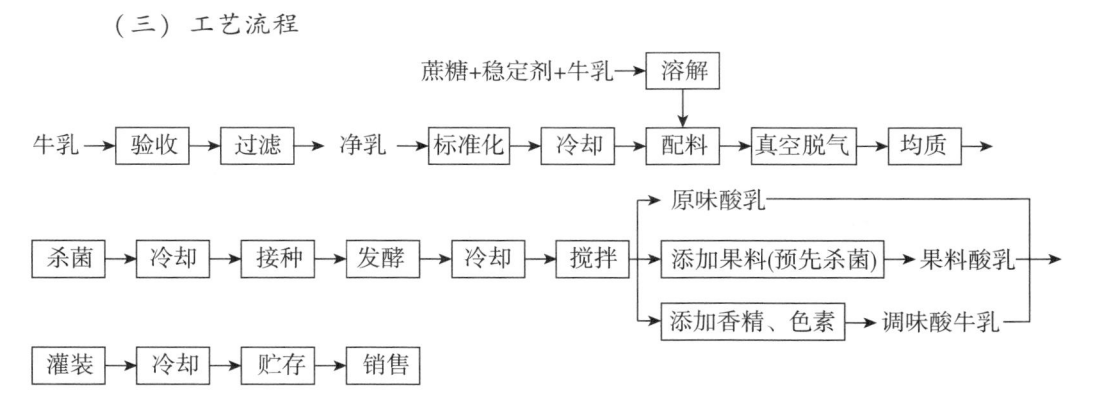

（四）操作要点

1. 鲜乳预处理

已检验合格的鲜乳经过 120 目筛网初步过滤除去大杂质和杂物，再经过双联过滤器二次过滤，生产时应及时清洗筛网和过滤器，确保除大杂彻底。然后通过净乳机净乳，使其杂质度即符合要求。再将乳通过板式换热器的乳液冷却到 4℃以下贮存。

2. 脱气、标准化配料、预热、均质、杀菌

同技能点"3-2-1 凝固型酸乳加工"。

3. 接种

将发酵剂按照不同菌种的接种量要求加入杀菌牛乳贮罐中，开启搅拌器，以 30~60r/min 的转速搅拌 10~15min，并注意操作过程的卫生，防止杂菌污染。

4. 发酵

发酵通常在发酵罐中进行。发酵罐带保温装置，并设有湿度计和 pH 计。这种发酵罐是利用罐体四周夹层里的热媒体来维持一定的温度。一般发酵温度为 42~43℃，接种量为 2%~3%，时间为 2.5~3h；若使用直投式菌种时，可按使用说明接入规定接种量，发酵温度一般为 42~43℃，时间为 4~6h。

5. 破乳、冷却

当发酵罐内凝乳发酵的酸度达到 60~90°T 时，应终止发酵。开启搅拌器，并调节搅拌速度，使转速控制在 48r/min 以下，同时开启容积泵排料并通过板式冷却器将物料冷却到 20℃以下。

6. 调味

通过管道果料混合装置将果料和香料在酸乳至灌装机输送过程中加入。注意果料在加入前要彻底杀菌，确保产品在保质期内不发生质量安全问题。

7. 灌装

调试自动灌装机，控制好封口温度、高频电流，并根据其封口情况调节制盖频率和主电机频率（一般情况下，195mL 灌装机主机频率不超过 30Hz，确保封

口平整牢固、计量准确。）

8. 冷藏

灌装后的产品移入冷库进一步冷却至 2~6℃，并在此温度下成熟至少 12h。

9. 装箱

后熟完成后，产品经检验合格，对其进行贴标、上盖、喷码，贴标要规范牢固，封盖要严实稳固，喷码要清晰正确，装箱数量及封口符合要求。

（五）技术要求

应符合 GB 19302 的规定。

【技能点 3-3-2】螺杆泵的操作与维护

螺杆泵是一种新型的内啮合回转式容积泵，是利用一根或数根螺杆的相互啮合空间体积变化来输送液体的。根据螺杆的数目分类，螺杆泵分为单螺杆泵、双螺杆泵、多螺杆泵，根据螺杆的位置分类，分为立式和卧式螺杆泵。现代乳品设备大多使用的是卧式单螺杆泵，乳品厂常用来输送搅拌型酸乳。

（一）螺杆泵的结构

单螺杆泵的外形如图 3-15 所示。

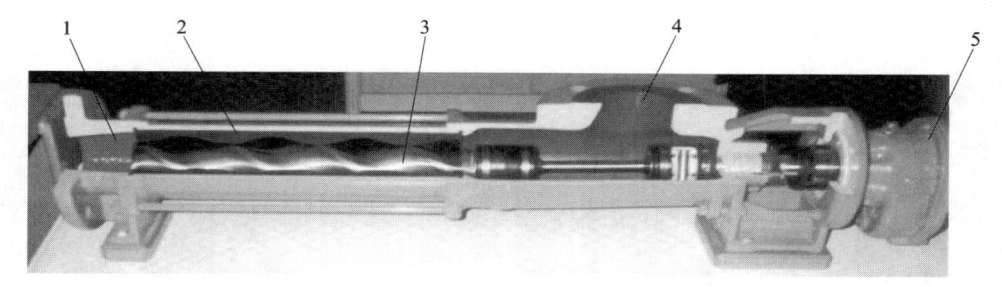

图 3-15　单螺杆泵外形

1—出料口　2—定子　3—螺杆　4—进料口　5—电机

（二）螺杆泵的工作原理

单螺杆泵的橡胶衬套作定子，由单螺旋线的不锈钢螺杆作转子。由于各螺杆的相互啮合以及螺杆与衬筒内壁的紧密配合，在泵的吸入口和排出口之间，就会被分割成一个或多个密封空间，随着螺杆的转动和啮合，这些密封空间在泵的吸入端不断形成，将吸入室中的液体吸入其中，并自吸入室沿螺杆轴向连续地推移至排出端，将封闭在各空间中的液体不断排出。

（三）螺杆泵的特点

螺杆泵的优点如下。

（1）结构简单、结实，安全可靠，使用维修方便，出料连续均匀，压力稳定，流量范围较宽，振动小，噪声低。

（2）凡接触物料的金属零件，均选用优质不锈钢耐酸钢制成，衬套采用无毒无味的食用橡胶，工作温度可达120℃。此外，它还具有防腐、耐油等优点，最适用于输送各种黏度的食品浆料。

（3）吸入性能好，具有较强的自吸能力，特别是适合从真空容器中抽吸物料。

（4）螺杆泵的流量与螺杆的转速成正比，因此可以用调节螺杆的转速的方法来调节螺杆泵的流量。

螺杆泵的缺点是：螺杆的加工和装配要求较高，橡胶衬套易磨损。

（四）螺杆泵的操作

1. 起动

（1）准备必要的扳手和工具。

（2）检查机座轴承的油腔有无润滑油。

（3）检查空心轴的轴封成都是否适当，填料压盖不将盘根压得过紧。

（4）用手或管子钳转动联轴器，注意泵体内有无异物碰撞杂声和卡死现象，如有应消除后方可开车。

（5）将料液注满泵腔，切勿干摩擦运转，以免损坏衬套。

（6）全开出液管的闸阀，开电动机。

2. 停车

停车时先断电，后关排出阀，等停车后再关闭吸入阀，以免泵内存液吸空。若流量显著减少，说明橡胶衬套已经磨损，应更换新衬套再使用。

（五）螺杆泵操作时的注意事项

（1）应防止干转以免严重磨损。单螺杆泵如遇断流干转，橡胶泵缸将很快被烧毁。

（2）初次使用或拆检装复后应向泵内灌入液体。工作中应严防吸空，使用时也应使泵内保存液体。

（3）应完全清除新接管路中的焊渣、铁锈等固体杂质。保持所输送物料的洁净度，及时清洗过滤器。

（4）工作时如有异常声响，应立即停车检查。

（5）一般螺杆泵都有固定的转向，不可反转，否则推力平衡装置就会丧失作用，使泵损坏。

（6）运行起动时应先将吸、排截止阀全部打开。泵出口装有安全调压阀，可在起动前将其调松，达到额定转速后再把压力调回。

（六）螺杆泵故障及排除方法

螺杆泵故障及排除方法见表3-8。

表 3-8 螺杆泵故障及排除方法

故障	原因	排除方法
起动困难	1. 料液未充满泵腔摩擦阻力较大 2. 填料压盖过紧，轴与填料之间的摩擦力矩过大	1. 用管子钳扳动联轴器 2~3 圈 2. 调整填料压盖张紧度
起动后不出料	1. 有大量空气吸入 2. 电动机转向不对 3. 料液黏度过大	1. 检查吸入口液位是否太低，吸入管是否漏气 2. 调节电动机的任意两根线，变向调换 3. 稀释料液
泵有较大振动和噪声	1. 电动机与泵轴不同心 2. 泵内吸入空气或料液混有大量空气	1. 重新调整同轴度 2. 检查料液液位，排除吸入料液中的空气
运行过程中流量显著下降	1. 衬套磨损，间隙过大 2. 转速降低 3. 万向联轴节或绕轴损坏，传动失效 4. 吸入管路浸入液体深度不够，有空气进入泵内	1. 更换衬套，必要时更换螺杆 2. 检查电源和电机 3. 停车修理，更换联轴节或绕轴 4. 减少吸入高度，增加浸入深度，排除吸入料液中的空气
电动机超载	1. 扬程超过泵的扬程过多 2. 进料黏度太大 3. 电压太低	1. 尽量减少管路水头损失，或更换高扬程泵 2. 稀释料液 3. 检查原因提高电压至规定值
轴封填料处大量漏液	1. 压盖过松 2. 填料磨损 3. 进出口位置相反	1. 调整压盖 2. 更换填料 3. 以钟建发法兰口为吸入口

【技能点 3-3-3】 搅拌型酸乳包装机的操作与维护

（一）全自动塑杯成型灌装封切设备

全自动塑杯成型灌装封切设备适用于搅拌型酸乳的包装，产量从 6000 杯/h 到 50000 杯/h，全自动完成塑杯成型、贴标、灌装、封口、日期打印、冲切和成品输送。图 3-16 所示为 DXR 系列全自动塑杯成型灌装封切设备（杭州中亚）。

图 3-16　DXR 系列全自动塑杯成型灌装封切设备（杭州中亚）

该设备主要配置伺服驱动、可编程逻辑控制、人机界面、温控、光电、气动控制自动润滑等系统，具有环贴标、侧贴标、子母杯、儿童杯等各种功能，是现代化企业高品质高效能、低能耗的全自动化生产的设备。该设备的特点如下。

（1）一体式组合冲剪模具，采用高等级模具钢制作，使用寿命长。模具基于快速更换理念设计，通过简单调节，即可实现二联、四联、六联冲剪方式。

（2）采用百级洁净空气层流系统对成型灌装级洁空气正压保护，提高了成品的卫生标准和货架期。

（3）整机运动部位采用伺服电机驱动，并采用最新的运动控制技术，各工位动作同步性、柔性化，整机运行更加稳定，产能更高。

（4）设备集成的 CIP 装置，确保与物料接触的管路、阀门、阀体、活塞等达到完全清洗，符合卫生标准。

（5）设备可配备不停机接膜（封口膜和片材）装置，充分提高设备使用效率。

（6）光电检测伺服驱动纠偏系统确保了成型、冲剪工位的精度。

（7）独特的外置式灌装系统，应用了最新型的转阀和阀体，灌装精度高并使灌装过程中对物料的剪切力降到最低，物料的黏稠度得到了很好的保护。

（8）在线果粒（果酱）、香精动态混合装置，确保果粒与物料混合均匀，果粒破损率低，该装置最多可同时进行四种果粒、香精的动态混合分配。

（9）拥有发明专利技术的环贴标技术和高精度的伺服控制系统，保证了环贴标的精确性和稳定性。

该机的主要技术参数见表 3-9。

表 3-9　　　　　　　　全自动塑杯成型灌装封切设备主要技术参数

型号	DXR-50000	DXR-20000	DXR-12000	DXR-6000
产量/（杯/h）	50000	20000	12000	6000
总功率/kW	115	55	45	20
运转功率/kW	70	32	27	12
步进杯数	32	12	8	8
主驱动方式	伺服拖动	伺服拖动	伺服拖动	链条拖动
标准杯	√	√	√	√
环标	√	√	√	—
侧标	√	√	√	—
子母杯	—	√	√	—
儿童杯	√	√	√	—
果粒香精动态混合	√	√	√	√
高温灌装	√	√	√	—

（二）全自动塑瓶旋式灌装封口拧盖设备

全自动塑瓶旋式灌装封口拧盖设备适用于搅拌型酸乳等物料的大容量包装，可全自动完成电子称量灌装、高频封口、理盖、拧盖和成品输送。图 3-17 所示为 GF 系列全自动塑瓶旋式灌装封口拧盖设备（杭州中亚）。

图 3-17　GF 系列全自动塑瓶旋式灌装封口拧盖设备（杭州中亚）

该设备主要配置电子称量、可编程逻辑控制、人机界面、驱动、温控、光电、气动控制、自动润滑等系统，是大中型企业满足新型城市消费的包装设备。设备主要特点如下。

（1）电子称量式灌装，每一个灌装头均配置独立的称量计量单元，性能可靠，灌装精度高，最小误差可控制在±1g 以内。

（2）设备具有无瓶检测功能，可以实现无瓶不灌装、不拧盖；旋转式的高频感应封口装置，封口质量好、稳定性高，能耗低。

（3）履带式提升理盖系统，具有强大的反盖剔除装置，确保百分之百无反盖输送至拧盖系统。该系统并可选配紫外线杀菌装置，进一步提高塑盖的洁净程度；新一代磁力拧盖装置，可精确控制拧盖扭矩，避免对盖体的外部磨损。

（4）灌装、封口和拧盖工位均可进行自由升降，配合塑瓶快速更换套件，可以在30min内实现不同容量、不同瓶型产品的快速转换。

（5）制盖系统的外置式设计，充分保护灌装及封口区域的洁净度。制盖系统具备无盖报警功能、防堵盖装置，并可根据客户需要定制异形盖制装置。

（6）设备主工作区域采用封闭式设计，并由百级洁净空气进行正压保护，最大限度的提高了成品的卫生标准和货架期。

该设备的主要技术参数见表3-10。

表3-10　　　　　　　全自动塑瓶旋式灌装封口拧盖设备主要技术参数

型号	GF16/8	GFX24/16/10	GFX48/16
产量（杯/h）	3500（1.5L）	10000（200mL）	20000（200mL）
容量	1~3（L）	100mL~1L	100mL~1L
灌装头/个	16	24	48
热封头/个	—	16	—
拧盖头/个	8	10	16
总功率/kW	5	16	7.5
运转功率/kW	3.8	14.5	6.2
工作气压/MPa	0.7	0.7	0.7
耗气量/（m³/min）	0.6	0.6	0.75
外型尺寸/mm	5400×2300×3300	6300×2040×3300	6830×3200×3560

【质量控制】

（一）搅拌型酸乳质量标准

搅拌型酸乳的质量标准按 GB 19302 规定的标准执行。

（二）搅拌型酸乳常见质量问题及控制措施

1. 胀包

酸乳在贮存及销售过程中，特别是在常温下销售及贮存很容易出现胀包，酸乳由于产气菌主要是酵母菌作用而产生气体，使酸乳变质的同时也使酸乳的包装气胀。

（1）原因分析　污染酸乳而使酸乳产气的产气菌主要是酵母菌和大肠杆菌，

其污染途径主要在以下几方面：①菌种被产气菌污染（主要是酵母菌）；②生产过程中酸乳被酵母菌和大肠杆菌污染；③酸乳的包装材料被酵母菌和大肠杆菌污染。

（2）控制措施　①继代菌种在传代过程中要严格控制环境卫生，确保无菌操作，可使用一次性直投干粉菌种；②严格控制生产过程中可能存在的污染点和一些清洗不到的死角，加强车间环境、设备等方面的消毒、杀菌工作。如设备杀菌，发酵罐、酸乳缓冲罐、发酵罐进出料管、灌装设备等一定要清洗彻底以后再进行杀菌，杀菌温度一般为90℃以上（设备的出口温度）并且保温20～40min，杀菌效果的验证可采取涂抹试验来检验杀菌效果。生产环境空气中酵母菌超标，可采取二氧化氯喷雾，乳酸熏蒸，空气过滤等措施来解决空气污染，采取空气降落法来检验空气中酵母、霉菌数。另外，严格控制工作人员个人卫生，工作人员进车间前一定要严格消毒，生产过程中经常对工作服、鞋及人手进行涂抹试验；③使用合格的包材。包材应存放于无菌环境中，使用前用紫外灯杀菌；④也可采取添加一定量的抑制酶（抑制酵母和霉菌）来解决此问题；⑤杀菌机参数设定要达到在保质期内不发生任何变化；⑥严格按无菌操作要求规程操作。

2. 产品发霉

酸乳在销售、贮存过程中有霉菌生长，长出霉斑，从而使酸乳变质。

（1）原因分析　①菌种污染霉菌、接种过程中有霉菌污染；②生产过程中有霉菌污染；③包材被霉菌污染。

（2）控制措施　①如果使用传代菌种，菌种在传代过程中要严格控制污染，确保无菌操作，保证菌种免受霉菌污染；②生产环境要严格进行消毒、杀菌，确保生产环境中霉菌数合格，一般生产环境空气中酵母、霉菌数≤50/m³；③包材在进厂之前一定要严格检验，确保合格，存放于无菌环境中，使用时用紫外灯杀菌；④可采取加入抑制酶（抑制酵母和霉菌）来解决。

3. 乳清析出

凝固型酸乳在生产、销售、贮存时有时出现乳清析出的现象，酸乳的国家标准规定酸乳允许有少量的乳清析出，但大量的乳清析出是属于不合格产品。

（1）原因分析　①乳中干物质、蛋白质含量低；②脂肪含量低；③均质效果不好；④接种温度过高；⑤发酵过程中凝胶组织遭受破坏；⑥乳中氧气含量过大；⑦菌种产黏度低；⑧灌装温度过低；⑨酸乳在冷却、灌装过程中充入气体；⑩酸乳配方中没加稳定剂或用量过少。

（2）控制措施　①调整配方中各组成成分的比例，增加乳干物质、蛋白质的含量；②增加乳中的脂肪含量；③均质温度设定在65～70℃，压力为15～20MPa，经常检验乳的均质效果，定期检查均质机部件，如有损坏及时更换；④将接种温度和发酵温度严格控制在（43±1）℃；⑤发酵过程要静止发酵，检查发酵罐的搅拌是否关闭；⑥采用脱气设备，将乳中气体除掉；⑦选择产黏度高的菌种；⑧灌装温度最好设定为 20℃ 以上；⑨严格检查酸乳运输中的泵及管路是否漏气；⑩调整酸乳的配方，使用稳定剂并且添加量合理。

4. 酸乳的组织状态不细腻

饮用酸乳时酸乳过于黏稠，口感不好，组织状态不细腻，粗糙、酸乳呈黏丝状糊口，也是酸乳常见的质量问题。

（1）原因分析　①均质效果不好；②搅拌时间短或运输酸乳的泵速度较慢；③干物质、蛋白质含量过高；④稳定剂选择的不好或添加量过大。

（2）控制措施　①控制均质温度，均质温度设在 65~70℃，压力为 15~20MPa，经常检验乳的均质效果，定期检查均质机部件，如有损坏及时更换；②确定合理的工艺条件，加大运输酸乳的泵的速；③降低乳中乳干物质、蛋白质的含量；④选择适合的稳定剂及合理的添加量，根据具体设备情况确定合理的配方。

5. 酸度过高、口感刺激、不柔和

酸乳的酸度过高，酸甜比不合理，特别是酸感较刺激，极不柔和是酸乳常见的质量问题。

（1）原因分析　①采用传代菌种时，杆菌和球菌比例失调；②酸乳发酵过长，产酸过多；③酸乳的冷却时间过长，导致酸度过高；④酸乳贮存温度过高，后酸化严重；⑤接种量过大，酸化过快；⑥所用菌种的后酸化过强。

（2）控制措施　①菌种在传代过程中注意每次菌种的添加量，一般为 2.5%~3.0%；培养温度为 (43±1)℃，以及严格控制所用原料乳的质量，特别是抗生素的检验一定合格。对每次扩培后的菌种应及时检验杆菌和球菌的比例。如果传代条件不成熟应改用一次性直投干粉菌种；②掌握好酸乳的发酵时间，及时检验，确定发酵终点并及时冷却；③确定合理的冷却时间，尽量控制酸乳酸度的增长；④降低酸乳的储存温度，使储存温度在 2~6℃；⑤工作发酵剂的接种量在 3%~5%，一次性直投菌种的添加量按其厂家要求添加；⑥选择后酸化弱的菌种，或者在酸乳发酵后添加一些能够抑制乳酸菌生长的物质来控制酸乳的后酸化。

6. 甜度过高，酸甜比例不合理

饮用酸乳时，甜味突出，酸味淡，体现不出酸味，口味不好，也是酸乳常见的问题。

（1）原因分析　①甜味剂用量过大；②发酵终点的酸度设定过低；③后发酵产酸过低。

（2）控制措施　①调整酸乳配方，确定合理的甜味剂添加量，确保成品的酸甜比合理；②发酵终点的酸度标准确定应合理；③酸乳的冷却温度要合理，一般为 (20±1)℃。控制好原料乳的质量确保后发酵正常产酸。

7. 香气不足（乳酸菌的发酵香气不足）

饮用酸乳时酸乳的香味淡，风味欠佳，是酸乳常见的质量问题。

（1）原因分析　①原料乳不新鲜；②所用菌种产香差。

（2）控制措施　①生产酸乳用的原料乳要特别挑选，牛乳要选用新鲜的纯牛乳不得含有抗生素和杂质，并且原料乳不论是杀菌前还是杀菌后，如果在 3h 内不生产，则必须将温度冷却到 4℃以下，原料乳的酸度严格控制在 14~16°T，细菌总数应小于 $2.5×10^5$ CFU/mL，体细胞数应小于 $4×10^5$ CFU/mL；②改用产香好的菌种。

8. 有异味（乳粉味、苦味等）

酸乳在生产、销售过程中有乳粉味、有时还有苦味、塑料味等。

（1）原因分析　①原料乳的干物质低，用乳粉调整原料乳的干物质和蛋白质时，添加的乳粉量过大从而影响酸乳的口味；②接种量过大或菌种选用的不好；③包装材料带来的异味。

（2）控制措施　①增加乳的干物质和蛋白质含量时，尽量少加乳粉，如果达不到干物质和蛋白质含量的要求时，可采用将乳闪蒸或浓缩来提高乳干物质和蛋白质含量；②工作发酵剂的接种量在 3%~5%，一次性直投菌种的添加量按其厂家要求添加，如仍有苦味应改换菌种；③对包装材料进行检验，使用合格的包装材料。

9. 有沙粒感（小颗粒）

酸乳经破乳搅拌、泵送、灌装之后，有时酸乳中有较硬的小颗粒，饮用时有沙粒感。这种现象在酸乳生产中比较少见。

（1）原因分析　①乳中的磷酸钙沉淀、白蛋白变性；②接种温度过高或过低；③菌种的原因。

（2）控制措施　①调整热处理强度，一般加工酸乳的热处理强度为 90~95℃、5~15min；②接种温度应控制在（43±1）℃；③更换菌种，搅拌型酸乳所用的菌种应选用产黏度高的菌种。

10. 口感稀薄

感稀薄、黏稠度较低而导致的酸乳口感不好是搅拌型酸乳常见的质量问题。

（1）原因分析　①乳中干物质含量偏低，特别是蛋白质含量低；②没有添加稳定剂或稳定剂的添加量少，稳定剂选用的不好；③热处理或均质效果不好；④酸乳的搅拌过于激烈；⑤加工过程中机械处理过于激烈；⑥破乳搅拌时酸乳的温度过低；⑦发酵期间凝胶体遭破坏；⑧菌种的原因。

（2）控制措施　①调整配方，使乳中干物质含量增加，特别是蛋白质含量提高。乳中干物质含量，特别是蛋白质含量对酸乳的质量起主要作用；②添加一定量的稳定剂来提高酸乳的黏度，可改善酸乳的口感；③调整工艺条件，控制均质温度，均质温度设在 65~70℃，压力为 15~20MPa，经常检验乳的均质效果，定期检查均质机部件，如有损伤应及时更换。④调整酸乳的搅拌速度及搅拌时间。正常发酵罐搅拌的转速为 24r/min；⑤运输酸乳的泵应采用正位移泵，并且控制好泵的速度；⑥采用夹层走冰水冷却酸乳时，提高夹套出口水温度，如采用板换冷却酸乳时，最好将冷却温度设为（20±1）℃；⑦发酵期间保证乳处于静止状态，检查搅拌是否关闭；⑧搅拌型酸乳的菌种应选用高黏度菌种。

任务四　乳酸菌发酵饮料加工技术

【任务描述】

本任务介绍了乳酸菌发酵饮料的原辅材料，乳酸菌发酵饮料的加工工艺及操作要点，影响乳酸菌发酵饮料质量的主要因素和质量指标，以及乳酸菌发酵饮料生产中常见的质量问题及解决方法。

【知识准备】

【知识点 3-4-1】 认识乳酸菌发酵饮料

乳酸菌发酵饮料是以鲜乳或乳粉为原料，经嗜热链球菌、保加利亚乳酸杆菌等乳酸菌经发酵、调配制得的具有一定营养价值和独特风味的乳制品。

乳酸菌发酵饮料根据其是否经过杀菌处理分为活菌型和杀菌型两大类。

活菌型乳酸菌发酵饮料含有活性乳酸菌，简称活性乳，每 1mL 活性乳中活乳酸菌的数量不应少于 100 万个。活菌型乳酸菌发酵饮料口感纯正、爽口、回味好、营养价值高，能够调整肠道吸收，具有美容、保健等功能。这种饮料要求在2~10 贮存和销售，密封包装的保质期为 15d。随着我国食品物流业的发展和冷链设施的完善以及人们保健意识的提高，活菌型乳酸菌发酵饮料将成为未来液态乳制品发展的重要方向。

杀菌型乳酸菌发酵饮料，也就是通常所说的乳酸菌发酵饮料，一般不具有活性，其中的乳酸菌在生产过程中的加热无菌处理阶段时已被杀灭。这种饮料可在常温下贮存和销售，也就不存在活性乳酸菌的功效。

【知识点 3-4-2】 乳酸菌发酵饮料生产用原辅料

（一）原料

乳酸菌发酵饮料的原材料主要有乳制品、白砂糖、咖啡、可可、巧克力等。

1. 乳制品

乳酸菌发酵饮料中使用的乳制品主要有牛乳、脱脂乳粉、全脂乳粉和炼乳等，见表 3-11。

表 3-11　　　　　　　全脂乳粉和脱脂乳粉质量指标　　　　　　单位：%

品种	组成				
	水分	脂肪	蛋白质	乳糖/%	灰分
全脂乳粉	2.0	30.6	26.2	35.5	5.7
脱脂乳粉	3.0	1.0	36.0	52.0	8.0

2. 糖

乳酸菌发酵饮料中使用的糖主要有蔗糖、葡萄糖、果葡糖浆、乳糖等，应根据实际情况和不同需要选用。

3. 果蔬汁

乳酸菌发酵饮料中使用的果蔬汁包括果蔬原汁、浓缩果蔬汁和带肉果蔬汁等。常用的品种有橙汁、草莓汁、苹果汁、菠萝汁、芹菜汁、菠菜汁和胡萝卜汁等。

4. 咖啡制品

咖啡制品主要由咖啡豆制成。咖啡豆因种类和产地风味不同，一般以风味温和的巴西咖啡为主体。咖啡制品有咖啡抽提液、咖啡粉和速溶咖啡等。

5. 可可粉和巧克力

可可粉含脂率为 10%~25%，容易在水中分散；巧克力含脂率在 50% 以上，难分散于水中。朱古力乳多使用可可粉，一般用量为 1.5%~2.0%。

（二）食品添加剂

1. 甜味剂

在乳酸菌发酵饮料中应用的甜味剂有安赛蜜、阿斯巴甜、异麦芽酮糖、低聚果糖等。

2. 酸度调节剂

酸度调节剂包括酸味剂和碱性剂。碱性剂主要有碳酸钠、碳酸氢钠等，其主要作用是调节饮料的 pH。

（1）碳酸钠　碳酸钠（纯碱）有结晶碳酸钠、一水碳酸钠和无水碳酸钠三种。无水碳酸钠为白色吸水性粉末，可溶于水，不溶于乙醇，水溶液呈强碱性，可用以调节饮料 pH。

（2）碳酸氢钠　俗称小苏打，为白色结晶性粉末，无臭无味，味咸，在潮湿的空气中会缓慢分解，产生二氧化碳。易溶于水，不溶于乙醇，水溶液呈碱性。可用以调节饮料 pH。

3. 乳化剂

在生产中一般使用复配型乳化剂，常用的乳化剂主要有、单硬脂酸甘油酯、蔗糖脂肪酸酯、酪蛋白酸钠等。

4. 稳定剂

乳酸菌发酵饮料中常用的稳定剂有琼脂、卡拉胶、海藻酸钠、果胶、羧甲基纤维素钠、黄原胶、结冷胶和变性淀粉等，其使用量按食品添加剂相关规定进行添加。

5. 着色剂

乳酸菌发酵饮料中使用的着色剂主要有红曲红、焦糖色、胭脂红、日落黄、辣椒红和二氧化钛等。二氧化钛俗称钛白粉，是一种白色无定形粉末状白色素，无臭无味，化学性质相当稳定。着色剂用于乳酸菌发酵饮料，可增加饮料的浑浊度和白度。

6. 防腐剂

乳酸菌发酵饮料中常用的防腐剂有乳酸链球菌素、苯甲酸及其钠盐、山梨酸及其钾盐。另外，还有脱氢乙酸钠和纳他霉素等。

7. 香精香料

乳酸菌发酵饮料中常用的香精香料包括牛乳香精、乳酸香精、酸乳香精、咖啡香精、可可香精、巧克力香精以及各种果味香精；增香剂主要有乙基麦芽酚、香兰素等。

8. 酶制剂

乳酸菌发酵饮料中应用的酶制剂主要是乳糖酶。乳糖酶为淡黄色至深褐色粉末、颗粒或液体，溶于水，不溶于乙醇。其主要作用是将牛乳中的乳糖水解为葡萄糖和半乳糖，制成供乳糖不耐症的乳酸菌发酵饮料。

9. 抗氧化剂

乳酸菌发酵饮料添加抗氧化剂有利于防止氧化，保持饮料的色泽和风味。使用的主要品种为抗坏血酸、异抗坏血酸、异抗坏血酸钠和维生素 E 等。

（三）发酵剂

发酵剂是一种能够促进乳的酸化过程，含有高浓度乳酸菌的培养物。生产中常用的发酵剂一般分为两类，即单一发酵剂和混合发酵剂。详见酸乳部分任务一中的相应内容。

【知识点 3-4-3】 典型乳酸菌发酵饮料生产工艺

（一）配方

乳酸菌饮料典型的配方为：酸乳 30% ~ 45%，乳酸 0.1%，糖 10%，香精 0.15%，果胶 0.4%，水、果汁 6%。

（二）典型乳酸菌饮料加工工艺流程

乳酸菌饮料的加工通常有以下两种方法，一般生产厂家采用第一种方法生产乳酸菌饮料。

（1）先将牛乳进行乳酸菌发酵成酸乳，然后根据配方加入糖、稳定剂、水等物质，经混合、标准化后直接灌装或经热处理后再灌装。

（2）先按乳酸菌饮料的配方将所有原料混合在一起，然后再经过乳酸菌发酵，并直接灌装（活菌型）或经过热处理后再灌装（杀菌型）。

乳酸菌饮料的加工除可用牛乳外，也可用乳粉为原料。以牛乳为原料的工艺流程如图 3-18 所示，以乳粉为原料的工艺流程如图 3-19 所示。

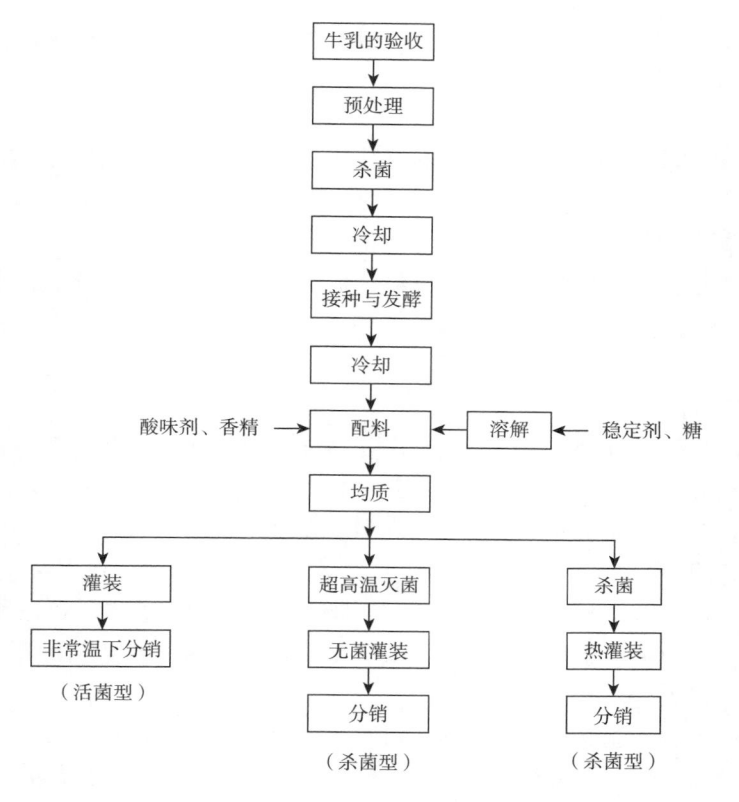

图 3-18　以牛乳为原料的乳酸菌饮料生产工艺流程

（三）加工过程中的乳粉操作要点

1. 乳粉的还原

用大约乳粉体积一半、50℃左右的净化水来溶解乳粉，在乳粉完全溶解的情况下，再将还原乳静置 30min（详见技能点 2-3-1）。

2. 发酵前原料乳成分的调整

因为牛乳中的蛋白质含量会直接影响到酸乳的黏度、组织状态及稳定性，故发酵前将配料中的非脂乳固体含量调整到 15%~18%，可以通过添加脱脂乳粉或蒸发原料乳或超滤或添加乳清粉来实现。

3. 脱气、均质和巴氏杀菌

如果原料乳中空气含量高或是使用乳粉作原料，均质前应先对产品进行脱气，否则产品内空气过多，容易损坏均质头。均质时温度为 70~75℃，压力为 20MPa。杀菌时一般采用 85~90℃、20min 或 90~95℃、5min 的杀菌条件。均质机通常配置于巴氏杀菌系统中。

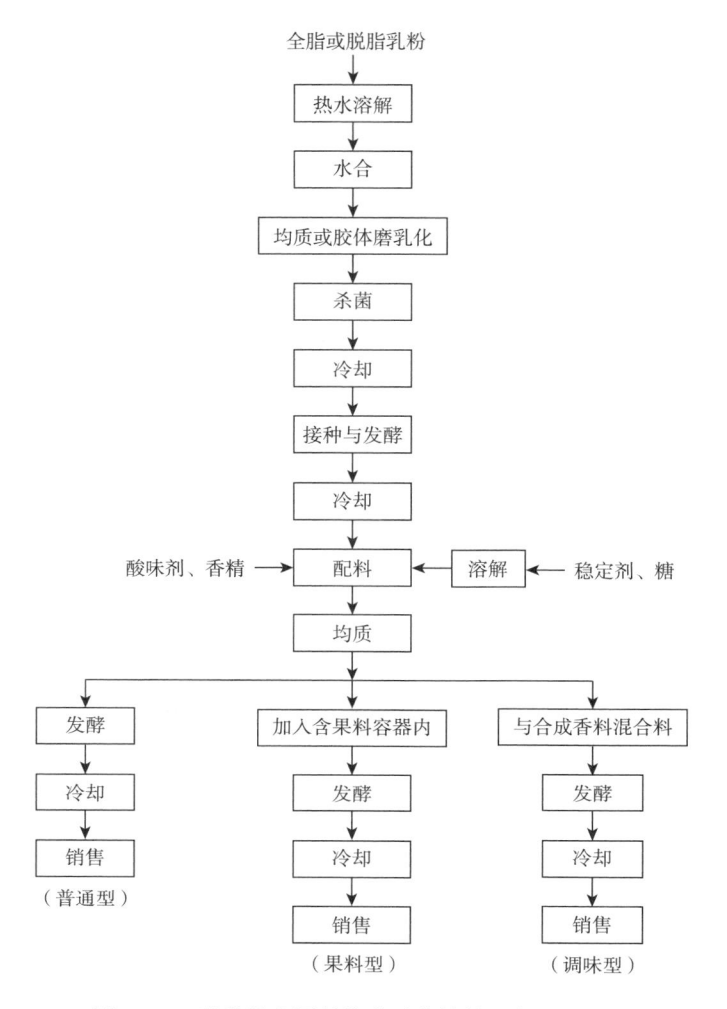

图 3-19 以乳粉为原料的乳酸菌饮料生产工艺流程

4. 发酵过程使用的乳酸菌菌种

在生产中使用的菌种包括嗜热链球菌、嗜酸乳杆菌、保加利亚乳杆菌、双歧杆菌等。最常使用的是嗜热链球菌和保加利亚杆菌的混合菌种，二者的接种量比例为 1∶1。

5. 发酵剂制备

生产中使用的酸乳发酵剂的制备，见酸乳加工中技能点 3-1-4。

6. 发酵过程的控制

发酵时需维持恒温，发酵过程在恒温发酵罐内进行。并根据滴定酸度的变化，准确控制发酵终点。为获得较高黏度的产品应选用合适的泵来输送酸乳。发酵过程结束后，根据对最终产品的动度要求，选用合适的泵来输送酸乳。

7. 配料

发酵过程完成后，可根据配方进行配料，一般乳酸菌饮料的配料中包括乳、甜味剂、稳定剂、酸味剂、香精等。配料结束后，应将物料进行脱气和均质。均质时控制温度在 70~75℃，压力 20MPa。

8. 灭菌

用于杀菌型乳酸菌饮料，灭菌系统一般都包括脱气和均质，脱气后物料温度可达 70~75℃，均质压力为 20MPa 与 5MPa。杀菌时常用的杀菌公式为 95~105℃、30s 和 110℃、4s。对塑料瓶包装的产品来说，在灌装后一般采用 95~98℃、20~30min 的杀菌条件，然后进行冷却。生产厂家可根据自己的实际情况，对杀菌条件相应的调整。

【知识点 3-4-4】乳酸菌发酵饮料生产控制要点

（一）原辅料、包装材料的控制

1. 原料乳及乳粉质量

乳酸菌饮料的生产必须使用高质量的原料乳或乳粉，原料乳或乳粉中细菌总数应低且不含抗生素。

2. 稳定剂的种类及质量

对乳酸菌饮料来说，最佳的稳定剂是果胶或与其他胶类的混合物。

（1）果胶的性质　果胶起到稳定作用的前提条件是它能完全溶解，而保证它完全溶解的首要条件是它能均匀分散于溶液中，不结块。一旦结块，胶类物质非常难溶于水。通常果胶在 pH 为 4 时稳定性最佳。糖的存在对果胶能起到一定的保护作用。

（2）果胶的种类　果胶分为低酯果胶和高酯果胶两种，对酸性含乳饮料来说，最常使用的是高酯果胶，因为它能与酪蛋白反应，并附着于酪蛋白颗粒的表面，从而避免在调酸过程中在 pH 4.6 以下时，酪蛋白颗粒因失去电荷而相互聚合产生沉淀。

（3）果胶的用量　果胶的用量由下列因素决定。

①蛋白质含量：一般来说，蛋白质含量越高，果胶用量也应相应提高，当蛋白质较低时，果胶用量可以减少，但不是成比例地减少。

②酪蛋白颗粒的大小：不同的加工工艺使酪蛋白形成的颗粒的体积不同。若颗粒过大，则需要使用更多的果胶去悬浮；若颗粒过小，由于小颗粒具有相对大的表面积，所以需要更多的果胶去覆盖其表面，果胶用量应增加。

③产品热处理强度：一般来说，产品热处理强度越高，果胶含量也应越高。

④产品的保质期：产品所需的保质期越长，稳定剂用量也越多。

果胶的溶解：要使果胶发挥应有的稳定作用，必须保证果胶能完全分散并溶解于溶液中。

3. 包装材料

包装材料主要是包装瓶和封口膜，由经审查合格的供应商供货。其指标应符合 GB 9685 的质量要求。在清洗消毒工序送瓶时注意观察。

（二）生产过程控制

1. 原辅料预处理

生物性污染、化学性污染主要由生产设备的消毒清洗不合适带来的，物理性污染在投料过程中带入的杂物，可能性小。按 GMP （Good Manufacturing Practice，良好操作规范）建立良好操作规范，严格执行操作程序。

2. 标准化

蛋白质含量是含乳饮料中强制要求的指标，一定要对蛋白质含量严格进行控制。理化指标符合 GB 11673 的质量要求，蛋白质不足时添加乳清蛋白。生产时，按 GMP 建立良好操作规范，严格执行操作程序。

3. 均质效果

为保证稳定剂起到应有的稳定作用，必须使其均匀地附着干酪蛋白颗粒的表面。要达到此效果，必须保证均质机工作正常并采用正确的均质温度和压力均质。严格按工艺规程的温度、压力生产，注意均质机是否泄漏机油。生产时按 GMP 的要求建立良好操作规范，严格执行工艺操作程序，并定期对设备进行维护保养。

4. 发酵过程

由于酪蛋白颗粒的大小是由发酵过程以及发酵以后加热处理情况所决定，因此，发酵过程控制的好坏直接影响到产品的风味、黏度和稳定性。

5. 灭菌

灭菌后致病菌不得检出，菌落总数为商业无菌。生产时，按 GMP 建立良好基础操作条件，严格执行操作程序；工艺参数有波动时料液回流处理，包装材料和设备管道重新灭菌。

6. 灌装、封口

要注意灌装环境的灭菌工作和封口的良好密封性，使其指标符合 GB 7718 的质量要求。在生产时，按 GMP 建立良好基础操作条件，严格执行操作程序；进行漏杯试验，加强消毒处理。

（三）检验控制

培养基、试验工具、操作人员和试验室的灭菌工作是否达标是影响检测结果的直接因素。实验室层流罩下应达 100 级；试验工具、操作人员的双手应及时消毒，符合卫生要求。

（四）贮藏

贮藏室不良的温湿度会导致原料和产品的生物性变质，需按 GMP 建立良好基础操作条件，严格操作程序。原料库温度一般控制在 5~15℃，相对湿度小于

60%；成品库温度小于 25℃，相对湿度小于 60%。

【技能训练】

【技能点 3-4-1】 活性乳酸菌发酵饮料的加工

（一）配方

酸乳 35%（90°T）、蔗糖 9%、酸乳香精 0.4%、薄荷香精 0.035%、稳定剂 0.35%、柠檬酸 0.075%。

（二）工艺流程

纯净水 ⟶ 杀菌 ⟶ 冷却

鲜乳 ⟶ 验收 ⟶ 杀菌 ⟶ 冷却 ⟶ 接种 ⟶ 发酵 ⟶ 酸乳 ⟶ 混合 ⟶

配料 ⟶ 均质 ⟶ 无菌灌装 ⟶ 成品

白砂糖、稳定剂 ⟶ 溶解 ⟶ 杀菌 ⟶ 冷却至 38℃，添加柠檬酸、香精

（三）操作要点

1. 验收

牛乳成分中，要求含脂率大于 3.1%，蛋白质含量大于 2.9%。一般所添加的乳粉或浓缩乳，不得含有抗生素。

2. 杀菌、接种和发酵

鲜乳在 95℃温度下杀菌 5min，冷却至 40~42℃进行接种，接种量为 3%（V/V），至终点酸度达 75~80°T 时终止发酵。

3. 稳定剂溶解

将稳定剂和砂糖混合均匀，用 85℃以上热水溶解，并保温 30min，再冷却至 38℃以下备用。

4. 配料

将上述各物料再调配罐内混合，充分搅拌均匀。

5. 调酸、调香

在低温高速搅拌时进行调酸，调香，防止饮料发生蛋白变性沉淀和香味损失。

6. 均质

均质时压力 18~20MPa，均质后冷却至 4℃以下暂存。

7. 无菌灌装

在灌装时一定要注意环境、包装材料和产品维持再无菌状态。

【技能点3-4-2】乳酸菌发酵饮料质量指标检测方法

（一）感官指标

将塑瓶（杯）盖开启，首先嗅其气味，尝其滋味是否正常，继而徐徐倾倒在洁净烧杯（或无色玻璃杯内），仔细观察其色泽及组织状态等是否正常。

（二）理化指标

1. 蛋白质

蛋白质的测定主要采用凯氏定氮法，按GB/T 5009.5规定的方法测定。该法的操作要点主要包括样品消化、定氮装置的检查与洗涤、碱化蒸馏、样品滴定、数据记录和处理五个步骤。碱化蒸馏主要在凯氏定氮仪上进行。

2. 脂肪

按GB/T 5009.6规定的方法测定。脂肪测定主要采用索氏抽提法。其主要检测步骤分为试样处理、抽提、称量、数据记录和结果处理等。在该操作中，试样用无水乙醚或石油醚等溶剂抽提后，蒸去溶剂所得的物质，称为粗脂肪。抽提法所测得的脂肪为游离脂肪。

3. 苯甲酸

按GB/T 5009.29规定的方法测定。

4. 脲酶试验

乳酸菌发酵饮料中脲酶的测定按GB/T 5009.186规定的方法测定。该法测定时主要将磷酸二氢钠缓冲液和磷酸氢二钠缓冲液混合。然后在两支试样试管中各加入上述混合缓冲液，再向试样管中加入尿素溶液，同时向对照管加入蒸馏水，摇匀后水浴保温，最后向样品管及对照管各加入酚红指示剂摇匀后比较两管颜色。对照管呈黄色或橙黄色；含皂素试样呈鲜红。

（三）乳酸菌检测

乳酸菌检测按GB/T 4789.35规定的方法检测。乳酸菌检测的关键性步骤有样品的无菌稀释、稀释液的移取、倾倒平板、恒温培养和计数等。培养时要求恒温，在电热恒温培养箱中进行。

【技能点3-4-3】乳酸菌发酵饮料的灌装与封切设备的操作与维护

（一）全自动无菌软包装成型灌装封切设备

该设备适用于乳酸菌发酵饮料的无菌包装，如图3-20所示。

该系列设备可适用各种复合塑膜及铝塑、纸塑复合包装材料。能全自动完成塑袋灭菌、成型、无菌灌装、封切和成品输送。该设备的主要特点如下。

（1）先进的双侧独立式无菌仓以及袋成型、灌装系统设计，可以实现同时生产两种不同规格的产品或进行单独运行。

（2）封切系统采用伺服电机驱动，运行稳定，精度高，充分确保成品封切效果。

（3）包装材料在H_2O_2仓内以W型运动方式进行浸泡灭菌，并通过无菌热

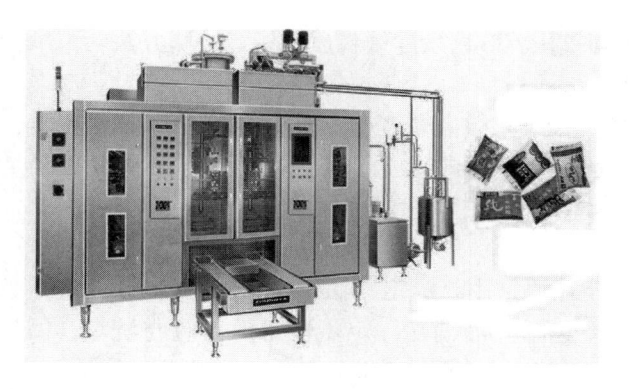

图 3-20　DASB 系列全自动无菌软包装成型灌装封切设备（杭州中亚）

空气烘干，确保包装材料的灭菌效果。

（4）无菌仓采用 H_2O_2 喷雾杀菌、高强度紫外线杀菌以及无菌空气置换技术，保证无菌仓内无菌状态恒定。

（5）设备具有不停机接膜、生产日期打印等功能。

（6）最新型的单工位两步法封切装置（专利技术），实现了在单一工位分步热封和分切的功能，适合各种铝塑、纸塑复合包装材料的应用，极大地延长了成品的有效货架期。

（7）设备集成的就地清洗和原位消毒（SIP）系统，确保与物料接触的管路及阀门在生产时处于无菌状态。

（8）包装材料拖动采用三级定长牵引技术，并采用伺服传动及光电定位，牵引长度精准，包装材料不易变形，并适合多种尺寸规格产品的生产。

设备的主要技术参数见表 3-12。

表 3-12　　　　　全自动无菌软包装成型灌装封切设备主要技术参数

型号	DASB-6	DASB-6D	DASB-8	DASB-8L
产量/（袋/h）	6000（250mL）	6000（1L）	8400（250mL）	8000（100mL）
容量/mL	100~500	500~1000	100~500	100~500
包装形式	枕式袋、立式袋	枕式袋	枕式袋、立式袋	枕式袋
包装材料	多层塑料复合膜	多层塑料复合膜	多层塑料复合膜	铝塑、纸塑复合膜
总功率/kW	43	43	43	43
运转功率/kW	24	25	26	26
工作气压/MPa	0.7	0.7	0.7	0.7
耗气量/（m³/min）	0.65	0.7	0.8	1
外型尺寸/mm	5800×1850×3260	5800×1850×3460	5800×1850×3460	5800×1850×3460
质量/t	3.4	3.5	3.5	3.5

【质量控制】

（一）乳酸菌发酵饮料质量标准

乳酸菌发酵饮料质量标准应符合《GB/T 21732—2008 含乳饮料》中的规定。产品在出厂前按照 GB/T 21732—2008 进行检验，各项指标要符合表 3–13 中的质量要求。

表 3–13　　　　　　　　　　乳酸菌发酵饮料质量要求

项目		指标	检验方法
感官要求	色泽	均匀乳白色、乳黄色或带有添加辅料的相应色泽	取适量试样置于 50mL 烧杯中，在自然光下观察色泽和组织状态。闻其气味，用温开水漱口，品尝滋味
	滋味和气味	具有特有的发酵芳香滋味和气味；无异味	
	组织状态	均匀细腻的乳浊液，无分层现象，允许有少量沉淀，无正常视力可见外来杂质	
理化指标	蛋白质含量① / （g/100g） ≥	0.7	GB 5009.5
	苯甲酸含量② / （g/kg） ≥	0.03	GB 5009.28
	①含乳饮料中的蛋白质应为乳蛋白质。②属于发酵过程产生的苯甲酸；原辅料中带入的苯甲酸应按 GB 2760 执行。		
乳酸菌指标	出厂期	$\geq 1 \times 10^6$ CFU/mL	GB 4789.35
	销售期	按产品标签标注的乳酸菌活菌数执行	
	样品应及时进行检验；不能及时检验时，应在 2~10℃ 的条件下贮存		
卫生指标	应符合 GB 16321 的规定		GB 11673、GB 16321、GB/T 5009.46
食品添加剂和营养强化剂	食品添加剂和营养强化剂质量应符合相应的安全标准和有关规定。食品添加剂和营养强化剂的使用应符合 GB 2760 和 GB 14880 的规定		
发酵菌种	应使用德氏乳杆菌保加利亚亚种（保加利亚乳杆菌）、嗜热链球菌等其他国家标准或法规批准使用的菌种		

（二）乳酸菌发酵饮料常见质量问题及控制措施

1. 口感不稳定（口感稀薄、偏甜或偏酸、有涩味、香气不足）

（1）原因分析

①乳酸菌发酵饮料口感稀薄的原因：所用原料组成有波动，从而使最终产品成分有变化；发酵酸乳时，使用了不正当的发酵剂导致产品黏度有损失；配料计

量不准确；杀菌前后有水进入物料中，使最终产品质量有变化；灌装时含水的头样没有甩干净。

②偏甜或偏酸的原因：甜味剂的加入量不准确或者定容不准确；工序指标（pH）或酸度范围太大；发酵酸乳的酸度没有标准，批次之间的酸度不定；活性乳酸菌发酵饮料在贮存，销售过程中由于冷链的不完善乳酸菌继续产酸，使口感偏酸。

③带有涩味的原因：使用单一的稳定剂，容易使产品产生涩味；调酸时，使用单一的柠檬酸也容易使产品产生涩味。

④香气不正的原因：发酵酸乳时，所用的菌种产香不足；酸乳发酵时间过长或过短都会影响酸乳的香味；所选用的香料不当也会影响香味。

（2）控制措施

①生产前应确认使用的原料是否为配方中规定使用的原料，且所用原料必须经过检验，合格后方能用于生产；使用正确的经检验合格的菌种；称料、定容要准确，杀菌前要检测物料的理化指标，合格后才能给杀菌机供料；采用合理的工艺参数，确保物料在杀菌前后没有水进入；确定合理的工艺参数，将含水的头样甩干净，保证不合格的头样不能进入成品。

②甜味剂的称量一定要精确；物料定容时计量要准确；确定合理的工序酸度指标；确定合理的发酵酸乳的酸度指标；批次之间的酸度应保持恒定；活性乳酸菌发酵饮料应在冷链下销售、储存。

③使用复合稳定剂；调酸时，使用柠檬酸和乳酸复配来调整酸度。

④发酵酸乳时选用产香好的菌种；酸乳的发酵时间正常情况下是一定的，过长或过短都会影响香味；选用较好香料。

2. 分层及沉淀现象

乳酸菌发酵饮料中分散的蛋白质粒子是很不稳定的，容易凝集沉淀，严重时，乳蛋白沉淀上层部分离浆成为透明液。

（1）原因分析

①所用稳定剂不合适或稳定剂用量过少：一般乳酸菌饮料主要用果胶为稳定剂，并复配少量其他胶类。加大分散媒的黏度系数。

②稳定剂溶解不好：没有完全均匀地分散于乳酸菌饮料中。

③发酵过程控制不好：所产生的酪蛋白颗粒过大或太小，分布不均匀。

④均质效果不好：用镜检、凝集稳定性实验和粒度分散检查等来检查均质效果，并根据试验结果来定出均质条件。主要表现在，乳中的蛋白颗粒过大；蛋白粒子和分散媒的密度差过大；分散媒的黏性系数小；发酵酸乳中有变性的蛋白颗粒。

（2）控制措施

①对物料进行微细均质：一般用 15~20MPa 的压力进行均质，并用镜检，凝集稳定性试验和粒度分散检查等试验来检查均质效果，并根据试验结果确定出均

质条件，另外要经常检查均质机部件。

②选取耐酸的稳定剂：如羧甲基纤维素钠、海藻酸丙二醇酯、果胶等，并确定合理的添加量。

③添加部分磷酸盐可使溶液体系稳定，因为磷酸盐能与溶液中的钙离子发生作用，生成螯合化合物。

④乳酸菌发酵饮料中所用酸乳的质量一定要好，特别是发酵乳中不能有变性的蛋白颗粒，不合格的酸乳不能用于乳酸菌发酵饮料的生产。

3. 褐变

（1）原因分析　乳酸菌发酵饮料中因乳酸发酵所致的蛋白分解，有大量的游离氨基酸存在。同样，蔗糖在酸性溶液中加热或存储中水解，分解为有还原性的葡萄糖和果糖，这些糖类可与游离的氨基酸起反应，生成褐色色素。影响褐变的因素有温度、pH、糖及氨基酸的种类、金属离子、酶及光线等，其中以温度的影响最大。

（2）控制措施　采用合理的杀菌工艺，另外物料加热时间不宜过长；物料中所选用的糖类不宜用含果糖和葡萄糖等单糖的糖类；杀菌型乳酸菌发酵饮料产品贮存时，要避光，应尽力放在通风良好的凉暗场所。

4. 坏包（胀包、酸包、霉包、黏条包）

乳酸菌发酵饮料的坏包现象多存在于活性乳酸菌发酵饮料中，非活性乳酸菌发酵饮料特别是商业无菌的坏包率很低。

（1）原因分析　发酵乳发酵时微生物污染严重；灌装过程有污染；包装封口不严；包装材料质量不合格；贮存、运输环境不在冷链条件下。

（2）控制措施

①生产酸乳时，原料乳的质量必须合格，保证杀菌温度为 $90\sim95℃$、时间为 $5\sim15min$，杀菌乳所经过的管路、发酵罐等必须保证杀菌合格，生产环境的空气细菌数 $\leqslant300CFU/m^3$，酵母菌、霉菌 $\leqslant50CFU/m^3$，注意个人卫生并定期检查、检验。

②灌装机及其进料管要按工艺要求杀菌，保证杀菌合格；包装封口严密，且灌装过程中须严格检查封口质量，防止封口不好的产品出厂；包装材料在进厂之前要按要求严格检验，确保包材质量合格。

③根据设备情况确定产品相应的保质期，活性乳酸菌发酵饮料必须在冷链下销售、贮存；为了延长产品的保质期，可以考虑添加一些抑制酶类来抑制乳酸菌和一些杂菌的生长。

【巩固提升】

（一）填空题

1. 按成品的组织状态分类，酸乳可分为（　　　　）和（　　　　）。

2. 在制作酸乳用发酵剂时，一般需经过（　　　　）、（　　　　）、（　　　　）

三个阶段。

  3. 先灌装后发酵的是（ ）型酸乳。

  4. 先发酵后罐装的是（ ）型酸乳。

  5. 酸乳生产中最佳接种量为（ ）%。

（二）名词解释

酸乳、发酵剂、凝固型酸乳、搅拌型酸乳、乳酸菌发酵饮料。

（三）简答题

1. 一般酸乳发酵剂的制备分几个阶段？

2. 影响酸乳发酵剂活力的因素有哪些？如何控制？

3. 如何选择优良的酸乳发酵剂？常用的检验项目有哪些？

4. 发酵剂有哪些形态？应如何保存？冷冻干燥发酵剂与液态发酵剂相比具有哪些优点？

5. 发酵剂活力的影响因素有哪些？

6. 酸乳有哪些营养和保健功能？

7. 凝固型酸乳加工的原辅料有哪些？

8. 搅拌型酸乳生产原辅材料主要有哪些？

9. 乳酸菌发酵饮料的原辅料有哪些？

（四）技能测试题

1. 发酵剂的制备步骤有哪些？制备时的注意事项是什么？

2. 在制备发酵剂时应如何对其质量进行控制？

3. 阐述凝固型酸乳的生产工艺流程及操作要点。

4. 叙述凝固型酸乳常见的质量问题及解决措施。

5. 简要阐述凝固型酸乳洗瓶机、灌装机的操作与维护方法。

6. 简要叙述搅拌型酸乳的加工工艺流程及操作要点。

7. 搅拌型酸牛乳常见质量问题及原因分析与控制措施有哪些？

8. 简要叙述螺杆泵的操作与维护。

9. 阐述搅拌型酸乳包装机的操作与维护方法。

10. 简述乳酸菌发酵饮料的加工工艺及操作要点。

11. 简要叙述乳酸菌发酵饮料生产中常见的质量问题及解决方法。

【知识拓展】

（一）一次性发酵剂菌种简介

1. 法国罗地亚公司（Crhodia）EZZL DVI 一次性菌种

法国罗地亚公司 EZAL DVI 一次性冷冻干燥菌种用量参考见表3-14。

表 3-14 **EZAL DVI 一次性使用菌种技术指标比较**

应用范围	菌种类型	乳酸菌菌株	发酵温度/℃	发酵时间/h	发酵终值（pH）	用量/（U/100mL）
搅拌型酸乳	MYE96-98	ST[①]+LB[②]	43	4.5~5	4.5	4
	MYE96-98	ST+LB	43	3.5~4	4.7	4
凝固型酸乳	MYE800	ST+LB+LL[③]	43	5	4.5	5
	MY900	ST+LB	43	4.5	4.8	4

注：①ST—嗜热链球菌；②LB—保加利亚乳杆菌；③LL—乳酸乳杆菌。

2. 丹麦汉森（Hansen's）公司 DVS 一次性菌种

丹麦汉森公司 DVS 一次性冷冻干燥菌种用量参考见表 3-15。

表 3-15 **Hansen's DVS 一次性使用菌种技术指标比较**

应用范围	菌种类型	接种量/%	发酵温度/℃	发酵时间/h	发酵终值（pH）	8℃冷藏 7d 最终 pH
搅拌型酸乳	YC-380[①]	0.02	43	4.5~5	4.5	4.1
	YC-370[①]	0.02	43	4.5~5	4.5	4.1
	YC-350[①]	0.02	43	4.5~5	4.5	4.1
凝固型酸乳	YC-460[②]	0.02	43	4.5~5	4.5	4.1
	YC-470[②]	0.02	43	4.5~5	4.5	4.1
	YC-471[②]	0.02	43	4.5~5	4.5	4.2

注：①YC-380、YC-370、YC-350 为适中型口味，前两种产品黏稠度较高；②YC-460、YC-470、YC-471 为浓味型，产品黏稠度适中。

（二）益生菌与发酵乳制品

益生菌是指摄入后通过改善宿主肠道菌群生态平衡而发挥有益作用，达到提高宿主（人和动物）健康水平和健康状态的活菌制剂及其代谢产物。目前，国内外常用的益生菌多为乳酸菌。包括双歧杆菌、乳酸杆菌和一些球菌等。其中，双歧杆菌有青春双歧杆菌、短双歧杆菌等；乳酸杆菌有嗜酸乳杆菌、保加利亚乳杆菌、干酪乳杆菌、发酵乳杆菌、短乳杆菌和乳酸乳杆菌等。用作益生菌的链球菌主要有粪链球菌、乳链球菌和嗜热唾液链球菌等。此外，还有明串球菌属、丙酸杆菌属和芽孢杆菌属的菌种也可用作益生菌。表 3-16 中列出国内外允许在食品（益生菌产品）使用的一些菌株。

表 3-16 　　　　　　　　　　　　　可用作益生菌发酵剂的菌株

种属	菌株
嗜酸乳杆菌	La2，La5，Johnsonii（La1），NCFM，DDS-1，SBT-2062
乳酸乳杆菌	La1
植物乳杆菌	299v，Lp01
鼠李糖乳杆菌	GG，GR-1，271，LB21
干酪乳杆菌	Shirota，Immunitas，744，01
发酵乳杆菌	RC-14
瑞士乳杆菌	B02
长双歧杆菌	B536，SBT-2928
两歧双歧杆菌	Bb-11
短双歧杆菌	Yakult
乳酸双歧杆菌	Bb-02
婴儿双歧杆菌	Shirota，Immunitas，744，01

益生菌 70%应用于乳制品中，包括发酵乳、乳酸菌发酵饮料、干酪、酸乳、冷冻酸乳、乳饮料和冰淇淋。此外还用在点心、糖果、糕饼、蔬果汁、豆乳、发酵豆乳上。近年来，为防止菌体飞散，取食便利及延长保质期等因素，产品已发展至胶囊、锭剂、粉包发酵（乳）制品的干燥和冻干粉等形式。

（三）噬菌体及其防治

酸乳发酵剂菌种多为乳酸菌，在微生物分类学上被划为细菌。噬菌体是感染细菌、真菌、放线菌或螺旋体等微生物的病毒的总称。噬菌体感染乳酸菌后，能使乳酸菌细胞溶解，延缓乳酸产生，甚至能够完全抑制其产酸，进而导致酸乳发酵失败。

1. 噬菌体特性及来源

（1）噬曲体的特性　多数噬菌体具有良好的存活特点，它们可以在高温、短时的巴氏消毒条件下存活下来。因此，用于发酵剂制备的培养基时常需要在 85℃加热至少 30min 才能使噬菌体失去活力。噬菌体也可以在乳的喷雾干燥和贮藏中存活下来。尽管滞留在表面的噬菌体颗粒很容易在氯离子的作用下失活，但碘离子和酸性清洗剂并不能使噬菌体颗粒失活。

（2）噬菌体来源　尽管溶源性细菌是乳品企业噬菌体的一个来源，但乳品厂噬菌体的主要源头是原料乳。与牛场环境接触的运乳车和人员也可以是噬菌体的携带者。乳品加工企业中，噬菌体生长的主要环境是原料乳、乳清、水池、下水道、设备和墙壁等。噬菌体可以通过空气和工作人员在厂区内传播。

2. 噬菌体的防治

在发酵剂的生产过程中，一般采用以下几种措施来防治噬菌体。

（1）控制发酵剂生产的卫生条件 工作发酵剂培养基热处理时应确保灭活噬菌体病毒；在发酵剂继代过程中必须无菌操作；发酵剂被充满到最大容量是很重要的，否则应延长热处理时间以及杀灭罐内空间可能存在的噬菌体；设备必须经充分的消毒，如加热或用化学制品溶液处理；发酵剂室应远离生产区域，以降低空气污染的可能性；发酵剂室和生产区域空气的有效过滤有助于控制噬菌体的存在；发酵剂室良好的卫生能减少微生物的污染；除专门人员外，一般厂内员工不得进入发酵剂生产间；加工车间合理的设计也能限制空气污染。

（2）轮换使用生产菌种 轮换菌种，即通过限制某个菌株或混合发酵剂的使用时间长短来控制噬菌体的感染。实践中，可以采取按天或按接种生产后的罐次进行菌种轮换。短期是 6~12 个菌株混合的发酵剂 2~3d 轮换一次；长期是 30 个菌株混合的发酵剂 5~10d 轮换一次。另外，还可以通过使用混合菌株的发酵剂来降低噬菌体污染的几率。

（3）应用噬菌体抗性菌株 乳酸菌对噬菌体感染的敏感性随菌种变化很大，因此噬菌体抗性菌株的应用是乳品厂控制噬菌体的重要方面。

（4）选择抗性培养基 在发酵剂生产中，可以通过使用噬菌体抗性培养基来克服噬菌体污染问题。这类培养基的作用原理是添加了磷酸盐和柠檬酸盐。由于磷酸盐和柠檬酸盐会与 Ca^{2+} 结合，所以可以抑制噬菌体吸附在发酵剂菌种的细胞上，从而达到控制感染的目的。

（四）市售酸乳产品介绍

消费者的需求拉动了发酵乳及乳制品的发展，酸乳是最主要的发酵乳制品之一。酸乳市场的发展趋势是高品质、健康、方便、嗜好。在欧美国家出现了一些新型的嗜好性酸乳，产品的创新性和游戏性、新奇的味道、令人难忘的感觉、强烈的趣味性吸引了消费者，丰富了酸乳的花色品种。简要介绍如下。

（1）无糖酸乳 是一种没有添加蔗糖但却具有一定甜度的酸乳。这种无糖酸乳里不含有普通蔗糖，而是特别添加了木糖醇、阿斯巴甜等具有一定甜味的物质，这些物质在人体代谢过程中不会对血糖产生影响，适合糖尿病患者、肥胖人以及高血脂病人饮用。

（2）蔬菜酸乳 将胡萝卜、芹菜、菜花、甘蓝等蔬菜切成小碎块或绞成菜泥后混入酸乳中，以增加植物性营养成分。

（3）冷冻酸乳 将酸乳用凝冻机冷冻而成，使其既有酸乳所特有的风味，又兼有冰淇淋匀滑绵口的质感，生产中还常加入一些增香辅料，以增强产品的风味。

（4）固体酸乳 这是一种呈片状的固体酸乳，具有高度的生物活性，其中蛋白质分解程度高，因而生物价值也得到提高，最先由保加利亚食品专家开发成功。它是将发酵好的酸乳再用精选出来的一种微生物经过两次酶处理而成。

（5）浓缩酸乳　这是一种干物质浓度较高的酸乳，饮用时必须加入 4~5 倍水稀释。生产方法有二种：其一为先将牛乳浓缩后发酵，然后再加入糖及其他辅料混合而成；其二为先往牛乳中加入乳酸菌、糖及其他辅料，发酵成熟后再通过反向渗透滤膜脱水而成。这种酸乳容积小，风味浓郁，适合家庭饮用。

（6）低钠酸乳　由于普通酸乳中含有相当数量的钠盐，而目前消费者偏好低钠食品，美国工程技术人员利用超滤技术对酸乳进行脱钠处理，使其钠含量降低 30%~60%，同时使钙和磷等矿物质元素含量保持不变。这种低钠酸乳特别适合高血压患者饮用。

（7）酒精发酵酸乳　这是一种经双重发酵的酸牛乳酒，对高血压、冠心病及慢性肠胃炎患者来说是一种很好的疗效食品。

（8）含气酸乳　美国芝加哥乳品工业协会推出的这种新型酸乳，是用脱脂乳加乳酸菌发酵后再充入二氧化碳制成的，它最大的特点是既有酸乳的营养价值，又有汽水的口感。

（9）儿童酸乳　针对儿童和青少年成长阶段的营养需要，添加木糖醇功能因子，采用促进消化作用较强的菌种，并配以乳粉、豆乳或核桃粉、多种维生素矿物质。儿童经常喝此类酸乳可以预防儿童中耳炎和呼吸道肺部感染，有利于大脑、视觉的良好发育，有利于提高机体活力，促进骨骼和机体的发育，提高机体免疫力。

（10）孕妇酸乳　添加对孕期营养最为关键的大量营养素和木糖醇甜味剂，酸度可以稍高，通过母体传递给婴儿，预防儿童龋齿。孕妇酸乳不仅补充孕妇所需营养，而且为婴儿出生前后 3 个月提供大脑发育所需的营养物质，有利于大脑和机体良好发育，同时提高机体免疫力。

（11）益寿酸乳　日本大阪一家饮料公司生产的益寿酸乳是将淀粉糖化液与酸乳混合作为原料，再配入活性双歧杆菌液、稳定剂和风味成分制成。有益于防病抗癌及防治高血压、便秘和胃肠功能障碍。

（五）传统酸乳介绍

1. 青海老酸奶

老酸奶是青海地区的传统饮食，已有近千年的食用历史。老酸奶属于凝固型酸乳的范畴。

传统的老酸奶的发酵是在瓷碗中进行，借着炕上的高温形成固态酸奶，酸奶的上层会浮着一层奶皮，喝的时候可以放一些糖来调味。传统的自制老酸奶不含任何添加剂、防腐剂，是真正的健康食品、绿色食品。

老酸奶外观如嫩豆腐，口感细腻爽滑需用小勺舀着吃。老酸奶口感更酸一些，虽然对调节肠道有一定的好处，但是也对牙齿具有一定的腐蚀，吃完后一定要记住漱口。

目前老酸奶的火热，一方面是因口感上得到了消费者的认可，另一方面，老酸奶的凝固状态，包装盒仿传统的白瓷瓶，都满足了消费者的怀旧心理。

2. 新疆酸驼乳

骆驼被称为"沙漠之舟"，它独具耐饥饿、耐渴、耐劳、耐极端温度和严酷环境的性能。骆驼乳主要营养成分与牛乳相似，部分成分高于牛乳，如蛋白质、脂肪及干物质，而且含有较丰富的维生素 C、必需氨基酸（18 种，尤其色氨酸）、一些常量矿物质元素（如 Ca、K、P 等）和部分人体必需的微量元素（尤其是 Fe）。酸驼乳是以新鲜驼乳为原料，经传统发酵工艺制成，在哈萨克斯坦被称为"shubat"。研究表明，我国新疆乌拉泊、阿拉善盟的传统发酵酸驼乳中，脂肪和蛋白质含量分别为 5.09%、4.21%，钙磷含量较高且质量比是1.53∶1，必需氨基酸与非必需氨基酸比例为 0.94，必需氨基酸在总氨基酸中所占比例较大，高于联合国粮农组织（FAO）的对氨基酸的评分模式，因此可作为优质蛋白、必需氨基酸、维生素 C、Ca、Fe、P、Zn 等矿物质元素及必需脂肪酸来源。

学习情境四
乳粉加工技术

问题导入

1. 市场上销售的乳粉都有哪些种类？它们有何相同点及不同点？

2. 乳粉有哪些理化特性？它是怎样加工出来的呢？

3. 你了解配方乳粉吗？这种类型的乳粉有什么优点？它们是如何生产的呢？

4. 假如你作为一名乳粉生产的技术人员，该如何保证产品的良好品质呢？

5. 目前我国制定了哪些严厉的标准来规范乳粉的生产，以保证乳粉产品安全？

目标管理

1. 知识目标

（1）熟悉并掌握乳粉的种类及其特点。

（2）熟悉并掌握乳粉的化学组成及理化性质。

（3）掌握乳粉生产过程中乳的浓缩、雾化及喷雾干燥的原理与特点。

2. 技能目标

（1）会熟练进行全脂乳粉、配制乳粉的加工。

（2）会使用真空浓缩设备并进行日常维护。

（3）会使用喷雾干燥设备并进行日常维护。

（4）会设计并合理计算配制乳粉的配方。

（5）会进行乳粉加工过程中的工艺参数控制。

岗位认知

（1）浓缩及设备操作工　负责对标准化后的原料乳进行浓缩使之达到工艺要求；进行浓缩设备的操作和日常维护；填写设备运行记录和完成工作日志；保持浓缩工段的环境卫生。

（2）喷雾机组操作工　负责对浓缩后乳进行喷雾干燥使之达到工艺要求；进行喷雾设备的操作和日常维护；填写设备运行记录和完成工作日志；保持喷雾干燥工段的环境卫生。

（3）晾粉操作工　负责出粉、输粉及晾粉冷却工作；进行流化床的操作、清洗消毒和日常维护；进行振动筛的操作、清洗消毒和日常维护；填写设备运行记录和完成工作日志；保持晾粉工段的环境卫生。

（4）筛粉操作工　负责对乳粉进行筛粉处理达到工艺要求；负责对焦粉、块粉、落地粉进行分类处理；进行振动筛的操作、清洗消毒和日常维护；填写设备运行记录和完成工作日志；保持筛粉工段的环境卫生。

（5）乳粉包装工　负责乳粉包装作业过程中的系列工作，包括充装、称量、排气、封口、打码、装箱、入库等；负责包装机械的操作、日常维护和清洗消毒；填写设备运行记录和完成工作日志；保持包装工段的环境卫生。

任务一　全脂乳粉加工技术

【任务描述】

全脂乳粉加工是最简单最具代表性的一种乳粉加工技术，其他种类的乳粉加工都是在其加工基础上进行的。本任务主要学习和技能训练内容涉及乳粉的概念种类和乳粉的理化性质、原料乳浓缩原理、原料乳雾化及喷雾干燥原理、乳粉质量缺陷及控制、全脂乳粉的加工工艺及操作要点。

【知识准备】

【知识点4-1-1】乳粉概述

（一）乳粉的概念及特点

乳粉是指用新鲜牛乳或以新鲜牛乳为主，添加一定数量的植物蛋白质、植物脂肪、维生素、矿物质等原料，经杀菌、浓缩、干燥等工艺过程而制得的粉末状产品。

乳粉保持了鲜乳中的大部分营养成分，产品含水量低，体积小、重量轻，储藏期长，食用方便，便于运输和携带，有利于调节地区间供应的不平衡。品质良好的乳粉加水复原后，可迅速溶解恢复原有鲜乳的性状。乳粉在我国的乳制品结构中占据着非常重要的位置。

（二）乳粉的种类

根据所用原料、原料处理及加工方法不同，乳粉可分为以下几类。

（1）全脂乳粉　以鲜乳直接加工而成。根据其是否加糖可分为全脂淡乳粉和全脂甜乳粉。蛋白质含量不低于非脂乳固体的34%，脂肪不低于25%，脂肪含量高，易于氧化，室温下可保存3~6个月。

（2）脱脂乳粉　将鲜乳中的脂肪分离除去后用脱脂乳干燥而成。此部分又可以根据脂肪脱除程度分为无脂、低脂及中脂乳粉等。脱脂乳粉由于脂肪含量低，不易氧化，耐保存，室温下可保存1年以上。

（3）加糖乳粉　在乳原料中添加一定比例的蔗糖或乳糖后干燥加工而成。

（4）配制乳粉（调制乳粉、强化乳粉、配方乳粉）　是针对不同人群的营养需要，鲜乳原料中或乳粉中配以各种人体需要的营养素加工而成的乳制品。包括婴幼儿配方乳粉、儿童学生配方乳粉、中老年配方乳粉以及特殊配方乳粉等。

（5）速溶乳粉　在乳粉干燥工序上采取特殊的造粒工艺或喷涂卵磷脂而制成的溶解性、冲调性极好的粉末状产品。

（6）乳油粉　在鲜乳中添加一定比例的稀奶油或在稀奶油中添加部分鲜乳后，经干燥加工而成的粉末状产品。

（7）酪乳粉　利用制造奶油时的副产品酪乳为原料，经过浓缩、干燥而成的粉末状产品，含较多的卵磷脂。

（8）乳清粉　利用制造干酪或干酪素的副产品乳清为原料，经过浓缩、干燥而制成的粉末状产品。

（9）麦精乳粉　鲜乳中添加麦芽糖、可可、蛋类、饴糖、乳制品等经干燥加工而成。

（10）冰淇淋粉　鲜乳中配以适量香料、蔗糖、稳定剂及部分脂肪等经干燥加工而成。

【知识点4-1-2】乳粉的理化性质

乳粉的特性是由其中的各种组成成分（蛋白质、脂肪、乳糖）单一或综合的理化特性决定的。

（一）乳粉的化学组成成分及其特性

1. 乳粉的化学组成

乳粉的化学组成随原料的种类和添加物料等不同而有所差别。几种主要乳粉的组成见表4-1。

表 4-1　　　　　　　　　　　　　几种乳粉的化学组成

品种	水分含量/%	脂肪含量/%	蛋白质含量/%	乳糖含量/%	灰分含量/%	乳酸含量/%
全脂乳粉	2.00	30.60	26.20	35.50	5.70	—
脱脂乳粉	3.00	1.00	36.00	52.00	8.00	—
婴儿调制乳粉	2.00	25.00	13.20	56.70	3.10	—
奶油粉	0.66	65.15	13.42	17.86	2.91	—
麦精乳粉	3.29	7.55	13.19	72.40	3.66	—
干酪乳清粉	6.10	0.90	12.50	72.25	8.25	—
干酪素乳清粉	6.35	0.65	13.25	68.90	10.85	—
甜性酪乳粉	3.90	4.68	35.88	47.84	7.70	1.55
酸性酪乳粉	5.00	5.55	36.85	44.10	8.50	8.62

2. 乳粉主要化学成分的特性

（1）脂肪　乳粉中脂肪球的存在状态随干燥的方式和操作方法不同，脂肪的状态对乳粉的保藏性有一定的影响。喷雾干燥的乳粉脂肪呈微细的脂肪球状态，存在于乳粉颗粒的内部。压力喷雾干燥的乳粉。

因高压泵起了一部分的均质作用，因而脂肪球较小，直径一般为 $1\sim2\mu m$，离心法为 $1\sim3\mu m$。滚筒干燥乳粉的脂肪球直径为 $1\sim7\mu m$，但大小范围幅度很大，脂肪球大者有时达到几十微米，所以这种乳粉的保藏性较差，容易氧化变质。另外，生产乳粉时将原料乳经均质化处理后，可以提高产品的稳定性。

乳粉中的脂肪在保藏过程中，会发生自氧化。脂肪自发氧化的速度与温度、水分活度、氧气含量、干燥方法等有关。温度每上升 $10℃$，氧化速度会增长 1 倍；包装中氧气低于 2% 时，自发氧化可完全被抑制，所以通常采用充氮气或充 CO_2 气体来防止脂肪的氧化；采用泡沫喷雾干燥或蒸汽套离心喷雾器可以减少脂肪的自发氧化。

（2）蛋白质　乳粉中蛋白质的理化状态与乳粉的冲调复原性有关，特别是与酪蛋白关系较大。在乳粉的加工过程中应尽量保持乳蛋白质原来状态，以获得良好的复原性。

在浓缩和喷雾干燥的过程中，由于乳的最终温度不超过 $70℃$，因而乳清蛋白很少发生变性，乳球蛋白只发生轻微的变性，浓缩过程中乳清蛋白会和酪蛋白胶粒发生结合形成复合物。但在加工过程中，若热处理操作不当，会引起蛋白质变性，生成不溶性沉淀（主要由吸收了磷酸三钙的变性蛋白酸钙组成），使溶解度降低，加热温度越高，时间越长，蛋白质的变性越严重。此外，原料乳的新鲜度对蛋白质的变化影响更大。因此，为了获得溶解度高的乳粉，必须注意控制加热条件和原料乳的新鲜度。

（3）乳糖　乳糖是乳粉中的重要成分，新制成的乳粉所含的乳糖呈非结晶的玻璃状态，α-乳糖与β-乳糖的无水物保持平衡状态，其比例大致为 1.5~1.6，这种平衡状态受干燥时的温度所影响。乳粉中呈玻璃状态的乳糖，吸湿性很强，所以乳粉很容易吸潮，同时，气体很难透过玻璃态乳糖，所以乳粉在真空状态下也会保持颗粒内的空气。当乳糖吸收水分后，逐渐变为含有 1 分子水的结晶乳糖，使乳粉颗粒的表面产生很多裂纹，促使脂肪逐渐渗出，同时利于外界空气的进入，最终引起乳粉的氧化变质。

利用乳糖的结晶特性可以制造速溶乳粉。浓缩乳在喷雾干燥前，先在低温下放置一段较长的时间，使乳糖结晶，或者添加一部分乳糖晶种，然后再喷雾干燥，则所得的乳粉中的乳糖会呈结晶状态，而非玻璃状态，提高了乳粉的溶解性，而且在贮藏中也不易吸潮结块。

（二）乳粉的物理性质

1. 乳粉颗粒大小与形状

乳粉颗粒的大小对乳粉的冲调性、复原性、分散性及流动性有很大影响。乳粉颗粒直径一般为 20~60μm。附聚的乳粉颗粒较大，可达 1mm。当乳粉颗粒达 150μm 左右时冲调复原性最好；小于 75μm 时，冲调复原性较差。乳粉颗粒大小与生产方法、操作条件而异。离心喷雾干燥的乳粉直径大约为 30~200μm（平均 100μm）；压力喷雾干燥的乳粉直径约为 10~100μm（平均 45μm）。乳粉颗粒大小分布见表 4-2。

表 4-2　　　　　　　　　　　乳粉颗粒大小的分布

颗粒大小范围/ μm	颗粒分布/%		颗粒大小范围/ μm	颗粒分布/%	
	压力式	离心式		压力式	离心式
0~60	66.4	20	180~240	2.2	18.6
60~120	24.6	31.2	240 以上	1.5	24.0
120~180	5.4	24.0			

生产上通过采取增大乳粉颗粒的工艺措施或采取分离细粉进行回喷附聚等途径，可以提高乳粉颗粒的平均直径，改善冲调性能。若采用喷涂卵磷脂的工艺，则会大大改善全脂乳粉的冲调性，即使在冷水中也能够速溶。

2. 乳粉密度

乳粉的密度有三种表示方法，分别说明了乳粉的品质特性。即真密度、表观密度（容积密度）和颗粒密度。

（1）真密度　表示不包括任何空气的乳粉本身的密度。含脂肪 26%~27% 的全脂乳粉的真密度为 1.26~1.32g/mL，脱脂乳粉为 1.44~1.48g/mL。

（2）表观密度　表示单位容积中乳粉质量，包括颗粒与颗粒之间空隙中的空气。表观密度大，则单位质量所占体积小，有利于包装。一般滚筒干燥的乳粉表观密度为 0.3~0.5g/mL；喷雾干燥乳粉的表观密度为 0.5~0.6g/mL。

（3）颗粒密度

表示乳粉颗粒的密度，只包括颗粒本身内部的空气泡，而不包括颗粒之间空隙中的空气。

乳粉颗粒之间的空隙可以由下式表示：

$$乳粉颗粒之间的空隙 = 1 - \frac{表观密度}{真密度}$$

[说明]

高表观密度的乳粉可节省包装材料，低表观密度，是速溶乳粉的一个重要特性。影响乳粉的表现密度的各种因素主要可归纳为：①浓乳的浓度；②浓乳的黏度；③喷雾时的热风温度；④压力喷雾时的高压泵压力和喷嘴锐孔直径；⑤离心喷雾时的离心盘结构；⑥出粉和输粉方式等。

3. 乳粉的色泽与风味

正常乳粉的色泽呈淡黄色，具有乳独特的乳香微甜风味。如生产中使用经加碱中和或酸度高的原料乳时，生产的乳粉的颜色为褐色。此外，在高温下加热时间过长也会使乳粉的颜色变褐。

4. 乳粉的溶解度与复原性

复原性描述了乳粉与水再结合的现象，是表征乳粉的一个重要特性。溶解度是表示乳粉与水按照鲜乳含水比例复原时，评价复原性能的一个指标。乳粉加水冲调后，应该复原为鲜乳一样的状态，其中蛋白质和脂肪也都能恢复成乳原来的良好分散状态。但质量差的乳粉，并不能完全复原成鲜乳状。优质乳粉的溶解度应达 99.90% 以上，甚至是 100%。

[说明]

影响溶解度的因素主要是原料乳的质量、乳粉加工方法、操作条件以及成品水分的含量、成品保藏时间和保藏条件（如温度、湿度）等。一般凡是水分含量在 3% 以下的良好全脂乳，充氮密封包装之后，在室温下保藏 2 年，其溶解度不会下降，如果水分超过 5%，则容易使溶解度降低。

5. 乳粉中的气泡

经浓缩的原料乳在雾化过程中，一些空气会包于液滴中。采用离心喷雾时，一般每个液滴中产生 10~100 个空气泡；采用压力喷雾可大大减少气泡，一般每个液滴含 0~1 个空气泡。压力喷雾法干燥的全脂乳粉颗粒中含有空气量 7%~10%（体积分数），脱脂乳粉颗粒中约含 13%。离心喷雾法干燥的全脂乳粉颗粒中含有空气量16%～22%，脱脂乳粉颗粒中约含35%。含气泡多的乳粉浮力大，下沉性差，且易氧化变质。

【知识点4-1-3】乳的浓缩

（一）乳浓缩的概念与意义

浓缩是从溶液中除去部分溶剂（通常是水）的操作过程，也是溶质和溶剂均匀混合溶液的部分分离过程。

1. 乳浓缩的概念

乳的浓缩是指使乳中水分部分蒸发，以提高乳固体含量，使其达到所要求的浓度的一种乳品加工方法。不同于干燥，乳经过浓缩，最终产品还是液态的乳。

2. 乳浓缩的目的意义

（1）减少重量、体积，节省费用　浓缩除去部分水分，减少了乳的重量和体积，从而减少相应的包装、贮藏和运输费用。

（2）延长保质期　提高乳的浓度，增大产品的渗透压，降低水分活性，增加炼乳等产品的微生物及化学方面的稳定性，延长乳制品保质期。

（3）为下一步的喷雾干燥打基础，节省能耗　未经浓缩的原料乳，若直接进行干燥，则需要干燥能力更高更大的干燥塔才能满足生产要求，同时能耗也随之增加。

（4）改善干燥产品的品质　未经浓缩而喷雾干燥生产的乳粉，颗粒松软并含有大量气泡，色泽灰白，感官质量差，易吸湿；而经过浓缩再喷雾干燥生产的乳粉，颗粒粗大完整，流动性好，在水中能迅速复原。

（二）乳的浓缩方式

乳制品加工生产用的浓缩方式有蒸发浓缩、反渗透/超滤（膜）浓缩、冷冻浓缩等三种，三种方式的区别见表4-3。若生产一般的乳制品如乳粉、炼乳，采用蒸发浓缩方式，而反渗透/超滤（膜）浓缩、冷冻浓缩等方式主要用于乳清蛋白、脱乳糖产品、牛初乳等高附加值的产品的生产，国内刚刚兴起，工业应用还较少。这里主要介绍蒸发浓缩。

表4-3　　　　　　　　　　　　乳制品应用的浓缩方式

浓缩方式	原理简述	应用情况
蒸发浓缩	除去气态的水（蒸汽）	常用于一般生产
反渗透/超滤（膜）浓缩	除去液态的水（水）	用于高附加值产品
冷冻浓缩	除去固态的水（冰）	用于高附加值产品

1. 蒸发原理

蒸发的一般原理如图4-1所示，蒸发是通过热蒸汽对间壁加热从而使另一侧的液体蒸发。通常蒸发具有热敏性的物料时，应考虑蒸发在较低温度下和较短时间内完成，从而减少加热对物料的影响。

2. 蒸发的分类

（1）自然蒸发　溶液中的溶剂（通常为水）在低于其沸点的状态下进行蒸发，溶剂的汽化只能在溶液的表面进行，蒸发速率较低，乳品工业上几乎不采用。

（2）沸腾蒸发　将溶液加热使其达到某一压力下的沸点，溶剂的汽化不但在液面进行，而几乎在溶

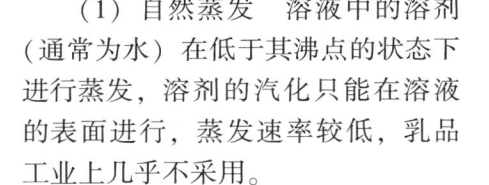

图4-1　蒸发的一般原理

液的各部分同时产生现象，蒸发速率高。工业生产上普遍采用沸腾蒸发。根据液面上方压力的不同，沸腾蒸发又可分以下两种。

①常压蒸发：蒸发过程是在大气压力状态下进行，溶液的沸点就是某种物质本身的沸点，蒸发速度慢。乳品工业上最早使用的平锅浓缩就是常压浓缩，但目前该蒸发方法几乎已不采用。

②减压蒸发：即真空浓缩，是利用抽真空设备使蒸发过程在一定的负压状态下进行。由于压力越低溶液的沸点就越低，蒸发速率就越高，所以整个蒸发过程都是在较低的温度下进行的，特别适合热敏性物料的浓缩，目前在乳品工业生产上得到广泛应用。

（三）真空浓缩特点及设备

1. 真空浓缩特点

由于牛乳属于热敏性物料，浓缩宜采用真空浓缩法。

（1）真空浓缩法的优点

①真空浓缩可降低牛乳的沸点，避免了牛乳高温处理，减少了蛋白质的变性及维生素的损失，对保持牛乳的营养成分，提高乳粉的色、香、味及溶解度有益。

②真空浓缩可极大地减少牛乳中空气及其他气体的含量，起到一定的脱臭作用，这对改善乳粉的品质及提高乳粉的保存期有利。

③真空浓缩加大了加热蒸汽与牛乳间的温度差，提高了设备在单位面积单位时间内的传热量，加快了浓缩进程，提高了生产能力。

④真空浓缩为使用多效浓缩设备及配置热泵创造了条件，可部分地利用二次蒸汽，节省了热能及冷却水的耗量。

⑤真空浓缩操作是在低温下进行的，设备与室温间的温差小，设备的热量损失少。

⑥牛乳可自行吸入浓缩设备中，无需进行料泵。

（2）真空浓缩的不足之处

①真空浓缩必须设真空系统，增加了附属设备和动力消耗，工程投资增加。

②液体的蒸发潜热随沸点降低而增加，因此真空浓缩的耗热量较大。

2. 真空浓缩设备

真空浓缩设备种类繁多，根据加热蒸汽被利用的次数分为单效、多效浓缩设备和带有热泵的浓缩设备。根据料液的流程方式可分为循环式和单程式。根据加热器结构可分为直管式、板式、盘管式、升膜式、降膜式浓缩设备。

（1）升膜式浓缩设备　单效升膜式蒸发器（图4-2）优点是设备结构简单，生产能力强，蒸发速度快，蒸汽消耗低，可连续生产，中、小型乳品厂较适合。缺点是加热较长，易焦管，不易清洗，且料浓时，不易形成膜状，料少时，易焦管，所以不适炼乳生产。

工作原理：乳从加热器底部进入加热管，蒸汽在管外对乳进行加热，加热管中的乳在管的下半部只占管长的1/5～1/4。乳加热沸腾后产生大量的二次蒸汽，其在管内迅速上升，将牛乳挤到管壁，形成薄膜，进一步被浓缩。在分离器高真空吸力作用下，浓缩乳与二次蒸汽沿切线方向高速进入分离器。经分离器作用浓缩乳沿循环管回到加热器底部，与新进入的乳混合后再次进入加热管进行蒸发，如此循环直至达到要求浓度后，一部分浓缩乳由出料泵抽出，另一部分继续循环。一般要求出料量与蒸发量及进料量达到平衡，乳浓度由出料量进行控制。

双效升膜式浓缩设备的构造及原理与单效相似，只是多一个加热器进行二次蒸发。

（2）降膜式浓缩设备　降膜式浓缩设备也有单效和多效之分，其构造及原理相似，区别也在加热器多少。

单效降膜蒸发器蒸发设备见图4-3、图4-4。

牛乳首先在低压下预热到等于或略高于蒸发温度的温度，然后从预热器流至蒸发器顶部的分配系统。由于蒸发器内形成真空，蒸发温度低于100℃。当牛乳离开喷嘴就扩散开来，使部分水立刻蒸发掉，此时生成的蒸

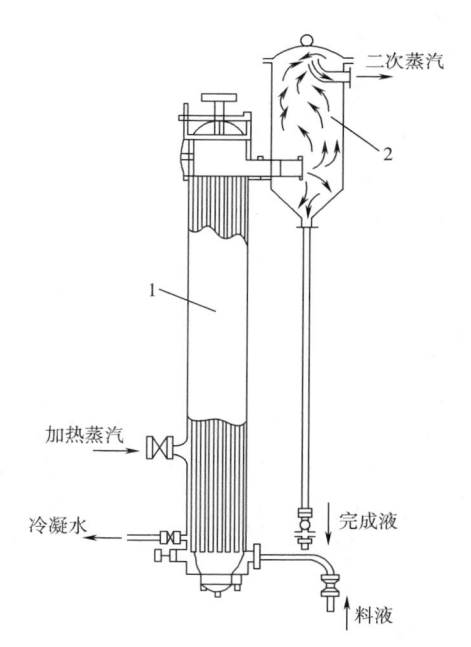

图4-2　单效升膜式蒸发器

1—蒸发器　2—分离室

汽将牛乳压入管内，使牛乳呈薄膜状，沿着管的内壁向下流。流动中，薄膜状牛乳中的水分很快蒸发掉。蒸发器下端安装有蒸汽分离器，经蒸汽分离器将浓缩牛乳与蒸汽分开。由于同时流过蒸发管进行蒸发的牛乳很少，降膜式蒸发器中的牛乳停留时间非常短（约1min）。这对于浓缩热敏感的乳制品相当有益。

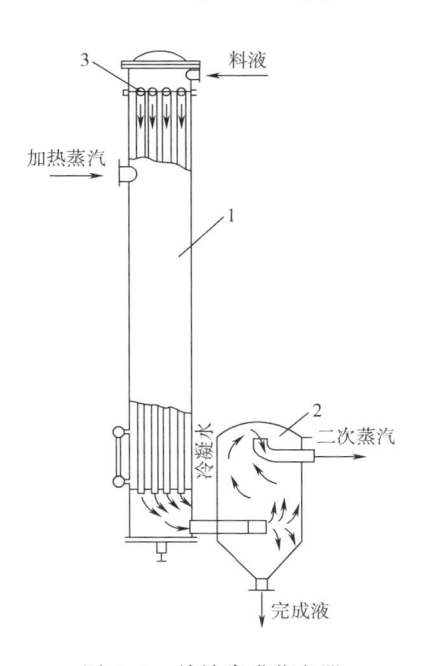

图4-3　单效降膜蒸发器
1—蒸发器　2—分离室　3—布膜器

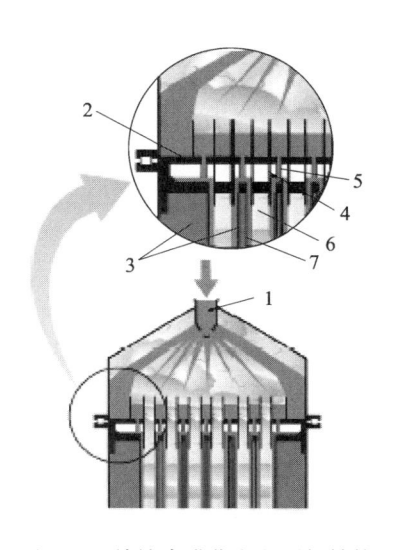

图4-4　单效降膜蒸发器顶部结构
1—喷嘴　2—分布板　3—加热蒸汽　4—同轴管
5—通道　6—蒸汽　7—蒸发管

（3）多效真空浓缩蒸发设备　从溶液中汽化水需消耗很多能量，这种能量是以蒸汽的形式提供的，为了减少蒸汽消耗量，蒸发设备通常被设计成多效的：两个或更多个单元在较低的压力下操作，从而获得较低的沸点，在这种情况下，在前一效中产生的蒸汽被用作下一效的加热介质。这样，蒸汽的需要量大约等于水分挥发总量除以效数。在现代乳品业中，蒸发器效数可高达七效。图4-5所示为带机械式蒸汽压缩机的三效蒸发器，机械或蒸汽压缩系统将蒸发器里的所有蒸汽抽出，经压缩后再返回到蒸发器中。压力的增加是通过机械能驱动压缩机来完成的，无热能提供给蒸发器（除了一效巴氏杀菌的蒸汽），无多余的蒸汽被冷凝。

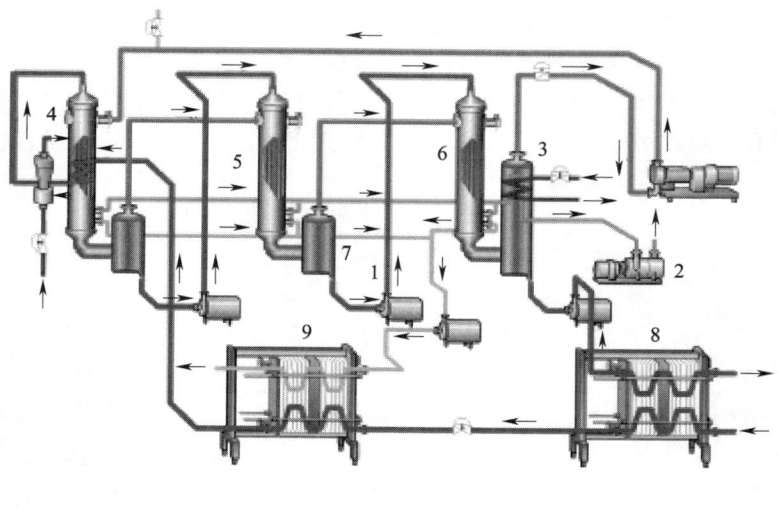

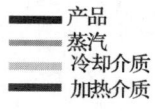
产品
蒸汽
冷却介质
加热介质

图4-5　带机械式蒸汽压缩的三效蒸发器

1—压缩机　2—真空泵　3—机械式蒸汽压缩泵　4—第一效　5—第二效

6—第三效　7—蒸汽分离器　8—产品加热器　9—板式冷却器

【知识点4-1-4】 乳的雾化与干燥

（一）乳的雾化

1. 雾化的目的

雾化的目的在于使液体形成细小的液滴，使其能快速干燥，并且干燥后粉粒又不至于由排气口排出。乳滴分散的越微细，其比表面积越大，也就越能有效地干燥，1L牛乳具有约0.05m²表面积，但如果牛乳在喷雾塔中被雾化，每一个小滴会具有0.05~0mm²的表面积。1L乳得到乳滴总表面积将增加到约35m²，雾化使比表面积增加了约700倍。

2. 雾化方式及原理

雾化通常采用压力式和离心式两种。

（1）压力式喷雾　压力式喷雾干燥中，浓乳雾化是通过一台高压泵的压力（20MPa）和一个安装在干燥塔内部的喷嘴来完成的。

原理：浓乳在高压泵的作用下通过一狭小的喷嘴后，瞬间得以雾化成无数微细的小液滴，如图4-6所示。喷嘴的优点是结构简单，可以调节液体雾化锥形喷嘴的角度（可用直径相对小的干燥室），并且粉粒中液泡含量较少。缺点是生产能力相对小，并很难改变。因此在大型干燥室中，必须同时安装几个喷嘴。此外，喷嘴耐用性差，易堵塞。

[说明]

雾化状态的优劣取决于雾化器的结构、喷雾压力（浓乳的流量）、浓乳的物理性质（浓度、黏度、表面张力等）。一般情况下，雾滴的平均直径与浓乳的表面张力、黏度及喷嘴孔径成正比，与流量成反比，浓乳流量则与喷雾压力成正比。雾滴在理想的干燥条件下干燥后，直径减小到最初乳滴的75%，重量约减少至50%，体积约减少至40%。

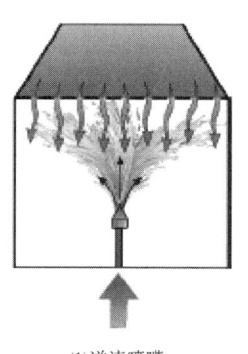
(1)逆流喷嘴

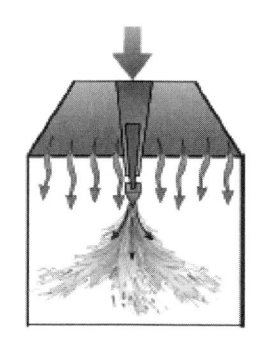
(2)顺流喷嘴

图4-6 压力喷雾干燥室中的喷嘴

（2）离心式雾化 离心式喷雾干燥中，浓乳的雾化是通过一个在水平方向作高速旋转的圆盘来完成的。其工作原理：当浓乳在泵的作用下进入高速旋转的转盘（转速在10000r/min）中央时，由于离心力的作用而以高速被甩向四周，从而达雾化的目的。如图4-7所示。

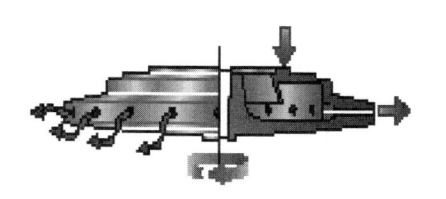

图4-7 离心喷物盘

离心式雾化的优点：①生产过程灵活，生产能力可在很大范围内变化；②转盘不易堵塞；③高黏度下仍可实现转盘雾化，因此可生产高度蒸发的乳；④形成相对小的液滴。缺点是在雾中形成许多液胞，此外液滴被甩出悬浮在转盘轴的周围，所以，干燥室必需足够大以防液滴碰到室壁。

[说明]

雾化状态的优劣取决于转盘的结构及其圆周速度（直径与转速）、浓乳的流量与流速、浓乳的物理性质（浓度、黏度、表面张力等）。

（二）喷雾干燥及其优缺点

1. 喷雾干燥

喷雾干燥是指在高压或离心力的作用下，浓缩乳通过雾化器向干燥室内喷成雾状，形成无数细滴（10～200μm），增大受热表面积可加速蒸发的工艺过程。雾滴一经与同时鼓入的热空气接触，水分便在瞬间蒸发除去。经 15～30s 的干燥时间便得到干燥的乳粉。

2. 喷雾干燥的优点

（1）干燥过程快而迅速　因浓乳被雾化成小液滴，具有极大的表面积，水分蒸发就会加快，整个过程仅需 10～30s，很适于热敏性物料。

（2）干燥过程温度低，乳粉质量好，热空气虽然温度高，但物料水分蒸发温度却不超过该状态下的热空气的温度，物料颗粒本身只有 60℃，可以最大限度地保持牛乳的营养成分及理化性质。

（3）通过调节工艺参数，可控制成品质量，如选择适当雾化器调节物料浓度来控制乳粉颗粒状态、大小、容重，并使含水量达到要求，产品具有很好的流动性、分散性、溶解度。

（4）干燥的产品呈粉粒状无需再粉碎加工。

（5）卫生质量好，不易污染，产品纯净

（6）干燥介质与物料直接接触无须再用热交换设备，操作方便，机械化、自动化程度高，适合大规模生产。

（7）干燥室内呈负压状态，避免了粉尘飞扬，减少浪费。

3. 喷雾干燥的缺点

（1）设备（干燥箱）塔，占地面积大，投资大。

（2）电耗、热耗大。

（3）粉尘粘避现象严重，回收装置较复杂烦琐。设备清洗，清扫工作量大，劳动强度大。

【技能训练】

【技能点 4-1-1】全脂加糖乳粉加工技术

（一）全脂加糖乳粉加工生产工艺流程

全脂加糖乳粉生产工艺流程如图 4-8 所示。

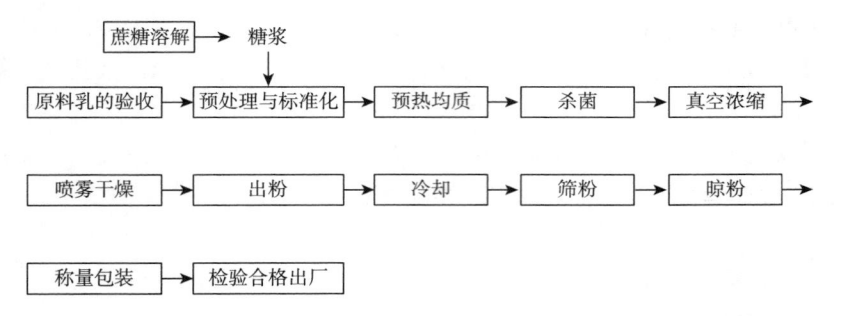

图 4-8　全脂加糖乳粉生产工艺流程

（二）原料乳的验收和预处理

1. 原料乳的验收

鲜乳验收后如不能立即加工，需净化后经冷却器冷却到 4~6℃，再泵入贮乳槽，进行贮存一段时间。牛乳在贮存期间要定期搅拌和检查温度及酸度。

2. 原料乳的标准化

当原料乳中含脂率高时，可调整净乳机或离心分离机分离出一部分稀乳油；如果原料乳中含脂率低，则要加入稀奶油，使成品中含有 25%~30% 的脂肪。一般工厂将成品的脂肪控制在 26% 左右。

3. 杀菌

目前最常见的是采用高温短时灭菌法，因为该方法可使牛乳的营养成分损失较小，乳粉的理化特性较好。

4. 均质

均质的目的在于破碎脂肪球，使其分散在乳中，形成均匀的乳浊液。经过均质的原料乳制成的乳粉，冲调后复原性更好。均质前，将原料乳预热到 60~65℃，均质效果更佳。

（三）加糖

1. 加糖量的计算

牛乳中加糖量（kg）= 牛乳中干物质含量×（牛乳中砂糖的含量/乳粉中干物质含量）×标准化乳的含量

2. 常用的加糖方法

（1）净乳之前加糖。

（2）将杀菌过滤的糖浆加入浓缩乳中。

（3）包装前加蔗糖细粉于乳粉中。

（4）预处理前加一部分糖，包装前再加一部分。

当产品中含糖在 20% 以下时，最好是在 15% 左右，采用（1）或（2）法为宜。当糖含量在 20% 以上时，应采用（3）或（4）法为宜。

（四）真空浓缩

1. 浓缩终点判断

牛乳浓缩的程度如何将直接影响到乳粉的质量，牛乳浓缩的程度视各厂的干燥设备、浓缩设备、原料乳的性状、成品乳粉的要求等而异，一般要求原料乳浓缩至原体积的 1/4，即乳固体含量为 40%~50%。

在浓缩到接近要求浓度时，浓缩乳黏度升高，沸腾状态滞缓，微细的气泡集中在中心，表面稍呈光泽，根据经验观察即可判定浓缩的终点。但为准确起见，可迅速取样，测定其浓度、相对密度、黏度或折射率来确定浓缩终点。

浓缩后的乳温一般均为 47~50℃，这时浓缩乳的浓度应为 14~16°Bé。不同的产品浓缩乳浓度不同，全脂乳粉为 11.5~13°Bé，相应乳固体含量为 38%~

42%；脱脂乳粉为 $20\sim22°Bé$，相应乳固体含量为 35%～40%；全脂甜乳粉为 $15\sim20°Bé$，相应乳固体含量为 45%～50%。全脂浓缩乳和脱脂浓缩乳的相对密度、黏度（50℃）见表 4-4。

表 4-4　　　　　　　　　　　浓缩乳的相对密度和黏度

名称	相对密度	黏度（莫球尼尔黏度）
全脂浓缩乳	1.110～1.125	<70
脱脂浓缩乳	1.160～1.180	<60

[说明]

这里的相对密度和黏度并不一定成正比例关系，但喷雾干燥一般与黏度有密切关系，所以，有的工厂以测黏度为主，相对密度为辅。在相同黏度下，乳固体含量高者对喷雾干燥有利。

2. 影响浓缩的因素

（1）**热交换的影响**　加热器总面积越大，乳受热面积越大，传热快则浓缩快。加热蒸汽与物料间的温差越大，则传热越快，浓缩也越快，在负压下加热可加大温差。乳翻动速度越快，则牛乳受热量大，浓缩越快，所以越接近终点时牛乳浓缩速度越慢。

（2）**牛乳浓度、黏度对浓缩的影响**　浓度、黏度越大，浓缩越不易进行，所以，加糖过早会增加乳的黏稠度，不利于浓缩。如提高加热蒸气，可降低黏度，但又容易焦管，所以要及时确定浓缩终点。

（3）**加糖方法**　应在浓缩接近终点时加入，因为过早加入会提高浓缩温度，延长浓缩时间。

3. 浓缩时常见故障及控制措施

乳浓缩时的常见故障、原因分析及控制措施见表 4-5。

表 4-5　　　　　　　　　　　乳浓缩时常见故障分析

故障	原因	控制措施
跑奶：即浓缩过程中，料乳从二次蒸汽排出口溢出	进料量过多（超过正常浓缩时蒸发量）空气进入缸内，造成暴沸断料真空度突然升高	迅速关闭进奶阀关汽阀，破真空
反水	水力喷射器突然停止工作（停电、停水或水量过低）停车时没先破真空就停水泵水力喷射机本身破损或堵塞	先破真空，然后关加热蒸汽

续表

故障	原因	控制措施
真空度低（浓缩温度高）	冷却水循环水温升高 水力喷射器水压不够 浓缩缸密封不良、进气 加热蒸汽使用压力过高	准确控制水温，水压，加热蒸汽压力，检查浓缩缸的密封度
焦管	加热蒸汽压力过高 断料 浓乳浓度过高 真空度突然下降	准确控制加热蒸汽压力，准确掌握乳浓缩终点

（五）喷雾干燥

喷雾干燥使乳粉中的水分含量降至在 2.5%~5%，抑制细菌繁殖，延长了乳的货架寿命，大大降低了重量和体积，减少了产品的贮存和运输费用。

1. 喷雾干燥条件

压力式喷雾干燥法生产乳粉和离心式喷雾干燥法生产乳粉时，工艺条件通常分别控制在表 4-6 和表 4-7 中所列出的范围。

表 4-6　　　　　　　　　压力喷雾干燥法生产乳粉的工艺条件

项目	全脂乳粉	全脂加糖粉
浓缩乳浓度/°Bé	11.5~13	15~20
乳固体含量/%	38~42	45~50
浓缩乳温度/℃	45~60	45~50
高压泵工作压力/kPa	10000~20000	10000~20000
喷嘴孔径/mm	2.0~3.5	2.0~3.5
喷嘴数量/个	3~6	3~6
喷嘴角度/rad	1.047~1.571	1.222~1.394
进风温度/℃	140~180	140~180
排风温度/℃	75~85	75~85
排风相对湿度/%	10~13	10~13
干燥室负压/Pa	98~196	98~196

表 4-7　　　　　　　　离心喷雾干燥法生产乳粉的工艺条件

项目	全脂乳粉	全脂加糖乳粉
浓乳干物质含量/%	45~50	45~50
浓乳温度/℃	45~55	45~55
转盘转速 / (r/min)	5000~20000	5000~20000
转盘数量/只	1	1
进风温度/℃	≈200	≈200
干燥温度/℃	≈90	≈90
排风温度/℃	≈85	≈85
浓乳浓度/°Bé	13~15	14~16

2. 喷雾干燥过程

（1）传统喷雾干燥（一段干燥）过程　可分为三个连续过程。

①将浓缩乳雾化成液滴。

②液滴与热空气流接触，牛乳中的水分迅速地蒸发，该过程又可细分为预热段、恒速干燥段和降速干燥段。

③将乳粉颗粒与热空气分开。

在干燥室内，整个干燥过程大约用时 25s。由于微小液滴中水分不断蒸发，使乳粉的温度不超过 75℃。干燥的乳粉含水量 2.5%左右，从塔底排出，而热空气经旋风分离器或袋滤器分离所携带的乳粉颗粒而被净化，或排入大气或进入空气加热室再利用。如图 4-9 所示。

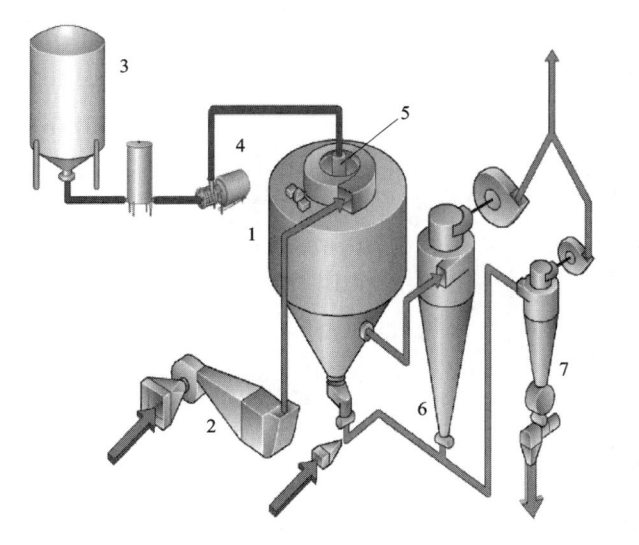

图 4-9　传统喷雾干燥（一段干燥）

1—干燥室　2—空气加热器　3—牛乳浓缩缸　4—高压泵

5—雾化器　6—主旋风分离器　7—旋风分离输送系统

（2）二次干燥或两段干燥　为了提高喷雾干燥的热效率，可采用二段干燥法。二段干燥能降低干燥塔的排风温度，使含水量较高（6%～7%）的乳粉颗粒，再次在流化床或干燥塔中二次干燥至含水量2.5%～5%。因为可以提高喷雾干燥塔中空气进风温度，使粉末停顿的时间短（仅几秒钟）；而在流床干燥中空气进风温度相对低（130℃），粉末停留时间较长（几分钟），热空气消耗也很少，可生产优质的乳粉。如图4-10所示。

传统干燥和两段式干燥将干物质含量48%的脱脂浓缩乳干燥到含水量3.5%所需条件见表4-8。由此可见，两段式干燥能耗低（20%）、生产能力更大（57%）、附加干燥仅耗5%热能、乳粉质量通常更好。流化床除干燥外，还可有其他功能，如用于粉粒的附聚，附聚的主要原因是解决在冷水中分散性差的细粉，通常生产大颗粒乳粉，如速溶乳粉主要是通过该方法生产的（在附聚段喷涂卵磷脂）。

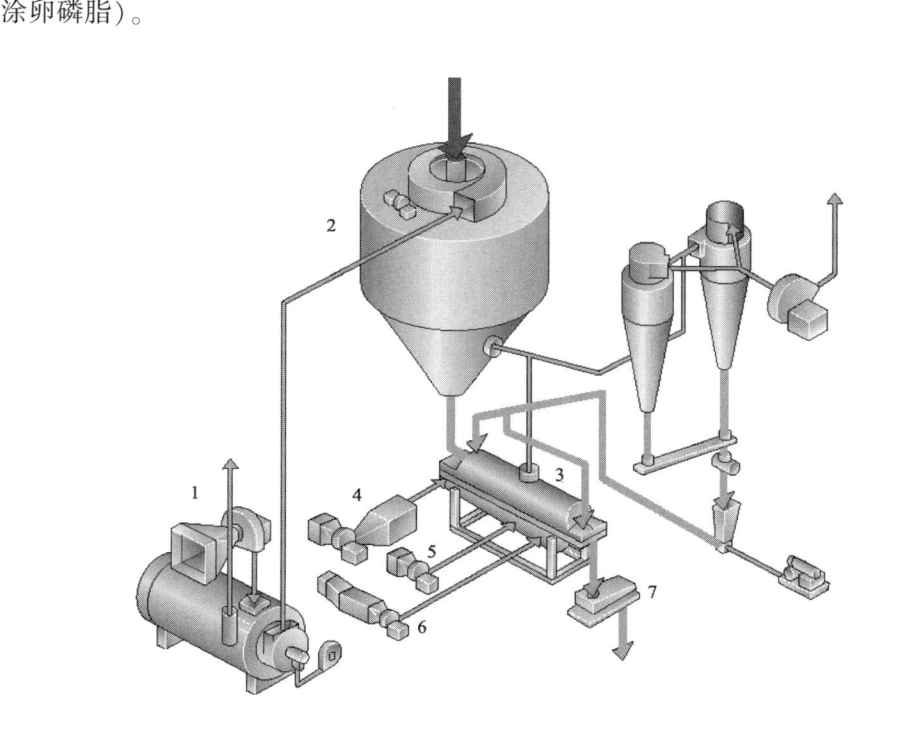

图4-10　配有流化床喷雾干燥

1、4—空气加热器　2—喷雾干燥塔　3—流化床　5—冷空气室　6—冷却干空气室　7—振动筛

表4-8　　　　　　　　　　　　　传统干燥和两段式干燥条件

干燥方式	传统干燥	二段式干燥
进风温度/℃	200	250
出风温度/℃	94	87

续表

方式	传统干燥	二段式干燥
空气室出口 Aw	0.09	0.17
总消耗热/（kJ/kg 水）	4330	3610
能力/（kg 粉末/h）	1300	2040

（六）乳粉后处理及包装

1. 出粉与冷却

干燥的乳粉，落入干燥室的底部，粉温为 60℃ 左右，应尽快出粉。出粉的方式有以下几种。

（1）气流出粉、冷却　这种装置可以连续出粉、冷却、筛粉、贮粉、计量包装。优点：出粉速度快。缺点：易产生过多的微细粉尘；冷却效率低，一般只能冷却到高于气温 9℃ 左右，特别是在夏天，冷却后的温度仍高于乳脂肪熔点以上。

（2）流化床出粉、冷却　优点：①乳粉不受高速气流的摩擦，故乳粉质量不受损害；②可大大减少微细粉的数量；③乳粉在输粉导管和旋风分离器内所占比例少，故可减轻旋风分离器的负担，同时可节省输粉中消耗的动力；④冷却床冷风量较少，故可使用冷却的风来冷却乳粉，因而冷却效率高，一般乳粉可冷却到 18℃ 左右；⑤乳粉经过震动的流化床筛网板，可获及颗粒较大的而均匀的乳粉。从流化床吹出的微细乳粉还可通过导管返回到喷雾室与浓乳汇合，重新喷雾成乳粉。

（3）其他出输粉方式　可以连续出粉的几种装置还有搅龙输粉器、电池震荡器、转鼓型阀、旋涡气封阀等。

2. 筛粉与晾粉

（1）筛粉　一般用采用机械震动筛，筛底网眼为 40~60 目。目的：使乳粉均匀，松散，便于冷却。

（2）晾粉　目的在于不但使乳粉的温度降低，同时乳粉表观密度可提高 15%，有利于包装。无论使用大型粉仓，还是小粉箱，在贮存时要严防受潮。包装前的乳粉存放场所必须保持干燥和清洁。

3. 乳粉的包装

各国乳粉包装的形式和尺寸有较大差别，包装材料有马口铁罐、塑料袋、塑料复合纸带、塑料铝箔复合袋等。依不同客户的特殊需要，可以改变包装物重量。工业用粉采用 25kg 的大袋包装，家庭采用 1kg 以下小包装。小包装一般为马口铁罐或塑料袋包装，保质期为 3~18 个月，若充氮可延长保质期。

包装过程中影响产品质量的因素有：

（1）包装时乳粉的温度　大包装时应先将乳粉冷却至 28℃ 以下再包装，以防止过度受热。此外，将热的乳粉装罐后，立即抽气，则保藏性比冷却包装更佳。

（2）包装室内湿度对乳粉的影响 贮存乳粉的房间，相对湿度不能超过75%，温度也不应急剧变化，盛装乳粉的桶不应透水和漏气。在相对湿度低于3%的情况下，乳粉不会发生任何变化，因为这时全部水分都与乳蛋白质呈化学结合的状态存在。

（3）空气 为了消除由于乳粉罐中存在多余的氧气而使脂肪发生氧化的缺陷，最好在包装时，使容器中保持真空，然后填充氮气，可以使乳粉贮藏 3~5 年之久。

【质量控制】

（一）乳粉质量标准

乳粉质量标准应符合《GB 19644—2010 食品安全国家标准 乳粉》所规定的标准。包括原料要求、感官要求、理化指标、污染物限量、真菌毒素限量、微生物限量、其他包装要求等。产品在出厂前按照 GB 19644—2010 进行检验，各项指标要符合表 4-9 中的质量要求。

表 4-9　　　　　　　　　　　乳粉质量标准

项目		指标		检验方法
		乳粉	调制乳粉	
感官要求	色泽	呈均匀一致的乳黄色	具有应有的色泽	取适量试样置于 50mL 烧杯中，在自然光下观察色泽和组织状态。闻其气味，用温开水漱口，品尝滋味
	滋味和气味	具有纯正的乳香味	具有应有的滋味、气味	
	组织状态	干燥均匀的粉末		
理化指标	蛋白质含量/%≥	非脂乳固体①的34%	16.5	GB 5009.5
	脂肪含量②/%≥	26.0	—	GB 5413.3
	复原乳酸度/°T 牛乳≤ 羊乳	18 7~14	— —	GB 5413.34
	杂质度/（mg/kg） ≤	16	—	GB 5413.30
	水分/%≤	5.0		GB 5009.3
①非脂乳固体（%）= 100%-脂肪（%）-水分（%）。②仅适用于全脂乳粉。				

续表

项目		指标				检验方法
		乳粉		调制乳粉		
		采样方案③及限量（若非指定，均以 CFU/g 或 CFU/mL 表示）				
		n	c	m	M	
微生物限量	菌落总数④	5	2	50000	200000	GB 4789.2
	大肠菌群	5	1	10	100	GB 4789.3 平板计数法
	金黄色葡萄球菌	5	2	10	100	GB 4789.10 平板计数法
	沙门菌	5	0	0/25g	—	GB 4789.4
	③样品的分析及处理按 GB 4789.1 和 GB 4789.18 执行。 ④不适用于添加活性菌种（好氧和兼性厌氧益生菌）的产品。					
污染物限量	应符合 GB 2762 的规定					
真菌毒素限量	应符合 GB 2761 的规定					
食品添加剂和营养强化剂	食品添加剂和营养强化剂质量应符合相应的安全标准和有关规定 食品添加剂和营养强化剂的使用应符合 GB 2760 和 GB 14880 的规定					

（二）乳粉常见质量问题及控制措施

1. 脂肪分解味（酸败味）

脂肪分解味是一种类似丁酸的酸性刺激味。

原因：主要是由于乳中解脂酶的作用，使乳粉中的脂肪水解而产生游离的挥发性脂肪酸。

控制措施：①在牛乳杀菌时，必须将解脂酶彻底破坏；②严格控制原料乳的质量。

2. 氧化味（哈喇味）

乳制品产生氧化味的主要因素为空气、光线、重金属（特别是铜）、酶（主要是过氧化物酶）和乳粉中的水分及游离脂肪等。

（1）空气（氧）　产生氧化臭味的主要原因是氧打进了不饱和脂肪酸的双键处。防止方法：①在制造和成品乳粉保藏过程中，应尽可能避免与空气长时间接触；②包装要尽可能采用抽真空充氮的方式；③在喷雾时尽量避免乳粉颗粒中含有大量气泡；④在浓缩时要尽量提高浓度。

（2）光线和热　光线和热能促进乳粉氧化，30℃以上更显著。防止方法：乳粉应尽量避免光线照射，并放在冷处保藏。

（3）重金属　特别是二价铜离子非常容易促进氧化。防止方法：避免铜的混入，最好使用不锈钢的设备。

（4）原料乳的酸度　凡是使酸度升高的原因都会成为促进乳粉氧化的因素，所以要严格控制原料乳的酸度。

（5）原料乳中的过氧化物酶　防止办法：原料乳的杀菌最好采用高温短时间杀菌或超高温瞬间杀菌，以破坏过氧化物酶。

（6）乳粉中的水分含量　乳粉中的水分含量过高会影响乳粉质量，但过低也会发生氧化味，一般乳粉中水分若低于1.88%就易引起氧化味。

3. 褐变及陈腐味

乳粉在保藏过程中有时产生褐变，同时产生一种陈腐的气味。这一变化主要是与乳粉中的水分含量和保藏温度有关。

控制措施：在乳粉的保藏时注意控制水分含量在5%以下。

4. 吸潮

当乳糖吸水后，蛋白质粒子彼此粘结而使乳粉形成块状。乳粉如果使用密封罐装则吸湿的问题不大，但一般简单的非密封包装，或者食用时开罐后的存放过程，会有显著的吸湿现象。

5. 因细菌而引起的变质

乳粉水分含量超过5%以上时，乳粉中易滋生细菌，一般为乳酸链球菌、小球菌、八叠球菌及乳杆菌等。如果含有金黄色葡萄球菌，则这种乳粉是很危险的。

任务二　婴儿配方乳粉加工技术

【任务描述】

婴儿配方乳粉是配方乳粉中最重要的一种。婴儿配方乳粉主要是针对婴儿的营养需求，改变牛乳营养成分的含量和比例，使之与母乳相近似，是婴儿较为理想的代母乳食品。本任务的主要学习和技能训练内容涉及配方乳粉的概念种类、婴儿配方乳粉主要成分的调整原理及方法，婴儿配方乳粉的加工工艺及操作要点，婴儿配方乳粉配方的设计以及婴儿配方乳粉的质量评价指标。

【知识准备】

【知识点 4-2-1】 配方乳粉概念及种类

配方乳粉是20世纪50年代发展起来的一种乳制品，主要是针对婴儿的营养需要，即以类似母乳组成的营养素为基本目标，在乳中添加某些必要的营养成分，使其组成在质量和数量上接近母乳，经加工干燥而制成的一种乳粉。

配方乳粉的种类：①婴幼儿配方乳粉；②儿童学生配方乳粉：分为儿童配方粉、中学生配方乳粉和大学生配方乳粉；③中老年配方乳粉；④特殊配方乳粉：常见的特殊配方乳粉包括高钙乳粉、早产儿乳粉、降糖乳粉、降血压乳粉、低过敏婴儿乳粉、酪乳粉、孕妇乳粉和免疫乳粉等。

【知识点 4-2-2】 婴儿配制乳粉中主要成分的调整原理及方法

（一）母乳与牛乳成分的比较

1. 蛋白质

母乳中蛋白质含量约为牛乳的 1/3，在蛋白质构成上，二者恰恰相反。母乳中以乳清蛋白为主，酪蛋白含量少。母乳中蛋白质含量在 1.0%～1.5%，其中酪蛋白为 40%，乳清蛋白为 60%；牛乳中的蛋白质含量为 3.0%～3.7%，其中酪蛋白为 80%，乳清蛋白为 20%。母乳含酪蛋白少，乳清蛋白多，乳清蛋白可促进糖的合成，在胃中遇酸后形成较稀软的凝乳，利于消化吸收，牛乳中酪蛋白含量高，在婴幼儿胃内形成较大的坚硬凝块，不易消化吸收。母乳蛋白质总量虽较牛乳少，但所含必需氨基酸丰富，适于婴儿生长发育需要。并且母乳中含有丰富的牛磺酸，对婴儿的大脑发育、智力发育和视力有重要作用。另外母乳蛋白质中的半胱氨酸、蛋氨酸含量比较高，且色氨酸与胱氨酸的比值低，这对婴儿生长很重要，这点比牛乳好。总的来说，母乳蛋白质在总的含量上虽低于牛乳，但消化利用率比牛乳高，蛋白质质量比牛乳好。

2. 脂肪

母乳 100mL 含脂肪 4.2g，牛乳每 100mL 含脂肪 3.2～3.9g，两者脂肪含量比较接近，但严格地讲牛乳含脂肪比母乳略低。母乳中的不饱和脂肪酸含量比牛乳多，母乳中不饱和脂肪酸与饱和脂肪酸含量之比为 1:1，而牛乳为 1:8，特别是不饱和脂肪酸中的亚油酸、亚麻酸、花生四烯酸三种易于消化吸收的必需脂肪酸，母乳比牛乳含量都高，这不但有利于消化吸收，而且可促进儿童神经系统的发育，另外母乳中还有一种脂肪酸分解酶，能将脂肪酸分解代谢氧化，从而促进钙的吸收。

3. 碳水化合物

乳糖是母乳和牛乳中唯一的碳水化合物。牛乳中乳糖含量为 4.5%，母乳中为 7.0%，母乳乳糖含量高于牛乳且变动不大，除供给热能外，一些乳糖在小肠中转变成乳酸，有利于预防肠道细菌的生长，并有助于钙和其他无机盐的吸收。

4. 无机盐及电解质

牛乳中无机盐的含量（0.7%），远高于母乳中的含量（0.2%），需要除去部分盐类。母乳含钙量虽较牛乳少得多，但由于母乳中钙和磷的比值为 2:1，适合于婴幼儿肠道吸收并可满足其需要。牛乳含铁量低于母乳，且母乳中铁吸收率高，约 75% 可被吸收，所以需要在牛乳中补充一部分铁，达到母乳的水平。母乳中铜和锌的含量也比牛乳高，而且锌的生物利用率也优于牛乳。母乳中钠、钾、磷、氯均低于牛乳，但能满足婴儿的需要。

5. 维生素

母乳中维生素 A、烟酸、维生素 C 含量较高，特别是维生素 A，母乳每

100mL 含 150~600IU。牛乳中维生素 B_1 和维生素 B_2 含量较高，但维生素 D 含量较少，母乳中的维生素 D 是以水溶性的含硫维生素 D 为主要成分，所以很容易吸收。母乳中维生素 C 的含量是牛乳的 4 倍。牛乳中不但维生素 C 含量比母乳少，而且在加热消毒煮沸加工过程中，一部分维生素 C 被氧化破坏，故用牛乳喂养的儿童，也需要补充维生素 C。维生素 B 族大部分在母乳牛乳中含量都比较少，母乳中含有维生素 B_{12} 和叶酸的配体，也能促进消化吸收，但两者比较，牛乳中维生素 B 族的含量比母乳的多，但牛乳在消毒加工过程中维生素 B_1、维生素 B_{12} 很多被破坏，所以用牛乳中需要补充这些维生素。

6. 其他

母乳优于牛乳还有一个很重要的方面，就是其中含有多种免疫物质，对婴儿能起到较强的保护作用。比如母乳中溶菌酶的含量比牛乳高 300 倍左右，这种溶菌酶能溶解细胞壁杀死细菌。母乳中还含有乳过氧化物酶，它能杀死链球菌和葡萄球菌。母乳中还含有大量的白细胞，其中 90% 以上是吞噬细胞，母乳中还含有 T 细胞、乳铁蛋白、胱氨酸、酶类和干扰素等，这些都比牛乳含量多，能增强儿童的抵抗力，这是牛乳所不能及的。

（二）婴幼儿配方乳粉中各成分的调整

1. 蛋白质的调整

调整方法：用乳清蛋白和植物蛋白取代部分酪蛋白，按照母乳中酪蛋白与乳清蛋白的比例为 1：1.5（质量比）来调整牛乳中蛋白质含量。可以通过向婴儿配方食品中添加乳免疫球蛋白浓缩物来完成牛乳婴儿食品的免疫生物学强化。

2. 脂肪的调整

调整方法：添加植物油，常使用的是精炼玉米油和棕榈油。棕榈酸会增加婴儿血小板血栓的形成，故后者添加量不宜过多。生产中应注意有效抗氧化剂的添加。

3. 碳水化合物的调整

调整方法：添加蔗糖、麦芽糊精及乳清粉。

4. 无机盐的调整

调整方法：用脱盐率要大于 90% 的脱盐乳清粉，其盐的质量分数在 0.8% 以下。

5. 维生素的调整

配制乳粉中一般添加的维生素有维生素 A、维生素 B_1、维生素 B_6、维生素 B_{12}、维生素 C、维生素 D 和叶酸等。在婴幼儿乳粉中，叶酸和维生素 C 是必须强化添加的。为了促进钙、磷的吸收，提高二者的蓄积量，维生素 D 的含量必须达到 300~400IU/d。

维生素在添加时一定要注意维生素（也包括灰分）的可耐受最高摄入量，防止因添加过量而对婴儿产生毒副作用。

6. 其他微量成分的调整

婴儿配方乳粉的成分调整应具有更合理的生理营养价值和安全性，其成分要更接近于母乳，因此，在婴儿配方乳粉成分的调整上，还需要注意对母乳中存在的其他微量营养成分如免疫物质等进行研究和强化。

（1）核苷酸　核苷酸是母乳中非蛋白氮（NPN）的组成部分，也是 DNA 和 RNA 的前体物质。牛乳中仅含微量的核苷酸，需要在婴幼儿配方乳粉中进行强化添加。

（2）双歧因子　双歧因子可以促进双歧乳杆菌的繁殖，调节肠道菌群平衡，使通便性良好，同时可促进婴幼儿对氨基酸和脂肪的吸收。

（3）牛磺酸　牛磺酸是哺乳动物乳汁中含量丰富的游离氨基酸，是人体必需的氨基酸，尤其是对大脑及视网膜的发育最为重要。

（4）溶菌素、免疫蛋白等　溶菌素、免疫蛋白 IgA、乳过氧化物酶等具有抗菌和抗病毒的作用，同时还具有广义的免疫作用。

【技能训练】

【技能点 4-2-1】 婴儿配方乳粉生产

（一）婴儿配方乳粉生产工艺流程

婴儿配方乳粉生产除某一特别的工序外，大致与全脂乳粉相同。配方乳粉生产工艺流程如图 4-11 所示。

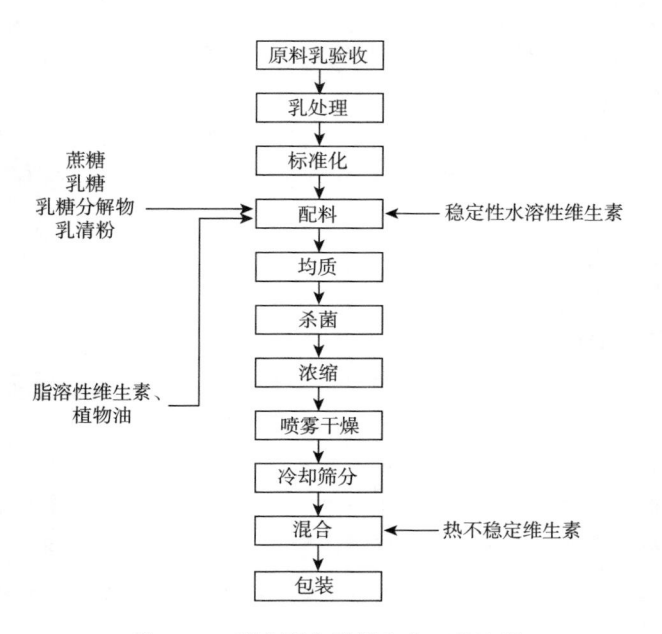

图 4-11　婴儿配方乳粉生产工艺流程

（二）婴儿配方乳粉生产操作要点

1. 原料乳的验收和预处理

应符合生产特级乳粉的要求。

2. 配料

按比例要求将各种物料与10℃左右经过预处理的原料乳混合于配料缸中，开动搅拌器，使物料混匀。

3. 均质、杀菌、浓缩

混合料预热到55℃，加入脂肪物料，然后进行均质，均质压力一般控制在15~20MPa；杀菌和浓缩的工艺要求和乳粉生产相同，杀菌温度为85℃、16s，浓缩后的物料浓度控制在46%左右。

4. 喷雾干燥

喷雾干燥的进风温度为150~160℃，排风温度为80~85℃，塔内负压196Pa。

【技能点4-2-2】婴儿乳粉配方设计

婴儿配方乳粉包括Ⅰ、Ⅱ、Ⅲ三种配方。婴儿配方乳粉Ⅰ是以新鲜牛乳或羊乳、白砂糖、大豆、饴糖为主要原料，加入适量的维生素和矿物质，经一系列加工工艺制成的供婴儿食用的粉末状产品。婴儿配方乳粉Ⅱ和Ⅲ是以新鲜牛乳或羊乳、脱盐乳清粉（配方Ⅱ）、麦芽糊精（配方Ⅲ）、精炼植物油、奶油、白砂糖为主要原料，加入适量的维生素和矿物质，经加工制成的供6个月以内婴儿食用的粉末状产品。婴儿配方乳粉中主要成分的调整方法详见"知识点4-2-2"。现列出婴儿乳粉配方Ⅱ，见表4-10，以供参考。

表4-10　　　　　　　　　　　婴儿乳粉配方Ⅱ

物料	每吨投料量	备注
牛乳	2500kg	干物质11.1%，脂肪3.0%
乳清粉	475kg	水分2.5%，脂肪1.2%
棕榈油	63kg	
三脱油	63kg	
乳油	67kg	脂肪含量82%
蔗糖	65kg	
维生素A	6g	6g相当于240000IU
维生素D	0.12g	0.12g相当于480000IU
维生素E	60g	

续表

物料	每吨投料量	备注
维生素 K	0.25g	
维生素 B_1	3.5g	
维生素 B_6	3.5g	
维生素 C	600g	
维生素 B_2	0.25g	
叶酸	4.5g	
烟酸	40g	
硫酸亚铁	350g	$FeSO_4 \cdot 7H_2O$

【质量控制】

（一）感官要求

优质的婴儿配方乳粉感官要求应符合表 4-11 的规定。

表 4-11　　　　　　　　　　婴儿配方乳粉感官要求

项目	要求
色泽	符合相应产品的特性
滋味和气味	符合相应产品的特性
组织状态	符合相应产品的特性，产品不应有正常视力可见的外来异物
冲调性	符合相应产品的特性

（二）理化指标

1. 蛋白质、脂肪、碳水化合物指标

（1）产品在即食状态下每 100mL 所含的能量应在 250~295kJ 范围。能量的计算按每 100mL 产品中蛋白质、脂肪、碳水化合物的含量，分别乘以能量系数 17kJ/g、37kJ/g、17kJ/g（膳食纤维的能量系数，按照碳水化合物能量系数的 50% 计算），所得之和为 kJ/100mL 值。

（2）婴儿配方食品每 100kJ 所含蛋白质、脂肪、碳水化合物的量应符合表 4-12的规定。

（3）对于乳基婴儿配方食品，首选碳水化合物应为乳糖、乳糖和葡萄糖聚合物。只有经过预糊化后的淀粉才可以加入到婴儿配方食品中，不得使用果糖。

表 4-12 蛋白质、脂肪、碳水化合物指标

营养素	指标（每100kJ）		检验方法
	最小值	最大值	
蛋白质含量[①] 乳基婴儿配方食品含量/g	0.45	0.70	GB 5009.5
脂肪[②]/g	1.05	1.40	GB 5413.3
其中：亚油酸含量/g	0.07	0.33	GB 5413.27
α-亚麻酸含量/mg	12	N.S.[③]	
亚油酸与α-亚麻酸比值	5:1	15:1	—
碳水化合物含量[④⑤]/g	2.2	3.3	—

注：[①]乳基婴儿配方食品中乳清蛋白含量应≥60%；婴儿配方食品中蛋白质含量的计算，应以氮（N）×6.25。

[②]终产品脂肪中月桂酸和肉豆蔻酸（十四烷酸）总量<总脂肪酸的20%；反式脂肪酸最高含量<总脂肪酸的3%；芥酸含量<总脂肪酸的1%；总脂肪酸指 $C_4 \sim C_{24}$ 脂肪酸的总和。

[③]N.S. 为没有特别说明。

[④]乳糖占碳水化合物总量应≥90%；对于乳基产品，计算乳糖占碳水化合物总量时，不包括添加的低聚糖和多聚糖类物质；乳糖百分比含量的要求不适用于豆基配方食品。

[⑤]碳水化合物的含量 A_1，按下式计算：

$$A_1 = 100 - (A_2 + A_3 + A_4 + A_5 + A_6)$$

式中 A_1——碳水化合物的含量，g/100g

A_2——蛋白质的含量，g/100g

A_3——脂肪的含量，g/100g

A_4——水分的含量，g/100g

A_5——灰分的含量，g/100g

A_6——膳食纤维的含量，g/100g

2. 维生素指标

维生素应符合表 4-13 的规定。

表 4-13 维生素指标

营养素	指标（每100kJ）		检验方法
	最小值	最大值	
维生素 A 含量/μgRE[①]	14	43	GB 5413.9
维生素 D 含量/μg[②]	0.25	0.60	
维生素 E 含量/（mg α-TE）[③]	0.12	1.20	
维生素 K_1 含量/μg	1.0	6.5	GB 5413.10
维生素 B_1 含量/μg	14	72	GB 5413.11
维生素 B_2 含量/μg	19	119	GB 5413.12

续表

营养素	指标（每100kJ）		检验方法
	最小值	最大值	
维生素 B_6 含量/μg	8.5	45.0	GB 5413.13
维生素 B_{12} 含量/μg	0.025	0.360	GB 5413.14
烟酸（烟酰胺）含量/μg[④]	70	360	GB 5413.15
叶酸含量/μg	2.5	12.0	GB 5413.16
泛酸含量/μg	96	478	GB 5413.17
维生素 C 含量/mg	2.5	17.0	GB 5413.18
生物素含量/μg	0.4	2.4	GB 5413.19

注：[①]RE 为视黄醇当量。1μgRE＝1μg 全反式视黄醇（维生素 A）＝3.33IU 维生素 A。维生素 A 只包括预先形成的视黄醇，在计算和声称维生素 A 活性时不包括任何的类胡萝卜素组分。

[②]钙化醇，1μg 维生素 D＝40IU 维生素 D。

[③]1mgα-TE（α-生育酚当量）＝1mgd-α-生育酚。每克多不饱和脂肪酸中至少应含有 0.5mgα-TE，维生素 E 含量的最小值应根据配方食品中多不饱和脂肪酸的双键数量进行调整：0.5mgα-TE/g 亚油酸（18：2n-6）；0.75mgα-TE/gα-亚麻酸（18：3n-3）；1.0mgα-TE/g 花生四烯酸（20：4n-6）；1.25mgα-TE/g 二十碳五烯酸（20：5n-3）；1.5mgα-TE/g 二十二碳六烯酸（22：6n-3）。

[④]烟酸不包括前体形式。

3. 矿物质指标

矿物质应符合表 4-14 的规定。

表 4-14 矿物质指标

营养素	指标（每100kJ）		检验方法
	最小值	最大值	
钠含量/mg	5	14	
钾含量/mg	14	43	
铜含量/μg	8.5	29.0	
镁含量/mg	1.2	3.6	
铁含量/mg	0.10	0.36	GB 5413.21
锌含量/mg	0.12	0.36	
锰含量/μg	1.2	24.0	
钙含量/mg	12	35	
磷含量/mg	6	24	GB 5413.22
钙磷比值	1：1	2：1	—
碘含量/μg	2.5	14.0	GB 5413.23
氯含量/mg	12	38	GB 5413.24
硒含量/μg	0.48	1.90	GB 5009.93

4. 可选择性成分指标

除了以上必需成分外，如果在产品中选择添加或标签中标示含有表 4-16 中一种或多种成分，其含量应符合表 4-15 的规定。

表 4-15　　　　　　　　　　　可选择性成分指标

可选择性成分	指标（每 100kJ）		检验方法
	最小值	最大值	
胆碱含量/mg	1.7	12.0	GB/T 5413.20
肌醇含量/mg	1.0	9.5	GB 5413.25
牛磺酸含量/mg	N.S.[1]	3	GB 5413.26
左旋肉碱含量/mg	0.3	N.S.[1]	—
二十二碳六烯酸/%总脂肪酸[2][3]	N.S.[1]	0.5	GB 5413.27
二十碳四烯酸/%总脂肪酸[2][3]	N.S.[1]	1	GB 5413.27

注：[1]N.S. 为没有特别说明。

[2]如果婴儿配方食品中添加了二十二碳六烯酸（22∶6n-3），至少要添加相同量的二十碳四烯酸（20∶4n-6）。长链不饱和脂肪酸中二十碳五烯酸（20∶5n-3）的量不应超过二十二碳六烯酸的量。

[3]总脂肪酸指 $C_4 \sim C_{24}$ 脂肪酸的总和。

5. 其他指标

水分等其他理化指标以及污染物限量、真菌毒素限量应符合表 4-16 的规定。

表 4-16　　　　　其他理化指标及污染物限量、真菌毒素限量

项目		指标	检验方法
水分含量/%	≤	5.0	GB 5009.3
灰分含量/%	≤	4.0	GB 5009.4
杂质度/（mg/kg）	≤	12	GB 5413.30
铅含量/（mg/kg）	≤	0.15	GB 5009.12
硝酸盐（以 $NaNO_3$ 计）含量/（mg/kg）	≤	100	GB 5009.33
亚硝酸盐（以 $NaNO_2$ 计）含量/（mg/kg）	≤	2	
黄曲霉毒素 M_1 含量/（μg/kg）	≤	0.5	GB 5009.24

（三）微生物指标

微生物指标应符合表 4-17 的规定。

表 4-17 微生物限量

项目	采样方案①及限量（若非指定，均以 CFU/g 或 CFU/mL 表示）				检验方法
	n	c	m	M	
菌落总数②	5	2	1000	10000	GB 4789.2
大肠菌群	5	2	10	100	GB 4789.3 平板计数法
金黄色葡萄球菌	5	2	10	100	GB 4789.10 平板计数法
阪崎肠杆菌③	3	0	0/100g	—	GB 4789.40 计数法
沙门菌	5	0	0/25g	—	GB 4789.4

注：①样品的分析及处理按 GB 4789.1 和 GB 4789.18 执行。

②不适用于添加活性菌种（好氧和兼性厌氧益生菌）的产品［产品中活性益生菌的活菌数应≥10^6 CFU/g（mL）］。

③仅适用于供 0~6 月龄婴儿食用的配方食品。

（四）食品添加剂和营养强化剂要求

（1）食品添加剂和营养强化剂质量应符合相应的安全标准和有关规定。

（2）食品添加剂和营养强化剂的使用应符合《GB 2760—2014 食品安全国家标准　食品添加剂使用标准》和《GB 14880—2012 食品安全国家标准　食品营养强化剂使用标准》的规定。

（五）其他

1. 标签

（1）产品标签应符合《GB 13432—2013 食品安全国家标准　预包装特殊膳食用食品标签》的规定，营养素和可选择成分含量标识应增加"100 千焦（100kJ）"含量的标示。

（2）标签中应注明产品的类别、婴儿配方食品属性（如乳基或豆基产品以及产品状态）和适用年龄。可供 6 月龄以上婴儿食用的配方食品，应标明"6 个月龄以上婴儿食用本产品时，应配合添加辅助食品"。可供 6 月龄以上婴儿食用的配方食品，应标明"6 个月龄以上婴儿食用本产品时，应配合添加辅助食品"。

（3）婴儿配方食品应标明："对于 0~6 月的婴儿最理想的食品是母乳，在母乳不足或无母乳时可食用本产品"。

（4）标签上不能有婴儿和妇女的形象，不能使用"人乳化""母乳化"或近似术语表述。

2. 使用说明

（1）有关产品使用、配制指导说明及图解、贮存条件应在标签上明确说明。当包装最大表面积小于 100cm² 或产品质量小于 100g 时，可以不标示图解。

（2）指导说明应该对不当配制和使用不当可能引起的健康危害给予警示说明。

3. 包装

可以使用食品级或纯度≥99.9%的二氧化碳和（或）氮气作为包装介质。

【巩固提升】

（一）填空题

1. 真空浓缩设备种类繁多，按加热部分的结构可分为（　　　　）、（　　　）和（　　　）三种；按其二次蒸汽利用与否，可分为（　　　）和（　　　）浓缩设备。

2. 水分在（　　　　）以上的乳粉贮藏时会发生羰−氨基反应产生棕色化，温度高会加速这一变化。

3. 乳粉浓缩时的真空度一般为（　　　　）kPa。

4. 乳粉浓缩时的温度为（　　　　）℃。

5. 乳粉加工过程中，一般要求原料乳浓缩至原体积的1/4，乳干物质达到（　　　）左右。

（二）简答题

1. 乳粉生产中，喷雾干燥的方法有哪几种？各自特点有哪些？

2. 喷雾干燥的原理和特点是什么？

3. 喷雾干燥操作过程中的注意事项有哪些？

4. 影响乳浓缩的因素有哪些？

5. 阐述乳粉两段式干燥有何意义。

6. 乳粉干燥前为何需要进行真空浓缩？

7. 乳粉干燥前保持浓乳温度、浓度稳定的意义是什么？

8. 乳粉产生哈喇味的原因是什么？

9. 生产母乳化乳粉时调整蛋白质的依据是什么？

10. 与牛乳比较，母乳在无机质含量、种类上有何不同？

11. 生产母乳化乳粉时调整脂肪的依据是什么？

12. 生产母乳化乳粉时为何调整乳糖含量？调整后要达到什么标准？

（三）技能测试题

1. 乳粉生产中浓缩终点是多少？如何判断？

2. 喷雾干燥前的准备工作有哪些？

3. 绘图说明全脂加糖乳粉的生产工艺流程，并阐述其工艺操作要点。

4. 浓缩工艺中的控制要点有哪些？

5. 甜乳粉生产中加糖方法有哪几种？各有何意义？

6. 乳粉干燥前浓乳的浓度、温度以多少为宜？

【知识拓展】

（一）脱脂乳粉

1. 概念

脱脂乳粉是指以脱脂乳为原料，经过杀菌、浓缩、喷雾干燥而制成的乳粉。因为脂肪含量很低（不超过 1.25%），所以耐保藏，不易引起氧化变质。脱脂乳粉一般多作为原料用于食品工业。

2. 脱脂乳粉工艺

脱脂乳粉的生产工艺流程如图 4-12 所示。

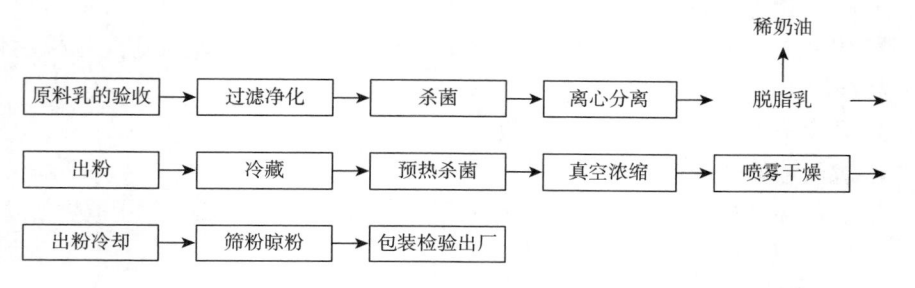

图 4-12　脱脂乳粉生产工艺流程

3. 脱脂乳粉生产操作要点

（1）牛乳的预热与分离　牛乳预热温度达到 38℃上下即可分离，脱脂乳的含脂率要求控制在 0.1% 以下。

（2）预热杀菌　为使乳清蛋白质变性程度不超过 5%，并且减弱或避免蒸煮味，又能达到杀菌抑酶目的，脱脂乳的预热杀菌温度以 80℃、保温 15s 为最佳条件。

（3）真空浓缩　为了不使过多的乳清蛋白质变性，脱脂乳的蒸发浓缩温度以不超过 65.5℃为宜，浓度为 15~17°Bé，乳固体含量可控制在 36% 以上。

（4）喷雾干燥　将浓缩脱脂乳按普通的方法喷雾干燥，即可得到普通脱脂乳粉。但是，普通脱脂乳粉因其乳糖呈非结晶型的玻璃状态，即 α-乳糖和 β-乳糖的混合物，有很强的吸湿性，极易结块。为克服上述缺点，并提高脱脂乳粉的冲调性，采取特殊的干燥方法生产速溶脱脂乳粉，可获得改善。

（二）速溶乳粉

1. 速溶乳粉生产原理

乳粉要想在水中迅速溶解必须经过速溶化处理，乳粉经处理后形成颗粒更大、多孔的附聚物。乳粉要得到正确的多孔率，首先要经干燥把颗粒中的毛细管水和孔隙水用空气取代，然后颗粒需再度润湿，这样，颗粒表面迅速膨胀关闭毛细管，颗粒表面就会发黏，使颗粒粘接在一起形成附聚。

2. 速溶乳粉的特征及质量

（1）优点　①乳粉的溶解性获得了改进。当用水冲调复原时，溶解的很快，而且不会在水面上结成小团。在温度较低的水中，也同样能很快溶解复原为鲜乳状态；②速溶乳粉的外观特征是颗粒较大，一般为 $100\sim800\mu m$，所以干粉不会飞扬，因而在食品工业中大量使用较为方便；③速溶乳粉的颗粒中乳糖是呈结晶的 α-含水乳糖状态、而不是非结晶无定形的玻璃状态，所以这种乳粉在保藏中不易吸湿结块。

（2）缺点　①它的表观密度低，每 $1mL$ 只有 $0.35g$ 左右，所以同样重量时，速溶乳粉较普通乳粉所占的体积较大，对包装不利；②目前生产的乳粉水分含量较高，一般为 $3.5\%\sim5.0\%$，不利于保藏；③速溶脱脂乳粉对硝酸盐的还原性较大，羟甲基糠醛含量高，这说明速溶乳粉在特殊制造过程中促进了褐变反应，这种乳粉如果包装不良，而且在较高温度下保藏时，很快会引起显著的褐变；④速溶脱脂乳粉一般具有粮谷的气味，这种不快气味是由含羰基或含甲硫醚基的化合物所形成的。

3. 速溶乳粉的生产方法及过程

速溶乳粉的生产方法有两种：一种是再润湿法（二段法）；一种是直通法（一段法）。以直通法较经济。

（1）再润湿法　原理：即再将干乳粉颗粒循环返回到主干燥室中，一旦干燥颗粒被送入干燥室，其表面即会被蒸发的水分所润湿，颗粒开始膨胀，毛细管孔关闭并且颗粒变黏，其他乳粉颗粒黏附在其表面上，于是附聚物形成。

（2）直通法　原理：自干燥室下来的乳粉首先进入第一段，在此乳粉被蒸汽润湿，振动将乳粉传送至干燥段，温度逐渐降低的空气穿透乳粉及流化床，干燥的第一段颗粒互相黏结发生附聚。乳粉中的水分经过干燥从附聚物中蒸发出去，使乳粉在经过流化床时达到要求的干燥度。

任何大一些的颗粒在流化床出口都会被滤下并被返回到入口。被滤过的和速溶的颗粒由冷风带至旋风分离器组，在其中与空气分离后包装。来自流化床的干燥空气与来自喷雾塔的废气一起送至旋风分离器，以回收乳粉颗粒。

优点：用此法制造的乳粉颗粒，虽然大部分附聚团粒化，但乳糖并未结晶化。脱脂乳的浓缩程度及喷雾技术，对粒子大小及密度的影响很大。与二次制造法不同，由于不经二次处理，制造操作简单，所以生产费用低廉。如能制得质量良好的制品，这在企业上也是最理想的方法。

4. 影响乳粉速溶的因素及改善方法

（1）乳粉、水、空气三相体系的接触角　如果接触角小于 $90°$，那么乳粉颗粒就能够被润湿。润湿角大于 $90°$（特别是当一部分脂肪是固体时），这时水分不能够渗入到乳粉块的内部或者仅仅能够局部的渗入，办法是将乳粉颗粒喷涂卵磷脂，从而减小有效接触角。

（2）乳粉之间的空隙大小　乳粉颗粒越小，孔隙就越小，渗透就越慢。

（3）毛细管的收缩作用　可以将乳粉的体积减少 $30\%\sim50\%$，蛋白质的吸水膨胀也会导致空隙的变小，特别是在蛋白粉中。

（4）乳糖　乳糖阻碍了水分的渗透，乳粉会形成内部干燥外部湿润高度浓缩的乳块。

（5）乳粉的其他性质　连接在一起的乳粉颗粒在彻底润湿后是否能够很快地分开，以及乳粉颗粒的密度是否会使颗粒下沉（这与乳粉颗粒内部空隙的体积有关）。

改善方法：速溶乳粉的生产过程一方面改善乳粉的润湿性，另一方面是改变乳粉颗粒的大小，这可以通过附聚的办法来解决。

（三）"史上最严"乳粉新政

国家食药监总局于 2016 年 10 月 1 日起正式施行《婴幼儿配方乳粉产品配方注册管理办法》，进一步提升了婴幼儿配方乳粉行业准入门槛，较大程度改善了配方、品牌乱象。此前，这一管理办法曾向社会公开征求意见，被业界称为"史上最严"乳粉新政。

1. 注册管理，严格限定申请人条件

只有具备相应的研发能力、生产能力、检验能力，符合粉状婴幼儿配方食品良好生产规范要求，实施危害分析与关键控制点体系，对出厂产品按照有关法律法规和婴幼儿配方乳粉食品安全国家标准规定的项目实施逐批检验的婴幼儿配方乳粉生产企业才能申请产品配方注册。

2. 每个企业，禁超 3 个系列 9 种配方

要求每个企业原则上不得超过 3 个配方系列 9 种产品配方，旨在通过限制企业配方数，减少企业恶意竞争，树立优质国产品牌，让群众看得清楚，买得明白，真正得到实惠。为优化企业产能、满足市场需要。允许同一集团公司全资子公司可使用集团公司内另一全资子公司已经注册的产品配方。

3. 禁止使用"益智、进口奶源"字样

在规范标签标识方面，要求申请人申请注册时一并提交标签和说明书样稿及标签、说明书中声称的说明、证明材料，并对标签和说明书表述要求作出细致规定。例如，对产品中声称生乳、原料乳粉等原料来源的，要求如实标明具体来源地或者来源国，不允许使用"进口奶源""源自国外牧场""生态牧场""进口原料"等模糊信息；不允许在标签和说明书中明示或者暗示"益智、增加抵抗力或者免疫力、保护肠道"等。

自 2018 年 1 月 1 日起新注册乳粉全面上市。在新规下，婴幼儿配方乳粉的监管与配比与之前相比更加严格。截至 2018 年 6 月 4 日，国家市场监督管理总局共批准了 152 家工厂的 1156 个婴幼儿配方乳粉产品配方，其中境内 106 家工厂 882 个配方，境外 46 家工厂 274 个配方。

2018 年 6 月 11 日国务院办公厅发布《关于推进奶业振兴保障乳品质量安全的意见》（以下简称《意见》），要求到 2020 年奶业产品监督抽检合格率达到

99%以上，严禁进口大包装婴幼儿配方乳粉到境内分装。提出了明确的发展目标，到 2020 年，奶业综合生产能力大幅提升，100 头以上规模养殖比重超过 65%，奶源自给率保持在 70%以上。乳品质量安全水平大幅提高，产品监督抽检合格率达到 99%以上。奶业生产与生态协同发展，养殖废弃物综合利用率达到 75%以上。到 2025 年，奶业实现全面振兴，基本实现现代化，奶源基地、产品加工、乳品质量和产业竞争力整体水平进入世界先进行列。同时，加强优质奶源基地建设。突出重点，巩固发展东北和内蒙古产区、华北和中原产区、西北产区，打造我国黄金奶源带。积极开辟南方产区，稳定大城市周边产区。以荷斯坦牛等优质高产奶牛生产为主，积极发展乳肉兼用牛、奶水牛、奶山羊等其他奶畜生产，进一步丰富奶源结构。

此外，《意见》强调，加大婴幼儿配方乳粉监管力度。严厉打击非法添加非食用物质、超范围超限量使用食品添加剂、涂改标签标识以及在标签中标注虚假、夸大的内容等违法行为。严禁进口大包装婴幼儿配方乳粉到境内分装。

学习情境五
冰淇淋加工技术

问题导入

1. 市场上销售的冰淇淋、雪糕主要有哪些种类？它们有何相同点及不同点？你最喜欢哪一类呢？
2. 冰淇淋和雪糕加工常用的原辅料及食品添加剂都有哪些？它们都对冰淇淋和雪糕的品质有何贡献？
3. 五彩缤纷的冰淇淋雪糕是怎样生产出来的呢？
4. 假如你作为一名冰淇淋雪糕生产的技术人员，该如何保证产品的良好品质呢？

目标管理

1. 知识目标
(1) 了解冰淇淋、雪糕的定义、分类及其特点。
(2) 熟悉并掌握冰淇淋加工用主要原辅料、食品添加剂的种类及其作用。
(3) 掌握冰淇淋老化、凝冻等工艺的基本原理。
2. 技能目标
(1) 会进行典型冰淇淋、雪糕的配方设计。
(2) 会进行典型冰淇淋、雪糕的加工。
(3) 会分析冰淇淋、雪糕常见的质量缺陷。

岗位认知

(1) 配料员　负责冰淇淋、雪糕产品配料及所用设备器具清洗消毒工作，严格按照《配料作业指导书》进行，做到领料品名、数量、配料总量准确无误，记录填写规范。

（2）热处理操作工 根据工艺要求采用相应的热处理方式达到物料消毒、杀菌的目的，会进行热处理设备的操作和日常维护保养，如实填写设备运行记录和工作日志，保持热处理工段的环境卫生。

（3）均质机操作工 负责对配料杀菌后的冰淇淋物料进行均质，使之达到工艺要求，均质机的操作和日常维护保养，如实填写设备运行记录和工作日志，保持均质工段的环境卫生。

（4）制冷工 负责制冷机组的操作，使原料冷却介质达到规定要求，制冷机组的日常维护和保养，如实填写设备运行记录和工作日志，保持制冷工段环境卫生。

（5）凝冻机操作工 负责对物料进行凝冻使之达到工艺要求，会进行凝冻机的操作和日常维护保养，如实填写设备运行记录和工作日志，保持凝冻工段的环境卫生。

（6）包装工 负责冰淇淋、雪糕的包装过程中的系列工作，包括打码、装箱、入库等，负责包装机械的操作、日常维护保养和清洗消毒，如实填写设备运行记录和工作日志，保持包装工段的环境卫生。

（7）CIP 清洗员 负责 CIP 清洗工作，严格按照《CIP 清洗作业指导书》进行，接到 CIP 清洗申请后，及时连接管路，挂上记录牌，按清洗对象选择合适的清洗程序，达到有效清洗效果，及时认真填写当班岗位工作记录。

（8）乳品检验工 从事乳制品的原辅料、成品、半成品及包装材料检验的人员。从事的工作包括：采集样品，进行样品的理化指标、微生物指标的检验，记录、计算和判定检验数据，完成检验报告，检查维护分析仪器设备，负责检验室的卫生、安全工作。

（9）品控员 从事冰淇淋在线品控的人员，负责冰淇淋生产过程中质量的监控。

任务一 冰淇淋加工技术

【任务描述】

随着冰淇淋消费队伍的不断扩大，冰淇淋行业已成为食品工业的生力军。本任务主要内容包括冰淇淋的定义、分类及其特点，加工用主要原辅材料、添加剂的种类及其作用，生产用主要设备，冰淇淋加工基本原理、产品标准，典型产品的加工及典型项目的检验。

【知识准备】

【知识点 5-1-1】 冷冻饮品与冰淇淋概述

（一）术语和定义

1. 冷冻饮品

冷冻饮品简称冷饮，是以饮用水、甜味料、乳制品、果品、豆品、食用油脂等为主要原料，加入适量的香精香料、着色剂、稳定剂、乳化剂等食品添加剂，经配料、灭菌、凝冻等工艺制成的冷冻固态饮品。冷冻饮品包括冰淇淋、雪糕和奶冰类、雪泥和冰霜类、棒冰类。

2. 冰淇淋

冰淇淋系以牛乳或乳制品和蔗糖为主要原料，并加入蛋或蛋制品、乳化剂、稳定剂以及香料、着色剂等食品添加剂，经混合、均质、杀菌、老化、凝冻等工艺或再经成形、硬化等工艺制成的体积膨胀的冷冻食品。

（二）冰淇淋的组成与结构

一般冰淇淋中的脂肪含量在 6%～12%，高的可达 16% 以上，蛋白质含量为 3%～4%，蔗糖含量在 14%～18%，而水果冰淇淋中含糖量可达 27%。冰淇淋的发热值可达 8.36kJ/kg。

冰淇淋的物理构造很复杂，由液相、气相、固相三相构成。气泡包围着冰的结晶连续向液相中分散，在液相中含有固态的脂肪、蛋白质、不溶性盐类、乳糖结晶、稳定剂、溶液状的蔗糖、乳糖、盐类等。冰淇淋剖面图如图 5-1 所示。

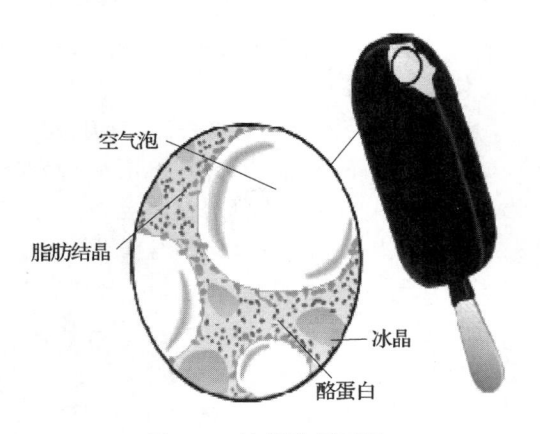

空气泡

脂肪结晶

冰晶

酪蛋白

图 5-1 冰淇淋剖面图

（三）冰淇淋的分类

冰淇淋分类非常复杂，各种分类方式如下。

1. 按含脂率高低分类

（1）高级奶油冰淇淋 脂肪含量 14%～16%，总固形物含量 38%～42%，为高脂冰淇淋。

（2）奶油冰淇淋 脂肪含量 10%～12%，总固形物含量 34%～38%，为中脂冰淇淋。

（3）牛乳冰淇淋　脂肪含量 $6\%\sim8\%$，总固形物含量 $32\%\sim34\%$，为低脂冰淇淋。

2. 按外形形状分类

（1）砖形冰淇淋　将冰淇淋包装在六面体纸盒中，冰淇淋外形如砖块状。

（2）圆柱形冰淇淋　冰淇淋外形呈圆柱状，一般圆面直径和圆柱高度比例适宜，外形协调，同时也防止环境温度升高而融化。

（3）锥形冰淇淋　将冰淇淋包装在如蛋筒形锥形容器中硬化形成。

（4）杯形冰淇淋　将冰淇淋包装在如倒立圆台形纸杯和塑料容器中硬化形成。

（5）异形冰淇淋　将冰淇淋包装在形状各异的异形容器中硬化形成。

（6）装饰冰淇淋　以冰淇淋为基料，在其上面裱注各种奶油图案或文字，有一种装饰美感。

3. 按冰淇淋软硬度分类

（1）软质冰淇淋　冰淇淋经过适度凝冻后，现制现售，因温度只有 $-5\sim-3℃$，膨胀率也只有 $30\%\sim60\%$，口感没有硬化的好。

（2）硬质冰淇淋　凝冻后的冰淇淋，经包装后再迅速硬化的冰淇淋。

4. 按冰淇淋的组织结构分类

（1）清型冰淇淋　为单一风味的冰淇淋，不含颗粒或块状辅料，如奶油冰淇淋、香草冰淇淋等。

（2）混合型全乳脂冰淇淋　为含颗粒或块状辅料的制品，如草莓冰淇淋、葡萄冰淇淋等。

（3）组合型全乳脂冰淇淋　主体含乳脂冰淇淋的比率 $\geqslant50\%$，是和其他种类冷冻饮品或巧克力、饼坯等组合而成的制品，如巧克力奶油冰淇淋、蛋卷奶油冰淇淋。

5. 按冰淇淋的组分分类

（1）冰淇淋完全由乳制品制备。

（2）含有植物油脂的冰淇淋。

（3）添加了乳脂和非脂干物质的果汁制成的莎白特冰淇淋。

（4）由水、糖和浓缩果汁生产的棒冰类，基本不含乳脂肪。

6. 按添加物所处的位置分类

（1）涂层冰淇淋　将凝冻后分装而未外包装的冰淇淋蘸于特制的物料中，可在冰淇淋外部包裹一种外层，如巧克力冰淇淋。

（2）夹心冰淇淋　将凝冻后分装硬化而中心还未硬化的冰淇淋，通过吸料工艺，再加入其他浆料，再硬化而成。

7. 按冰淇淋的颜色分类

分为单色冰淇淋、双色冰淇淋、三色冰淇淋等。

8. 按冰淇淋所加的特色原料不同分类

分为果仁冰淇淋、水果冰淇淋、布丁冰淇淋、糖果冰淇淋、蔬菜冰淇淋、果酒冰淇淋、巧克力脆皮冰淇淋等。

9. 按风味不同分类

分为巧克力冰淇淋、咖啡冰淇淋、薄荷冰淇淋、香草冰淇淋、草莓冰淇淋、多味冰淇淋等。

【知识点5-1-2】 冰淇淋的主要原辅料和添加剂

冰淇淋要求具有鲜艳的色泽、饱满自然的风味、滑润的口感和细腻的组织结构等特点，而这些与各种原辅材料质量有着很大的关系。用于冰淇淋生产的原辅料、食品添加剂很多，主要有水、乳与乳制品、植物油脂、甜味剂、蛋与蛋制品、乳化剂、稳定剂、香精香料、酸度调节剂、着色剂、其他物质。

（一）水

水是冰淇淋生产中不可缺少的一种主要原料，包括添加水和各种原料中的水。水分在冰淇淋和雪糕中占有相当大的比例，它的许多性质对冰淇淋的质量影响很大。因此，要求冰淇淋用水必须符合国家生活饮用水标准。

（二）乳与乳制品

乳与乳制品是生产冰淇淋的主要原料之一，是冷饮中脂肪和非脂乳固体的主要来源。冰淇淋使用的乳与乳制品包括鲜牛乳、稀奶油及奶油、炼乳、乳粉、乳清粉等。在选择乳与乳制品原料时应考虑鲜乳的储藏、运输环境、滋味及状态是否正常，乳制品产品是否有食品生产许可证编号、出厂检验报告及各项指标是否合格，成本及使用的便利性，风味及对产品组织结构的影响等因素。

1. 乳脂肪

冰淇淋用脂肪最好是鲜乳脂。乳脂肪的主要作用是增强乳化效果，使料液黏度增加，在凝冻搅拌时，可以增加膨胀率，使冰淇淋的形体柔润、组织细腻、风味醇厚。在冰淇淋中，乳脂肪的用量和质量同成品质量有密切关系。脂肪约占冰淇淋混合料重量的6%~12%，高的可达16%左右，乳脂肪含量越高，冰淇淋的品质和风味就越好，脂肪含量少，成品口感不好。宜选用优质、卫生达标的新鲜稀奶油或奶油。其次为人造奶油，生产普通半乳脂型冰淇淋可选用人造奶油与奶油配比。此外，炼乳、牛乳、纯奶油也是脂肪的主要来源。植脂型冰淇淋可采用植物油脂。

（1）奶油和稀奶油　奶油又称黄油，是以乳和（或）奶油或稀奶油（经发酵或不发酵）为原料，添加或不添加食品添加剂和营养强化剂，经加工制成的脂肪含量不小于80.0%的产品。

稀奶油是以乳为原料，分离出的含脂肪的部分，添加或不添加其他原料、食品添加剂和营养强化剂，经加工制成的脂肪含量10.0%~80.0%的产品。稀奶油是新鲜牛乳中经高速离心法分离出来的乳脂肪，为淡黄色流体，无杂质、无异味及酸败现象。

无水奶油是以乳和（或）奶油或稀奶油（经发酵或不发酵）为原料，添加或不添加食品添加剂和营养强化剂，经加工制成的脂肪含量不小于99.8%的产品。

奶油、稀奶油、无水奶油质量指标见表5-1。

表5-1　　奶油、稀奶油、无水奶油质量指标（GB 19646—2010）

项目		指标		
		奶油	稀奶油	无水奶油
色泽		呈均匀一致的乳白色、乳黄色或相应辅料应有的色泽		
滋味、气味		具有稀奶油、奶油、无水奶油或相应辅料应有的滋味和气味，无异味		
组织状态		均匀一致，允许有相应辅料的沉淀物，无正常视力可见异物		
水分/%	≤	—	16.0	0.1
脂肪含量[①]/%	≥	10.0	80.0	99.8
酸度[②]/°T	≤	30.0	20.0	—
非脂乳固体含量[③]/%	≤	—	2.0	—

注：①无水奶油的脂肪（%）=100%-水（%）。②不适用于以发酵稀奶油为原料的产品。③非脂乳固体（%）=100%-脂肪（%）-水分（%）（含盐奶油还应减去食盐含量）。

（2）炼乳　以新鲜牛乳经浓缩装置浓缩至浓稠状态称为炼乳。易于保藏和便于运输，经过加工产生一种特有的乳香风味，被广泛使用。炼乳分为淡炼乳、加糖炼乳和调制炼乳。

在冰淇淋混合原料配制中，采用一定比例的炼乳产品，成品质量优先于采用乳粉和乳清粉所配制的产品。由于炼乳在配制过程中被加热至较高温度，在冰淇淋中会有少许的蒸煮味；经过高温加热制成的炼乳会使配料具有较高的黏度和较好的凝冻搅拌速度，使冰淇淋成品具有更佳的抗融性和保形性。

炼乳卫生指标见表5-2。

表5-2　　　　　炼乳卫生指标（GB 13102—2010）

项目	指标			
	淡炼乳	加糖炼乳	调制炼乳	
			调制淡炼乳	调制加糖炼乳
色泽	呈均匀一致的乳白色和乳黄色，有光泽		具有辅料应有的色泽	
滋味、气味	具有乳的滋味和气味	具有乳的香味，甜味适中	具有乳和辅料应有的滋味和气味	
组织状态	组织细腻、质地均匀、黏度适中			

续表

项目	指标			
	淡炼乳	加糖炼乳	调制炼乳	
			调制淡炼乳	调制加糖炼乳
蛋白质含量≥/（g/100g）	≥非脂乳固体[①]的34%		4.1	4.6
脂肪含量/（g/100g）	$7.5 \leqslant X \leqslant 15.0$		$X \geqslant 7.5$	$X \geqslant 8.0$
乳固体[②]≥/（g/100g）	25.0	28.0	—	—
蔗糖含量≤/（g/100g）	—	45.0	—	48.0
水分≤/%	—	27.0	—	28.0
酸度≤/°T	48.0			

注：①非脂乳固体（%）＝100%－脂肪（%）－水（%）－蔗糖（%）。②乳固体（%）＝100%－水（%）－蔗糖（%）。

（3）乳粉　乳粉中含有较高的脂肪和非脂乳固体，在冰淇淋生产中能赋予产品良好的营养价值，使成品具有柔润细腻的口感。乳脂肪经均质以后，其乳化效果增高，可使料液黏度增加，凝冻搅拌时增大膨胀率，口感润滑。乳粉中的蛋白质具有一定的水合作用，除增加膨胀率外，还能防止冰晶的扩大，使产品组织细腻有弹性。乳粉质量指标见表5-3。

表5-3 **乳粉质量指标（GB 19644—2010）**

项目	指标	
	乳粉	调制乳粉
色泽	呈均匀一致的乳黄色	具有应有的色泽
滋味、气味	具有纯正的乳香味	具有应有的滋味、气味
组织状态	干燥均匀的粉末	
蛋白质含量/%	≥非脂乳固体[①]的34%	16.5
脂肪含量[②]/%	≥26.0	≤2.0
蔗糖含量/%	—	—
复原乳酸度/°T	≤18.0	20.0
水分/%	≤5.0	
杂质度/（mg/kg）	≤16	—

注：①非脂乳固体（%）＝100%－脂肪（%）－水（%）。②仅适用于全脂乳粉。

2. 非脂乳固体

非脂乳固体是指脱脂牛乳中的总固体数，主要由蛋白质、乳糖、矿物质等组成。其中蛋白质有水合作用，能使冰淇淋质地紧密、口味润滑，防止冰淇淋结晶的扩大，还有增加黏度和抗融的作用，从而防止冰淇淋质地的松软和粗糙；乳糖对于糖类产生的甜味有轻微促进作用；非脂乳固体主要来源于全脂乳粉、脱脂乳粉、酪蛋白酸盐、干酪乳蛋白、浓缩乳清蛋白和乳替代品等，具有很高的营养价值。在一定范围内，非脂乳固体添加越多，冰淇淋品质越好。但若过量，会产生咸味或炼乳味，而乳脂肪特有的奶油香味则会大大削弱，乳糖过多会呈现饱和而逐渐析出砂状结晶沉淀。所以，冰淇淋中非脂乳固体的用量应和脂肪的量成一定比例。一般成品中非脂乳固体含量以 8%～10% 为宜。

通过下式可算出非脂乳固体添加限量：

$$非脂乳固形物（\%）=\frac{100-非脂乳化固体除外的总固形物含量\times100}{系数}$$

式中，系数因储藏条件而异：7.4——销售条件最恶劣时；6.9——储藏条件一定，极为畅销的销售条件时；6.4——一星期内能被销售时。

3. 乳清粉

以生乳为原料，采用凝乳酶、酸化或膜过滤等方式生产干酪、酪蛋白及其他类似制品时，将凝乳块分离后而得到的液体称为乳清。以乳清为原料，经干燥制成的粉末状产品即为乳清粉。根据脱盐与否分为含盐乳清粉和脱盐乳清粉。冰淇淋生产中使用较多的为脱盐乳清粉。脱盐乳清粉没有咸腥味，乳糖经降解作用，最终产品不会有砂化口感；在冰淇淋、雪糕生产中通过和植物油脂配合，以植物油脂替代奶油，可节约成本。乳清粉质量指标见表 5-4。

表 5-4　　　　　　　　乳清粉质量指标（GB 11674—2010）

项目		指标	
		脱盐乳清粉	非脱盐乳清粉
色泽		具有均匀一致的色泽	
滋味、气味		具有产品特有的滋味气味无异味	
组织状态		干燥均匀的粉末状产品、无结块、无正常视力可见杂质	
蛋白质含量/（g/100g）	≥	10.0	7.0
灰分/（g/100g）	≤	3.0	15.0
乳糖含量/（g/100g）	≥	61.0	——
水分/（g/100g）	≤	5.0	6.0

（三）植物油脂

脂肪是冰淇淋的主要组成部分，在冰淇淋中能改善其组织结构，赋予可口的滋味。脂肪的品质与质量直接影响到产品的组织形体、口融性、滋味和稳定性。冰淇淋用脂肪除乳脂肪外，还可用植物油脂类代替，如人造奶油、硬化油和其他植物油脂，如棕榈油、椰子油等。

1. 人造奶油

人造奶油是以精制食用油添加水及其他辅料，经过乳化、急冷、捏合成的具有天然奶油特色的可塑性制品。一般以动植物油脂及硬化油以适当比例混合，再加入适量色素、乳化剂、香精、防腐剂等经搅和乳化制成。人造奶油脂肪含量80%以上，水分16%以下，食盐不超过4%，具体质量指标见表5-5。

表 5-5 人造奶油质量指标（GB 15196—2015）

项目		指标		
酸价/（mg/g）	≤	1		
过氧化值/（g/100g）	≤	0.13		
镍/（mg/kg）	≤	1.0		
总砷（以砷计）/（mg/kg）	≤	0.1		
铅/（mg/kg））	≤	0.08		
大肠菌群/（CFU/g）		采样方案 * 及限量		
		n	c	m	M
		5	2	10	10^2
霉菌/（CFU/g）	≤	50		

* 样品的采集及处理按 GB 4789.1 执行。

2. 硬化油

硬化油又称氢化油，是用不饱和脂肪酸含量较高的棉子油、鱼油等经脱酸、脱色、脱臭等工序精炼，再经氢化而得。油脂经氢化后熔点一般为 38~46℃，不但自身的抗氧化性能提高，而且还具有熔点高、硬度好、可塑性强的优点，很适合作提高冰淇淋含脂肪量的原料。

3. 棕榈油与棕榈仁油

棕榈油是由鲜棕榈果实中的果皮（含油 30%~70%）经加工后取得的脂肪。油脂中的脂肪酸主要是棕榈酸与油酸。棕榈油经精致加工后可用于烹调或食品加工。由棕榈果中脂肪含量 40%~50% 的果仁经加工后取得的脂肪称棕榈仁油。棕桐仁油中所含的脂肪酸多为月桂酸、豆蔻酸。棕榈仁油经精制后也可用于烹调或食品加工。由于棕榈油与棕榈仁油价格便宜、气味纯正，含有一定有利于人体生长发育、延缓衰老功用的维生素 E 和高含量的 β-胡萝卜素，具有一定的可塑性，在冰淇淋生产中广泛应用。棕榈油质量指标见表 5-6，棕榈仁油质量的理化指标见表 5-7。

表 5-6　　　　　　棕榈油质量指标（GB 15680—2009）

项目		质量指标		
		棕榈液油	棕榈超级液油	棕榈硬脂
熔点/℃		≤24	≤19.5	≥44
透明度		40℃澄清透明	40℃澄清透明	80℃澄清透明
酸值（以氢氧化钾计）/（mg/g）	≤	0.20		0.40
过氧化值/（mmol/kg）	≤	5.0		
气味、滋味		具有棕榈油固有的滋味、气味、无异味		
色泽（罗维朋比色槽133.4mm）	≤	黄 30	红 3.0	
水分及挥发物含量/%	≤	0.05		
不溶性杂质含量/%	≤	0.05		

注：黑体部分指标强制。

表 5-7　　　　　　棕榈仁油质量的理化指标（GB 18009—1999）

项目	粗棕榈仁油		精炼棕榈仁油
	一级	二级	
游离脂肪酸含量（以月桂酸计）/% ≤	2.0	5.0	0.20
水分和挥发物含量/% ≤	0.10	0.20	0.10
杂质含量/% ≤	0.10	0.10	0.05
过氧化值/（mmol/kg） ≤	10	10	10
罗维朋色度 ≤	R5Y30（133.4mm 槽）		R2Y20（133.4mm 槽）

4. 椰子油

椰子油为棕榈科热带木本油料之一。椰子油为椰子果的胚乳经碾碎烘蒸所榨取的油。椰子油中含有高达 90% 以上的饱和脂肪酸，可挥发性脂肪酸含量为 15%～20%。椰子油的熔点为 20～28℃，风味清淡，用于制作冰淇淋口感清爽，但其抗融性较差，可塑性范围很窄。当加氢氢化以后其熔点可提高到 34℃，可提高其保形性。椰子油质量指标见表 5-8。

表 5-8 椰子油质量指标（NY/T 230—2006）

项目	质量指标	
	椰子原油	精炼椰子油
色泽（罗维朋比色槽 25.4mm） （罗维朋比色槽 133.4mm）	黄 50、红 15	黄 30、红 3
气味、滋味	具有椰子油固有的滋味和气味，无异味	具有椰子油固有的气味和滋味，滋味正常，无异味
水分及挥发物含量/% ≤	0.20	0.10
不溶性杂质含量/% ≤	0.2	0.1
酸值/（mgKOH/g） ≤	8.0	0.3
过氧化值/ （mmol/100g） ≤	7.5	5.0

（四）甜味剂

甜味剂是赋予食品甜味的一类食品添加剂。在冰淇淋中，甜味剂能提高产品甜味、增加干物质含量、降低冰点、防止重结晶、且对冰淇淋达到绵软的组织结构、较好的搅打速度和黏度起到决定性的作用。蔗糖是常用的甜味剂，其价格便宜、甜味纯正。此外还会用到淀粉糖浆、葡萄糖、果葡糖浆。蔗糖与淀粉糖浆并用时，冰淇淋的组织状态更佳，且防止搬运和储藏中品质降低。蔗糖一般用量为 15%～18%，用量过高会掩盖其他风味，过低会使冰淇淋产品乏味，同时也会降低产品中奶味或果味风味的呈现。理想的甜味剂应具有生理安全性，甜味纯正，稳定性好，价格合理等特点。冰淇淋使用的甜味剂主要有蔗糖、葡萄糖、果葡糖浆、淀粉糖浆及木糖醇、糖精钠、甜蜜素、阿斯巴甜、蔗糖素、安赛蜜等。

1. 蔗糖

蔗糖也称白砂糖，白色颗粒状双糖，易溶于水。蔗糖由于甜度高、有营养、价格低、易于购买等特点，是冷饮产品生产中广泛使用的一种甜味剂。冰淇淋中蔗糖用量在 12%～16%。其作用是赋予冰淇淋以甜味，同时使冰淇淋组织细腻和降低其凝冻时冰淇淋料液结晶温度。

2. 葡萄糖粉、葡萄糖浆

葡萄糖是一种基础的糖类，葡萄糖粉是葡萄糖的结晶体。结晶的葡萄糖易溶于水，口感清爽，但吸水性不强。葡萄糖浆也叫液体葡萄糖，由玉米淀粉水解后加工制成的一种无色透明、黏稠的液体，主要成分为葡萄糖、麦芽糖、糊精及水的混合物。冰淇淋生产中常用 DE 值为 42 的糖浆。葡萄糖浆在冰淇淋中通常使用量为 5.5%～10%。葡萄糖浆中含有麦芽糖和糊精，能增长冰淇淋混合料黏度；同时，定量的还原糖是理想的抗结晶物质和填充料。但糖浆加入过多会使物料的冰点降低，影响冰淇淋的保形性及抗融性。

3. 果葡糖浆

果葡糖浆为葡萄糖和果糖的混合糖浆，由淀粉先制成葡萄糖，再经异构化反应部分转换为果糖，是一种无色、澄清、透明、甜味纯的黏稠液体。果葡糖浆的甜度随其中果糖含量的多少而异。异构转化率为 40% 的果葡糖浆甜度与蔗糖相同，果糖和葡萄糖的相对分子质量比蔗糖小得多，具有较高的渗透压。果葡糖浆易于溶解，比蔗糖稳定，在冰淇淋生产中可部分替代蔗糖。

4. 高麦芽糖浆

高麦芽糖浆是一种麦芽含量高、葡萄糖含量低的中等转化糖浆。高麦芽糖浆是淀粉的深加工转化产品，浓缩商品高麦芽糖浆固形物浓度在 75% 以上。

5. 山梨糖醇

山梨糖醇又称山梨醇，由葡萄糖氢化还原制得，为白色吸湿性粉末或晶状粉末。山梨糖醇具有清凉的甜味，有吸湿性、保湿性，可防止糖、盐结晶析出，防止淀粉老化。

6. 甜叶菊苷

甜叶菊苷为白色至微黄色结晶性粉末或颗粒，甜度是蔗糖的 300~400 倍，热值仅是蔗糖的 1/300，味质接近蔗糖。可完全替代蔗糖，成本低，味质好，广泛应用在饮料、冷饮中，在冰淇淋中用量为 0.4~1g/kg。

7. 木糖醇

木糖醇为白色晶体，外表和蔗糖相似，甜度相当于蔗糖，热量相当于葡萄糖，是多元醇中最甜的甜味剂，口感清凉，是防龋齿的良好甜味剂。在冷冻饮品中按需要量添加。

8. 糖精钠

糖精钠为无色或稍带白色的结晶性粉末，其甜度约为蔗糖的 200~700 倍，易溶于水，在热和酸性条件下具有不稳定性。价格便宜，在食品中广泛使用，但在冰淇淋中很少采用，但对于糖尿病人，使用其制造冰淇淋是比较适宜的，使用量不得超过 0.015%。

9. 甜蜜素

甜蜜素又称环己基氨基磺酸钠，为白色结晶或结晶粉末，易溶于水，具有热稳定性，甜度为蔗糖的 40~50 倍，在冰淇淋中最大使用量为 0.65g/kg。

10. 阿斯巴甜

阿斯巴甜又称甜味素、天冬酰苯丙氨酸甲酯。是由两种不同的氨基酸即天冬氨酸和苯丙氨酸所合成的。白色粉末，具有蔗糖的纯净甜味，甜味纯正，甜度为蔗糖的 150~200 倍，具有防止肥胖病、糖尿病、龋齿的作用，高温和碱性条件下不稳定，易分解失去甜味。

11. 蔗糖素

蔗糖素别名三氯蔗糖，是唯一的以蔗糖为原料的甜味剂，是蔗糖经氯代而制成的高甜度甜味剂，甜度为蔗糖的 600 倍，是一种新型高质量、非营养型高效甜味剂。

12. 安赛蜜

安赛蜜又称乙酰磺胺酸钾，白色结晶粉末，易溶于水，对热、酸性质稳定。安赛蜜与甜蜜素混合使用有明显的协同增效作用，安赛蜜与糖醇或糖共同使用时味觉情况很好，特别与山梨醇混合物的甜味特性甚佳。

13. 赤藓糖醇

赤藓糖醇属于填充型甜味剂，甜度是蔗糖的 60%~70%，甜味特性良好，与蔗糖的甜味特性十分接近，无不良后苦味。其结晶性好，吸湿性低，易于粉碎制得粉状产品。在相对湿度 90% 以上环境中也不吸湿，比蔗糖更难吸湿；赤藓糖醇对热和酸十分稳定，在一般食品加工条件下，几乎不会出现褐变或分解现象，能耐硬糖生产时的高温熬煮而不褐变。与糖精、阿斯巴甜、安赛蜜共用时的甜味特性也很好，可掩盖强力甜味剂通常带有的不良味感或风味。

（五）蛋与蛋制品

蛋与蛋制品具有丰富的营养价值，能提高冰淇淋的营养价值，也可当作稳定剂在冰淇淋中应用，改善其组织结构、状态及风味。但是添加量过多会导致蛋腥味，影响产品的品质。生产中一般鲜鸡蛋添加量为 2%~10%，全蛋粉为 1%~2%，蛋黄粉为 0.3%~0.5%。

1. 鸡蛋

鸡蛋主要由蛋壳、蛋白、蛋黄三部分组成，蛋壳大约占 11.5%，蛋白占 58.5%，蛋黄占 30% 左右。蛋白本身是一种发泡性很好的物质，在冰淇淋生产中能赋予料液较好的搅打型和蜂窝效果。蛋黄中卵磷脂能赋予冰淇淋较好的乳化能力。见表 5-9。

表 5-9　　　　　　　　　鲜鸡蛋感官指标（SB/T 10277—1997）

项目	指标		
	一级	二级	三级
蛋壳	清洁，有外蛋壳膜，不破裂，蛋形正常，色泽鲜明	清洁，不破裂，蛋形正常	不破裂
气室	完整，深度不超过 7mm，无气泡	完整，深度不超过 7mm，无气泡	可移动，深度不超过 9mm，无气泡
蛋白	浓厚	浓厚	较浓厚，允许存在少量血斑
蛋黄	居中，轮廓明显，胚胎未发育，蛋黄系数 ≥0.40*	居中，轮廓明显，胚胎未发育，蛋黄系数 0.39~0.36*	居中或稍偏，轮廓显著，胚胎未发育，蛋黄系数 ≤0.35*

注：* 此项指标为参照指标。

2. 蛋制品

蛋制品主要包括冰全蛋、冰蛋黄、全蛋粉和蛋黄粉。全蛋粉是由鲜鸡蛋经照蛋质检、消毒处理、打蛋去壳、蛋液过滤、喷雾干燥而制成，蛋黄粉是用分离出来的鲜蛋黄经加工处理和喷雾干燥制成。在冰淇淋生产中广泛使用蛋黄粉，其用量一般为 0.3%~0.5%，含量过高则有蛋腥味。

（六）乳化剂

乳化剂是一种能使两种或两种以上互不相溶的液体均匀地分散成乳化液或乳浊液的物质。乳化剂分子中同时具有亲水基和亲油基，是易在水和油的界面形成吸附层的表面活性剂。乳化剂分为水包油型（O/W）和油包水型（W/O）。

冰淇淋成分非常复杂，乳化剂在冰淇淋中的作用主要包括：改善脂肪在混合料中的分散性，使均质后的混合料呈稳定的乳浊液，提高产品的分散稳定性；提高混合料的起泡性和膨胀性；阻止热传导和结晶的增大、脂肪的聚集，使冰淇淋组织细腻；增强冰淇淋的抗融性和抗收缩性。

冰淇淋加工常用的乳化剂如下。

1. 分子蒸馏单甘酯

分子蒸馏单甘酯价格便宜，使用方便，它是一种优质高效乳化剂，具有乳化、稳定、分散等作用，为油包水型（W/O），其乳化能力很强，也可用作水包油型乳化剂使用，HLB 值（亲水亲油平衡值或水油度）为 3.8。

2. 卵磷脂

卵磷脂是一种天然的乳化剂，存在于大豆、花生等油料种子和蛋黄中，是一种纯天然优质乳化剂，有较强的乳化、润湿、分散作用，通常与其他乳化剂复配添加在冰淇淋生产过程中。

3. 蔗糖脂肪酸酯

蔗糖脂肪酸酯简称蔗糖酯，有高亲水性和高亲油性，HLB 值范围为 3~15。高亲水性产品能使水包油乳液非常稳定，用于冰淇淋宜采用 HLB 值为 11~15 范围的产品，可与单硬脂酸甘油酯复合用于冰淇淋，改善乳化稳定性和起泡性。对淀粉有显著的防老化作用。但其耐高温性较差，价格较高，一般与单甘酯复配用于冰淇淋生产中。

4. 三聚甘油单硬脂酸酯

三聚甘油单硬脂酸酯是由三聚甘油和食用脂肪酸高温合成，为乳白色至淡黄色固体，兼有亲水亲油特性，是一种高效乳化剂，有很强的发泡、乳化作用，HLB 值 7.2，能提高食品的搅打性和发泡率，制成的冰淇淋产品膨胀率高、口感细腻、滑润，且保形性好。

5. 酪蛋白酸钠

酪蛋白酸钠由牛乳中的酪蛋白加 NaOH 反应制成，是优质的乳化剂、稳定剂和蛋白强化剂，有增稠、发泡和保泡的作用，使产品起泡稳定，防止反砂收缩，在冰淇淋中的添加量一般为 0.2%~0.3%。

6. 司盘 60

司盘 60 即山梨糖醇酐脂肪酸酯，为亲油性乳化剂，HLB 值为 4.7。司盘系列都是非离子型乳化剂，有很强的乳化能力、较好的水分散性和防止油脂结晶性能，目前主要品种有山梨醇、单硬脂酸酯、山梨醇三硬脂酸酯、山梨醇单月桂酸酯、山梨醇油酸酯、山梨醇单棕榈油酸酯，既溶于水又溶于油，适合制成水包油型和油包水型两种乳浊液。

7. 吐温 80

吐温 80 即聚氧乙烯山梨醇酐单油酸酯。是山梨糖醇及单酐、双酐与油酸部分酯化的混合物，再与氧化乙烯缩合而成，为黄色至橙色油状液体，有轻微特殊臭味，略带苦味，为水包油型乳化剂。

（七）稳定剂

稳定剂是具有亲水性、增稠作用的一类物质，它们能稳定和改善冰淇淋的物理性质和组织结构，提高冰淇淋在储藏中的稳定性、膨胀率和抗融性，防止或抑制冰淇淋中结晶的生长。稳定剂、乳化剂总添加量在 0.1%~0.5%。添加量依原料成分组成而变化。

冰淇淋加工常用的稳定剂种类如下。

1. 明胶

明胶为动物的皮、骨、软骨、韧带、肌膜等含有的胶原蛋白，经部分水解后得到的高分子多肽混合物。明胶不溶于冷水，溶于热水，冷却后形成凝胶。明胶是应用于冰淇淋最早的稳定剂，其在凝冻和硬化过程中形成凝胶体，可以阻止结晶增大，保持冰淇淋柔化、光滑细腻。使用量不超过 0.5%。

2. 卡拉胶

卡拉胶又称角叉菜胶，在冰淇淋中 κ-型卡拉胶凝胶效果最好，不溶于冷水，其凝胶具有热可逆性，κ-型卡拉胶与刺槐豆胶配合可形成有弹性和内聚力的凝胶；与黄原胶配合可形成柔软、有弹性和内聚力的凝胶；与魔芋胶配合可获得有弹性、对热可逆性的凝胶。钾离子的存在可使凝胶强度达到最大，钙离子的加入则使凝胶收缩并趋于脆性，调整不同的离子浓度可以改变凝胶强度和凝胶温度；蔗糖的存在可增进凝胶的透明度。卡拉胶具有防止脱水收缩，使产品质地厚实、提高抗融性的特点。

3. 黄原胶

黄原胶又称汗生胶或黄杆菌胶，为类白色或淡黄色颗粒或粉末状体，微臭，易溶于水，耐酸碱，抗酶解，且不受温度变化的影响。其特点是假塑流动性，即黏度随剪切速度的降低而迅速恢复，有良好的分散作用、乳化稳定作用和悬浮稳定性、优良的反复冷冻、解冻耐受性，与其他稳定剂协同性较好，与瓜尔豆胶复合使用可提高黏度，与刺槐豆胶复合使用可形成弹性凝胶。

4. 果胶

果胶是一种碳水化合物，从柑橘皮、苹果皮等含胶质丰富的果皮中制得。果胶分为高甲氧基果胶和低甲氧基果胶。冰淇淋使用高甲氧基含量高的为好，可使冰淇淋润滑丰美、没有砂砾感，添加量为 0.03%，与植物胶混合使用效果会更好。

5. 海藻酸钠

又称褐藻酸钠、藻酸钠、海带胶，为亲水性高分子化合物，水溶性好，冷水可溶。海藻酸钠的水溶液与钙离子接触时形成热不可逆凝胶。通过加入钙离子的多少、海藻酸钠浓度来控制凝胶的时间及强度。海藻酸钠可很好地保持冰淇淋的形态，防止体积收缩和组织砂状最为有效。

6. 魔芋胶

魔芋胶又称甘露胶，是天然胶中黏度最高的亲水胶。魔芋胶色泽洁白，颗粒细腻均匀，无魔芋特有气味，有很高的吸水性，其亲水体积可获得 100 倍以上的膨胀，有很高的黏稠性和悬浮性，有较强的凝胶作用。与淀粉在高温下有良好的水合作用；与刺槐豆胶、卡拉胶、海藻酸钠有很好的配伍作用，可改善凝胶的弹性和强度。加入冰淇淋中可以改善组织状态，提高黏度和膨胀率，使产品组织细腻滑润，吸水率、抗融性增强，防止粗糙冰晶的形成。

7. 羧甲基纤维素钠

羧甲基纤维素钠（CMC），为白色纤维状或颗粒状粉末，无臭无味，水溶性好。冷水可溶，无凝胶作用，在冰淇淋中应用具有口感良好、组织细腻、不易变形、质地厚实、搅打性好等优点，但其风味释放差，易导致口感黏，对储藏稳定性作用不大，水溶液对热不稳定。与海藻酸钠复合使用亲水性可大大增强。

8. 瓜尔豆胶

瓜尔豆胶是一种最高效的增稠剂，水溶性好，无凝胶作用，黏度高，价格低，是使用最广泛的一种增稠剂。在冰淇淋中使用瓜尔豆胶可使产品质地厚实，赋予浆料高黏度。

9. 刺槐豆胶

刺槐豆胶又称角豆胶、槐豆胶，一种以半乳糖和甘露糖残基为结构单元的多糖化合物，对组织形体具有良好的保持性能，单独使用时，对冰淇淋混合原料有乳清分离的倾向，常与瓜尔豆胶、卡拉胶复配使用，使冰淇淋具有清爽口感、富奶油感，有良好的储藏稳定性、优良的风味释放性，但价格较高，易造成收缩脱水。

10. 亚麻籽胶

亚麻籽胶又名富兰克胶、胡麻籽胶，是一种以多糖为主的种子胶。它不仅具有较好的保湿作用，而且具有较大的持水量，在食品工业中可以替代果胶、琼脂、阿拉伯胶、海藻胶等，用作增稠剂、粘合剂、稳定剂、乳化剂和发泡剂。将亚麻籽胶应用于冰淇淋中，能较好地改善冰淇淋浆料的黏度，充分乳化油脂，从而使冰淇淋口感细腻，同时提高了产品的抗融性及成品率。亚麻籽胶与其他多糖类亲水胶体具有较好的协同作用。也能与某些线型多糖，如黄原胶、魔芋粉、琼脂糖胶相互作用形成复合体，从而具有一定的协同增效作用。

11. 复合乳化稳定剂

随着科技的进步，为了满足冰淇淋生产需要，已广泛采用复合乳化稳定剂来替代单体稳定剂的使用。采用复合乳化稳定剂可避免单体乳化剂、稳定剂的缺陷，得到整体协同作用；充分发挥各种亲水性胶体的有效作用；可获得良好膨胀率、抗融性、组织结构和口感的冰淇淋；提高生产的精确性。

（八）香精香料

香味在冰淇淋中占有重要地位，冰淇淋的香味来源于各种成分混合所产生的结果。在冰淇淋混合料冷却后凝冻前一般添加适量的香精香料进行调香，增加冰淇淋的食用价值，其添加量一般为 0.05%~0.12%。

香精香料在冰淇淋中的作用包括：①赋香作用：本身并无香气或香气很微弱时，通过添加特定香型的香精、香料使产品具有一定类型的香气和香味；②补充作用：本身具有较好的香气，由于生产加工中香气的损失或者自身香气浓度、香味强度不足，通过选用香气与之相对应的香精、香料来进行补充；③矫味作用：某些产品在生产加工过程中产生不好气味时，通过加香来矫正其气味，使消费者容易接受。

1. 食用香料

食用香料是能被嗅觉闻出气味或味觉尝出味道的用来配制香精或直接给食品加香的物质。按其来源可分为天然香料和人工合成香料。天然香料种类很多，冰淇淋中使用的主要是柑橘油类和柠檬油类。

2. 食用香精

食用香精是模仿天然食品的香味，采用各种香料经精心调配而成的具有天然风味的各种香型的香精。在冰淇淋中使用的香精有水溶性香精、油溶性香精、乳化类香精、粉末类香精和微胶囊香精。其中，水溶性香精、油溶性香精、乳化类香精在冰淇淋中应用较广泛，粉末香精和微胶囊香精在冰淇淋中应用很少。

（九）酸度调节剂

酸度调节剂是用以维持或改变食品酸碱度，赋予食品酸味为主要目的的食品添加剂，给人爽快的感觉，可增进食欲。冰淇淋常用的酸味剂主要有柠檬酸、苹果酸、乳酸、酒石酸等。

（十）着色剂

鲜艳的颜色也是冰淇淋引起人们食欲的另一因素，使香味和色泽达到统一。调制颜色时，色素用量不能超标，颜色不得过分浓艳。着色剂是一种能使食品赋予色泽和改善食品色泽的物质。食用天然着色剂主要有红曲红、红花黄、姜黄、胭脂虫红、焦糖、β-胡萝卜素、栀子黄等，食用合成着色剂有苋菜红、胭脂红、柠檬黄、日落黄、亮蓝。生产中根据需要选择 2~3 种基本色，拼配成不同颜色。

（十一）其他物质

在冰淇淋生产中为了达到一定的干物质含量、使产品达到某种风味或者制作某些特色产品需要填充一些物质，如淀粉、糊精、血糯米、可可粉、咖啡粉、巧克力、新鲜果蔬、果浆、坚果类以及红豆、绿豆、麦片等。这些物质的用量需根据产品特点及成本来确定。

1. 咖啡

咖啡是由咖啡豆经发酵、干燥、烤炒、去壳、粉碎等一系列工艺制成。咖啡香味浓郁，具有提神、醒脑作用，有助于体内脂肪分解并将其转化为能量以维持体力。

2. 巧克力

巧克力是以可可粉、可可脂或代可可脂、白砂糖、奶糖为主要原料，经精磨、均质等工艺制成的有香甜奶味的食品，在一些高档冰淇淋中会用到巧克力。

3. 可可粉

可可粉是从可可料中压出部分可可脂后成为可可饼，再将可可饼进一步碎裂、磨细、筛粉制成。根据含脂量不同可分为低脂可可粉（脂肪含量 12% 以下）、中脂可可粉（脂肪含量 12%~22%）、高脂可可粉（脂肪含量>22%）。用于制作可可冰淇淋或者巧克力冰淇淋。

4. 淀粉

淀粉的种类很多，有小麦淀粉、玉米淀粉、马铃薯淀粉、甘薯淀粉、木薯淀粉、变性淀粉等等。在雪糕生产中使用较多，主要起稳定增稠作用，是廉价的填充物。

5. 麦芽糊精

麦芽糊精是以淀粉为原料，经淀粉酶低程度转化、浓缩、喷雾干燥等工艺制成的一种介于淀粉与糖之间的纯碳水化合物。麦芽糊精甜度低、黏度高、溶解性好、无异味、易消化、吸湿性低、耐高温，在饮料、冷饮中能提高产品溶解性，使产品光泽度好，使冰粒膨胀细腻，黏稠性能好，爽口无糊味。

6. 血糯米粉

血糯米粉主要成分均为淀粉，以支链淀粉为主。糯米粉抗老化性强，几乎无凝胶性能。

7. 果蔬及果蔬汁

水果蔬菜营养丰富，某些原料还含有大量对人体有益的生物活性物质，利用果蔬原料或将其加工成果蔬汁生产果蔬冰淇淋越来越受到人们的青睐。用于生产冰淇淋的果蔬原料很多，如草莓、苹果、柑橘、菠萝、猕猴桃、樱桃、芒果、椰子、香菇、海带、胡萝卜等。

8. 果仁和果脯

在冰淇淋中加入果仁不仅能给产品带来相应的香味，还能使产品的色、香、味、形融为一体。常用的果仁有核桃仁、花生仁等。果脯作为一种特色原料加入冰淇淋中能使产品更具风味和特色。常用的果脯有山楂脯、苹果脯、蜜枣、青梅脯等。

9. 花生

花生营养丰富，是一种良好的油料作物和植物蛋白资源。花生中所含的赖氨酸、谷氨酸和天冬氨酸等可防止过早衰老，增强记忆力。花生中所含的不饱和脂肪酸多，可有效降低血液总胆固醇，以花生为原料再配以植物脂肪等辅料生产出来的花生冰淇淋口感细腻、蛋白含量高、且有花生特有的香味。

10. 大豆

大豆营养丰富，是良好的植物蛋白资源，富含蛋白质、赖氨酸、大豆异黄酮等物质。以大豆为原料制成豆乳或豆粉添加到冰淇淋中不但可以降低成本而且可以提高产品营养价值。

11. 其他

为满足各类人群食用，市场开发了很多的特色冰淇淋产品，如玉米冰淇淋、红枣冰淇淋、绿茶冰淇淋、啤酒冰淇淋、芝麻装饰冰淇淋、果酱冰淇淋等。

【知识点 5-1-3】冰淇淋生产的基本工艺原理

（一）配料

配料是冰淇淋生产的第一步，也是很重要的一个环节。由于原辅料的种类繁多，性状各异，配料之前先要对各种物料进行预处理。

鲜牛乳在使用前应经过滤除杂。冰牛乳应先击碎成小块，然后加热溶解过滤。乳粉应先加温水溶解，或进行均质。奶油应先检查其表面有无杂质，再切成小块待杀菌。稳定剂应先浸入水中 10min，再加热至 60~70℃，配制 10% 溶液。蔗糖在容器中加适量的水加热溶解成糖浆，并过 100 目筛。液体甜味剂先加 5 倍左右的水稀释、混匀，再经 100 目筛过滤。鲜蛋可与鲜乳一起混合，过滤后均质，冰蛋要先加热融化后使用。蛋黄粉先与加热到 50℃ 的奶油混合，再用搅拌机使其分散在油脂中。果汁使用前要搅匀或经均质处理。

配料的基本顺序：先往配料缸里加入鲜牛乳、脱脂乳等低黏度的原料及半量左右的水，然后加入黏度稍高的原料如糖浆、乳粉液、稳定剂和乳化剂等，再加入黏度高的原料如稀奶油、炼乳、果葡糖浆、蜂蜜等，对于一些数量较少的固体料如可可粉、非脂乳固体等可用细筛撒入配料缸内，最后以水或牛乳做总量调整，使混合料的总固体保持在规定的范围内。

（二）杀菌

杀菌对保证产品质量非常重要。通过杀菌以保证产品的安全性和卫生指标，达到延长冰淇淋保存期的目的。杀菌的方法主要有巴氏杀菌、高温短时杀菌、超高温瞬时杀菌等方法。

巴氏杀菌温度一般为 60~85℃、处理 15~30min。可以杀死微生物的营养细胞，但不能达到完全灭菌的目的。杀菌时如料液表面产生泡沫，泡沫部分难以达到杀菌温度，必要时可以直接用蒸汽对泡沫部分进行喷射。该种方法由于所需时间较长，生产效率低，目前大型企业已经很少采用。

高温短时杀菌温度一般为 85~90℃处理 3~5min，或 95℃处理 1~2min。该种方法比巴氏杀菌杀菌能力强，且节省稳定剂用量，减少营养素的损失，改善产品品质，且可以连续化生产，生产能力大。中小企业多采用该法杀菌。

超高温瞬时杀菌温度为 120~135℃、处理 1~3s。该法生产能力大，杀菌时间短，杀菌效果好，几乎可达到或接近灭菌要求。可节省冰淇淋稳定剂用量，营养素损失较少，维生素几乎不受破坏，节省能源，节省工作时间，提高工作效率，降低成本，稳定产品质量。

杀菌效果与原料的含菌量、操作人员的责任心和熟练程度有关。原料的含菌量越高，杀菌后料液的含菌量就越大。在选料时应选符合质量要求的原料，并防止原料在加工过程中被污染。操作人员必须认真负责并技术熟练，严格按照杀菌公式杀菌，随时抽检料液的杀菌效果。

（三）均质

均质是冰淇淋生产中必不可少的工序之一，对冰淇淋的质量有极为重要的作用。均质的主要作用包括使混料均匀，防止脂肪球上浮，改善冰淇淋组织，促进消化吸收等。

均质是在均质机内完成的。均质压力和温度对混合料的凝冻操作及冰淇淋的形体组织有十分密切的关系，是均质效果好坏的关键。一般冰淇淋混合料均质最适温度为 65~70℃。若高于 70℃，凝冻时膨胀率会过大，将有损于冰淇淋形体。均质一般采用两段式，前段使用较高的压力 15~20MPa，后端使用低压 2~5MPa。

（四）冷却

混合料经均质处理后，应将其迅速冷却至 0~4℃，以便尽快进入老化阶段，温度的迅速降低能使混合料黏度增加，可有效地防止脂肪球的聚集和上浮，避免混合料酸度的增加，阻止香味物质的逸散和延缓细菌繁殖。冷却温度要适应生产工艺要求，不可将混合料冷却至低于 0℃，因温度过低容易使混合料产生冰结晶，影响冰淇淋品质。

（五）老化

冰淇淋的老化是将混合原料在 2~4℃的低温下贮藏一段时间进行物理成熟的过程，又称之为"成熟"。其实质是脂肪、蛋白质和稳定剂的水合作用。稳定剂充分吸收水分，使料液黏度增加，有利于凝冻搅拌时膨胀率的提高。老化时间长短与温度有关。一般在 2~4℃进行老化需要延续 4h，而在 0~1℃老化时则需 2h，而高于 6℃，即使延长老化时间也得不到良好的效果。老化持续时间与混合料的组成成分和稳定剂品种也有关，干物质越多，黏度越高，老化所需要的时间越短。

（六）凝冻

凝冻是冰淇淋加工中一个重要的工序。它是将配料、杀菌、均质、老化后的混合物料在强制搅拌下进行冷冻，使空气以极微小的气泡均匀混入混合物料中，使冰淇淋中的水分在形成冰晶时呈微细的冰结晶，这些小冰结晶的产生和形成对于冰淇淋质地的光滑、硬度、可口性及膨胀率来说都是必须的。

凝冻的目的：使混合料更加均匀，使冰淇淋组织更加细腻，使冰淇淋获得适当的膨胀率，使冰淇淋稳定性提高，可加速硬化成型进程。

（七）成型

成型就是将凝冻后的半固体冰淇淋分装到各种形状的包装容器中，然后进行后续的硬化，制成各式各样的冰淇淋。冰淇淋的成型可以根据所制产品的品种、形态要求，采用各种不同类型的成型设备进行，如纸杯、冰砖、蛋筒、注模成型、巧克力涂层、异型冰淇淋切割线等多种成型灌装机。

（八）硬化

硬化是将成型后的冰淇淋迅速置于-25℃以下的温度，经过一定时间的速冻，再保持在-18℃以下，使冰淇淋组织固定，形成极微小的冰结晶，使其硬度增加并保持一定的松软度的过程。凝冻后的冰淇淋不经硬化者为软质冰淇淋，多为商店现制现售。若灌入容器中再经硬化，则成为硬质冰淇淋，为工业化生产必须步骤。冰淇淋硬化的情况优劣对成品品质有重要的影响。硬化迅速，则冰淇淋融化少，组织中的冰结晶细，成品组织润滑。若硬化缓慢，则部分冰淇淋融化，冰的结晶粗糙，品质较差。包装容器的形状和大小、速冻室的温度与空气的循环状态、冰淇淋的组成成分和膨胀率等都会影响到冰淇淋的硬化情况的优劣。

冰淇淋硬化方式主要有以下三种。

（1）盐水硬化 将冰淇淋放入冰盐混合物中进行硬化。其中盐占25%，在-27～-25℃硬化14～18h。

（2）速冻库硬化 以氨为制冷剂，保持温度在-27～-25℃硬化10～20h。

（3）速冻隧道硬化 在长度为12～15m长的隧道-40～-35℃硬化30～50min。图5-2所示为一个冷冻硬化隧道。

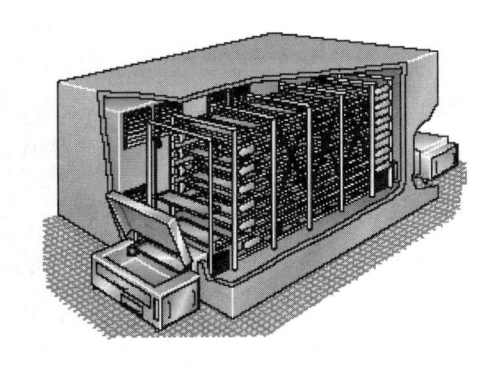

图5-2 冷冻硬化隧道

【知识点 5-1-4】 冰淇淋生产的主要设备

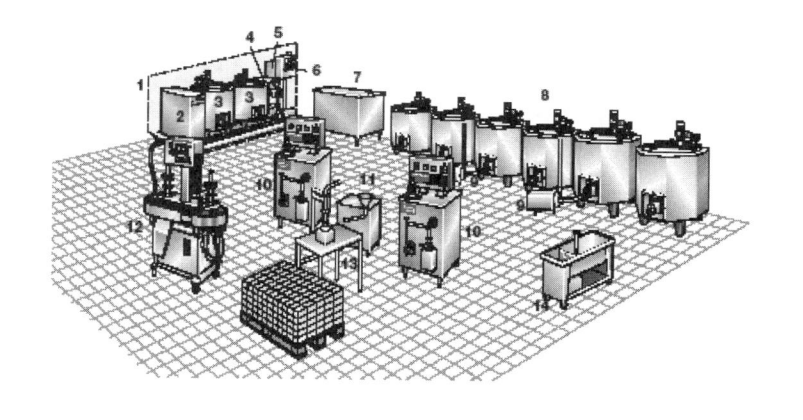

图 5-3 500L/h 冰淇淋生产线示意图

1—冰淇淋混合料预处理；2—水加热器；3—混合罐和生产罐；4—均质机；5—板式换热器；

6—控制盘；7—冷却水；8—老化罐；9—排料泵；10—连续凝冻机；11—脉动泵；

12—回转注料；13—灌注（手动）；14—CIP 系统

冰淇淋生产工艺复杂，需要的设备较多（图 5-3），主要包括配料设备、杀菌设备、老化缸、均质机、胶体磨、各式模具、速冻设备、凝冻机、填充设备、包装设备、打码设备、CIP 清洗系统等。

（一）配料设备

配料设备是将各种原辅料加以混合并搅拌均匀的设备。有混料缸、混料罐、夹层锅等。混料缸为单层不锈钢容器，配有减速搅拌机构，在缸中装有蒸汽加热盘管，用于冰淇淋生产中溶化糖等原辅料，还可对料液进行加温，缩短混料、杀菌时间。新开发的一种超高速乳化混料罐，具有均质、乳化作用，罐体夹壁有蒸汽加热管，在混料的同时又进行杀菌处理，在罐内能进行自动清洗。

（二）杀菌设备

混合好的冰淇淋物料要进行杀菌，以杀死病原菌等微生物。杀菌设备分为连续式和间歇式。常用的是连续式板式热交换器杀菌设备。板式热交换器传热效率高、占地面积小、安装维修方便，冰淇淋物料进入板式热交换器完成热交换，从而达到杀菌目的，使用方便。

（三）均质设备

冰淇淋的均质操作是在均质机中进行的。物料在均质机的高压作用下通过狭窄的间隙，料液受到缝隙中的强大剪切力作用、撞击作用、空穴作用，在三者的共同作用下，使料液迅速破碎为细小的微粒，从而使物料均质化。均质机按构造分为高压均质机、离心均质机、超声波均质机等。

（四）老化设备

物料经过均质后，必须迅速冷却到老化温度，并贮存一段时间，以便脂肪凝结物、蛋白质和稳定剂发生水合作用，提高混合料的黏度和凝冻膨胀率。老化通常是在老化缸内完成的。老化缸内温度通过载冷剂冷却至2~4℃，载冷剂常用氯化钙溶液或用冰水。老化缸内温度通过温度自动记录仪表进行测量记录。

（五）凝冻设备

凝冻是冰淇淋生产的一道关键工序，在相当程度上决定了冰淇淋的质量高低，凝冻主要靠凝冻机来实现，凝冻机是冰淇淋生产的关键设备。

凝冻机的基本结构包括送料装置、刮刀装置、搅拌装置、空气输入装置、凝冻筒等。送料装置保证送料的均匀性、连续性、较高的送料压力和较小

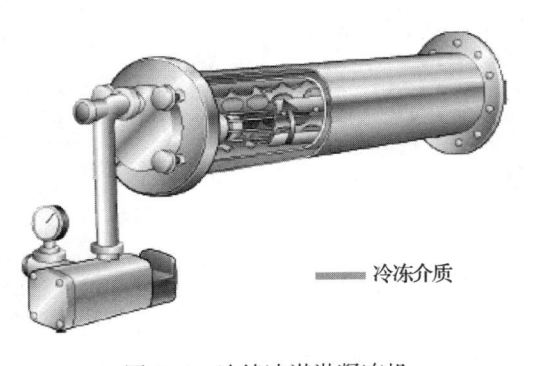

冷冻介质

图5-4　连续冰淇淋凝冻机

的压力波动性。刮刀装置保证刀口与凝冻筒壁的贴合可靠，把微小的冰结晶有效地从凝冻筒壁刮削下来。搅拌装置使冰淇淋在凝冻过程中，冰结晶和空气泡能够均匀地分布在冰淇淋混合料中。空气输入装置能有效、均匀地向冰淇淋混合料中输入空气，保证冰淇淋具有合适的膨胀率。凝冻筒是一个热交换装置，具有很强的热交换能力，凝冻筒具有较好的筒壁粗糙度和形状精度，以保证和刮刀的紧密贴合。

混合料进入凝冻筒处于剧烈、连续搅拌状态，在制冷剂的连续换热作用下，料液中的水分在凝冻筒壁冻结成细微的冰结晶，冰结晶不断地被匀速旋转的刮刀割刮下，形成微粒状的冰晶进入冰淇淋混合料中，随着凝冻过程的进行，连续形成的冰结晶均匀地分布在冰淇淋混合料中。同时，专门的空气输入装置连续不断的加入定量的空气，在刮刀搅拌作用下形成极小的气泡均匀地分布在冰淇淋混合料中，使冰淇淋的体积增大，形成膨胀效果。当冰淇淋中的冰结晶和微小空气泡达到一定比例时，就成为具有一定膨胀率的呈膏体状态的冰结晶、空气泡和浆料的均匀混合物。

凝冻机有间歇式和连续式两种。间歇式冰淇淋凝冻机是将物料倒入凝冻筒进行凝冻和搅拌，凝冻完成后需停机才能将物料倒出，它是生产膨胀率不太高的冰淇淋的主要设备，能生产含有固体颗粒成分的冰淇淋，工作平稳、操作方便、适应性强，但生产效率低，适合各类冷饮店使用。连续式冰淇淋凝冻机（图5-4），浆料通过齿轮泵与定量的空气同时泵入凝冻筒，经搅刮器的搅拌使它们充分混合，浆料的冷冻由凝冻筒夹套内的液态制冷剂蒸发来完成。搅刮器上的不锈钢刀

片刮下凝冻筒内壁上的冰淇淋，出料泵将冰淇淋从凝冻出料口末端送进灌装工位，是现代冰淇淋生产中较先进的凝冻设备，所制得的冰淇淋组织均匀细腻，生产效率高。

（六）成型设备

经过凝冻后的冰淇淋具有一定的流动性，为了符合贮藏、运输、销售的需要还要经过分装后送入低温环境中进行硬化处理。成型及灌装设备主要有挤压成型设备、浇模成型设备和灌装设备。

1. 挤压成型设备

挤压成型设备具有连续凝冻、挤压成型、速冻硬化、自动包装的特点。必须配备连续式凝冻机，连续均匀地通过模具挤压成特定形状的条状坯料，再用插棒机插入木棒，经切割装置切成冰淇淋片后，落入输送托板进入装有功率强大的风冷式蒸发器，速冻隧道进行速冻硬化。

2. 浇模成型设备

冰淇淋注入特制的模具成型，随模具进入−25℃以下低温盐水槽速冻硬化，自动化程度高的浇模机有定量灌装、自动插棒、浇注果酱、表面干果粒喷洒等各种功能，并通过各种功能组合，生产出多种多样的花色雪糕。

3. 灌装设备

灌装设备有多功能灌装机、双排灌装机、平板式灌装机、甜筒灌装机、圆杯灌装机等。

（七）硬化设备

冰淇淋离开灌装机时，温度为−5～−3℃，也就是凝冻机通常的出口温度，配料中也只有45%的水分被冻结，为了使冰淇淋组织固定，形成极微小的冰结晶，以便运输贮藏，必须把产品进一步冷却到−25℃进行速冻硬化。冰淇淋硬化设备有硬化室、快速冻结设备、盐水喷淋速冻设备等。目前广泛采用硬化室和快速冻结设备。硬化室即速冻库。硬化室要布置在凝冻、分装设备、贮藏库附近。速冻隧道由环形传送带系统形成，内部装有能力很大的备有高速鼓风机的冷冻蒸发器，通过对食品连续强风低温速冻，使产品达到硬化目的。

【技能训练】

【技能点 5-1-1】冰淇淋配方设计与配料计算

（一）冰淇淋配方设计基本原则

产品配方设计是冰淇淋生产中一个非常重要的环节。在冰淇淋配方设计中必须考虑以下几个原则。

1. 必须以冰淇淋的产品质量标准为依据

不同类型的冰淇淋对原辅料的要求是不同的，所以在进行配方设计前就要明确产品的质量及其标准，不同类型的冰淇淋其脂肪含量、蛋白质含量、膨胀率、总固形物含量及非脂乳固体含量是不同的。冰淇淋的理化指标见《GB/T

31114—2014 冷冻饮品　冰淇淋》。

2. 必须掌握原辅料的化学组成和加工特性

在明确产品质量指标后，就要对原辅料进行选择，原辅料中脂肪含量、蛋白质含量、非脂乳固体含量将决定最终产品的脂肪含量、蛋白质含量及非脂乳固体含量等。所以在配方设计前就要通过各种适当的检测手段明确所有原辅料的主要化学成分含量。在没有条件的情况下，可以查阅相关原辅料的食物成分表。掌握了这些指标再进行适当的配比调整就能够得到符合产品质量的冰淇淋。当然在考虑理化指标符合产品质量的冰淇淋还要考虑各种原辅料的加工特性和使用限量。不同的原料的加工特性是不同的，它们将最终决定产品的色香味形等感官指标。只有综合考虑了这些因素，设计出的产品配方才是科学合理的。同时应该注意总固形物含量的控制，较高的固形物含量一般能增大冰淇淋膨胀率，提高凝冻能力。但固形物过高，料液黏度过大，产品会产生不良冰晶现象，品质下降。而总固形物含量过低会使冰淇淋在储藏中品质变差、口感空、容易收缩。一般总固形物一般控制在 30%～40%。

一般冰淇淋的配料用量范围见表 5-10。

表 5-10	一般冰淇淋的配料用量范围		单位:%
组成成分	最低	最高	平均
乳脂肪	6.0	16.0	8.0～14.0
非脂乳固体	7.0	14.0	8.0～11.0
糖	13.0	18.0	14.0～16.0
稳定剂	0.3	0.7	0.3～0.5
乳化剂	0.1	0.4	0.2～0.3
总固体	30.0	41.0	34.0～39.0

3. 合理使用各种食品添加剂

冰淇淋配方中还要使用各种食品添加剂，它们在产品中起到非常重要的作用。虽然用量不多，但在产品配方中不可缺少。这些食品添加剂的使用必须符合我国食品添加剂使用卫生标准，若使用不当不但不会改善产品质量还会影响产品质量安全。

4. 保证产品色香味形完美统一

根据不同冰淇淋产品的特点，进行必要的风味、色泽调整，保证最终产品的色香味形的完美统一。在配方设计中必须考虑加入的色素、香精香料以及各种辅料应能够完美的结合而保证和改善产品色香味形。

（二）冰淇淋配料计算

冰淇淋配方设计需根据产品质量标准、消费嗜好、原料成本来选取基本原料，再根据标准来确定各种原料的用量，以保证在同样成本要求下达到最优配方。一般应根据标准，计算乳及乳制品的用量或植物脂肪的用量；计算蔗糖等的用量；根据总固形物的含量要求，计算其他辅料的添加量；根据脂肪含量及固形物计算乳化剂和稳定剂用量；计算香精和色素用量；计算蛋白质含量。

例 题

【例】 现备有脂肪含量40%、非脂乳固体含量为5.4%的稀奶油，含脂率3.2%、非脂乳固体含量为8.3%的牛乳，脂肪含量8%、非脂乳固体含量20%、含糖量为40%的甜炼乳及蔗糖等原料。拟配制1000kg脂肪含量10%、非脂乳固体含量11%、蔗糖含量16%、明胶稳定剂0.5%、乳化剂0.4%、香料0.1%的混合原料。试计算各种原料的用量。

解：（1）列出配方成分及用量表（表5-11）。

表5-11　　　　　　　　　　　　　　配方成分及用量表

成分名称	含量/%	用量/kg
脂肪	10	1000×10%＝100
非脂乳固体	11	1000×11%＝110
蔗糖	16	1000×16%＝160
明胶稳定剂	0.5	1000×0.5%＝5
乳化剂	0.4	1000×0.4%＝4
香味料	0.1	1000×0.1%＝1

（2）列出原料成分表（表5-12）。

表5-12　　　　　　　　　　　　　　原料成分表

原料名称	配方成分	含量/%
稀奶油	脂肪	40
	非脂乳固体	5.4
牛乳	脂肪	3.2
	非脂乳固体	8.3
	脂肪	8
甜炼乳	非脂乳固体	20
	糖	45
蔗糖	糖	100

续表

原料名称	配方成分	含量/%
稳定剂	明胶	0.5
乳化剂	乳化剂	0.4
香料	香味料	0.1

（3）计算原料用量。

①先计算稳定剂、乳化剂和香料的需要量：

$$稳定剂（明胶）：0.005×1000=5（kg）$$
$$乳化剂：0.004×1000=4（kg）$$
$$香料：0.001×1000=1（kg）$$

②求出乳与乳制品和糖的需要量：由于冰淇淋的乳固体含量和糖类分别由稀奶油、原料牛乳、甜炼乳引入，而糖类则由甜炼乳和蔗糖引入，所以可设：

设稀奶油的需要量为 A kg，牛乳的需要量为 B kg，甜炼乳的需要量为 C kg，蔗糖的需要量为 D kg，列四元一次方程如下：

混合料总量：$A+B+C+D+5+4+1=1000$

脂肪总量：$0.4A+0.032B+0.08C=100$

非脂乳固体总量：$0.054A+0.083B+0.2C=110$

蔗糖总量：$0.45C+D=160$

解方程，分别得：

$A=150$ kg（稀奶油），$B=518$ kg（牛乳），$C=294$ kg（甜炼乳），$D=28$ kg（蔗糖）。

（4）根据计算结果，列出冰淇淋所需原料用量表（表5-13）。

表5-13　　　　　　　　　　　　冰淇淋配料用量表　　　　　　　　　　单位：kg

原料名称	配料数量	脂肪	非脂乳固体	糖	总固体
稀奶油	150	60	8.1	—	68.1
牛乳	518	16.58	43	—	59.58
甜炼乳	294	23.42	58.8	132	214.32
蔗糖	28	—	—	28	28
稳定剂（明胶）	5	—	—	—	5
乳化剂	4	—	—	—	4
香料	1	—	—	—	1
合计	1000	100	110	160	380

所以，该冰淇淋的配方为：稀奶油15%，原料乳51.8%，甜炼乳29.4%，蔗糖2.8%，明胶0.5%，乳化剂0.4%，香料0.1%。

【技能点5-1-2】草莓冰淇淋加工技术

草莓果实色泽鲜艳，香气纯正、果肉饱满可口、鲜嫩多汁。草莓含有丰富的维生素 C、维生素 A、维生素 B 和多种微量元素，还含有一定量的可食性纤维，对人体的肠道也具有保健作用，可有效防止便秘、肠炎和肠癌等疾病。草莓果实中的花青素类色素具有抗氧化消除自由基的功能，有降低血清及肝脏中脂肪含量的作用，有利于人体对异物的解毒及排泄功能，可防止人体过氧化作用。草莓冰淇淋，可以使富含蛋白质、脂肪的冰淇淋与富含维生素等多种成分的草莓浆果搭配，使冰淇淋的营养更全面、色泽风味更诱人。

（一）材料与设备

1. 原料与配方

鲜牛乳 45%，草莓原浆 20%，白砂糖 14%，鲜鸡蛋 5%，明胶 0.3%，CMC-Na 0.15%，柠檬酸 0.1%，无菌过滤水 9.45%，淀粉 2%，奶油 4%。

2. 仪器与设备

打浆机、均质机、真空浓缩器、灭菌罐、凝冻机、速冻机等。

（二）工艺流程

1. 草莓原浆制作流程

鲜草莓 ⟶ 清洗 ⟶ 打浆、护色 ⟶ 真空浓缩 ⟶ 草莓浓缩汁 ⟶ 冷藏备用

2. 草莓冰淇淋制作流程

草莓原浆、辅料 ⟶ 混合 ⟶ 调酸 ⟶ 杀菌 ⟶ 均质 ⟶ 老化 ⟶ 凝冻 ⟶ 灌模 ⟶ 速冻 ⟶ 包装 ⟶ 成品

（三）操作要点

1. 选料

选取新鲜成熟度好的鲜红色草莓。

2. 清洗

草莓肉质娇嫩，要用流动的洁净水轻轻漂洗或喷洗，不能浸泡过久，以免果肉软烂和色素流失。

3. 打浆、护色

清洗后的果实草莓直接送入打浆机打成浆液。草莓的呈色物质是花青素，它是一种水溶性色素，极不稳定，不但易受氧化剂和温度的影响而变色，而且 pH 改变时颜色也随之改变：pH<7 为红色，pH=8 为紫色，pH=11 为蓝色。所以生产天然的高品质草莓冷饮时，护色是重要的工序。在打浆过程中加入 0.25% 柠檬酸进行护色。将产品的最终 pH 调整到 4~6。

4. 真空浓缩

采用真空浓缩，可脱除浆液中的氧气含量，真空度可以适当提高为 8kPa。

5. 混合

按配方准确称取各种原料，在配料缸进行配制。先加入鲜牛乳，与稳定剂干混以外剩余的白砂糖，加入草莓原浆、蛋液，淀粉搅拌溶解，加温至 50~60℃，

加入已配制溶解好的稳定剂浆液，加入奶油，最后以饮用水定容。

6. 调酸

草莓浆汁的颜色受 pH 影响较大，通过加入柠檬酸等辅料，将产品的最终 pH 调整到 4~6。先将柠檬酸称量后放入耐酸容器中，加入 50% 左右的无菌水溶解完全，再过滤后加入到配方的总料液当中。

7. 杀菌

在灭菌罐中将混合均匀的料液加热至 85℃，该温度 15min，并迅速冷却至 45℃ 以下。

8. 均质

将灭菌冷却后的料液通入均质机均质，均质压力为 20MPa，均质温度 60℃。

9. 老化

均质后将料液迅速冷却至 4℃，泵入老化缸，2~4℃ 搅拌 10h，使料液充分老化，提高料液的黏度，增加其稳定性及膨胀率。

10. 凝冻

将老化成熟的料液通入凝冻机的料槽中进行凝冻膨化，凝冻温度控制在 -4~-2℃，并在低温下不断搅拌、使物料中充入细小空气而成膨松状，使产品体积增大。此时，冰淇淋中形成的冰晶较小，形成软质冰淇淋。

11. 速冻成形

将凝冻膨化的冰淇淋迅速灌模后放入 -40~-30℃ 的速冻机中速冻 6~8h，形成所需的形状。

12. 成品

将速冻好的冰淇淋拔模、包装，抽检合格后即为成品。

（四）质量要求

1. 感官指标

具有草莓的天然鲜艳红色，草莓香气协调，细腻爽口、有少量果肉，不得有异味或外来杂物。

2. 其他指标

符合《GB/T 31114—2014 冷冻饮品　冰淇淋》中的规定。

【技能点 5-1-3】酸奶冰淇淋加工技术

酸奶冰淇淋是在冰淇淋基料基础上，增加酸乳，赋予制品特殊的滋味和风味，使产品具有促进消化、增进食欲、抗肿瘤、抗辐射、延缓机衰老、降低胆固醇等保健功效。

（一）原料与配方

鲜牛乳 47%，全脂乳粉 6%，蔗糖 15%，人造奶油 6.5%，棕榈油 2.5%，乳酸发酵菌种 4%，藻酸丙二醇酯 0.1%，单甘酯 0.15%，羧甲基纤维素 0.1%。

（二）工艺流程

1. 酸奶的制备流程

鲜牛乳 ⟶ 预处理 ⟶ 均质 ⟶ 杀菌 ⟶ 冷却 ⟶ 接种 ⟶ 保温发酵 ⟶

冷却 ⟶ 冷藏 ⟶ 备用

2. 酸奶冰淇淋的制作流程

原料预处理 ⟶ 混合 ⟶ 杀菌 ⟶ 均质 ⟶ 冷却 ⟶ 混合（酸奶）⟶ 老化 ⟶

凝冻 ⟶ 分装成型 ⟶ 硬化 ⟶ 成品

（三）操作要点

1. 酸奶的制备

酸奶的制备参照学习情境三酸乳加工技术，接入 4% 活力高，产酸、产香性好的保加利亚乳酸杆菌、嗜热链球菌、嗜酸杆菌和双歧杆菌的混合菌种，混合保温发酵温度为 42~43℃，发酵时间为 3~4h，发酵至 pH 3.5~4.0 时停止发酵。将酸奶进一步冷却至 4℃左右，冷藏备用。

2. 冰淇淋原料的预处理

将各种原料用热水溶解、过滤后与油脂充分混匀，其中乳化剂、稳定剂与部分蔗糖先混合，然后加入到适量的 60℃ 左右的热水中搅拌，至全部溶解后使用。均质温度为 65~70℃，第一阶段的均质压力为 15~20MPa，第二阶段的均质压力为 5~10MPa。90℃ 杀菌 20s。

3. 酸奶与冰淇淋原料的混合

将酸奶与经过预处理的冰淇淋混合料混合均匀。

4. 料液的老化

将料液在 2~4℃ 老化 6h 左右，使混合料液中的脂肪、蛋白质、稳定剂等发生水化作用，增加冰淇淋的黏稠度，提高产品的膨胀率，改善冰淇淋的组织结构，缩短凝冻时间。老化时应防止搅拌产热及周围环境温度的影响，若温度超过 6℃，即使延长老化时间，也得不到良好的老化效果。

5. 凝冻

将老化后的混合料液投进凝冻机，在搅拌器的高速搅拌下，空气以极小的气泡均匀分布于半固态的混合物料中，20%~40% 的水分呈微晶粒状态，使冰淇淋体积膨胀。

6. 分装成形

为便于产品的包装、贮藏、运输及销售，及时将凝冻后的酸奶冰淇淋分装成形。

7. 硬化

迅速硬化，使酸奶冰淇淋融化少，组织细腻润滑；若硬化缓慢，酸奶冰淇淋部分融化，则冰晶的颗粒大且多，成品组织粗糙，品质低劣。

8. 贮藏

硬化后的冰淇淋保存在-20℃的冷库中，库内的相对湿度为85%~90%，贮藏温度不能过高且波动要小，贮藏时间不宜过长。

（四）质量要求

1. 感官指标

产品色泽均匀，呈白色、乳白色或略带淡黄色。酸度柔和，滋味和顺，口感滑爽，有冰淇淋特有的滋味和气味，无不良气味。组织细腻、润滑，形态完整，无收缩、塌陷现象，无明显的凝粒及冰晶粒体，无肉眼可见杂质。

2. 其他指标

符合《GB/T 31114—2014 冷冻饮品　冰淇淋》中的规定。

【技能点5-1-4】黑色冰淇淋加工技术

大量研究表明，"黑色食品"具有补肾、防衰老、保健益寿、防病治病、乌发美容等独特功效。传统冰淇淋高脂、高糖、热量大。将"黑色食品"添加至冰淇淋中，加工调配成复合冰淇淋，既能改善传统冰淇淋单调的色、香、味，又能提高冰淇淋营养价值。

（一）材料与设备

1. 材料与配方

（1）外料配方　新鲜鸡蛋7.0%，全脂乳粉4.0%，黑米6.0%，白砂糖8.0%，饴糖12.0%，麦芽糖浆11.0%，瓜尔豆胶0.25%，卡拉胶0.03%，刺槐豆胶0.06%，香米香精0.12%，炒米香精0.02%，乳化剂0.36%，椰子油8.0%。

（2）内料配方　白砂糖9.0%，饴糖22.5%，枣泥8.0%，糊精3.0%，乳化剂0.35%，黑芝麻1.0%，黑木耳0.6%，柠檬酸0.28%，瓜尔豆胶0.30%，黄原胶0.10%，糊精3.0%，香精适量。

2. 仪器与设备

托盘天平、恒温水浴箱、台秤、速冻冰柜、均质机、小型凝冻机等。

（二）工艺流程

1. 夹心内料制作流程

夹心原料 ⟶ 调配 ⟶ 杀菌 ⟶ 冷却 ⟶ 老化 ⟶ 凝冻（内料）

2. 黑色冰淇淋制作流程

黑米浆 ⟶ 调配（鸡蛋浆与辅料）⟶ 杀菌 ⟶ 均质 ⟶ 冷却 ⟶ 老化 ⟶

凝冻 ⟶ 灌模 ⟶ 冻结（注入内料）⟶ 冷冻 ⟶ 包装 ⟶ 检验 ⟶ 成品

（三）操作要点

1. 外料操作要点

（1）黑米浆的制备　选择颗粒饱满、无病虫害的黑米原料，将选好的黑米置于流动水中漂洗，然后将洗净的黑米用50℃左右的温水浸泡4h，以便使研磨效果更佳，温水量以黑米体积的3~4倍为宜，浸泡后的黑米用胶体磨研磨备用。

（2）调配 先加入浓度低的液体原料，再加入砂糖、乳粉、乳化稳定剂、鸡蛋浆等原料，最后以水做容量调整。其中，砂糖与乳化稳定剂混匀后，在不断搅拌的条件下加入，以防胶体结块影响冰淇淋质量。

（3）杀菌 将调配好的米液放在容器内，加热至78℃，保温30min，尽量避免高温长时间杀菌，以防产品产生蒸煮味和焦味。

（4）均质 将杀菌后的米液冷却至65~70℃，通过均质温度65~70℃，均质压力13~17MPa，均质10min。

（5）老化 将均质后的米液迅速冷却至2~4℃，时间以8~24h为宜，以使米液充分发生水化作用，增强稳定性，提高黏度，增加膨胀率。

（6）凝冻灌装 将老化后的米液放入小型冰淇淋机内不断搅拌，当达到半固体状态时，将其取出倒入模具内进行冷冻。当米液冻结2mm左右时，将其内部料液取出，注入枣泥心，而后继续冷冻10min左右。

（7）硬化 将凝冻膨化的冰淇淋迅速灌模后放入-40~-30℃的速冻机中速冻6~8h，形成所需的形状。

（8）贮藏 硬化后的冰淇淋保存在-18℃的冷库中，库内的相对湿度为85%~90%，贮藏温度不能过高且波动要小，贮藏时间不宜过长。

2. 内料操作要点

（1）黑芝麻的炒制 选择颗粒饱满、色泽黑亮的黑芝麻，去杂、清洗、晾干，炒制温度要严格控制。

（2）黑木耳的处理 黑木耳要充分水发，保证其有良好的咬劲，搅打时不能太碎，以免影响其口感。

（3）调配、杀菌、老化。与外料工艺相同。

（四）质量要求

1. 感官指标

外料色泽均匀，呈黑米色，有食欲感，呈奶香和黑米的混合香气，口味纯正清爽，组织松软，无明显冰晶，形态完整。内料色泽自然，接近枣泥色，有黑色点缀，感官好，滋味和气味呈枣香和黑芝麻的混合香，组织状态粘软，无明显冰晶，有咬劲。

2. 其他指标

符合《GB/T 31114—2014 冷冻饮品 冰淇淋》中的规定。

【技能点5-1-5】绿豆冰淇淋和绿茶冰淇淋加工技术

绿豆富含蛋白质、纤维素、多种矿物质及人体必需的氨基酸，具有清热解暑、消炎解毒、保肝明目、降血压、防止动脉粥样硬化等功效。茶叶具有消炎杀菌、明目、兴奋、降血压、降血脂、降血糖、抗疲劳、抗癌、抗辐射、抗衰老、防龋齿防口臭、醒酒等多种功效。将具有保健功效的绿豆、绿茶应用于冰淇淋生产，使产品更具营养、保健等功效。

（一）材料与设备

1. 材料与配方

绿豆 4%，绿茶汁 41.72%，无水奶油 10%，白砂糖 16%，鲜鸡蛋 4%，CMC 0.15%，卡拉胶 0.03%，柠檬酸 0.05%。

2. 仪器与设备

胶体磨，豆浆榨汁机，恒温水浴箱，凝冻机，打蛋器，冰箱，电炉，密封茶杯，塑料雪糕盒等。

（二）工艺流程

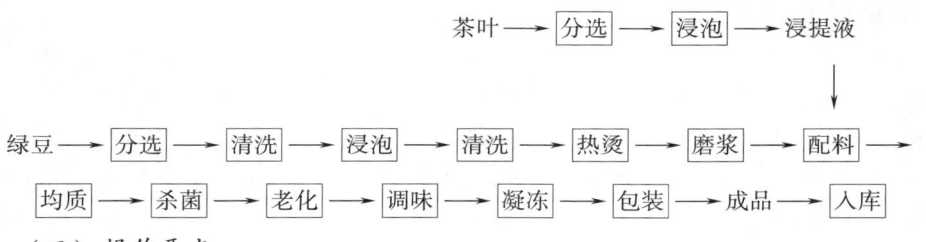

（三）操作要点

1. 绿豆处理

选择籽粒饱满、无虫害、无发霉的新鲜绿豆，用清水清洗 3 次，15~20℃温水浸泡 10~12h。将绿豆放入夹层锅中，以沸水热烫 2~5min，浸泡至绿豆充分膨胀，并加入少量柠檬酸护色。在绿豆中加入相当于其料量 6 倍的水，经过两次胶体磨，磨浆期间加水要均匀。

2. 绿茶汁制取

用 10 倍于茶叶的水浸提 15min，温度 80℃。

3. 配料

先加入浓度低的液体原料，再加入砂糖、乳化剂、稳定剂、鸡蛋浆等原料，最后以水做容量调整。其中，砂糖与乳化稳定剂混匀后，在不断搅拌的条件下加入。

4. 均质

采用高压均质机，在 75℃、13~15MPa 条件下进行均质。

5. 杀菌

85℃、杀菌 15min。

6. 冷却

将料液通过板式热交换器，迅速冷却至 4~5℃。

7. 老化

将料液倒入消毒过的老化缸，保持缸温 2~4℃，边加食用香精边搅拌，老化时间为 8～12h。

8. 凝冻搅拌

出料温度控制在-4℃。

9. 分装成形

为便于产品的包装、贮藏、运输及销售，及时将凝冻后冰淇淋分装成形。

10. 硬化

将凝冻膨化的冰淇淋迅速灌模后放入-40～-30℃的速冻机中速冻 6～8h，形成所需的形状。

11. 贮藏

硬化后的冰淇淋保存在温度为-18℃、相对湿度为 85%～90%的冷库中。

（四）质量要求

1. 感官指标

产品呈均匀的浅绿色并带有光泽，组织细腻、润滑，质地坚实，无冰晶，口感佳，具有浓郁的绿豆香味和淡淡的绿茶香气。

2. 其他指标

符合《GB/T 31114—2014 冷冻饮品　冰淇淋》中的规定。

【技能点 5-1-6】南瓜冰淇淋加工技术

（一）概述

南瓜营养丰富，含有多种氨基酸、葫芦巴碱、戊聚糖、甘露醇、瓜氨酸、胡萝卜素和磷、钾、钙、镁等无机元素及锌、硒等微量元素。南瓜性温味甘，其瓜肉、籽、瓤、蒂、根、藤、叶、花均可入药，具有"益心敛肺、补中益气"的作用。长期食用具有保健、防病治病的功效。将南瓜经适当处理后制作南瓜冰淇淋，不仅增加了冰淇淋花色品种，且改善冰淇淋的风味，使其营养价值更加趋于合理。

（二）材料与设备

1. 原料与配方

南瓜 10%，乳粉 10%，人造奶油 4%，鸡蛋 5%，白砂糖 13%，乳化稳定剂（海藻酸钠∶瓜儿豆胶∶单硬脂酸甘油酯=2∶2∶5）0.8%，香兰素 0.1%，加水至 100%。

2. 仪器与设备

组织捣碎机，胶体磨，高压均质机，配料罐，灭菌锅，冰淇淋制造机，冰柜。

（三）工艺流程

南瓜 ⟶ 清洗 ⟶ 去皮 ⟶ 水煮 ⟶ 打浆 ⟶ 配料 ⟶ 杀菌 ⟶ 冷却 ⟶

胶体磨 ⟶ 均质 ⟶ 老化 ⟶ 凝冻 ⟶ 冻结 ⟶ 包装硬化 ⟶ 成品

（四）操作要点

1. 南瓜浆的制作

挑选表皮平滑，瓜皮较硬，无腐坏、病斑和虫蛀，肉质金黄色、橙黄色或橘红色成熟度较高的南瓜。用水冲洗，去蒂，去籽瓤，去皮。清洗干净后切成 2cm×2cm×0.5cm 的小块，然后放入沸水中煮 15min。捞出后按南瓜：水（质量比）=1:1 的比例加水，用高速组织捣碎机捣碎成糊状得南瓜浆，直接作为配料加入到冰淇淋中。

2. 配料

将白砂糖及适量的水在配料锅中加热溶解过滤后，依次加入南瓜浆、乳化稳定剂、鸡蛋、乳粉、奶油，最后补足所需水分。注意在加热过程中一定要充分搅拌，防止局部受热导致焦煳，影响产品品质。

3. 灭菌

85℃保持 5min 左右。

4. 过磨和均质

为避免营养物质的分解和损失，杀菌后的料液必须用冷水水浴法快速冷却。当温度降低到 65℃左右时，加入香兰素，先用胶体磨进行初磨，然后用高压均质机在 20～40MPa 压力下进行均质 2 次，以便使冰淇淋组织细腻，形体润滑松软，稳定性和持久性增强，膨胀率提高，减少冰晶的形成。

5. 老化及后熟

均质后的料液经迅速冷却至 10℃，在老化缸内于 2~4℃老化后熟 8~12h。

6. 凝冻

料液在连续回转式冰淇淋制造机中进行凝冻。温度控制在−5～−2℃，为提高冰淇淋的膨胀率，应该保持合适的进气量和搅拌器的转速，使空气均匀地混入物料，形成膨松、细腻的软质冰淇淋，避免物料凝冻成冰或者产生冰晶。

7. 灌注、硬化：凝冻后的软质冰淇淋立即灌注到容器中成型，然后迅速放于−40℃～−25℃条件下冷冻硬化至少 6~8h，以固定冰淇淋的组织状态，使其保持一定的硬度和形态。硬化好的冰淇淋经检验合格后即为成品。在−20℃的贮存条件下，保质期为 3 个月左右。

（五）质量要求

1. 感官指标

淡黄色，组织细腻润滑、形态完整，具有奶香和南瓜的清香风味，无异味，无杂质。

2. 其他指标

符合《GB/T 31114—2014 冷冻饮品　冰淇淋》中的规定。

【质量控制】

（一）质量标准

冰淇淋质量标准参考《GB/T 31114—2014 冷冻饮品　冰淇淋》。具体质量标准见表 5-14。

表 5-14　　　　　　　　　　　　　　冰淇淋质量标准

项目		要求						检验方法
		全乳脂		半乳脂		植脂		
		清型	组合型	清型	组合型	清型	组合型	
感官要求	色泽	主体色泽均匀，具有品种应有的色泽						在冻结状态下，取单只包装样品置于清洁、干燥的白瓷盘中，先检测包装质量，然后剥开包装物，用目测检查色泽、形态、杂质等，用口尝、鼻嗅检查滋味、气味
	形态	形态完整，大小一致，不变形，不软塌，不收缩						
	组织	细腻润滑，无气孔，具有该品种应有的组织特征						
	滋味气味	柔和乳脂香味，无异味		柔和淡乳香味，无异味		柔和植脂香味，无异味		
	杂质	无正常视力可见外来杂质						
理化指标	非脂乳固体含量/（g/100g）≥	6.0						SB/T 10009
	总固形物含量/（g/100g）≥	30.0						
	脂肪含量/（g/100g）≥	8.0		6.0	5.0	6.0	5.0	
	蛋白质含量/（g/100g）≥	2.5	2.2	2.5	2.2	2.5	2.2	
	注：①组合型产品的各项指标均指冰淇淋主体部分；②非脂乳固体含量按原始配料计算。							
卫生指标		应符合 GB 2759.1 的规定						
净含量		应符合《定量包装商品计量监督管理办法》的规定						
食品添加剂和食品营养强化剂		应分别符合 GB 2760 和 GB 14880 的规定						

（二）冰淇淋质量问题及控制措施

1. 冰淇淋的风味缺陷及其预防

（1）香味不正　主要是由于加入香精过多或不足，或香精品质不良。因此，对香精的品质和用量要严格控制，严格按照配方添加。香精储存间应为专用储存间，不能与有强烈气味的物品放在一起。

（2）香味不纯　使用不新鲜的原料或香精香料质量有问题，应检查所用原料和香精。

（3）甜味过甜或不足　主要原因是配料加水过少或过多，未按照规定的配方加入甜味剂，或在使用蔗糖代用品时没有按甜味要求计算用量，使甜味降低所致。因此，要抽样化验含糖量与总干物质含量，加强配方管理工作。

（4）氧化味　主要是由原材料如乳粉、奶油、蛋粉、甜炼乳等贮存条件不当，造成脂肪或类脂氧化，或硬化油融化时间过长或贮藏日久变质引起的。铜离子、二价铁离子、单甘酯和甘油二酸酯等可加速脂类物质的氧化。因此，在使用油脂或含油脂多的原料时必须把握原料的质量，使用之前进行感官检验，如有问题禁止使用。

（5）酸败味　使用不新鲜的乳与乳制品，如酸度较高的乳脂、淡奶、牛乳等。此外在加工过程中，各道工序加工不及时，特别是在巴氏灭菌后至凝冻前的操作搁置时间过久，最容易引起细菌繁殖，使产品发生酸败味。所以采用鲜乳时，必须严格检验，不合格者不得投产，严格按照工艺标准进行。

（6）咸味　在冰淇淋中含有过高的非脂乳固体或者被中和过度，凝冻操作不当溅入盐水均能产生咸味。另外，在冰淇淋原料中采用含盐分比较高的甘酪或乳清粉，也能产生咸味。因此要调整配方加盐量，注意操作，检查冻结模具是否有漏损。

（7）焦味　焦味是由于对某些原料处理时因温度过高产生烧焦现象而引起的，如花生冰淇淋或咖啡冰淇淋中，由于加入烧焦的花生仁或咖啡引起的，这就需要严格控制原料质量。另外，对料液加热杀菌时温度过高、时间过长或使用酸度过高的牛乳也会出现烧焦味。因此，要严格执行杀菌操作规程。

（8）煮熟味　冰淇淋中加入经高温处理的含有高的非脂乳固体的甜炼乳等，或者混合原料在巴氏杀菌时温度超过77℃及经过二次巴氏杀菌等，会形成煮熟的气味。

（9）陈宿味　使用不新鲜的原料或储放日久的原料则会引起产品含有陈宿味，所以在用料过程中应做到原料先来先用，不新鲜的原料不用。

（10）发酵味　果汁存放时间过长会发酵起泡，添加到冰淇淋原料中会造成产品有发酵味，应加强原料检验，使用新鲜果汁。

（11）金属味　由于装在马口铁听内的冰淇淋贮存过久，或因罐头已腐蚀，或用贮藏混合原料经过长时间的热处理，均会产生金属味。

2. 冰淇淋的组织缺陷及其防止

（1）组织粗糙　组织粗糙是指在冰淇淋外观不细腻，有大颗粒，食之有粗糙感。其主要原因如下：配方不合理，冰淇淋中的总干物质不足，蔗糖与非脂乳固体的比例配合不当，所用稳定剂的品质较差或用量不足，混合原料所用乳制品溶解度差，均质压力、均质温度不良，混合料的成熟时间不足，料液进入凝冻机时的温度过高，硬化时间过长，冷藏库温度不稳定以及软化冰淇淋的再次冻结等因素造成的。应该调整配方，提高总干物质含量，同时使用质量好的稳定剂掌握好均质压力与温度，并经常抽样检查均质效果。

（2）组织松软　组织松软是指冰淇淋组织硬度不够，过于松软，主要与冰淇淋中含有大量的气泡有关。这种现象多是因使用干物质不足的混合原料，或者使用未经均质的混合料，以及膨胀率控制不良而产生的。应在配料中选择合适的总固形物含量，或者控制冰淇淋的膨胀率，膨胀率过高，会使冰淇淋中含有过多气泡，造成组织松软；而膨胀率过低，含气泡量少，又会使组织过于坚硬。膨胀率一般控制在 80%～100%。

（3）组织结实　组织结实是指冰淇淋的组织过于坚硬。这是由于冰淇淋混合料中所含总干物质过高或膨胀率较低所致。应适当降低总干物质的含量，降低料液黏性，提高膨胀率。

（4）面团状组织　若稳定剂用量过多，硬化过程控制不好，均易产生这种缺陷。另外混合原料均质压力过高，也可能产生面团状组织。

3. 冰淇淋的形体缺陷及其预防

（1）形体过黏　形体过黏是冰淇淋的黏度过大，其主要原因有：稳定剂使用量过多，料液中总干物质量过高，均质时温度过低，或是膨胀率过低。应合理控制稳定剂、干物质量，严格加工工艺。

（2）有奶油粗粒　冰淇淋中的奶油粗粒，是由于混合原料中脂肪含量过高、混合原料酸度较高以及老化冷却不及时或搅拌方法不当而引起。应适当降低含脂率，冷却老化要及时，搅拌方法要改进，老化时温度要控制适当。

（3）融化缓慢　这是由于稳定剂用量过多、混合原料过于稳定、混合原料中含脂量过高以及使用较低的均质压力等造成的。

（4）融化较快　冰淇淋融化较快是由于在原料中所含稳定剂和总干物质过低，应适当增加稳定剂和总干物质的含量，另选用品质好的稳定剂。

（5）融化后成细小凝块　一般是由于混合料使用高压均质时，酸度较高或钙盐含量过高，而使冰淇淋中的蛋白质凝成小块。应做好混料的酸碱度调节。

（6）融化后成泡沫状　由于稳定剂用量不足或者没有完全稳定所形成。应正确使用稳定剂或适当增加其用量。

（7）冰的分离　冰淇淋的酸度增高，会形成冰分离的增加；稳定剂采用不当或用量不足，混合原料中总干物质不足以及混合料杀菌温度低，均能增加冰的分离。

（8）砂砾现象　在食用冰淇淋时，口腔中感觉到的不易溶解的粗糙颗粒，其有别于冰结晶。这种颗粒实质上是乳糖结晶体，因为乳糖较其他糖类难于溶解。在长期冷藏时，若混合料黏度适宜、存在晶核、乳糖浓度和结晶温度适当时，乳糖便在冰淇淋中形成晶体。防止方法有快速地硬化冰淇淋、硬化室的温度要低、从制造到消费过程中要尽量避免温度的波动。

（9）收缩　主要原因是由于冰淇淋内部的一部分不凝冻的物质的黏度较低，或者液体和固体分子移动的结果，引起了空气的逸出，从而使冰淇淋发生收缩。造成收缩现象因素很多，最主要的有温度的影响、膨胀率过高、乳蛋白质影响、糖分的影响、小的空气气泡等，为了避免或防止冰淇淋的收缩，在严格控制加工工艺操作的同时，应尽量避免硬化室和冷藏室内的温度发生升降的现象以及冰淇淋的受热变软，特别当冰淇淋膨胀率较高时尤应注意；用质量好的、酸度低的牛乳或乳制品为原料，可以防止蛋白质的不稳定性；严格控制冰淇淋的凝冻搅拌的质量，使冰淇淋内被混入的空气泡，能够处于较适应的压力下存在；避免糖分的含量过高。

4. 冰淇淋膨胀率低

冰淇淋的膨胀率是指冰淇淋容积增加的百分率。一般冰淇淋的膨胀率为90%～100%。膨胀率过高，则冰淇淋组织太松软，口感较差，且易造成冰淇淋形体收缩；膨胀率过低，则冰淇淋组织坚硬，体积小，食之感不到柔润适口，并增加了生产成本。

影响膨胀率的因素有：

（1）糖分过高　使混合物料的冰点降低，在凝冻过程中，空气不易混入，影响了冰淇淋的膨胀率。

（2）脂肪含量高　冰淇淋中脂肪含量一般是6%～12%，如果高于12%，其黏度增大，凝冻时，空气不易进入，体积不能膨胀。

（3）稳定剂过量　使黏度增大，在凝冻时，空气也不易混入。一般用量不超过0.5%。

（4）在混合物料加工过程中，产生乳糖结晶、乳酸以及蛋白质凝固，也降低了膨胀率。组织越细腻，膨胀率越高。

（5）均质的影响　冰淇淋混合物料经过均质后，组织比较细腻，在凝冻搅拌时容易进入空气。如果压力不足，干物质组织比较粗，将会影响膨胀率。

（6）老化不够　冰淇淋老化是将混合原料在2～4℃的低温下贮藏一段时间进行物理成熟的过程，其实质是脂肪、蛋白质和稳定剂的水合作用。混合物料温度在2～3℃为佳。如果温度高于6℃时，即使延长时间，也不能取得满意的效果。

（7）凝冻操作不当　凝冻操作对膨胀率的影响最大。凝冻搅拌时间不够，空气不能充分混入，搅拌速度太慢，物料不能充分拌和，空气混入不均匀、搅拌速度过快，空气不易混入等都会影响冰淇淋的膨胀率。所以严格控制凝冻机的温度、时间以及搅拌速度，可以提高膨胀率。

5. 微生物超标

冰淇淋中所含细菌数与种类依其制品种类、原料、品质及其加工过程的不同而存在着一定的差异。造成微生物超标原因可能是设备、工具等消毒不佳，有微生物污染冰淇淋物料；有的原料污染严重，虽然严格按规定的杀菌工艺规程进行，仍有部分微生物未能杀死；环境卫生、个人卫生、车间卫生不好；巴氏杀菌不足，可能是杀菌温度或杀菌时间不符合工艺规定，有些耐热微生物未能致死。因此，为了防止冰淇淋在加工及储藏时的细菌污染，除选用符合卫生要求的原辅包装材料外，还必须严格执行各种卫生管理制度。

任务二　雪糕加工技术

【任务描述】

本任务的主要内容涉及雪糕的定义、分类，雪糕生产工艺流程、花色雪糕及普通雪糕的配方设计、雪糕生产加工的主要操作要点分析，典型雪糕产品的加工工艺及雪糕的质量缺陷与控制，以及雪糕产品的质量标准。

【知识准备】

【知识点 5-2-1】认识雪糕

（一）雪糕的定义

雪糕是以饮用水、乳和/或乳制品、食糖、食用油脂等为主要原料，可添加适量食品添加剂，经混合、灭菌、均质或凝冻、冻结等工艺制成的冷冻饮品。

（二）雪糕的分类

雪糕按产品组织形态分为清型雪糕、混合型雪糕和组合型雪糕。清型雪糕为不含颗粒或块状辅料的制品，如橙味雪糕等；混合型雪糕是含有颗粒或块状辅料的制品，如葡萄干雪糕等；组合型雪糕主体部分为雪糕，且所占比例不低于50%，与其他冷冻饮品和/或其他食品如巧克力等组合而成的制品，如巧克力雪糕、果汁雪糕等。

【知识点 5-2-2】雪糕的生产工艺及操作要点

（一）雪糕生产工艺流程

原料处理 ⟶ 配料 ⟶ 杀菌 ⟶ 冷却 ⟶ 均质 ⟶ 冷却 ⟶ 老化 ⟶ 凝冻 ⟶
浇模 ⟶ 插棍 ⟶ 冻结 ⟶ 脱模 ⟶ 包装 ⟶ 检验 ⟶ 成品

（二）雪糕的配方

1. 花色雪糕的配方

各种花色雪糕的配方见表 5-15。

2. 普通雪糕的配方

砂糖 13%～14%，淀粉 1.25%～2.5%，牛乳 32% 左右，香料适量，糖精 0.010%～0.013%，精炼油脂 2.5%～4.0%，麦乳精及其他特殊原料 1%～2%，着色剂适量。

表 5-15　　　　　　　　　花色雪糕配方（以 1200kg 计）　　　　　　　　单位：kg

原料	品种						
	可可	橘子	香蕉	香草	菠萝	草莓	柠檬
水	845	836	816	838	871	855	818
白砂糖	105	135	106	125	175	149	105
全脂乳粉	—	22.5	—	16	52	33	—
甜炼乳	175	100	175	125	—	60	175
淀粉	15	15	15	15	15	15	15
糯米粉	15	15	15	15	15	15	15
可可粉	12	—	—	—	—	—	—
精油	37	40	40	40	40	40	40
禽蛋	—	37	37	37	37	37	37
糖精	0.17	0.15	0.15	0.15	0.15	0.15	0.15
精盐	0.15	0.15	0.15	0.15	0.15	0.15	0.15
香草香精	0.90	—	—	1.14	—	—	—
橘子香精	—	1.50	—	—	—	—	—
香蕉香精	—	—	0.60	—	—	—	—
菠萝香精	—	—	—	—	0.65	—	—
草莓香精	—	—	—	—	—	1.20	—
柠檬香精	—	—	—	—	—	—	1.14

（三）雪糕生产操作要点

1. 原料处理

对所用原料进行严格的验收、检验，使用经验收、检验合格的原料。按配方称取原料。由于原辅料的种类繁多，性状各异，配料之前先要对各种物料进行预处理。鲜乳在使用前应经过滤除杂。鲜蛋可与鲜乳一起混合，过滤后均质，冰蛋要先加热融化后使用。乳粉应先加温水溶解，或再进行均质。奶油应先检查其表面有无杂质，再切成小块待杀菌。稳定剂应先浸入水中 10min，再加热至 60～70℃，配制 10% 溶液。蔗糖在容器中加适量的水加热溶解成糖浆，并过 100目筛。

2. 配料

配料时先加入浓度低、黏度低的物料，如水、牛乳等，再加入黏度大或含水量低的原料，如冰蛋、奶油、乳化剂、稳定剂等，最后再加入水定容，经搅拌混合成混合料液。

3. 杀菌

在杀菌锅采用巴氏杀菌，75~85℃保温15~20min，杀灭细菌，并使淀粉充分糊化。

4. 均质

为使混料均匀、防止脂肪球上浮、改善组织，对混合料进行均质。均质是在均质机内完成的。均质前需要预热，一般预热至65~70℃，均质压力15~20MPa。

5. 冷却

冷却是为了缩短冻结时间，便于冻结。一般冷却至3~8℃，冷却通常在冷却缸或冷却器内进行。在冷却至16~18℃时，才可将香料等加入混合料中，以减少损失。冷却至3~8℃即可注模、冻结。注意不能使混合料温度低至-1℃，否则造成注模困难，影响产品质量。

6. 老化

老化是将混合原料在2~4℃的低温下贮藏一段时间进行物理成熟的过程。为缩短老化时间，一般先将混合料冷却至15~18℃老化2~3h，再将物料降至3~8℃老化3~4h。

7. 凝冻

膨化雪糕需要轻度凝冻。凝冻是在-6~-2℃的低温下进行的，目的是使混合料更加均匀、使雪糕组织更加细腻、使雪糕获得适当的膨胀率。凝冻在凝冻机中进行。分次加入老化后的物料，控制凝冻时间，使膨胀率在30%~50%，出料温度控制在-3℃。

8. 浇模

从凝冻机放出的物料直接放进雪糕模盘，浇模时模盘要前后左右晃动，以使物料在模内分布均匀。然后盖上带有扦子的模盖，轻轻放入冻结槽内进行冻结。浇模前注意对模盘、模盖、扦子等进行彻底消毒，以确保卫生安全、防止遭受污染。

9. 插棍

为保证产品美观和方便脱模，要求插棍整齐端正、不得有歪斜、漏插。

10. 冻结

为使浇模后的混合料硬化成型，需将其进行冻结，通过降温使其固化。冻结方法有直接冻结法和间接冻结法。直接冻结法是直接将模盘浸入盐水槽内进行，待盐水温度降至-28~-26℃时即可轻轻放入模盘进行冻结，待模盘内混合料全部冻结，即可将模盘自冻结缸中取出。间接冻结法即使用速冻库或速冻隧道进行冻结。

11. 脱模

使冻结的硬化雪糕由模盘内脱下，较好的方法是将模盘进行瞬时加热，使紧贴模盘的物料融化而使雪糕易从模具中脱出。加热模盘的设备可以用烫盘槽，其由内通蒸汽的蛇形管加热。脱模时，在烫盘槽内注入加热用的盐水至规定高度后，开启蒸汽阀将蒸汽通入蛇形管控制烫盘槽温度在 50~60℃，将模盘置于烫盘槽中，轻轻晃动使其受热均匀，浸数秒（以雪糕表面稍融为度）后，使产品表面受热融化而自模盘中脱出，然后用钳子将雪糕一一拔出，脱模即告完成。

12. 包装

脱模后的产品需包装以便于贮存、运输和销售。包装可采用单行包装机和多行包装机。包装完毕于 −20~−18℃ 的冷库中贮存。

【技能训练】

【技能点 5-2-1】 绿豆雪糕加工技术

（一）概述

绿豆富含蛋白质、B 族维生素、纤维素、多种矿物质及人体必需的氨基酸，具有清热解暑、消炎解毒、保肝明目、降血压、防止动脉粥样硬化等功效。将绿豆应用于雪糕生产，使产品更具营养、保健等功效。

（二）材料与设备

1. 原辅料及配方

乳粉 5%，全脂棕榈油 5%，葡萄糖浆 4%，白砂糖 14%，复合乳化稳定剂0.4%，绿豆 4%，绿豆香精 0.15%，色素适量，饮用水 67.45%。

2. 仪器与设备

混料缸、高压均质机、消毒室、连续杀菌器、硬化室、模具、冻结槽。

（三）工艺流程

原料处理 → 配料 → 杀菌 → 冷却 → 均质 → 冷却 → 老化 → 凝冻 →
浇模 → 插棍 → 冻结 → 脱模 → 包装 → 检验 → 成品

（四）生产操作要点

1. 原料处理

选择籽粒饱满、无虫害、无发霉的新鲜绿豆，用清水清洗 3 次，室温下浸泡12h 左右，放入夹层锅，用 3 倍于绿豆的水将绿豆煮开花，用胶体磨将其磨成豆浆。

2. 配料

复合乳化稳定剂与 10 倍白砂糖混匀备用。料缸内加入少许 40~50℃ 水，加入乳粉、白砂糖、复合乳化稳定剂与白砂糖的混合物等，再加入葡萄糖浆、绿豆浆、全脂棕榈油等，最后加水定容。

3. 杀菌

采用 80℃、保温 20min 杀菌。

4. 均质

为使混料均匀、改善组织，在均质机内对混合料进行均质。均质温度 65 ～ 70℃，均质压力 20MPa。

5. 冷却

物料在冷却缸或冷却器内冷却至 3～8℃。

6. 老化

冷却后的混合料降至 3～8℃老化 4h，以加强蛋白质和稳定剂的水化作用。

7. 凝冻

老化后的混合料加入香精和色素，进行凝冻。使混合料更加均匀、使雪糕组织更加细腻、控制凝冻时间，使膨胀率在 40%～50%，出料温度控制在－3℃。

8. 浇模

从凝冻机放出的物料浇注进雪糕模具，浇模时模盘要前后左右晃动，以使物料在模内分布均匀。浇模前注意对模盘等进行彻底消毒，防止遭受污染。

9. 插棍

插棍整齐端正、不得有歪斜、漏插。

10. 冻结

将模盘浸入盐水槽内进行，待盐水温度降至－28～－26℃时即可轻轻放入模盘进行冻结，待模盘内混合料全部冻结，即可将模盘自冻结缸中取出。

11. 脱模

冻结好的雪糕通过温水喷淋脱模后，进入包装机包装。包装完毕于－20～－18℃的冷库中贮存。

（五）产品质量标准

1. 感官指标

具有与绿豆一致的颜色，形态完整，大小一致，插杆整齐，组织紧密，滋味协调，无肉眼可见外来杂质。

2. 其他指标

符合《GB/T 31119—2014 冷冻饮品　雪糕》中的规定。

【技能点 5-2-2】红茶雪糕加工技术

（一）概述

中国是茶叶的故乡，饮茶历史源远流长。茶叶的营养十分丰富，富含茶多酚、咖啡碱、蛋白质、游离氨基酸、维生素、矿物质、多糖等物质，具有杀菌消炎、降血压、降血脂、抗辐射、抗肿瘤、抗衰老等功效。红茶雪糕降暑解渴、营养丰富。

（二）材料与设备

1. 材料与配方

白砂糖 14%，乳粉 4%，甜蜜素 0.02%，奶油 4%，复合稳定剂 0.4%，红茶叶 0.4%，鸡蛋 1%，糯米粉 1%，食盐 0.15%，食用色素适量。

2. 仪器与设备

混料缸、高压均质机、消毒室、连续杀菌器、凝冻机、硬化室、模具、冻结槽。

（三）工艺流程

红茶浸提 ⟶ 混合调配 ⟶ 杀菌 ⟶ 均质 ⟶ 冷却 ⟶ 老化 ⟶ 凝冻 ⟶

浇模 ⟶ 冻结 ⟶ 脱模 ⟶ 包装 ⟶ 成品

（四）生产操作要点

1. 红茶浸提液的制备

选用无霉烂、无异物、无异味的茶叶，加水比为 1：80，浸提温度为 75~80℃，时间每次 5~10min 共浸提 3 次，最后用 100 目滤布过滤得红茶浸提液。

2. 混料

将各种原辅材料按比例溶解，混合均匀，避免结块；当温度升至 50~60℃ 时，复合稳定剂用 5 倍砂糖预混好，然后在搅拌的条件下慢慢加入混合浆料中。

3. 杀菌

浆料加热到温度 70~80℃，保持 30min，以保证达到杀死病菌的要求。

4. 均质

采用二级均质。温度 70~75℃，一级均质压力 14~17kPa，二级均质压力 4~8kPa。

5. 老化

温度保持 2~4℃，时间为 4h。

6. 凝冻

温度为 -25℃，时间为 10min。

7. 浇模

从凝冻机放出的物料浇注进雪糕模具，浇模时模盘要前后左右晃动，以使物料在模内分布均匀。浇模前注意对模盘等进行彻底消毒，防止遭受污染。

8. 插棍

插棍整齐端正、不得有歪斜、漏插。

9. 冻结

将模盘浸入盐水槽内进行，待盐水温度降至 -28~-26℃ 时即可轻轻放入模盘进行冻结，待模盘内混合料全部冻结，即可将模盘自冻结缸中取出。

10. 脱模包装

冻结好的雪糕通过温水喷淋脱模后，进入包装机包装。包装完毕于 -20~-18℃ 的冷库中贮存。

（五）产品质量标准

1. 感官指标

浅褐色，清凉爽口，有红茶的清香，质地细腻，无冰结晶存在，无凹陷，无空头。

2. 其他指标

符合《GB/T 31119—2014 冷冻饮品 雪糕》中的规定。

【质量控制】

（一）质量标准

雪糕的质量标准参见《GB/T 31119—2014 冷冻饮品 雪糕》，具体指标要求见表 5-16。

表 5-16 雪糕质量标准

项目		要求		检检验方法
		清型	组合型	
感官要求	色泽	具有品种应有的色泽		在冻结状态下，取单只包装样品置于清洁、干燥的白瓷盘中，先检测包装质量，然后剥开包装物，用目测检查色泽、形态、杂质等，用口尝、鼻嗅检查滋味、气味
	形态	形态完整，大小一致，扦插产品的插杆应整齐，无断杆，无多杆，无多杆		
	组织	冻结坚实，细腻滑润	具有品种应有的组织特征	
	滋味和气味	滋味柔和纯正，无异味		
	杂质	无正常视力可见外来杂质		
理化指标	总固形物含量/（g/100g）≥	20		SB/T 10009
	蛋白质含量/（g/100g）≥	0.8	0.4	
	脂肪含量/（g/100g）≥	2.0	1.0	
卫生指标		应符合 GB 2759.1 的规定		
净含量		应符合《定量包装商品计量监督管理办法》的规定		
食品添加剂和食品营养强化剂		应分别符合 GB 2760 和 GB 14880 的规定		

（二）雪糕常见质量缺陷及控制

1. 风味

（1）甜味不足 同冰淇淋。

（2）香味不正 同冰淇淋。

（3）酸败味 同冰淇淋。

（4）咸苦味 在雪糕配方中加盐量过高；以及在雪糕或冰棒凝冻过程中，操作不当溅入盐水（氯化钙溶液）；或浇注模具漏损等，也能产生咸苦味。

（5）油哈味　是由于使用已经氧化发哈的动植物油脂或乳制品等配制混合原料所造成的。

（6）烧焦味　配料杀菌方式不当或热处理时高温长时间加热，尤其在配制豆类棒冰时豆子在预煮过程中有烧焦现象，均可产生焦味。

（7）发酵味　在制造鲜果汁棒冰时，由于果汁贮放时间过长，本身已发酵起泡，则所制成棒冰有发酵味。

2. 组织与形体

（1）组织粗糙　在制造雪糕时，如采用的乳制品或豆制品原料溶解度差、酸度过高，均质压力不适当等，均能让雪糕组织粗糙或有油粒存在。在制造果汁或豆类棒冰时，所采用的淀粉品质较差或加入的填充剂质地较粗糙等，也能影响其组织。

（2）组织松软　这主要是由于总干物质较少、油脂用量过多、稳定剂用量不足、凝冻不够以及贮藏温度过高等而造成。

（3）空头　主要是由于在制造时，冷量供应不足或片面追求产量，凝冻尚未完整即行出模包装所致。

（4）歪扦与断扦　系由于棒冰模盖扦子夹头不正或模盖不正，扦子质量较差以及包装、装盒、贮运不妥等所造成的。

【巩固提升】

（一）名词解释

冰淇淋、冷冻饮品、冰淇淋的膨胀率、硬化、老化、凝冻、雪糕、清型雪糕、组合型雪糕。

（二）简答题

1. 冰淇淋生产用到的主要原辅料包括哪几类？

2. 冰淇淋生产用到的主要食品添加剂包括哪几类？

3. 乳化剂在冰淇淋中的作用是什么？冰淇淋加工常用的乳化剂有哪些？

4. 稳定剂在冰淇淋中的作用是什么？冰淇淋加工常用的稳定剂有哪些？

5. 香精在冰淇淋中的作用是什么？选择香精香料如何考虑头香、体香和尾香三个方面？

6. 着色剂在冰淇淋中应用时需注意的问题是什么？

7. 冰淇淋老化的目的及主要变化是什么？

8. 冰淇淋凝冻的目的及方法是什么？

9. 影响冰淇淋膨胀率的因素有哪些？

10. 冰淇淋硬化的方式有哪些？

11. 引起冰淇淋微生物超标的原因可能有哪些？

（三）技能测试题

1. 如何进行冰淇淋、雪糕的配方设计？

2. 冰淇淋配料时原辅料添加的顺序是什么？如何进行预处理？

3. 冰淇淋加工的工艺流程是什么？工艺要点有哪些？

4. 冰淇淋的常见质量缺陷主要有哪些？如何控制？

5. 雪糕生产工艺流程是什么？工艺要点有哪些？

6. 雪糕的常见质量缺陷主要有哪些？如何控制？

【知识拓展】

（一）冰淇淋的发展史

1. 冰淇淋的起源

在国内，人们总认为冰淇淋是舶来品，其实它是墙里开花墙外香，最早的冰制冷饮起源于中国。当时，帝王们为了消暑，把冬天的冰贮存在地窖里，到了盛夏再拿出来享用。大约在唐朝末年，在夏季人们也可以制冰了，当时在莲子绿豆汤或薄荷百合汤中放入冰粒是很流行的冰饮。到了元代，聪明的商人在冰中加上果浆和牛乳出售，这已经非常近似现代的冰淇淋了。而在西方，冰淇淋最早起源于中世纪的北欧地区，它结合了蛋奶沙司和鲜奶布雷塔的烹饪传统制作而成。此外，中东地区通常将果香、花香、果汁冻（波斯语 sharbat）加入冰沙中作为提神饮品。

2. 冰淇淋历史

第一份有记载的冰淇淋配方是 1665 年一位名叫 Anne Fanshawe 的英国女士在一本未发表的烹饪食谱里留下的。据推测，她第一次邂逅"冰淇淋"是在西班牙。她的食谱中建议使用橙花水（中东植物）、梅斯（肉豆蔻的表亲）或者龙涎香（抹香鲸消化系统肠梗阻产物，千百年来一直作为一种珍贵香水、香料和药物）。早期冰激凌如此奢侈，只能出现在贵族的餐桌上。直到 1806 年 2 月，Frederick Tudor，这个波士顿人将一批新英格兰的天然冰从波士顿港运往马提尼克，大多数在途中都完好无损，但到达圣彼埃尔港后，他面临如何储存这些冰块的问题，当时那里没有冰库。无奈之下，Tudor 用大量冰块制作了冰淇淋，没想到给他带来了巨额收入。到 19 世纪中叶，Tudor 完善了冰块贸易的进货、储存和运输流程，使他的生意朝规模化发展，至此，冰淇淋的价格在美国开始平民化了。与此同时，费城一位名叫 Nancy Johnson 的女士发明了第一台手摇冰激凌机，使得行业技术得到了再一次飞跃。因为在此之前，制作冰激凌的过程是非常繁琐复杂的。首先要把装奶冻壶从定期结冰的盐水桶里捞出来，敲开盖子然后不停搅拌。而 Johnson 的专利设备是带有曲柄的外桶里面附上搅乳桶，盐泥封闭两壁间的空隙。这项发明既方便又保证了冰淇淋的品质，口感柔软润滑，这个机器迅速畅销起来。今天的冰淇淋机器在桶里加入了电动机，桶内壁加入化学成分，但是基本原理和 Johnson 当时发明的机器是一样的。

3. 现代冰淇淋

现在市场上主要冰淇淋按软硬程度分为硬式冰淇淋和软式冰淇淋两类。

硬冰淇淋（Ice cream）又称美式冰淇淋。由美国人创造，主要是在工厂加工，冷冻后到店内销售，因此从外形就能看出比较坚硬，内部冰的颗粒较粗。包括哈根达斯、杜佰瑞、安徒生、雀巢、纽芝兰等等在内的冰淇淋多属该种类。

软式冰淇淋（Gelato）又称意式冰淇淋。由意大利人发明，并在 16 世纪由西西里岛的一位教士改良，完善了它的制作技术。简单来说就是凝冻后的冰淇淋不经硬化，由于一般在现场制作，看来就比较软，冰的颗粒也较细，罗贝拉、翡冷翠等皆属于此类冰淇淋。

（二）食品配方设计概要

1. 食品配方设计

所谓配方设计，就是根据产品的性能要求和工艺条件，通过试验、优化、评价，合理地选用原辅材料，并确定各种原辅材料的用量配比关系。如何开发一个新产品，如何设计一个新配方，对企业来说至关重要。要设计一个好的食品配方，成为一个真正的优秀技术人员，必须要有扎实的基本功。

2. 配方设计基本功

（1）熟悉原料的性能、用途及相关背景　每种原料都有其各自的特点，你只有熟悉它，了解它，才能用好它。在不同的配方里，根据不同的性能指标的要求，选择不同的原料十分重要。

（2）熟悉食品添加剂的特点及使用方法　食品添加剂是食品生产中应用最广泛、最具有创造力的一个领域，它对食品工业的发展起着举足轻重的作用，被誉为食品工业的灵魂。了解食品添加剂的各种特性，包括复配性、安全性、稳定性（耐热性、耐光性、耐微生物性、抗降解性）、溶解性等，对配方设计来说，是重要的事情。

（3）熟悉设备和工艺特点　熟悉设备和工艺特点，对配方设计有百利而无一害；只有如此，才能发挥配方的最佳效果，才是一项真正的成熟技术。比方说喷雾干燥和冷冻干燥、夹层锅熬煮和微电脑控制真空熬煮、三维混合和捏合混合等，不同设备导致不同的工艺和配方。

（4）积累工艺经验　重视工艺，重视加工工艺经验的积累。就好比一道好菜，配料固然重要，可厨师的炒菜火候同样重要。一样的配方，不一样的工艺，出来的产品质量相差天壤之别，这需要进行总结、提炼。

（5）熟悉实验方法和测试方法　配方研究中常用的实验方法有单因素优选法、多因素变换优选法、平均试验法以及正交试验法。一个合格的配方设计人员必须熟悉实验方法及测试方法，这样才能使他不至于在做完实验后，面对一堆实验数据而无所适从。

（6）熟练查阅各种文献资料　通过检索、收集资料，配制原料比例，经感官评定调整后设计出自己的产品配方。

（7）多做试验，学会总结　仅有理论知识，没有具体的实验经验，是做不出好的产品的。多做实验，不要怕失败，做好每次实验的记录。成功的或是失败的经验，都要有详细的记录，要养成这个好的习惯。学会总结每次实验的数据及经验。善于总结每次的实验数据，找出它们的规律来，可以指导实验，取到事半功倍的效果。

（8）进行资源整合　配方设计人员应把配方设计当成一个系统过程来考虑，设计不仅仅是设计本身，而是需要考虑与设计相关的任何可以促进发展的因素。因此，设计人员不应该仅仅是在实验室内闭门造车，而言"推到两面墙"：对内，要推倒企业内部门之间的墙，与这个行业的人员建立联系。观念一变，世界全变。通过传播知识、交流经验等方法，才能触发创新思想，激发创新热情，才能增强吸收、转化、创新的能力。

3. 食品配方设计七步

食品的配方设计是根据产品的工艺条件和性能要求，通过试验、优化和评价，合理的选用原辅材料，并确定各种原辅材料用量的配比关系。食品配方设计一般分为七个步骤。

（1）主体骨架设计　主体骨架设计是主体原料的选择和配制，形成食品最初的形态。主体原料是根据各种食品的类别和要求，赋予产品基础骨架的主要成分，体现食品性质的功用。

（2）调色设计　食品的色泽作为食品质量指标越来越受到食品研究开发者、生产厂商和消费者的重视，调色设计在食品加工制造中有着举足轻重的地位。在调色设计中，食品的着色、发色、护色、褪色是食品加工重点研究内容。

（3）调香设计　食品的调香设计就是根据各种香精、香料的特点结合味觉嗅觉现象，取得香气和风味之间的平衡，以寻求各种香气、香料之间的和谐美。

（4）调味设计　食品的调味设计，就是在食品生产过程中，通过原料和调味品的科学配制，产生人们喜欢的滋味。调味设计过程及味的整体效果与所选用的原料有重要的关系，还与原料的搭配和加工工艺有关。

（5）品质改良设计　品质改良是在主体骨架的基础上，为改变食品质构进行的品质改良设计。品质改良设计是通过食品添加剂的复配作用，赋予食品一定的形态和质构，满足食品加工的品质和工艺性能要求。食品品质改良设计的主要方式主要有增稠设计、乳化设计、水分保持设计、膨松设计、催化设计、氧化设计、抗结设计、消泡设计等。

（6）防腐保鲜设计　食品配方设计在经过主体骨架设计、调色设计、调香设计、调味设计、品质改良设计之后，色、香、味、形都有了，但是这样的产品保质期短，不能实现产品的经济效益最大化，还需要对其进行防腐保鲜设计。常见的食品防腐保鲜方法：低温保藏技术、食品干制保藏技术、添加防腐剂、罐藏保藏技术、微波技术、包装技术（真空包装、气调包装、托盘包装、活性包装、抗菌包装）、发酵技术、辐照保藏技术、超声波技术等。

（7）功能营养设计　功能设计是在食品基本功能基础上附加特定功能，成为功能性食品。食品按科技含量分类，第一代产品称为强化食品，第二代、第三代产品称为保健食品。食品营养强化是根据不同人群的营养需要，向食品添加一种或多种营养素或某些天然食物成分的食品添加剂，以提高食品营养价值的过程。

学习情境六
干酪加工技术

问题导入

1. 市场上销售的干酪及干酪制品都有哪些种类？干酪为什么被称为"奶黄金"呢？

2. 世界上著名的干酪有哪些？各有什么用途呢？

3. 你知道干酪凝乳酶（皱胃酶）吗？它在干酪的加工过程中起什么作用呢？

4. 干酪是怎样生产出来的呢？

5. 假如你作为一名干酪生产的技术人员，该如何保证产品的良好品质呢？

目标管理

1. 知识目标

（1）熟悉并掌握干酪专用发酵剂的种类和作用。

（2）了解干酪的概念、种类和营养价值。

（3）熟悉并掌握凝乳酶的作用及影响凝乳的主要因素。

2. 技能目标

（1）会进行干酪专用发酵剂、凝乳酶的选择和使用。

（2）会进行普通干酪的生产加工，生产出符合质量指标要求的产品。

（3）会在干酪生产过程中对生产设备进行合理操作，并对出现的质量问题进行分析并解决。

岗位认知

干酪加工工　即从事普通干酪、再制干酪等加工的一类岗位。

任务一　干酪发酵剂及凝乳酶制备技术

【任务描述】

干酪发酵剂是用来使干酪发酵与成熟的特定微生物培养物，凝乳酶是使牛乳发生凝结的酶，在干酪的生产加工中，二者缺一不可。本任务的主要内容涉及干酪发酵剂的种类和作用；凝乳酶的作用机理和影响凝乳的因素；乳酸菌发酵剂的制备，霉菌发酵剂的制备以及发酵剂活力的检测；凝乳酶的制备及其活力的测定方法。

【知识准备】

【知识点 6-1-1】　认识干酪

（一）术语及定义

1. 干酪（cheese）

干酪是指成熟或未成熟的软质、半硬质、硬质或特硬质、可有包衣的乳制品（《GB 5420—2021 食品安全国家标准　干酪》），其中乳清蛋白/酪蛋白的比例不超过牛（或其他奶畜）乳中的相应比例（乳清干酪除外）。干酪由下述任一方法获得：

（1）乳和（或）乳制品中的蛋白质在凝乳酶或其他适当的凝乳剂的作用下凝固或部分凝固后（或直接使用凝乳后的凝乳块为原料），添加或不添加发酵菌种、食用盐、食品添加剂、食品营养强化剂，排出或不排出（以凝乳后的蛋白质凝块为原料时）乳清，经发酵或不发酵等工序制得的固态或半固态产品；

（2）加工工艺中包含乳和（或）乳制品中蛋白质的凝固过程，并赋予成品与（1）所描述产品类似的物理、化学和感官特性。

2. 成熟干酪（ripened cheese）

成熟干酪是指生产后不马上使（食）用，应在特定的温度等条件下存放一定时间，以通过生化和物理变化产生该类产品特性的干酪。

3. 霉菌成熟干酪（mould ripened cheese）

霉菌成熟干酪是指主要通过干酪内部和（或）表面的特征霉菌生长而促进其成熟的干酪。

4. 未成熟干酪（unripened cheese）

未成熟干酪（包括新鲜干酪）是指生产后不久即可使（食）用的干酪。

（二）干酪的种类

1. 国际通用分类

通常把干酪划分为三大类，即天然干酪、再制干酪和干酪食品。见表 6-1。

表 6-1   国际上干酪一般分类

名称	规格
天然干酪	以乳、稀奶油、脱脂乳、酪乳或这些原料的混合物为原料，经凝固，并排除部分乳清而制成的新鲜或经发酵成熟的产品
再制干酪（融化干酪）	用天然干酪经粉碎、混合、加热融化、乳化后而制成的产品，含乳固体40%以上
干酪食品	用天然干酪或融化干酪经粉碎、混合、加热融化而制成的产品。产品中奶酪含量必须占50%以上

2. 其他分类

（1）按水分在干酪非脂成分中的比例不同，干酪可分为特硬质、硬质、半硬质、半软质和软质干酪。

（2）按脂肪在干酪非脂成分的比例不同，干酪可分为全脂、中脂、低脂和脱脂干酪。

（3）按发酵成熟情况的不同，干酪可分为细菌成熟干酪、霉菌成熟干酪和新鲜的干酪。

干酪根据水分、脂肪含量、发酵成熟度分类见表 6-2，表 6-3 为世界上部分主要的干酪品种。

表 6-2   干酪根据水分、脂肪含量、发酵成熟度分类

MFFB[①]/%	质地	FDB[②]/%	脂肪含量	成熟情况
<41	特硬	>60	高脂	成熟的（表面成熟或内部成熟）
49~56	硬质	45~60	全脂	霉菌成熟的（表面成熟或内部成熟）
54~63	半硬	25~45	中脂	
61~69	半软	10~25	低脂	新鲜的
>67	软质	>10	脱脂	

注：①MFFB 指水分占干酪非脂成分的比例，其计算公式为：MFFB＝干酪中的水分质量/（干酪质量－干酪中脂肪质量）×100%。②FDB 指脂肪占干酪成分的比例，其计算公式为：FDB＝干酪中的脂肪质量/（干酪质量－干酪中脂肪的质量）×100%。

表 6-3 部分主要干酪品种

种类		与成熟有关的微生物	水分含量/%	主要产品
软质干酪	新鲜	—	40~60	农家干酪（cottage cheese） 稀奶油干酪（cream cheese） 里科塔干酪（Ricotta cheese）
	成熟	细菌		比利时干酪（Limburger cheese） 手工干酪
		霉菌		法国浓味干酪（Camembert cheese） 布里干酪
半硬质干酪		细菌	36~40	砖状干酪（brick cheese） 德拉佩斯特干酪（Trappist cheese）
		霉菌		法国羊乳干酪（Roquefort cheese） 青纹干酪
硬质干酪	实心	细菌	25~36	荷兰干酪（Gouda cheese） 荷兰圆形干酪（Edam cheese）
	有气孔	细菌（丙酸菌）		埃门塔尔干酪 瑞士干酪（Swiss cheese）
特硬干酪		细菌	<25	帕尔门逊干酪（Parmesan cheese） 罗马诺干酪（Romano cheese）
融化干酪			40以下	融化干酪（processed cheese）

（三）干酪的营养成分和营养价值

干酪含有丰富的蛋白质、脂肪等有机成分和钙、磷等无机盐类，以及多种维生素及微量元素。干酪基本营养成分见表6-4，世界上几种著名干酪的主要营养成分见表6-5。

表 6-4 干酪的营养成分（每 100g 可食部中含量）

成分组成	数值	成分组成	数值	成分组成	数值
能量/kJ	1372	水分含量/g	43.5	碘含量/mg	0
碳水化合物含量/g	3.5	蛋白质含量/g	25.7	脂肪含量/g	23.5
灰分/g	3.8	膳食纤维含量/g	0	胆固醇含量/mg	11
视黄醇含量/mg	152	维生素A含量/g	152	胡萝卜素含量/mg	0
烟酸/mg	0.6	硫胺素含量/μm	0.06	核黄素含量/mg	0.91

续表

成分组成	数值	成分组成	数值	成分组成	数值
钙含量/mg	799	维生素 C 含量/mg	0	维生素 E（T）含量/mg	0.6
钠含量/mg	584.6	磷含量/mg	326	钾含量/mg	75
锌含量/mg	6.97	镁含量/mg	57	铁含量/mg	2.4
锰含量/mg	0.16	硒含量/μg	1.5	铜含量/mg	0.13

表 6-5　　　　几种著名干酪的营养成分（每 100g 中的含量）

干酪名称	类型	水分/%	热量/J	蛋白质含量/g	脂肪含量/g	钙含量/mg	磷含量/mg	维生素 A 含量/IU	维生素 B$_1$ 含量/mg	维生素 B$_2$ 含量/mg	烟酸/mg
契达干酪（Cheddar）	硬质（细菌发酵）	37.0	1666.0	25.0	32.0	750	478	1310	0.03	0.46	0.1
法国羊奶干酪（Roquefort）	半硬（霉菌发酵）	40.0	1540.4	21.5	30.5	315	184	1240	0.03	0.61	0.2
法国浓味干酪（Camembert）	软质（霉菌成熟）	52.2	1251.6	17.5	24.7	105	339	1010	0.04	0.75	0.8
农家干酪（cottage）	软质（新鲜不成熟）	79.0	360.0	17.0	0.3	90	175	10	0.03	0.28	0.1

1. 干酪的基本营养成分

（1）水分　通常，软质干酪为 40%～60%，半硬质干酪为 38%～45%，硬质干酪为 25%～36%，特硬质干酪为 25%～30%。

（2）脂肪　干酪中脂肪含量一般占干酪总固形物的 45% 以上。脂肪不仅赋予干酪良好的风味和细腻的口感，还可提供人体所需的一部分能量，在体内的消化率为 88%~94%。另外干酪中胆固醇含量在奶酪中也较低，通常为 0~100mg/100kg。

（3）蛋白质　干酪中的蛋白质含量一般在 3%~40%，每 100g 软干酪可提供一个成年人日蛋白质需求量的 35%~40%，而每 100g 硬质干酪可提供 50%~60%。酪蛋白是干酪的主要成分。原料乳中的酪蛋白被酸或凝乳酶作用而凝固，形成干酪的组织，并包拢乳脂肪球。白蛋白和球蛋白不被酸或凝乳酶凝固，但在酪蛋白形成凝块时，其中一部分被机械地包含在凝块中。用高温加热乳制造的干酪中含有较多的白蛋白和球蛋白，给酪蛋白的凝固带来了不良影响，容易形成软质凝块。

（4）乳糖　原料乳中的乳糖大部分转移到乳清中。残存在干酪凝块中的部分乳糖可促进乳酸发酵，产生乳酸抑制杂菌繁殖，提高添加菌的活力，促进干酪成熟。

（5）无机物　干酪中含有钙、磷、镁、纳等人体必需的矿物质，在干酪成熟过程中与蛋白质的可融化现象有关。由于奶酪加工工艺的需要，会添加钙离子，使钙的含量增加，易被人体吸收。其中含量最多的是钙和磷。钙可以促进凝乳酶的凝乳作用。每 100g 软质奶酪可满足人钙日需求量的 30%~40%、磷日需求量的 12%~20%。每 100g 硬质干酪可完全满足人体每日的钙需求量，40%~50%的磷日需求量。

（6）维生素　在制作干酪的过程中，牛乳的酪蛋白被凝结，而乳清被排出，因此奶酪中含有较多的脂溶性维生素，而水溶性维生素大部分随乳清排出。在干酪的成熟过程，由于各种酶及微生物的作用，可以合成维生素 B、烟酸、叶酸、生物素等。而维生素 C 的含量很少，可以忽略不计。

2. 干酪的营养价值

每 1kg 干酪制品浓缩了 10kg 牛乳的蛋白质、钙和磷等人体所需的营养素。

（1）补充维生素　干酪中维生素 A、维生素 D、维生素 E 和维生素 B_1、维生素 B_2、维生素 B_6、维生素 B_{12} 及叶酸的含量均极丰富，有利于儿童的生长发育。

（2）补钙　干酪中含有钙、磷、镁等重要矿物质。每 100g 奶酪钙含量达 690~1300mg，其钙磷比值为 1.5:1~2.0:1，而且大部分的钙与酪蛋白结合，吸收利用率很高，对儿童骨骼生长和健康发育均起到十分重要的作用。

（3）易消化吸收　干酪经过微生物的发酵作用，在凝乳酶及微生物中蛋白酶的分解作用下，蛋白质形成氨基酸、肽、胨、胨等小分子物质，因此很容易消化，其蛋白质消化率达 96%~98%，高于全脂牛乳 91.9%的消化率。

（4）提供多不饱和脂肪酸　干酪中的脂肪为乳脂肪含量的 5.5%~30.6%，乳脂含有一定量的亚油酸和亚麻油酸，为儿童生长发育所必需。乳脂中含有的磷脂酰胆碱和鞘磷脂，与婴幼儿的智力发育有密切关系。

（5）其他　γ-氨基丁酸（γ-GABA）是就由谷氨酸脱羧而来，因此很多奶酪中都含有γ-氨基丁酸。而γ-氨基丁酸是一种具有降血压、抗惊厥、镇痛、改善脑机能、精神安定、促进长期记忆、肾功能活化、肝功能活化等作用的功能因子。

【知识点 6-1-2】　干酪发酵剂

（一）干酪发酵剂的概念和种类

干酪的种类繁多，且风味各有特色，这主要是由于使用了不同的发酵菌种。

干酪发酵剂（cheese starter）是指在制作干酪的过程中，用来使干酪发酵与成熟的特定微生物培养物。干酪发酵剂主要可分为细菌发酵剂和霉菌发酵剂两大类。

1. 细菌发酵剂

细菌发酵剂主要以乳酸菌为主，应用的主要目的在于产酸和产生相应的风味物质。使用的主要细菌有乳酸链球菌（*Streptococcus lactis*）、乳脂链球菌（*Str. cremoris*）、干酪乳杆菌（*Lactobacillus casei*）、丁二酮链球菌（*Str. diacetilactis*）、嗜酸乳杆菌（*L. acidophilus*）、保加利亚乳杆菌（*L. bulgaricus*）以及嗜柠檬酸明串珠菌（*Leuconostoc*）等。有时为了使干酪形成特有的组织状态，还要使用丙酸菌（*Propionibacterium*）。

2. 霉菌发酵剂

霉菌发酵剂主要是对脂肪分解能力强的卡门培尔干酪青霉（*Penicillium camenberti*）、干酪青霉（*P. caseicolum*）、娄地青霉（*Pen. Rogueforti*）等。

另外某些酵母，如解脂假丝酵母（*Cand. lypolytica*）等也在一些品种的干酪中得到应用。常用干酪发酵剂微生物及其产品如表6-6。

表 6-6　　　　　　　　常用干酪发酵剂微生物及其产品

发酵剂微生物	产品
嗜热乳链球菌	各种干酪，产酸及风味
乳酸链球菌	各种干酪，产酸
乳脂链球菌	各种干酪，产酸
粪链球菌	契达干酪
乳酸杆菌	瑞士干酪
干酪乳杆菌	各种干酪，产酸
嗜热乳杆菌	干酪，产酸、风味
胚芽乳杆菌	契达干酪
薛氏丙酸菌	瑞士干酪
解脂假丝酵母	青纹干酪
	瑞士干酪
娄地青霉	法国绵羊乳干酪
卡门培尔干酪青霉	法国卡门培尔干酪
短密青霉菌	砖状干酪
	林堡干酪

（二）干酪发酵剂的作用和组成

1. 干酪发酵剂的作用

发酵剂依据其菌种的组成、特性及干酪的生产工艺条件，可产生不同的作用，主要表现在以下几方面。

（1）为凝乳酶的作用创造适宜条件　干酪发酵剂发酵乳糖产生乳酸，为凝乳酶创造一个良好的 pH 条件和酸性环境，使乳中可溶性钙的浓度升高，促进凝乳酶的活力，使凝乳作用得到增强。

（2）促进凝块的形成和乳清的排出　在干酪的加工过程中，乳酸可促进凝块的收缩，产生良好的弹性，利于乳清的渗出，赋与制品良好的组织状态。

（3）抑制杂菌的污染和繁殖　在干酪加工和成熟过程中产生一定浓度的乳酸，有的菌种还可以产生相应的抗生素，可以较好地抑制污染杂菌的繁殖，保证成品的品质。

（4）提高营养价值和风味　发酵剂中的某些微生物可以产生相应的分解酶分解蛋白质、脂肪等物质，从而提高制品的营养价值，并且还可形成制品特有的芳香风味。

（5）改进产品的组织状态　由于丙酸菌的丙酸发酵，使乳酸菌所产生的乳酸还原，产生丙酸和二氧化碳气体，使某些硬质干酪产生特殊的孔眼特征。

2. 干酪发酵剂的组成

作为某一种干酪的发酵剂，必须选择符合制品特征和需要的专门菌种来组成。根据菌种组成情况可将干酪发酵剂分为单一菌种发酵剂和混合菌种发酵剂两种。

（1）单一菌种发酵剂　只含有一种菌种，如乳酸链球菌（*Str. lactis*）或乳酪链球菌（*Str. cremoris*）等。其优点主要是经过长期活化和使用，其活力和性状的变化较小。缺点是容易受到噬菌体的侵染，造成繁殖受阻和酸的生成迟缓等。

（2）混合菌种发酵剂　指由两种或两种以上菌种，按一定比例组成的干酪发酵剂。干酪的生产中多采用这一类发酵剂。其优点是能够形成乳酸菌的活性平衡，较好地满足制品发酵成熟的要求，避免全部菌种同时被噬菌体污染，从而减少其危害程度。不足之处是每次活化培养后，菌相会发生变化，因此很难保证原来菌种的组成比例，长期保存培养，活力会发生变化。

干酪发酵剂一般均采用冷冻干燥技术生产和真空复合金属膜包装。

【知识点 6-1-3】凝乳酶及其代用酶

（一）凝乳酶

小牛等反刍动物的皱胃分泌一种具有凝乳功能的酶类，可以使小牛胃中的乳汁迅速凝结，从而减缓其流入小肠的速度，这种皱胃的提取物便称为皱胃酶（Rennin）。皱胃酶常被称为凝乳酶，由犊牛第四胃室（皱胃）提取，是干酪制作必不可少的凝乳剂，可以分为液状、粉状及片状三种制剂。

1. 凝乳酶的性质

凝乳酶的等电点 pI 为 4.45~4.65。作用最适 pH 为 4.8 左右，凝固乳最适温度为 40~41℃。在弱碱（pH 为 9）、强酸、热、超声波的作用下而失活。生产上用凝乳酶制造干酪时的凝固温度通常为 30~35℃，时间为 20~40min。温度过高，某些乳酸菌的活力降低，影响干酪的凝聚时间，如果使用过量的凝乳酶、温度上升或延长时间，则凝块变硬。温度在 20℃ 以下或 50℃ 以上则凝乳酶活力减弱。

2. 凝乳酶凝乳机理

乳酪蛋白中的 κ-酪蛋白对酪蛋白胶束具有稳定作用，可以防止凝固。而凝乳酶能裂解 κ-酪蛋白中的苯丙酰和蛋氨酰构成的肽键，生成副 κ-酪蛋白和高亲水性的大分子糖肽，这种作用的结果是 κ-酪蛋白带负电荷，在 Ca 的存在下使乳凝固。其反应机理为：

（1）κ-酪蛋白在凝乳酶的作用下生成副 κ-酪蛋白和糖巨肽（溶于乳清）；

（2）副 κ-酪蛋白在 pH（6.0~6.4）及 Ca 的存在下，生成副 κ-酪蛋白酸钙。

理想的凝乳酶应具有较高的凝乳活性，而蛋白质分解活性要低。皱胃酶是被公认的较理想的酶，它的凝乳/蛋白质分解之比较高，过多的蛋白质分解是不理想的，它会产生苦肽和干酪质构缺陷。

3. 影响凝乳酶凝乳的因素

（1）pH 的影响　在 pH 低的条件下，凝乳酶活性增高，并使酪蛋白胶束的稳定性降低，导致凝乳酶的作用时间缩短，凝块较硬。

（2）钙离子的影响　钙离子不仅对凝乳有影响，而且也影响副酪蛋白的形成。酪蛋白所含的胶质磷酸钙是凝块形成所必需的成分。如果增加乳中的钙离子可缩短凝乳酶的凝乳时间，并使凝块变硬。因此在许多干酪的生产中，向杀菌乳中加入氯化钙。

（3）温度的影响　温度不仅对副酪蛋白的形成有影响，更主要的是对副酪蛋白形成凝块过程的影响。凝乳酶的凝乳作用，在 40~42℃ 作用最快，15℃ 以下或 65℃ 以上则不发生作用。

（4）牛乳加热的影响　牛乳若先加热至 42℃ 以上，再冷却到凝乳所需的正常温度后，添加凝乳酶，则凝乳时间延长，凝块变软，这种现象被称为滞后现象（Hysteresis），其主要原因是乳在 42℃ 以上加热处理时，酪蛋白胶粒中磷酸盐和钙被游离出来所致。

（二）皱胃酶的代用凝乳酶

19 世纪末期，随着乳品加工业的发展，人们对皱胃酶的需求量逐渐增大，推动了皱胃酶工业化生产的进程。20 世纪，随着干酪加工业在世界范围内的兴起，先前以宰杀小牛而获得皱胃酶的方式已经不能满足工业生产的需要，而且成本较高。为此，人们开发了多种皱胃酶的替代品，如发酵生产的凝乳酶，从成年牛胃中获取的皱胃酶，或采用多种微生物来源的凝乳剂等。代用凝乳酶按来源可分为动物性凝乳酶、植物性凝乳酶、微生物凝乳酶及遗传工程凝乳酶等。

1. 动物性凝乳酶

动物性凝乳酶主要是胃蛋白酶。这种酶已经作为皱胃酶的代用酶而应用到了干酪的生产中，其性质在很多方面与皱胃酶相似。然而，由于胃蛋白酶的蛋白分解能力强，用其制作的干酪产品常略带苦味，如果单独使用会使产品存在口感方面的缺陷。主要的动物性凝乳酶制剂有以下几种。

（1）猪胃蛋白酶　由猪胃的浸提物制成，是应用最早的皱胃酶替代物之一，可以单独使用或与小牛皱胃酶按 1∶1 的比例混合使用。猪胃蛋白酶最大的缺陷是对 pH 的依赖性较强，而且容易失活。例如，在正常的干酪加工条件（pH 约 6.5，温度接近 30℃）下，猪胃蛋白酶已经开始发生变性而逐渐失去活力，在此条件下保持 1h 之后其凝乳活性仅为原来的 50%。目前，猪胃蛋白酶已较少使用。

（2）鸡胃蛋白酶　由于宗教的原因，鸡胃蛋白酶也被当作皱胃酶的替代物而在某些特殊地域和范围内使用。由于其蛋白分解能力过高，因此不适合于绝大多数干酪品种的加工。

2. 植物性凝乳酶

（1）无花果蛋白酶　无花果蛋白酶存在于无花果的汁液中，可结晶分离。用无花果蛋白酶制作契达干酪时，凝乳速度快且成熟效果较好。但由于它的蛋白分解能力较强，脂肪损失多，所以获得的干酪成品收率低，略带轻微的苦味。

（2）木瓜蛋白酶　木瓜蛋白酶是从木瓜中提取获得，其凝乳能力比对蛋白的分解能力强，制成的干酪带有一定的苦味。

（3）菠萝蛋白酶　菠萝蛋白酶是从菠萝的果实或叶中提取，具有凝乳作用。

3. 微生物来源的凝乳酶

微生物凝乳酶可以划分为霉菌、细菌、担子菌三种来源的酶制剂。生产中应用最多的是来源于霉菌的凝乳酶，其代表是从微小毛霉菌属（*Mucorpusillus*）中分离出的凝乳酶，凝乳的最适温度为 56℃，蛋白分解能力比皱胃酶强，但比其他的蛋白分解酶蛋白分解能力弱，对牛乳凝固能力强。目前，日本、美国等国将其制成粉末凝乳酶制剂而应用到干酪的生产中。另外，还有其他一些霉菌性凝乳酶在美国等国被广泛开发和利用。

微生物来源的凝乳酶生产干酪时的缺陷是在凝乳作用强的同时，蛋白分解力比皱胃酶高，干酪的收得率较皱胃酶生产的干酪低，成熟后产生苦味。另外，微生物凝乳酶的耐热性高，给乳清的利用带来不便。

4. 利用遗传工程技术生产皱胃酶

由于皱胃酶的各种代用酶在干酪的实际生产中表现出某些缺陷，迫使人们利用新的技术和途径来寻求犊牛以外的皱胃酶来源。美国和日本等国利用遗传工程技术，将控制犊牛皱胃酶合成的 DNA 分离出来，导入微生物细胞内，利用微生物来合成皱胃酶获得成功，并得到美国食品医药局（FDA）认定和批准。美国Pfizer 公司和 Gist-Brocades 公司生产的生物合成皱胃酶制剂在美国、瑞士、英国、澳大利亚等国广泛推广应用。

【技能训练】

【技能点 6-1-1】乳酸菌发酵剂的制备

通常乳酸菌发酵剂的制备依次经过以下三个阶段，即乳酸菌纯培养物的复活、母发酵剂的制备和生产发酵剂的制备。

（一）乳酸菌纯培养物的复活

将保存的菌株或粉末状纯培养物用牛乳活化培养。在灭菌的试管中，加入优质脱脂乳，添加适量的石蕊溶液，经 120℃、15~20min 灭菌并冷却至适宜温度，将菌种接种在该培养基中，于 21~26℃ 培养 16~19h。当凝固物达到所需的酸度后，菌种在 0~5℃ 的条件下保存。每周接种一次，以保持活力，也可以冻结保存。

（二）母发酵剂的制备

在灭菌的三角瓶中加入 1/2 量的脱脂乳（或还原脱脂乳），经 115℃、15min 高压灭菌后，冷却至接种温度，按 0.5%~1.0% 的量接种，于 41~43℃ 培养 10~12h（培养温度根据菌种而异）。当培养酸度达到 0.75%~0.85% 时冷却，在 0~5℃ 的条件下保存备用。

（三）生产发酵剂的制备

脱脂乳经 95℃、30min 杀菌并冷却到适宜的温度后，再加入 1.0%~2.0% 的母发酵剂，培养 2~3h，酸度达到 0.75%~0.85% 时冷却，在 0~5℃ 保存备用。

【技能点 6-1-2】霉菌发酵剂的制备

将除去表皮的面包切成小立方体，放入三角瓶中，加入适量的水及少量的乳酸后进行高温灭菌，冷却后在无菌条件下将悬浮着霉菌菌丝或孢子的菌种喷洒在灭菌的面包上，然后置于 21~25℃ 的培养箱中培养 8~12d，使霉菌孢子布满面包表面，将培养物取出，于 30℃ 条件下干燥 10d，或在室温下进行真空干燥。最后，将所得物破碎成粉末，放入容器中备用。

【技能点 6-1-3】发酵剂的活力检查

将发酵剂制备好后，要进行风味、组织、酸度、活力测定、微生物学鉴定等检查。

（一）感官检查

首先观察发酵剂的质地、组织状态、色泽及乳清分离等；其次检查凝块的硬度、黏度及弹性等；然后品尝酸味是否过高或不足，有无苦味和异味等。

（二）化学性质检查

测定酸度和挥发性酸。酸度一般采用滴定酸度表示法，一般乳酸度为0.9%~1.1% 时为宜。

（三）活力试验

将 10g 脱脂乳粉用 90mL 蒸馏水溶解，经 120℃、10min 加压灭菌，冷却后分注 10mL 试管中，加 0.3mL 发酵剂，盖紧，于 38℃ 条件下培养 210min。然后，称取培养液 10g 于锥形瓶中，测定酸度，如乳酸度上升到 0.8% 以上，即视为活性良好。另外，将上述灭菌脱脂乳液 9mL 分注于试管中，加 1mL 发酵剂及 0.1mL0.005% 的刃天青溶液后，于 37℃ 培养 30min，每 5min 观察刃天青褪色情况，全褪为淡桃红色为止。褪色时间在培养开始后 35min 以内为活性良好，50~60min 褪色者为活力正常。

（四）检查微生物形态和菌种比例

将发酵剂涂片，革兰染色，在高倍光学显微镜（油镜头）下观察乳酸菌形态、杆菌与球菌的比例和数量等。

【技能点 6-1-4】 凝乳酶的活力测定

（一）原理

凝乳酶活力单位（RU）是指凝乳酶在 35℃ 条件下，使牛乳 40min 凝固时，单位质量（通常为 1g）凝乳酶能使若干牛乳凝固而言。即 1g（或 1mL）凝乳酶在一定温度（35℃）、一定时间（40min）内所能凝固牛乳的体积（mL）。据此测定凝乳酶的活力。

（二）材料

待测凝乳酶、脱脂乳或脱脂乳粉、1%~2% 的食盐溶液、恒温水浴锅、玻璃棒、计时器。

（三）操作步骤

1. 凝乳酶溶液配制

先用 1%~2% 的食盐溶液将凝乳酶配成 1% 的凝乳酶食盐溶液。

2. 凝乳活力的测定

将 100mL 脱脂乳（若想得到较好的再现性，应取脱脂乳粉 9g 配成 100mL 的溶液），调整酸度为 0.18%，用水浴加热至 35℃，添加 1% 的凝乳酶食盐溶液 10mL，迅速搅拌均匀，并加入少许碳粒或纸屑为标记，保持恒温 35℃，准确记录开始加入酶液直到凝乳时所需的时间（s），此时间也称凝乳酶的绝对强度。

3. 凝乳活力的计算

按下式计算活力：

$$凝乳酶的活力 = \frac{供试乳量}{皱胃酶量} \times \frac{2400（s）}{凝乳时间（s）}$$

式中，2400s 为测定皱胃酶活力时所规定的时间（40min），活力确定后可根据活力计算皱胃酶的用量。

例 题

【例】今有原料乳 80kg，用活力为 100000 单位的皱胃酶进行凝固，需加皱胃酶多少？

解：$1 : 100000 = X : 80000$

则 $X = 0.8$（g），即 80kg 原料乳需加皱胃酶 0.8g。

任务二　天然干酪加工技术

【任务描述】

干酪具有较高的营养价值，近年来其产量和消费量不断增长。天然干酪指新鲜或成熟的干酪，在世界各国干酪消费中占有很大的比重。本任务的主要内容包括干酪的概念和种类，干酪的化学组成和营养，干酪的质量缺陷和控制措施，天然干酪加工工艺要点，契达干酪、莫扎雷拉干酪的制作技术及干酪的感官品质评价方法。

【知识准备】

【知识点 6-2-1】天然干酪加工工艺流程

各种天然干酪的生产工艺基本相同，只是在个别工艺环节上有所差别。以硬质和半硬质干酪加工为例说明。

天然干酪生产基本工艺流程：

原料乳 → 标准化 → 杀菌 → 冷却 → 添加发酵剂 → 调整酸度 → 加氯化钙 →

加色素 → 加凝乳剂 → 凝块切割 → 搅拌 → 加温 → 排出乳清 → 成型压榨 →

盐渍 → 成熟 → 上色挂蜡

【知识点 6-2-2】天然干酪加工操作要点

（一）原料乳的预处理

生产干酪的原料乳，需经感官检查，酸度测定（牛乳 18°T，羊乳 10~14°T）或酒精实验，必要时进行青霉素试验及其他抗生素试验。检查合格后，进行原料乳的预处理。

1. 净乳

原料乳中一些形成芽孢的细菌，在巴氏杀菌时不能杀灭，会对干酪的生产和成熟造成很大危害。如丁酸梭状芽孢杆菌在干酪的成熟过程中产生大量气体，破坏干酪的组织状态，且产生不良风味。因此可以用离心除菌机进行净乳处理，这样不仅可以除去乳中大量杂质，而且可以将乳中 90% 的细菌除去，尤其对相对密度较大的芽孢菌特别有效。

用于生产干酪的牛乳除非是再制乳，否则通常不用均质。因为均质导致结合水能力的大大上升，对生产硬质和半硬质类型的干酪不利。

2. 标准化

为了保证每批干酪的质量均一，组成一致，成品符合标准，在加工之前要对原料乳进行标准化。首先，要准确测定原料乳的乳脂率和酪蛋白的含量，调整原料乳中脂肪和非脂乳固体之间的比例，使其比值符合产品要求。生产干酪时不仅要对对原料乳进行脂肪标准化，还要对酪蛋白以及酪蛋白与脂肪的比例（C/F）进行标准化，一般要求 C/F = 0.7。

例　题

【例】今有原料乳 1000kg，含脂率为 4%，用含酪蛋白 2.6%、肪 0.01% 的脱脂乳进行标准化，使 C/F = 0.7，试计算所需脱脂乳量。

解：①全乳中脂肪量 1000×0.04 = 40（kg）

②根据公式，原料乳酪蛋白百分数 = 0.4F+0.9 = 0.4×4+0.9 = 2.5

③全乳中酪蛋白量 1000×0.025 = 25（kg）

④原料乳中 C/F = 25/40 = 0.625

⑤∵ 希望标准化后 C/F = 0.7

∴ 标准化后乳中酪蛋白应该为 40×0.7 = 28（kg）

⑥应补充的酪蛋白量 28−25 = 3（kg）

⑦所需脱脂乳量为 3/0.026 = 115.4（kg）

3. 原料乳的杀菌

杀菌的目的是为了杀灭原料乳中的致病菌和有害菌，使酶类失活，使干酪质量稳定、安全卫生。由于加热杀菌使部分白蛋白凝固，留存于干酪中，可以增加干酪的产量。但杀菌温度的高低，直接影响干酪的质量。如果温度过高，时间过长，则受热变性的蛋白质增多，破坏乳中盐类离子的平衡，进而影响皱胃酶的凝乳效果，使凝块松软，收缩作用变弱，易形成水分含量过高的干酪。因此，在实际生产中多采用 63℃、30min 的保温杀菌（LTLT）或 71~75℃、15s 的高温短时间杀菌（HTST）。常采用的杀菌设备为保温杀菌罐或片式热交换杀菌机。为了确保杀菌效果，防止或抑制丁酸菌等产气芽孢菌，在生产中常添加适量的硝酸盐（硝酸钠或硝酸钾）或过氧化氢。

（二）添加发酵剂和预酸化

干酪加工中最常用的发酵剂是混合菌种发酵剂，混合菌株中有两个或更多的菌种相互之间存在共生关系，这些发酵剂不仅产生乳酸，而且生成香味物质和二氧化碳，而二氧化碳则是孔眼干酪和小气孔型干酪生成空穴所必需的。单菌株发酵剂主要用于只需生成乳酸和降解蛋白质为目的干酪，如契达及相关类型的干酪。

注：发酵剂的加入方法：原料乳经杀菌后，直接打入干酪槽中。此时要避免在牛乳中裹入空气。干酪槽为水平卧式长椭圆形不锈钢槽，且有保温（加热或冷却）夹层及搅拌器（手工操作时为干酪铲和干酪耙）。将干酪槽中的牛乳冷却到 30~32℃，然后按操作要求加入发酵剂。发酵剂的添加首先应根据制品的质量和特征，选择合适的发酵剂种类和组成。取原料乳量的 1%~2% 制好的工作发酵剂，边搅拌边加入，并在 30~32℃ 条件下充分搅拌 3~5min。为了促进凝固和正常成熟，加入发酵剂后应进行短时间的发酵，以保证充足的乳酸菌数量，此过程称为预酸化。经 10~15min 的预酸化后，取样测定酸度。不同类型的干酪需要使用发酵剂的剂量不同。

[说明]

发酵剂失常现象及原因：有时会发生酸化缓慢或产酸失败等形式的失常现象。一个原因是乳中含有治疗牛乳房疾病的抗菌素。另一个可能的因素是含有噬菌体，耐热病毒可在空气和土壤中见到。第三种引起失常的原因是乳品厂中使用的洗涤剂和灭菌剂。粗心大意，尤其在使用消毒剂时粗心大意，是发酵剂失常的多发原因。

（三）加入添加剂与调整酸度

为了使加工过程中获得的凝块硬度适宜、色泽一致，防止产气菌的污染，使成品质量一致，要加入相应的添加剂和调整酸度。

1. 添加氯化钙（$CaCl_2$）

如果生产干酪的牛乳质量差，则凝块会很软。这会引起细小颗粒（酪蛋白）及脂肪的严重损失，并且在干酪加工过程中凝块收缩能力很差。为了改善凝固性能，提高干酪质量，可在 100kg 原料中添加 5~20g 的 $CaCl_2$（预先配成 10g/100mL 的溶液），以调节盐类平衡，促进凝块的形成。对于低脂干酪，在加入氯化钙之前，有时可添加磷酸氢二钠（Na_2HPO_4）通常用量为 10~20g/kg，使凝块的塑性增强。

2. 添加色素

干酪的颜色取决于原料乳中脂肪的色泽，并随季节而变化。为了使产品的色泽一致，需在原料乳中加胡萝卜素等色素物质，现多使用胭脂树橙（Annatto）的碳酸钠抽出液，通常每 1000kg 原料乳中加 30~60g。为防止和抑制产气菌，可同时加入适量的硝酸盐（应精确计算）。

3. 添加 CO_2

添加 CO_2 是提高干酪用乳质量的一种方法。二氧化碳天然存在于乳中，但在加工中大部分会逸失。通过人工手段加入 CO_2 可降低牛乳的 pH，原始 pH 通常可降低 0.1 到 0.3 单位，从而缩短了凝乳时间。

4. 硝石（NaNO₃或KNO₃）

如果干酪乳中含有丁酸菌或大肠菌，会产生异常发酵。硝石（硝酸钾或钠盐）可用于抑制这些细菌，但要严格控制其用量，过量的硝石也会抑制发酵剂生长，影响干酪的成熟。硝石用量高还会使干酪脱色，引起红色条纹和不良的滋味。硝石的最大允许用量为每100kg乳中添加30g硝石。

[说明]

如果牛乳经离心除菌或微滤处理，那么硝石的要求量就可大大减少甚至不用。由于使用安全的原因，越来越多的国家已经禁止使用硝石，这是一个非常重要的优势。

5. 调整酸度

添加发酵剂并经30~60min发酵后，酸度为0.18%~0.22%，但乳酸发酵酸度很难控制。为使干酪成品质量一致，可用1mol/L的盐酸调整酸度，一般调整酸度至0.21%左右，具体的酸度值应根据干酪的品种而定。

（四）添加凝乳酶和凝乳的形成

在干酪的生产中，添加凝乳酶形成凝乳是一个重要的工艺环节。

1. 凝乳酶的添加

通常按凝乳酶效价和原料的量计算凝乳酶用量，如活力为1∶10000到1∶15000的液体凝乳酶的剂量在每100kg乳中可用到30mL。为了便于凝乳酶分散，先用1%的食盐水将酶配成2%溶液，并在28~32℃保温30min，然后加入到乳中，小心搅拌牛乳不超过2~3min。在随后的8~10min内乳静止下来是很重要的，这样可以避免影响凝乳过程和酪蛋白损失。也可使用自动计量系统，将经水稀释凝乳酶通过分散喷嘴而喷洒在牛乳表面。这个系统最初应用于大型密封（10000~20000L）的干酪槽或干酪罐。

2. 凝乳的形成

添加凝乳酶后，在32℃条件下静置30min左右，即可使乳凝固，达到凝乳的要求。

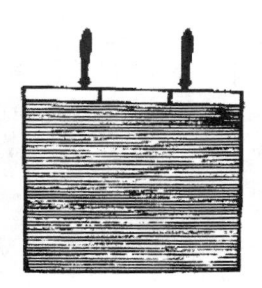

图6-1　干酪手工切割工具

（五）凝块切割

当乳凝固后，凝块达到适当硬度时，用干酪刀在凝乳表面切深为 2cm、长 5cm 的切口，用食指斜向从切口的一端插入凝块中约 3cm。当手指向上挑起时，如果切面整齐平滑，指上无小片凝块残留，且渗出的乳清透明时，即可开始切割。切割时需用干酪刀（如图 6-1 所示）。干酪刀分为水平式和垂直式两种，钢丝刀间距一般为 0.79 ~ 1.27cm，先沿着干酪槽长轴用水平式刀平行切割，再用垂直式刀沿长轴垂直切后，沿短轴垂直切，使其成为边长 0.7 ~ 1.0cm 的小立方体。应注意动作要轻、稳，防止将凝块切得过碎和不均匀，影响干酪的质量。图 6-2 为一个普通开口干酪槽，带有干酪生产的用具，它装有几个可更换的搅拌和切割工具，可在干酪槽中进行搅拌、切割、乳清排放、槽中压榨的工艺。图 6-3 为现代化的密封水平干酪罐，搅拌和切割由焊在一个水平轴上的工具来完成。水平轴由一个带有频率转换器的装置驱动。这个具有双重用途的工具是搅拌还是切割决定于其转动方向。凝块被剃刀般锋利的辐射状不锈钢刀切割，不锈钢刀背呈圆形，以给凝块的轻柔而有效的搅拌。另外，干酪槽可安装一个自动操作的乳清过滤网，能良好分散凝固剂（凝乳酶）的喷嘴以及能与 CIP（就地清洗）系统联接的喷嘴。

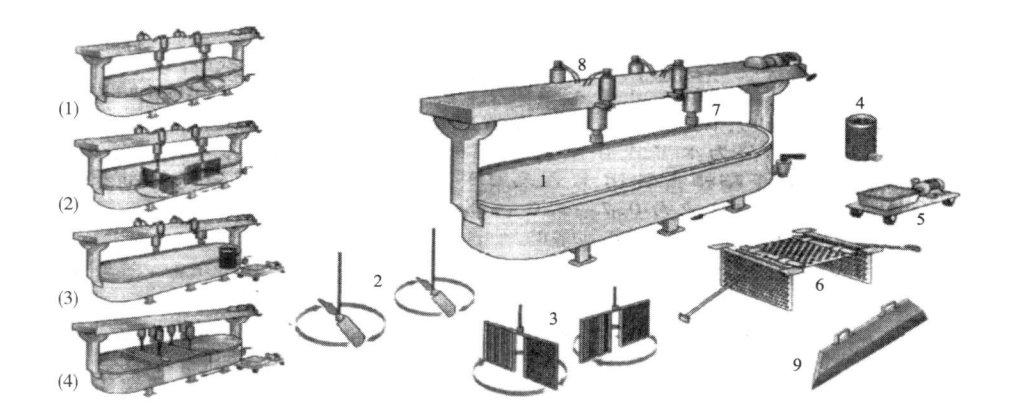

图 6-2　带有干酪生产用具的普通干酪槽

（1）槽中搅拌　（2）槽中切割　（3）乳清排放　（4）槽中压榨

1—带有横梁和驱动电机的夹层干酪槽　2—搅拌工具　3—切割工具

4—置于出口处过滤器干酪槽内测的过滤器　5—带有一个浅容器小车上的乳清泵

6—用于干酪生产的预压板　7—工具支撑架　8—用于预压设备的液压筒　9—干酪切刀

（六）凝块的搅拌及加温

升温和搅拌是干酪制作工艺中的重要过程，它关系到生产的成败和成品质量的好坏。凝块切割后（此时测定乳清的酸度），开始用干酪耙或干酪搅拌器轻轻

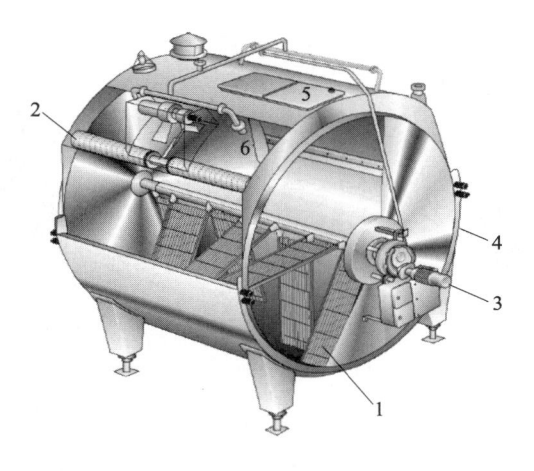

图 6-3　带有搅拌和切割工具以及升降乳清排放系统的水密闭式干酪缸
1—切割与搅拌相结合的工具　2—乳清排放的滤网　3—频控驱动电机
4—加热夹套　5—人孔　6—CIP 喷嘴

搅拌。刚刚切割后的凝块颗粒对机械处理非常敏感，因此，搅拌必须很缓和并且必须足够快，以确保颗粒能悬浮于乳清中。经过 15min 后，搅拌速度可稍微加快。与此同时，在干酪槽的夹层中通入热水，使温度逐渐升高。升温的速度应严格控制，初始时每 3～5min 升高 1℃，当温度升至 35℃ 时，则每隔 3min 升高 1℃。当温度达到 38～42℃（应根据干酪的品种具体确定终止温度）时，停止加热并维持此时的温度。

[说明]

在整个升温过程中应不停地搅拌，以促进凝块的收缩和乳清的渗出，防止凝块沉淀和相互黏连，凝块沉淀在干酪的底部会导致形成黏团，这会使搅拌机械受很大力。黏团会影响干酪的组织而且导致酪蛋白的损失。另外，升温的速度不宜过快，否则干酪凝块收缩过快，表面形成硬膜，影响乳清的渗出，使成品水分含量过高；在升温过程中还应不断地测定乳清的酸度以便控制升温和搅拌的速度。

（七）排除乳清

在搅拌升温的后期，乳清酸度达 0.17%～0.18% 时，凝块收缩至原来的一半（豆粒大小），用手捏干酪粒感觉有适度弹性或用手握一把干酪粒，用力压出水分后放开，如果干酪粒富有弹性，搓开仍能重新分散时，即可排除全部乳清。乳清由干酪槽底部通过金属网排出。此时应将干酪粒堆积在干酪槽的两侧，促进乳清的进一步排出。此操作也应按干酪品种的不同而采取不同的方法。排除的乳清脂肪含量一般约为 0.3%，蛋白质 0.9%。若脂肪含量在 0.4% 以上，证明操作不理想，应将乳清回收，作为副产物进行综合加工利用。

（八）堆积

乳清排除后，将干酪粒堆积在干酪槽的一端或专用的堆积槽中，上面用带孔木板或不锈钢板压 5~10min，使其成块，并继续排出乳清，这一过程即为堆积。有的干酪品种，在此过程中还要保温，调整排出乳清的酸度，进一步使乳酸菌达到一定的活力，以保证成熟过程对乳酸菌的需要。同时要注意避免空气进入干酪凝块当中，以便使凝乳粒融合在一起，形成均一致密的块状。

（九）成型压榨

将堆积后的干酪块切成方砖形或小立方体，装入成型器中进行定型压榨。干酪成型器依干酪的品种不同，其形状和大小也不同。成型器周围设有小孔，由此渗出乳清。在内衬衬网的成型器内装满干酪凝块后，放入压榨机上进行压榨定型。压榨的压力与时间依干酪的品种各异。先进行预压榨，一般压力为 0.2~0.3MPa，时间为 20~30min。预压榨后取下进行调整，视其情况，可以再进行一次预压榨或直接正式压榨。将干酪反转后装入成型器内以 0.4~0.5MPa 的压力在15~20℃（有的品种要求在 30℃）条件下再压榨 12~24h。压榨结束后，需将干酪从成型器中取出，并切除多余的边角。切除边角时应使用锋利小刀以减少对干酪的破坏。如果脱膜时干酪受到损坏，则需要重新压榨才能形成光滑、细密的干酪表面。压榨结束后，从成型器中取出的干酪称为生干酪。图 6-4 为带有气动操作压榨平台的垂直压榨器，图 6-5 为传送压榨器，应用于当预压榨和最终压榨时间间隔最小的情形。传送压榨和自动填充隧道式压榨设备通常都配置 CIP 系统。

图 6-4 带有气动操作压榨平台的垂直压榨器

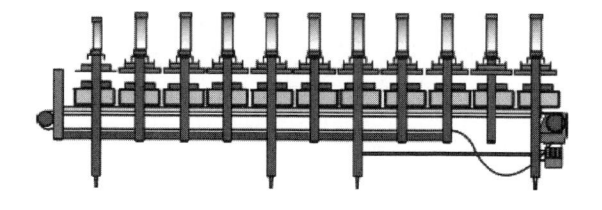

图 6-5 传送压榨器

（十）加盐

1. 加盐的目的

加盐目的在于改进干酪的风味、组织和外观。通过加盐可进一步排除内部乳清或水分，从而增加干酪的硬度，限制乳酸菌的生成和干酪的成熟，加盐还可防止和抑制杂菌的繁殖。

2. 盐的加入量

盐的加入量依干酪的品类而有所不同。除少数例外，干酪中盐含量为 0.5%~2%。加盐引起的副酪蛋白上的钠和钙交换，也给干酪的组织带来良好影响，使其变得更加光滑，一般而言，在乳中不含有任何抗菌物质的情况下，在添加原始发酵剂 5~6h 后，pH 在 5.3~5.6 时在凝块中加盐。

3. 加盐的方法

（1）干盐法　在定型压榨前，将所需的食盐撒布在干酪粒（块）中，或者将食盐涂布于生干酪表面。加干盐可通过手工或机械进行，将干盐从料斗或类似容器中定量，尽可能地手工均匀撒在已彻底排放了乳清的凝块上。为了充分分散，凝块需进行 5~10min 搅拌。图 6-6 为用于帕斯塔-费拉塔类干酪的干盐机。

（2）湿盐法　将压榨后的生干酪浸于盐水池中浸盐，盐水质量浓度第 1~2 天为 17~18mg/100mL，以后保持 20~23mg/100mL。为了防止干酪内部产生气体，盐水温度控制在 8℃左右，浸盐时间 4~6d。图 6-7 所示为带有容器和盐水循环设备的盐渍系统。

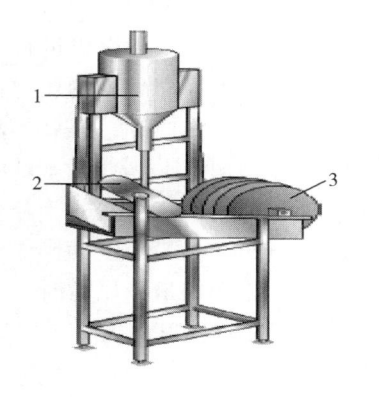

图 6-6　干盐机
1—盐容器　2—用于干酪的
熔融的液位控制　3—槽轮

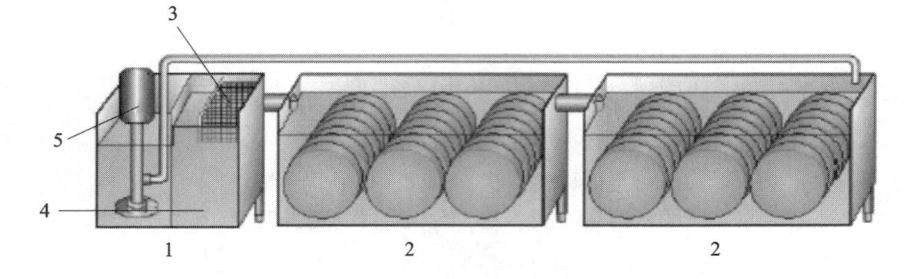

图 6-7　带有容器和盐水循环设备的盐渍系统
1—盐溶解容器　2—盐水容器　3—过滤器　4—盐溶解　5—盐水循环泵

（3）混合法　是指在定型压榨后先涂布食盐，过一段时间后再浸入食盐水中的方法。

（十一）干酪的成熟

生干酪在盐化之后必须贮存一段时间，在此期间干酪成熟。将新鲜干酪置于一定温度和一定湿度的条件下，经一定时期，在乳酸菌等有益微生物和凝乳酶的作用下，使干酪发生一系列的物理和生物化学变化的过程，称为干酪的成熟。此过程一般持续 2 周或 3 周至 2 年时间。成熟之前的干酪在感官特征，尤其在含水量上并没有明显的差别，而干酪成熟的目的就在于赋予某种干酪以其独特的外观、口感、香味、质地和功能，因此才形成了世界各地成百上千不同风味的干酪品种。

1. 成熟的条件

干酪的成熟通常在成熟库（室）内进行。不同类型的干酪要求不同的温度和相对湿度。环境条件对成熟的速度、质量损失、硬皮形成和表面菌丛至关重要，也就是说对于干酪的全部自然特征至关重要。成熟时低温比高温效果好，一般为 5~15℃。相对湿度，一般细菌成熟硬质和半硬质干酪为 85%~90%，而软质干酪及霉菌成熟干酪为 95%。当相对湿度一定时，硬质干酪在 7℃ 条件下需 8 个月以上的成熟，在 10℃ 时需要 6 个月以上，

图 6-8　干酪机械化贮存室

而在 15℃ 时则需 4 个月左右。软质干酪或霉菌成熟干酪需 20~30d。另外，干酪在成熟贮藏期间，需要经常对干酪块进行翻转。图 6-8 为干酪机械化贮存室。

2. 成熟的过程

（1）前期成熟　将待成熟的新鲜干酪放入温度、湿度适宜的成熟库中，每天用洁净的棉布擦拭其表面，防止霉菌的繁殖。为了使表面的水分蒸发的均匀，擦拭后要反转放置。此过程一般要持续 15~20d。

（2）上色挂蜡　为了防止霉菌生长和增加美观，将前期成熟后的干酪清洗干净后，用食用色素染成红色（也有不染色的），待色素完全干燥后，在 160℃ 的石蜡中进行挂蜡。为食用方便和防止形成干酪皮，现多采用塑料真空及热缩密封。

（3）后期成熟和贮藏　为了使干酪完全成熟，以形成良好的口感，风味，还要将挂蜡后的干酪放在成熟库中继续成熟 2~6 个月。成品干酪放在 5℃ 及相对

湿度80%～90%条件下贮藏。

3. 成熟过程中的变化

除了鲜干酪以外，其他的干酪在经凝块化处理后，全部要经过一系列的微生物、生物化学和物理方面的变化。这些变化涉及乳糖、蛋白质和脂肪，并由三者的变化形成成熟循环。这一循环随硬质、中软质和软质干酪的不同有很大区别。同时，每一类群的干酪随品种不同也会有显著差别。

（1）水分的变化　成熟期间，干酪的水分有不同程度的蒸发而使质量减轻。

（2）乳糖的变化　生干酪中含有1%～2%的乳糖，其大部分在48h内被分解，在成熟后两周内消失。所形成的乳酸则变成丙酸或乙酸等挥发酸。事实上，乳酸发酵在干酪成熟进行之前已经开始。乳糖的绝大部分降解发生在干酪的压榨过程中和贮存的第1周或前两周。

（3）蛋白质的变化　蛋白质分解是干酪的成熟中最重要的变化过程，且十分复杂，凝乳时不溶性副酪蛋白在凝乳酶和乳酸菌的蛋白水解酶作下形成胨、多肽、氨基酸等可溶性的含氮物。成熟期间蛋白质的变化程度常以总蛋白质中所含水溶性蛋白质和氨基酸的量为指标。水溶性氮与总氮的百分率被称为干酪的成熟度。一般硬质干酪的成熟度约为30%，软质干酪则为60%。

（4）脂肪的分解　在成熟过程中，部分乳脂肪被解脂酶分解产生多种水溶性挥发脂肪酸及其他高级挥发性脂肪酸等，这与干酪风味的形成有密切的关系。

（5）气体的产生　在成熟过程中，由于微生物的作用，使干酪中产生各种气体。尤其重要的是有的干酪品种在丙酸菌作用下所生成的CO_2，使干酪形成带孔眼的特殊组织结构。

（6）风味物质的形成　成熟中所形成的各种氨基酸及多种水溶性挥发脂肪酸是干酪风味物质的主体。

4. 影响干酪成熟的因素

（1）成熟时间　随着成熟时间的延长，水溶性含氮物含量增加，成熟度增高。

（2）温度　在其他条件相同时，水溶性含氮物的增加量与温度成正比，在工艺允许的范围内，温度越高，成熟度越高。

（3）水分含量　水分含量越多越容易成熟。

（4）干酪质量　在同一条件下，质量大的干酪成熟度好。

（5）含盐量　含盐量越多成熟越慢。

（6）凝乳酶量　在同一条件下，凝乳酶添加量越多干酪成熟越快。

【技能训练】

【技能点6-2-1】契达干酪的制作

（一）器具材料

杀菌锅、干酪槽、干酪刀、干酪耙、干酪布、温度计、压板、原料乳、凝乳酶、氯化钙、发酵剂、食盐。

（二）操作步骤与要点

1. 原料乳的验收与标准化

将理化指标及微生物指标合格的原料乳按含脂率 2.7%～3.5% 进行标准化处理。

2. 杀菌

杀菌采用 75℃、15s 的方法，或者 63～65℃、30min。

3. 添加发酵剂和凝乳酶

杀菌后迅速冷却到 30～32℃，注入事先杀菌处理过的干酪槽内。添加 1%～2% 的发酵剂，搅拌均匀后添加 0.01%～0.02%CaCl$_2$ 水溶液，静止发酵 30min，添加 0.02%～0.04% 凝乳酶，低速搅拌不超过 5min，静止凝乳。

4. 凝乳的切块、加温、排除乳清

当凝乳具有一定的硬度时，将凝乳进行切割，一般大小为 0.5～0.8cm，低速搅拌 25～30min 后，排除约 1/3 量乳清，同时升温，以每分钟升高 1℃ 的速度加温搅拌。当温度最后升至 38～39℃ 后停止加温，继续搅拌 60～80min。当乳清酸度达到 0.20% 左右时，排除全部乳清。

5. 凝块的反转堆积

排除乳清，将凝块平摊于干酪槽底部，形成厚度均匀的片层。待乳清全部排出之后，静置 15min。将呈饼状的凝块切成 15cm×25cm 大小的板块，进行反转堆积，即将两个独立的板块重叠堆放并翻转，以促进新的板块的形成。在干酪槽的夹层加温，一般为 38～40℃。每 10～15min 将切块反转叠加一次，当酸度达到 0.5%～0.6% 时即可。

6. 粉碎与加盐

堆积结束后，将饼状干酪块处理成边长为 1.5～2.0cm 的碎块。然后采取干盐撒布法加盐。按凝块量的 2%～3%，加入食用精盐粉。分 2～3 次加入，并不断搅拌。

7. 成型压榨

将凝块装入定型器中，在 27～29℃ 进行压榨。用规定压力 0.35～0.40MPa 压榨 20～30min，开始预压榨时压力要小，并逐渐加大。整形后再压榨 10～12h，最后正式压榨 1～2d。

8. 成熟

成熟后的生干酪放在温度 10～15℃、相对湿度 85% 条件下发酵成熟。开始时，每天擦拭反转一次，约经 1 周后，进行涂布挂蜡或塑袋真空热缩包装。整个成熟期 6 个月以上。

【技能点 6-2-2】莫扎瑞拉干酪的制作

（一）器具材料

杀菌器、干酪槽、干酪刀、干酪耙、干酪布、温度计、压板、原料乳、凝乳酶、氯化钙、发酵剂、食盐。

（二）操作步骤与要点

1. 原料乳的净化和标准化

选择新鲜优质的原料乳，净乳后进行标准化，标准化同契达干酪。

2. 杀菌

将原料乳进行 75℃、15s 的杀菌。

3. 酸化

将杀菌后的牛乳冷却到 30~32℃，加干酪发酵剂（保加利亚乳杆菌和嗜热链球菌的混合菌种），加入量为 1.5%~2%，搅拌均匀，静止培养 30min，

4. 添加凝乳酶

凝乳酶添加量一般在 0.02%~0.04%，按 1:20 稀释于蒸馏水中，加入干酪槽中并搅拌 3min，然后将牛乳保温静置，大约需要 45min 形成稳定的凝乳。将凝块切成 8mm×8mm×8mm 大小的立方体。继续在 32℃ 保温静置 15min。

5. 加热

升高温度，在 30min 内将温度缓慢升高到 50℃，缓慢搅拌，再在 50℃ 保温 45min，并缓慢搅拌。

6. 排出乳清

同契达干酪。

7. 重叠堆积

基本与契达干酪相似，将凝块堆积成两侧 10~20min 后形成大块，接着用刀切成 20cm 的块并每隔 15min 翻转一次，当排出乳清的 pH 为 5.2 时停止。

8. 挤揉

当乳清 pH 5.3 时，将乳清凝块粉碎成小的凝块，然后将凝块放入 70℃ 的热水中揉捏，直到形成外皮完整、内部结构均匀紧凑且具有高度延展性的凝乳团块。

9. 装膜、成型、冷却

用手揉压凝块装入干酪膜中放冷水中冷却。

10. 盐渍

用 18%~23% 食盐水溶液浸渍 2d，温度在 7℃，取出凉干包装。

【质量控制】

（一）干酪质量标准

干酪质量标准应符合《GB 5420—2021 食品安全国家标准 干酪》中的规定，本标准适用于成熟干酪、霉菌成熟干酪和未成熟干酪（包括新鲜干酪）。主要指标包括感官要求、污染物限量、真菌毒素限量、微生物限量、食品添加剂和营养强化剂等。产品在出厂前按照 GB 5420—2021 进行检验，各项指标要符合表 6-7 中的质量要求。

表 6-7　　　　　　　　　　干酪质量标准

项目		指标				检验方法
感官要求	色泽	具有该类产品正常的色泽				取适量试样置于洁净的白色盘（瓷盘或同类容器）中，在自然光下观察色泽和状态。嗅其气味，用温开水漱口，品尝滋味
	滋味和气味	具有该类产品特有的滋味和气味				
	组织状态	具有该类产品应有的组织状态				
微生物限量	致病菌限量	应符合 GB 29921 的规定				
	项目	采样方案* 及限量				
		n	c	m	M	
	大肠菌群/（CFU/g）	5	2	10^2	10^3	GB 4789.3
	* 样品的采样及处理按 GB 4789.1 和 GB 4789.18 执行					
污染物限量		应符合 GB 2762 的规定				
真菌毒素限量		应符合 GB 2761 的规定				
食品添加剂和营养强化剂		食品添加剂的使用应符合 GB 2760 的规定				
		营养强化剂的使用应符合 GB 14880 的规定				

（二）干酪常见质量问题及控制措施

干酪的质量缺陷是由于原料乳的质量、异常微生物繁殖及制造过程中操作不当所引起的。其缺陷可分成物理性、化学性及微生物性缺陷。

1. 物理性缺陷及其防止方法

（1）质地干燥　凝乳块在较高温度下"热烫"引起干酪中水分排出过多导致制品干燥。凝乳切割过小、加温搅拌时温度过高、酸度过高、处理时间较长及原料含脂率低等都能引起制品干燥。防止方法除改进加工工艺外，也可采用石蜡或塑料包装及在温度较高条件下成熟等方法。

（2）组织疏松　即凝乳中存在裂隙。当酸度不足时，乳清残留于其中，压榨时间短或成熟前期温度过高均能引起此种缺陷。可采用加压或低温成熟方法加以防止。

（3）脂肪渗出（多脂性）　由于脂肪过量存在于凝乳块表面或其中而产生。其原因大多是由于操作温度过高，凝块处理不当或堆积过高所致，可通过调节生产工艺来防止。

（4）斑点 由操作不当引起的缺陷，尤其是在切割和热烫工艺中由于操作过于剧烈或过于缓慢引起。

（5）发汗 即成熟干酪渗出液体，主要由于干酪内部游离液体量多且压力不平衡所致，多见于酸度过高的干酪。所以除改进工艺外，控制酸度十分必要。

2. 化学性缺陷及其防止方法

（1）金属性变黑 由铁、铅等金属与干酪成分生成黑色硫化物，根据干酪质地的状态不同而呈绿、灰和褐色等色调。操作时除考虑设备、模具本身外，还要注意外部污染。

（2）桃红或赤变 当使用色素（如安那妥）时，色素与干酪中的硝酸盐结合而成更浓的有色化合物。应认真选用色素及其添加量。

3. 微生物缺陷及其防止方法

（1）酸度过高 由发酵剂中微生物繁殖过快引起。防止方法：降低发酵温度并加入适量食盐抑制发酵。增加凝乳酶的量，在干酪加工中将凝乳切成更小的颗粒，或高温处理，或迅速排除乳清。

（2）干酪液化 由于干酪中存在有液化蛋白质的微生物，从而使干酪液化。此种现象多发生于干酪表面。引起液化的微生物易在中性或微酸性条件下繁殖。

（3）发酵产气 在干酪成熟过程中产生少量的气体，形成均匀分布的小气孔是正常的，而由微生物发酵产气产生大量的气孔却为缺陷。在成熟前期产气是由于大肠杆菌污染，后期产气则是由梭状芽孢杆菌、丙酸菌及酵母菌繁殖产生的。防止方法是将原料乳离心除菌或使用产生乳酸链球菌肽的乳酸菌作为发酵剂，也可添加硝酸盐，调整干酪水分和盐分。

（4）生成苦味 苦味是由于酵母及不是发酵剂中的乳酸菌引起，而且与液化菌有关。此外，高温杀菌、凝乳酶添加量大、成熟温度过高均可导致产生苦味。

（5）恶臭 干酪中如存在厌氧芽孢杆菌，会分解蛋白质生成硫化氢、硫醇、亚胺等物质产生恶臭。生产过程中要防止这类菌的污染。

（6）酸败 由微生物分解乳糖可脂肪等产酸引起。污染菌主要来自于原料乳、牛粪及土壤等。

4. 干酪的质量控制措施

控制干酪的质量应注意以下五个因素。

（1）环境卫生 确保清洁的生产环境，防止外界因素造成污染。

（2）原料要求 对原料乳要严格进行检查验收，以保证原料乳的各种成分组成、微生物指标符合生产要求。

（3）工艺管理 严格按生产工艺要求进行操作，加强对各工艺指标的控制和管理。保证产品的成分、外观和组织状态，防止产生不良的组织和风味。

（4）生产设备　干酪生产所用的设备、器具等应及时清洗和消毒，防止微生物和噬菌体等的污染。

（5）包装、贮藏　干酪的包装和贮藏应安全、卫生、方便。贮藏条件应符合规定指标。

任务三　再制干酪加工技术

【任务描述】

再制干酪是对干酪进行再加工的一种干酪制品，由于富含营养物质，风味独特及其良好的加工特性，受到了广大消费者和食品制造者的欢迎和重视。本任务的主要内容包括再制干酪的概念和特点、再制干酪的质量缺陷和控制措施、再制干酪加工工艺及其要点、几种再制干酪如红茶再制干酪等的加工方法。

【知识准备】

【知识点 6-3-1】　再制干酪及其特点

以干酪（比例大于 15%）为主要原料，加入乳化剂，添加或不添加其他原料，经粉碎、加热融化、搅拌、乳化、杀菌、浇灌包装等工艺制成的一种干酪制品，称作再制干酪，也称融化干酪或加工干酪。再制干酪在 20 世纪初由瑞士首先生产，目前，这种干酪的消费量占全世界干酪产量的 60%~70%。再制干酪营养丰富，脂肪含量通常占总固体的 30%~40%，蛋白质含量为 20%~25%，水分含量在 40% 左右。

再制干酪与天然干酪相比，具有以下特点：①可以将各种不同组织和不同成熟程度的干酪，制成质量一致的产品；②由于在加工过程中进行加热杀菌，食用安全、卫生，并且具有良好的保存特性；③产品采用良好的材料密封包装，贮藏中重量损失少；④集各种干酪为一体，组织和风味独特；⑤大小、重量、包装能随意选择，并且可以添加各种风味物质和营养强化成分，较好地满足消费者的需求和嗜好。

【知识点 6-3-2】　再制干酪的加工工艺及操作要点

（一）再制干酪的加工工艺流程

原料选择 ⟶ 原料预处理 ⟶ 切割 ⟶ 粉碎 ⟶ 加水 ⟶ 加乳化剂 ⟶

加色素 ⟶ 加热融化 ⟶ 浇灌包装 ⟶ 静置冷却 ⟶ 成熟 ⟶ 出厂

（二）生产操作要点

1. 原料干酪的选择

一般选择细菌成熟的硬质干酪如荷兰干酪、契达干酪和荷兰圆形干酪等。为满足制品的风味及组织，成熟 7~8 个月风味浓的干酪应占 20%~30%。为了保持组织滑润，则成熟 2~3 个月干酪占 20%~30%，搭配中间成熟度干酪 50%，使平均成熟度在 4~5 个月，含水分 35%~38%，可溶性氮 0.6% 左右。过熟的干酪，由于有的有氨基酸或乳酸钙结晶析出，不宜作原料。有霉菌污染、气体膨胀、异味等缺陷者也不能使用。

2. 原料干酪的预处理

原料干酪的预处理室要与正式生产车间分开。预处理是去掉干酪的包装材料，削去表皮，清拭表面等。

3. 切碎与粉碎

用切碎机将原料干酪切成块状，用混合机混合。然后用粉碎机粉碎成 4~5cm 长的面条状。最后用磨碎机处理。近来，此项操作多在熔融釜中进行。

4. 熔融、乳化

在再制干酪蒸煮锅（也称熔融釜）（图 6-9）中加入适量的水，通常为原料干酪质量的 5%~10%，成品的含水量为 40%~55%，按配料要求加入适量的调味料、色素等添加物，然后加入预处理粉碎后的原料干酪。向熔融釜的夹层中通入蒸汽进行加热，当温度达到 50℃ 左右，加入 1%~3% 的乳化剂，如磷酸钠、柠檬酸钠、偏磷酸钠和酒石酸钠等。这些乳化剂可以单用，也可以混用。最后将温度升至 60~70℃、保温 20~30min，使原料干酪完全融化。如果需要可调整酸度，使成品的 pH 为 5.6~5.8，不得低于 5.3。可以用乳酸、柠檬酸、醋酸等，也可以混合使用。在进行乳化操作时，应加快釜内搅拌器的搅拌速度，使乳化更完全。乳化终了时，应检测水分、pH、风味等，然后抽真空进行脱气。

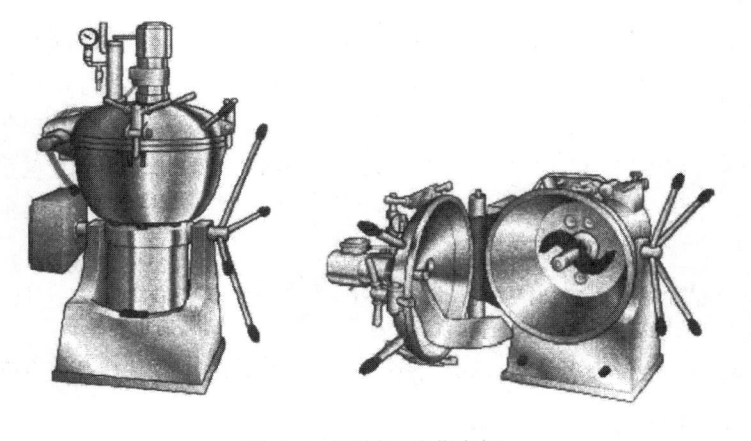

图 6-9　再制干酪蒸煮锅

5. 充填、包装

经过乳化的干酪应趁热进行充填包装。包装材料多使用玻璃纸或涂塑性蜡玻璃纸、铝箔、偏氯乙烯薄膜等。包装量、形状和包装材料的选择，应考虑到食用、携带、运输方便。包装材料既要满足制品本身的保存需要，还要保证卫生安全。

6. 贮藏

包装后的成品再制干酪，应静置在10℃以下的冷藏库中定型和贮藏。

【技能训练】

【技能点6-3-1】红茶再制干酪的制作

（一）材料与试剂

成熟期分别为3个月和9个月的切达干酪；超微红茶粉；磷酸氢二钠、磷酸二氢钠和柠檬酸钠。

（二）仪器与设备

干酪熔融锅，万能粉碎机，磨碎机，脱气机。

（三）工艺流程

原料选择（检查、称量等）⟶ 原料预处理 ⟶ 加红茶粉 ⟶ 混料 ⟶ 加乳化盐 ⟶

加去离子水 ⟶ 加热融化 ⟶ 抽真空 ⟶ 装模、包装、快速冷却 ⟶ 4℃冷藏

（四）生产操作步骤

称取无霉菌污染、气体膨胀、异味等缺陷，成熟期为3个月和9个月的切达干酪以质量比1：1混合，去掉干酪的包装材料，削去表皮，清拭表面等，将原料干酪切成块状，混合均匀，然后用粉碎机粉碎成4~5cm长的面条状，最后用磨碎机处理。然后在再制干酪熔融锅中加入预处理粉碎后的原料干酪，添加1%的红茶粉，混匀。然后再加入3%的磷酸氢二钠-磷酸二氢钠（1：1，质量比）的乳化剂，及30%的去离子水（水能够促进溶解螯合盐中的钙离子、水合蛋白质，并且能够分散一些配料，同时对于产品的质地特性的形成起着很重要的作用）。通入蒸汽进行加热，将温度升至60~70℃，保温20~30min，使原料干酪完全融化，使乳化完全。最后进行抽真空脱气，趁热进行装模包装，快速冷却，于4℃保藏。由此制得的红茶再制干酪组织状态良好，涂抹性良好，颜色呈浅红色，并具有红茶的香味和功效。

【技能点6-3-2】魔芋再制干酪的制作

（一）材料及试剂

原生干酪，黄油，乳化盐，全脂乳粉，白砂糖，魔芋粉。

（二）仪器设备

干酪融化锅、不锈钢操作台、电子秤、电子天平、手持式温度计、电冰箱等。

（三）工艺流程

原料干酪选择 ⟶ 原料干酪预处理 ⟶ 投放原料 ⟶ 加热乳化 ⟶ 抽真空 ⟶

灌注包装 ⟶ 入库冷却 ⟶ 成品

（四）生产操作要点

1. 原料干酪选择

再制干酪的原料多选择成熟期不同的切达干酪，添加比例（短成熟干酪：长成熟干酪为1:3，质量比）。使用长成熟期7~8个月的切达干酪，主要是为了满足产品的风味需求；使用短成熟期2~3个月的切达干酪，是为了使产品保持良好的组织状态；根据产品的需要，还可选择使用4~5个月中间成熟期的切达干酪。成熟期过长的切达干酪不适宜作原料干酪，因为可能存在氨基酸或乳酸钙结晶析出问题，影响产品的质量。

2. 原料干酪预处理

首先除去原料干酪最外层的塑料薄膜，然后用刮刀刮除表面食蜡和包膜涂料剂，如果表面存在龟裂、发霉、不洁以及干燥变硬等现象时，也需要除去。表面去皮的厚度根据原料干酪的状态决定，如果去皮过厚，成本损耗较大，去皮过薄，又容易造成加热乳化后残留未融化的表皮，影响产品的质地。

3. 加热乳化

首先往干酪融化锅中加入经过粉碎的原料干酪，然后再投入黄油、全脂乳粉、乳化盐、魔芋粉等原料，最后加入适量的水，将干酪融化锅通入蒸汽，加热到60℃的温度后，保持20min，使干酪等原料全部融化。在进行原料加热的同时，还应及时调整干酪融化锅搅拌器的速度至1500r/min，并保持5min，使乳化更加完全。

4. 抽真空

抽真空的目的是除去生产过程中产生的一些挥发性气体或气味物质，同时消除产品中的泡沫，避免空气进入干酪融化锅。

根据工艺的需求，将真空度设定在规定范围内，启动干酪融化锅的真空泵，保持一定的时间。

5. 灌注包装

魔芋再制干酪抽真空结束后，通过管道输送至再制干酪灌装机，灌装温度应保持在70℃以上，因为随着灌装温度的降低，产品的流动性下降，不仅会造成包装缺陷，而且不利于产品的质量控制。

6. 入库冷却

灌装后的魔芋再制干酪放置在5~10℃冷藏库内，冷却温度应保持恒定，如果温度波动较大，产品在包装材料内发生沉积，而产生质量缺陷。最终产品的色泽呈黄色或浅褐色，夹杂魔芋再制干酪特有的魔芋和干酪气味，质地柔软、致密。

【技能点6-3-3】涂抹型再制干酪的制作

（一）材料试剂

干酪，干酪粉，全脂乳（11.65%），奶油，白砂糖，柠檬酸，食盐，乳化盐三聚磷酸钠，焦磷酸钠，磷酸氢二钠，磷酸二氢钠，柠檬酸钠，亲水胶体黄原胶，卡拉胶、瓜尔豆胶、刺槐豆胶。

（二）仪器设备

可调高速剪切机，搅拌器，水浴锅，旋转黏度计，均质机，pH 计，硬度仪。

（三）工艺流程

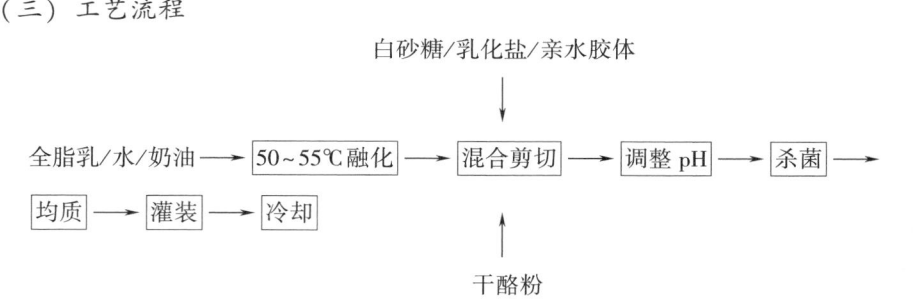

（四）生产操作要点

1. 预热、乳化

白砂糖、乳化盐、亲水胶体加适量水溶解待用。需要注意的是，由于亲水胶体具有较强的亲水性，遇到水后很快形成较凝团块，其内部依旧保持干燥，因此需要用白砂糖干混后加入热水溶解，以白砂糖有力的溶解性，将胶体均匀地分散在体系中。

将全脂乳、水、奶油以 200 ~ 300r/min 搅拌，水浴加热至 40℃，加入干酪粉、白砂糖，持续搅拌升温至 50~55℃，待混合基本均匀后，开始剪切乳化，以 1500~2000r/min 进行高速剪切 3 ~ 5min，将油水充分混合均匀，使制品组织细腻、光滑，并具有一定的黏度。

2. 调整 pH

以柠檬酸调整 pH，pH 控制在 5.7 ~ 5.9，产品感官较理想，终产品硬度低、黏度适宜；而 pH 在 5.4 ~ 5.7 时，产品硬度较大，比较适于切片干酪。从理论上讲，pH 越高，其水合、乳化程度也就越好。

3. 乳化、杀菌

加热杀菌，水浴升温至 90 ~ 95℃，时间 8 ~ 10min，同时以 1500 ~ 2000r/min 的速度剪切搅拌。温度的确定根据制品组织状态要求和微生物要求两方面考虑。根据终产品组织细腻、柔软、硬度低的特点，要求酪蛋白膨胀吸水作用的效果、乳化效果较高，因此我们选择可实现的较高的热处理强度，温度控制在 90 ~ 95℃，时间 8 ~ 10min。此外，由于是非封闭式处理，要考虑水分损失的影响，本条件下每 100g 物料补水 2g，以满足终产品水分要求。

4. 均质

以低压 3~5MPa 均质。

5. 灌装、冷却

热灌装，10℃条件下迅速冷却后常温保存。快速冷却的产品没有耐热性，脂肪晶化和蛋白质相互作用较小，稍加热即迅速软化，具有相对较好的流动性和涂布性。

【质量控制】

（一）再制干酪质量标准

再制干酪质量标准应符合《GB 25192—2022 食品安全国家标准 再制干酪》中的规定。该标准适用于再制干酪和干酪制品。主要指标包括感官要求、理化指标、污染物限量、真菌毒素限量、微生物限量、食品添加剂和营养强化剂等。产品在出厂前按照 GB 25192—2022 进行检验，各项指标要符合表 6-8 中的质量要求。

表 6-8　　　　　　　　　　　再制干酪质量标准

项目		指标				检验方法
感官要求	色泽	色泽均匀				取适量试样置于洁净的白色盘（瓷盘或同类容器）中，在自然光下观察色泽和状态。嗅其气味，用温开水漱口，品尝滋味
	滋味和气味	易溶于口，有奶油润滑感，并有产品特有的滋味、气味				
	组织状态	外表光滑；结构细腻、均匀、润滑，应有与产品口味相关原料的可见颗粒。无正常视力可见的外来杂质				
微生物限量	致病菌限量	应符合 GB 29921 的规定				
	项目	采样方案① 及限量				
		n	c	m	M	
	菌落总数②/（CFU/g）	5	2	1000	10000	GB 4789.2
	大肠菌群/（CFU/g）	5	2	100	1000	GB 4789.3
	霉菌/（CFU/g）≤	50				GB 4789.15

①样品的采样及处理按 GB 4789.1 和 GB 4789.18 执行。
②不适用于添加活性菌种（好氧和兼性厌氧）的产品

污染物限量	应符合 GB 2762 中再制干酪的规定
真菌毒素限量	应符合 GB 2761 中再制干酪的规定
食品添加剂和营养强化剂	食品添加剂的使用应符合 GB 2760 中再制干酪的规定
	营养强化剂的使用应符合 GB 14880 中再制干酪的规定

续表

项目	指标	检验方法
其他	产品标签应明确标识干酪使用比例	
	产品应标明"再制干酪"或"干酪制品"。再制干酪也可称为"再制奶酪"。干酪制品也可称为"奶酪制品"	
	产品标签明确标示运输和贮存温度	

（二）再制干酪常见质量问题及控制措施

1. 再制干酪内有各种结晶颗粒

（1）原因分析　使用了过多的乳化盐，或乳化盐、食盐未充分溶解分散；不溶性酪氨酸形成的结晶；使用了乳清浓缩产品，而且干酪水分含量又很低时，乳糖析出，就导致了晶体的形成。

（2）控制措施　乳化盐应较分散地加入，适当延长融化时间，或将乳化盐配成溶液加入；乳化盐添加量适宜，不要过量；减少乳清添加物的加入量，增加添水量；防止原料干酪中含酪氨酸结晶体。

2. 再制干酪含有不溶颗粒

（1）原因分析　混合料中含有较硬的干酪皮，或者是兰特干酪（Rand-cheese）以及很硬的硬质干酪；原料干酪、乳化盐或其他添加剂携带的杂质；霉菌型干酪如 Camembert 干酪或其他绿纹、青纹干酪上的霉菌所形成的霉菌丝体。

（2）控制措施

①应检查粉碎、破碎机是否有磨损的零件；对难溶的物料，如干酪皮，应先用蒸气或热水进行处理后再加入；乳化盐应先配成溶液并冷却，最好保持几小时进行软化；或者对乳化盐进行高速粉碎处理后再使用。

②所有原料一定要仔细检查是否有异物，必要时。可通过滤筛进行处理。

③霉菌成熟的干酪融化后，应进行细筛处理（除掉其中异物或硬菌体），然后加入其余干酪混料，再开始融化，直至完成。

3. 块状再制干酪呈杂色斑纹

（1）原因分析　不同批次颜色的干酪残留，下一批块状再制干酪加入时，就出现了颜色条纹；组织结构较浓厚的再制干酪，未有充分地混合、未能连续地搅拌；物理化学作用导致了杂色和无色，这仅发生在只用柠檬酸溶液作为乳化盐的情况，可能是由于柠檬酸钙的微小结晶引起了干酪质地的断裂。

（2）控制措施　用一次灌装单元完成灌装；加入下批干酪前，完全排空排净漏斗；如多个融化锅用同一台罐装机，一定要确保每锅都有相同的加工工艺参数；搅拌器高速运转一小段时间，彻底混匀；在融化时，防止未乳化的颗粒或干硬片掉入锅内热态的干酪中；如用柠檬酸溶液做乳化盐时，要多加 C 型乳化盐，以利消除杂色现象。

4. 再制干酪有霉菌生长

（1）原因分析　外包装没有充分密封的，不卫生，有污染，使得霉菌孢子污染了干酪；再制干酪有浆液析出；包装干酪用的膜，贮存在潮湿的、不通风的环境中。

（2）控制措施　热封膜要严格密封；块状等干酪用塑料膜包装，其蜡纸边缘必须保证密封，并贮存在绝对无霉菌的贮存间内；消除浆液析出物；包装干酪用的膜，贮存在卫生干燥的、且通风的环境中。

5. 再制干酪有怪味，味道不正常

（1）原因分析

①干酪成熟过度，或有腐败味的原料干酪，或使用了不洁净的奶油而造成再制干酪呈苦味、腐败味、哈喇味或肥皂味。

②发酸的原料干酪，发酸凝乳块和低的 pH，使得再制干呈略苦或很苦的味道，也可能是由于后来的其自身产生的酸（乳酸、丁酸）造成，或用亚硫酸做防腐剂时，由于硫酸的存在，有较浓的酸味。

③使用的乳化盐不纯，原料干酪有盐味，添加的几种防腐剂以及蒸汽的气味不好等等，都可能导致化学味道。

④用了霉菌污染的干酪做为原料，再制干酪会产生陈腐味和霉味。

⑤再制干酪内有微量重金属存在，如铜、铁、锰和其他金属，使得脂肪被氧化，导致干酪呈金属性原因的油脂氧化状。其他氧化物，如溴化物、过氧化氢也可以产生这个状态。

⑥蒸煮味，是由于再制干酪受热过度，尤其是当含有乳糖和用夹层加热时而造成。

（2）控制措施　选用成熟的、味道较好的干酪原料，或加入风味添加剂和佐料；多加些 pH 较高的成熟干酪，或用酸味较少的某种乳化盐；不用有质量缺陷的干酪做原料；检查水和蒸汽的纯度，不用氧化物，并防止使用含有铁锈或铜制的、铜锌合金制的任何容器；含有乳糖的再制干酪，融化加热温度不能大于90℃，必须单一使用夹层加热时，其温度不得超过 70℃。如果桶装再制干酪想杀菌时，应把 pH 提高到 0.2~0.3 个单位，并密切控制杀菌时间和温度。

【巩固提升】

（一）填空题

1. 在干酪的生产中为了促进凝块的形成需添加（　　　　）。

2. 在制作干酪用发酵剂时，一般需经过（　　　　）、（　　　　）、（　　　）三个阶段。

3. 牛乳中的酪蛋白在牛乳中以（　　　　　）的形式存在，而脂肪在牛乳中之所以稳定存在主要是由于（　　　　）作用。

4. 以（　　　　）干酪为原料，经过再粉碎、加热调制而制成的产品称为（　　　　）。

（二）名词解释

干酪、再制干酪、凝乳酶。

（三）简答题

1. 什么是凝乳酶活力单位？如何测定？

2. 凝乳酶活力测定时恒温水浴的温度是多少？为什么要保持这个温度？

3. 干酪生产中压榨的目的是什么？

4. 干酪生产中添加食盐的目的是什么？

5. 阐述干酪成熟过程中成分发生的变化。

（四）技能测试题

1. 乳酸菌发酵剂如何制备？其活力如何检查？

2. 传统干酪的加工工艺是什么？工艺要点有哪些？

3. 干酪常见的质量缺陷有哪些？如何控制？

4. 再制干酪的加工要点有哪些？

【知识拓展】

世界八大著名干酪产地、历史与工艺

干酪在欧洲国家日常饮食中占据着非常重要的地位，甚至与面包、红酒并列为餐桌上的"三位一体"。因此奶酪在法国、意大利、英国等欧洲国家都非常盛行。在干酪的生产国家里，每个国家都有很多著名的干酪品种，不仅在本国内备受追捧，还风靡全世界。

1. 卡蒙贝尔干酪（Camembert AOC）

产地：法国

历史：干酪是法兰西民族的光荣，英国首相丘吉尔曾经说过：这个缔造了400多种奶酪的伟大民族不可能被摧毁。可见奶酪在法国的国民生活中占据了重要的地位。它们品种繁多、款式各异、大小不一。

虽然荷兰、意大利、瑞士等国都生产优质的干酪，但是法国是名副其实的干酪大国。法国每个地方都有自己独特的干酪品种，全法国有500多个品种，法国也是人均干酪消费量最大的国家之一，堪称世界第一的干酪王国。

工艺：从生产工艺来说，卡蒙贝尔干酪属于白霉干酪的一种。在这种干酪的生产过程中，额外地加入了一种特殊的霉菌——卡蒙贝尔白霉菌。在干酪生产最后的成熟期里，正是这些霉菌首先在干酪表面生长起来，一方面避免了其他有害杂菌污染奶酪，更重要的一方面，则是通过代谢干酪中的营养物质来改变干酪的酸碱环境，从而让加入的其他发酵菌得以继续在内部生长，于是赋予了卡蒙贝尔干酪特有的风味。

2. 洛克福（Roquefort AOC）

产地：法国

历史：洛克福干酪是蓝纹干酪的一种，诞生于法国南部的洛克福村，受到法

国历代王室的青睐，是法国 AOC 认证的第一个干酪品牌，也是世界三大蓝纹干酪品牌之一。

工艺：由于是用绵羊乳做的，其质地既不像埃门塔尔等硬质干酪那样结实富有弹性，又不像卡蒙贝尔那样柔软细腻，而是比较松软易碎，放入口中马上就会尝到一种混合着一丝甜味的咸，口感比较厚重。也正多亏了这咸味，才得以掩盖羊干酪通常具有的那种膻味。蓝霉的味道与醇厚的奶香完美地融合在一起，悠长的美味在唇齿间停留，让人难以忘怀。

3. 马苏里拉干酪（Mozzarella）

产地：意大利

历史：意大利被认为是欧洲干酪的发源地，对各国的代表性干酪都具有深远的影响。比如世界三大蓝纹干酪之一的戈根索拉干酪的加工方法经由罗马人传到法国之后，就产生了洛克福干酪。没有哪一个国家像意大利这样，能够将干酪作为原料运用到如此多的美味食品中。从传统的西式甜点提拉米苏到风靡全球的意式披萨，再到意大利面，将干酪运用起来得心应手，干酪跟这些食品相得益彰，熠熠生辉。

工艺：马苏里拉干酪是意大利南部坎帕尼亚和那布勒斯地方产的一种淡味干酪，由水牛乳制成，色泽淡黄，含乳脂 50%。此干酪是制作披萨的重要原料之一。马苏里拉干酪，有一层很薄的光亮外壳，未成熟时质地很柔顺，很有弹性。

马苏里拉干酪在意大利语中的意思是"穿针引线"。这是由于干酪在制作过程中经过了热烫和机械拉伸处理，因而烹饪后很容易拉成很长的丝。它纯白的外观、鲜嫩的口感和清爽的酸味与任何食物都能搭配。

4. 帕尔玛干酪（Parmesan）

产地：意大利

历史：经多年陈熟干燥而成，色淡黄，具有强烈的水果味道，一般超市中有盒装或铁罐装的粉末状帕尔玛干酪出售。帕尔玛干酪用途非常广泛，不仅可以擦成碎屑，作为意式面食、汤及其他菜肴的调味品，还能制成精美的甜食。

工艺：意大利人常把大块的帕尔玛干酪同无花果和梨一起食用，或把它掰成小块，配以开胃酒，当作餐前小点。因帕尔玛干酪的成熟期较长，所以比其他干酪更容易被人体消化吸收，现已成为世界上最佳的干酪品种之一。

5. 卡尔菲利干酪（Caerphilly）

产地：英国

历史：英国是天然的干酪生产基地，得益于其温暖湿润的海洋性气候，冬暖夏凉、山峰耸立、土壤肥沃，是天然的奶酪生产圣地。据统计，英国有一半以上的土地用来生产和经营奶酪。英国的奶酪生产具有 1000 多年的历史。

工艺：这是一种威尔士全脂白干酪，口感温和、有点咸。最开始卡尔菲利被威尔士的矿工们用来补充盐分，当他们在炎热的矿井中汗流浃背地工作时，身上总会带些卡尔菲利干酪。它不仅可以和葡萄、苹果一块食用，还能作为调料或搭配香肠食用。

6. 斯蒂尔顿干酪（Stilton）

产地：英国

历史：这款蓝莓干酪曾经被包括英国女王伊丽莎白二世在内的很多王公贵族所喜爱。最初斯蒂尔顿干酪的发源地在英国爱尔兰东部的郡，但却在斯蒂尔顿大卖，也因此得名。现在斯蒂尔顿干酪受到英国法律的保护，只允许在莱斯特郡、诺丁汉郡和德贝郡这三个地方生产。

工艺：斯蒂尔顿奶酪是世界三大蓝纹干酪之一，这款干酪以浓郁的奶香和个性十足的蓝霉风味为主要特征，不像其他干酪般柔和香醇，但是别有风味。

7. 切达干酪（Cheddar）

产地：英国

历史：切达干酪是世界上最受欢迎的干酪之一，产于英国索莫塞特郡车达，历史悠久。能够听见英语的地方就能找到切达干酪，这种说法一点也不过分，能够成为世界销量排名第一的干酪可见其魅力绝非一般。

工艺：切达干酪是一种原制干酪，或称为天然干酪。它是由原乳经过灭菌、发酵、凝结、成熟等一系列复杂的加工工艺做成的。一般说来，切达水分含量为36%，脂肪含量33%，蛋白质含量31%，每100g切达干酪含721.4mg的钙。由此可见，切达干酪的营养成分是非常高的。色泽白或金黄，组织细腻，口味柔和，质量30~35kg。质地较软，颜色从白色到浅黄不等，味道也因为储藏时间长短而不同，有的微甜（9个月）、有的味道比较重（24个月）。切达干酪很容易被融化，所以也可以作为调料使用。

8. 埃门塔尔（Emmental）

产地：瑞士

历史：瑞士的国土面积有70%是海拔1000m以上的高山，比如南面的阿尔卑斯山脉、西北面的汝拉山脉等。在这样一个群山环绕、风景如画的国家里，干酪的制作也是采用传统的方法，所以瑞士的干酪还能保持极其传统的风味。纯天然、无污染的阿尔卑斯山峦，培育出优质的瑞士奶牛，也出产450多种风味独特的干酪。干酪在瑞士人眼中的地位相当重要，人均干酪消费量每年多达20kg。直到今天，瑞士人还习惯在孩子过生日时送干酪当作礼物。聪明的瑞士人还独创了闻名世界的干酪火锅。

工艺：这种干酪不仅个头大，工艺也复杂，而且在干酪成型后并不能马上出售，需要在控制了温度和湿度的房间里放上一阵子，等干酪中的发酵菌发酵完成后才能出售。埃门塔尔干酪的成熟期很长，通常需要2~3个月，个别的为了达到一种特定的风味，甚至需要成熟1年。

由于埃门塔尔干酪在生产的过程中加入了丙酸菌，在漫长的成熟期内，丙酸菌就可以发酵奶酪中的乳酸，产生二氧化碳，从而在干酪内部形成那些大大小小的孔洞。在这一期间，技术人员还会不定期地用特定的工具在奶酪上取样，来观察内部气孔的分布情况。因为这些气孔的大小和分布情况都是重要的质量指标。当成熟好的干酪被切成小块出售之后，我们就看到那种三角形的带孔奶酪了。

　　埃门塔尔干酪味道比较清淡，奶香中混着一股淡淡的杏仁味，一般人都可以接受它的味道。而且不光是个头大，就营养价值来说，埃门塔尔干酪也算得上是干酪中的王者了。由于它几乎相当于把牛乳浓缩了 12 倍，非常适合用来补钙。一般需要喝 300mL 牛乳才能摄入 300mg 的钙质，这时只需要吃一小块（30g）埃门塔尔干酪就可以达到同样的效果了。

学习情境七
奶油加工技术

问题导入

1. 你能分清奶油、黄油、稀奶油和无水奶油吗？它们之间有什么关系呢？
2. 鲜牛乳静置的时候，为什么会出现分层现象？
3. 奶油是怎样生产出来的呢？
4. 作为一名奶油生产的技术人员，该如何保证产品的良好品质呢？

目标管理

1. 知识目标
(1) 掌握稀奶油、甜性奶油和酸性奶油的生产过程。
(2) 了解稀奶油、奶油的概念、分类和质量标准。
(3) 掌握乳脂分离机、奶油搅拌机的构造和原理。
2. 技能目标
(1) 会独立操作乳脂分离机、奶油搅拌机并进行日常的维护。
(2) 会根据缺陷产品的状态，寻找原因，加以纠正。
(3) 会完成稀奶油、甜性奶油和酸性奶油的生产操作。

岗位认知

奶油搅拌压炼工　操作冷却、搅拌、压炼设备，将杀菌的稀奶油进行物理、生化成熟。

任务一 稀奶油加工技术

【任务描述】

稀奶油是牛乳中乳脂肪的浓缩产品，由于良好的呈味特性，在食品工业中得到广泛的应用。本任务的主要学习和技能训练内容涉及稀奶油的概念和分类、稀奶油的生产控制要点、稀奶油的生产工艺、乳脂分离机构造和使用方法以及稀奶油的质量标准。

【知识准备】

【知识点 7-1-1】认识奶油和稀奶油

（一）术语和定义

1. 稀奶油（cream）

以乳为原料，分离出的含脂肪的部分，添加或不添加其他原料、食品添加剂和营养强化剂，经加工制成的脂肪含量 10.0%~80.0%的产品《GB 19646—2010 食品安全国家标准 稀奶油、奶油和无水奶油》。

2. 奶油（黄油）（butter）

以乳和（或）稀奶油（经发酵或不发酵）为原料，添加或不添加其他原料、食品添加剂和营养强化剂，经加工制成的脂肪含量不小于 80.0%产品。

3. 无水奶油（无水黄油）（anhydrous milkfat）

以乳和（或）奶油或稀奶油（经发酵或不发酵）为原料，添加或不添加食品添加剂和营养强化剂，经加工制成的脂肪含量不小于 99.8%的产品。

（二）分类

1. 根据奶油制造方法不同分类

（1）甜性奶油 以鲜稀奶油制成，有加盐和不加盐的两种，具有明显的乳香味，含乳脂肪 80%~85%。

（2）酸性奶油 以杀菌的稀奶油，用纯乳酸菌发酵剂发酵后加工制成，有加盐和不加盐的两种，具有微酸和较浓的乳香味，含乳脂肪 80%~85%。

（3）重制奶油 用稀奶油和甜性、酸性奶油，经过熔融，除去蛋白质和水分而制成。具有特有的脂香味，含脂肪 98%以上。

（4）脱水奶油 杀菌的稀奶油制成奶油粒后经熔化，用分离机脱水和脱除蛋白，再经过真空浓缩而制成，含乳脂肪高达 99.9%。

（5）连续式机制奶油 用杀菌的甜性或酸性稀奶油，在连续式操作制造机内加工制成，其水分及蛋白质含量有的比甜性奶油高，乳香味高。

2. 根据加盐与否奶油分类

分为无盐、加盐和特殊加盐的奶油。

3. 根据脂肪含量分类

分为一般奶油和无水奶油（即黄油），以及植物油替代乳脂肪的人造奶油。

［说明］

奶油除以上主要种类外还有各种花色奶油，如巧克力奶油、含糖奶油、含蜜奶油、果汁奶油等，以及含乳脂肪30%~50%的发泡奶油、掼奶油，加糖和加色的各种稠液状稀奶油。还有我国少数民族地区特制的"奶皮子""乳扇"等独特品种。

（三）奶油组成及组织状态

1. 组成

一般加盐奶油的主要成分为脂肪（80%~82%）、水分（15.6%~17.6%）、盐（约1.2%）以及蛋白质、钙和磷（约1.2%）。奶油还含有脂溶性的维生素A、维生素D和维生素E。

2. 组织状态

奶油呈均匀一致的颜色、稠密而味纯。水分分散成细滴，从而使奶油外观干燥。硬度均匀，这样奶油就易于涂抹，有舌感即融化的感觉。

【知识点7-1-2】稀奶油的分类及应用

（一）稀奶油分类

按含脂率不同稀奶油可分为：

（1）半稀奶油　含脂率为10%~80%，一般用于甜食和饮料。

（2）咖啡用稀奶油　含脂率达25%，加入咖啡中能改善其外观和风味。

（3）酸性稀奶油　用乳酸菌来发酵稀奶油，通过把乳糖转变为乳酸而产生酸味并伴随着蛋白质的凝结。产品的风味决定于所使用的发酵剂种类。酸性稀奶油的脂肪含量小于25%，但某些轻微发酵产品的脂肪含量高达40%。

（4）重质稀奶油　含脂率高于48%，在欧洲多见，是通过搅打生产出的一种很稠的掼奶油。

［说明］

掼奶油又称搅打稀奶油，是以含脂率35%~37%的新鲜奶油为原料，添加稳定剂，以改善稀奶油的起泡性和气泡的持久性，又为了增加人们的适口性和产品的黏度而添加蔗糖，再通过机械方法将空气混入，使其膨胀而制成的一种乳制品。掼奶油可直接食用，也可用于制造冰淇淋、面包、蛋糕、色拉、汽水等。

（5）凝固稀奶油　含脂率大于55%，是英国、瑞士的一种传统食品，通过加热煮制使乳脂上浮凝聚而制得。

（6）高脂稀奶油　含脂率高达70%~80%，由一般稀奶油进行二次分离制得，如伊朗的稀奶油。

（二）稀奶油的应用

稀奶油在食品工业中应用很广，可作为呈味物质，赋予食品美味，比如甜点、蛋糕和一些巧克力糖果，也可用于一些饮料中，例如咖啡和奶味甜酒。此外，稀奶油还能赋予食品良好的质地，其黏度、稠度及功能特性（如搅打性）都随脂肪含量以及加工方法的不同而有所变化。

在生产过程中，一些稀奶油制品可以加入一些法律允许的添加剂，例如咖啡稀奶油含有盐类稳定剂，如磷酸盐和柠檬酸盐；发泡稀奶油可以添加卡拉胶来防止产品沉淀分层。

【知识点 7-1-3】乳脂分离方法及原理

（一）乳的分离

1. 乳的分离的概念

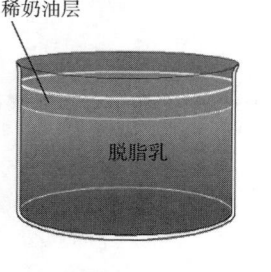

乳的分离是指把乳分成稀奶油和脱脂乳的过程。牛乳中脂肪的相对密度为 0.93，乳脂肪以外的 1.043。当乳静置时，密度小的脂肪球会上浮，而使乳的上层含脂率很高，可达到 15%~20%。通常把含脂率高的部分称为稀奶油，而把下层含脂率低的部分称为脱脂乳，如图 7-1 所示。

2. 稀奶油的分离方法

稀奶油分离的方法一般有重力法和离心法两种。

图 7-1 乳静置时的分层，上层为稀奶油，下层为脱脂乳

（1）重力法 也称静置法。此法分离所需的时间长，且乳脂肪分离不彻底，所以不能用于工业化生产。

（2）离心法 是采用牛乳分离机将稀奶油与脱脂乳迅速而较彻底地分开，因此它是现代化生产普遍采用的方法。

（二）离心分离基本原理

如果在一容器中装上液体，并旋转该容器，就会产生离心力。

牛乳中含有脂肪、脱脂乳以及各种固体杂质，三者之间脂肪相对密度最小，脱脂乳次之，固体杂质相对密度最大。将其静止数小时后，将分成三层。其分离速率遵循斯托克（Stoke）定律。用下式来表示：

$$v = \frac{2gr^2(\rho_1 - \rho_2)}{9\eta}$$

式中　v——沉降（上浮）速度，m/s

　　　g——重力加速度，9.81m/s

　　　η——介质黏度，km/(m·s)

　　　ρ_1——分散介质密度，kg/m³

　　　ρ_2——颗粒密度，kg/m³

　　　r——脂肪球的半径，m

由上式可知，沉降速度与 g、ρ_1、ρ_2、r、η 有关。当 v 一定时，槽越深，分层时间越长。槽越浅，分层时间越短（且不连续）。

根据这一原理，设计了碟片式离心分离器。用离心加速度代替重力加速度，

用若干碟片把分离器变为若干薄层分离器，缩短沉降距离，减少分层分离时间。

如将上式中的 g 用离心加速度 α 来代替，$\alpha = R\omega^2$（R 为分离盘的半径，ω 为角速度），则上式可以变为：$v = \dfrac{2r^2 \left(\rho_1 - \rho_2\right) R\omega^2}{9\eta}$。

（三）蝶式分离的结构及工作原理

目前较常用的是碟片式离心分离机（图 7-2），它的转鼓内有数十个至上百个形状和尺寸相同、锥角为 600~1200 的锥形碟片，碟片之间的间隙用碟片背面的狭条来控制，一般碟片间的间隙为 0.5~2mm。每只碟片在离开轴线一定距离的圆周上开有几个对称分布的圆孔，许多这样的碟片叠置起来时，对应的圆孔就形成垂直的通道。当具有一定压力和流速的两种不同密度液体的混合液（或两种互不相溶的液体的混合液）进入离心分离机，由于离心分离机的碟片组高速旋转，混合液通过碟片上圆孔形成的垂直通道进入碟片间的隙道后，也被带着高速旋转，具有了离心力。此时两种不同密度液体因密度不同而获得的离心沉降速度的不同，在碟片间的隙道间出现了不同的情况：密度大的液体获得的离心沉降速度大于后续液体的流速，则有向外运动的趋势，就从垂直圆孔通道在碟片间的隙道内向外运动，并连续向鼓壁沉降；密度小的液体获得的离心沉降速度小于后续液体的流速，则在后续液体的推动下被迫反方向向轴心方向流动，移动至转鼓中心的进液管周围，并连续被排出。这样，两种不同密度液体就在碟片间的隙道流动的过程中被分开。

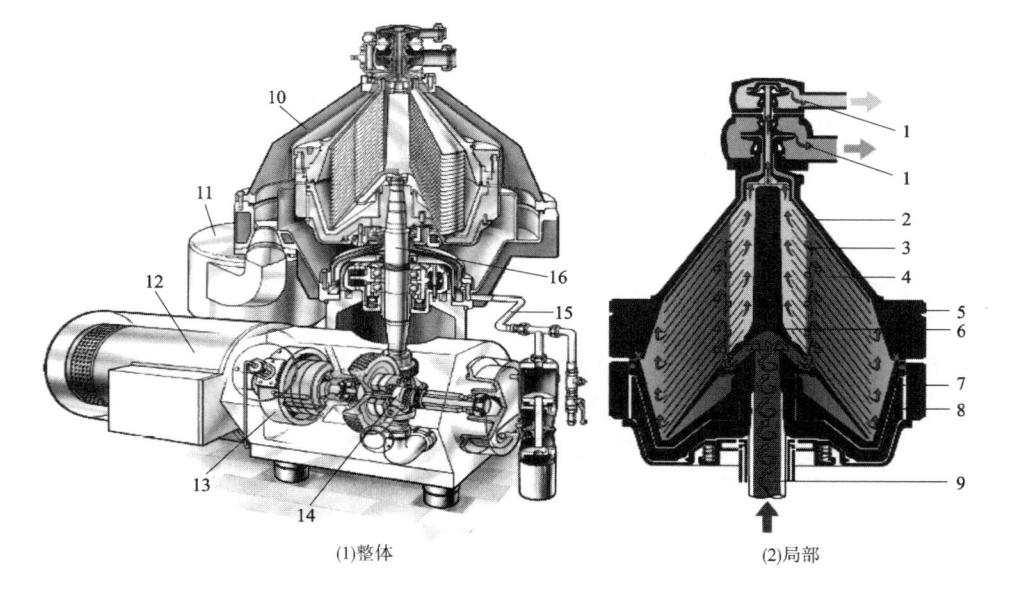

(1)整体　　　　　　　　　　　(2)局部

图 7-2　碟片式分离机

1—出口泵　2—钵罩　3—分配孔　4—碟片组　5—锁紧环　6—分配器　7—滑动钵底部　8—钵体
9—空心钵轴　10—机盖　11—沉渣器　12—电机　13—制动　14—齿轮　15—操作水系统　16—空心钵轴

碟片式分离机中牛乳的分离过程：牛乳进入离心分离机距碟片边缘一定距离的垂直排列的分配孔中，在离心力的作用下，牛乳中的颗粒和脂肪球根据它们相对于连续介质（即脱脂肪乳）的密度而开始在分离通道中径向朝里或朝外运动。稀奶油即脂肪球，比脱脂乳的密度小，因此在通道内朝着转动轴的方向运动，稀奶油通过轴口连续排出。脱脂乳向外流动到碟片组的空间，进而通过最上部的碟片与分离钵锥罩之间的通道，脱脂乳由此排出，如图7-3所示。

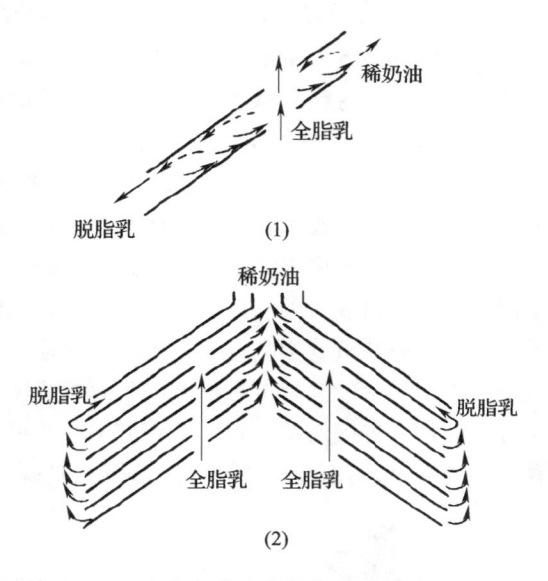

图7-3　牛乳在碟片式分离机中的分离过程

【技能训练】

【技能点7-1-1】乳脂分离机的操作

（一）使用乳脂分离机的操作过程及要点

（1）分离机必须安装在水平而牢固的基础上，以防开动时造成立轴弯曲和喉轴承的损坏。

（2）使用前在机件以及其他注油器中必须加足量润滑油。

（3）天气寒冷时，分离钵内先通以热水，将分离钵加热后再开始分离。

（4）将预热后的乳通过纱布倒入受乳器中。

（5）开动分离机后，最初要缓慢，逐渐加快，等达到正常转数后再打开进入口，开始分离。

（6）正常分离3~5min后，于稀奶油和脱脂乳出口处同时放下两个容器，以测定在同一时间内，此两流出口的流量比例，一般在稀奶油的流出口下部可用100~200mL容器的量筒，脱脂乳流出口下部则可用有刻度的大容器，待稀奶油达到一定刻度后，即把此两容器同时移开，并将稀奶油倒出，然后量脱脂乳的数量，并求出两者大致倍数。

不同的加工目的对稀奶油的浓度要求也不同，如果分离过程中发现稀奶油含脂率过低，则应停止分离，并将分离钵上调节栓向外旋（左），即能达到调整的目的。此调节栓左旋 1 周约能增加含脂率 4%～5%，如将调节栓向相反方向旋转则能使含脂率降低。有些分离机的调节栓安装在稀奶油的出口，则调整方法恰恰相反。

（7）每隔 1.5～2h，应清洗一次分离机中的乳泥。

（8）分离结束后可用部分脱脂乳倒入分离钵内，以便将稀奶油全部冲出，然后使分离钵自然停止，不应强制停止。

（9）拆卸分离机应按顺序进行，分离机的机身先用湿布擦洗，再用干布擦干。

（10）分离机上与乳直接接触的部件，在拆卸后应用 0.5% 的碱水洗净，然后用 90℃ 的热水清洗消毒，最后用布擦干，并置于清洁干燥的地方，以便下次使用。

（二）影响乳脂分离机分离效果的因素分析

1. 从离心分离机方面

（1）分离机的转速　各种不同的分离机，转速不同，一般而言，转速越快，分离效果越好，但转速受到机械结果及材料强度的限制，不可能无限制提高，最大不超过规定转速的 10%～20%。

（2）碟片半径大小　碟片下半径大，上半径小，则其分离效果也越大，但又必须考虑到机械结构，仰角。碟片高度与平均半径比值为 0.45～0.7。

（3）碟片仰角大小　仰角在理论上越大越好，但它又受半径限制，同时其与料液的黏度与碟片表面之间的摩擦有一定关系，所以不能无限增大，一般取 50～60°。

2. 从牛乳方面

（1）牛乳的温度　在分离前将物料预热，会提高分离效果。随着乳液温度升高，两相的密度升高幅度不同，因此，不同温度下分离效果也不同，一般预热温度为 35～40℃，若温度高于 60℃ 会导致蛋白质变性沉淀在分离机的碟片上，降低分离效果。

（2）牛乳的流入量　进乳量要掌握在比分离机所规定的流量稍低为好，一般按其最大生产能力降低 10%～20% 来控制流量，这样将大部分乳脂肪转移至稀奶油中，提高了分离效率。

（3）脂肪球直径　脂肪球直径越大，分离效果越好，设计时应考虑到将牛乳中较小的脂肪球分离。

（4）乳中的杂质度　乳中杂质度过高，会粘在分离钵内壁，其作用半径便减小，分离效果便降低。所用分离机应定期清洗，同时对原料乳要严格过滤。

（三）使用分离机常出现的缺陷及调整方法

分离机使用时常出现的缺陷及调整方法见表7-1。

表 7-1　　　　　　　　　　分离机的缺陷及调整方法

缺陷	产生原因	调整办法
乳脱脂不良	1. 摇柄转速慢	1. 按摇柄上标明速度转动摇柄
	2. 分离钵位置过低	2. 调节立轴螺丝，使立轴高度正好是分离钵上稀奶油和脱脂乳的排出口，相应高于收集器2mm
	3. 乳温度低	3. 乳温加热到40℃左右
	4. 乳不清洁	4. 乳进行充分净化和过滤
	5. 稀奶油太稠（含脂率高于40%）	5. 调节稀奶油和脱脂乳的出口螺丝，使稀奶油含脂不高于40%
	6. 乳酸度过高	6. 检验乳的酸度，乳预热后不要放置时间过长，防止酸度升高
分离机旋转不良（例如有撞击声、杂声、摇动沉重）	1. 机架安装不紧	1. 旋紧固定分离机的螺丝
	2. 基础不良	2. 打好水平的牢固基础
	3. 分离钵位置过高与收集器相摩擦	3. 调整分离钵高度
	4. 分离钵安装不良，如螺母环不紧或杯盘装的不对	4. 拆卸分离钵重新按顺序正确安装
	5. 蜗轮与立轴连接不良（太松或太紧）	5. 校正立轴与涡轮的连结
	6. 喉轴承弹簧损坏或过软过硬，分离钵不平衡	6. 更换喉轴承弹簧，或校正重新安装
	7. 喉轴承、立轴、涡轮、立轴颈或球轴承损坏	7. 更换新零件，同时更换新润滑剂
喉轴承弹簧常损坏	1. 分离钵基础不良	1. 打好水平的牢固基础，不使分离机倾斜
	2. 分离钵安装不良	2. 水平安装，并旋紧固定螺丝
	3. 分离机启动前后分离钵内有水	3. 分离机只能在分离钵空着时启动，即先启动后进行预热和分离
	4. 分离钵安装错误	4. 找出原因，重新安装
分离机损坏或发生意外事故	1. 分离钵生锈	1. 细致地去掉锈，不得使用生锈的分离钵进行工作，每次清洗完毕后应擦干，放置在干燥的地方
	2. 过高增加分离钵转速	2. 正确使用分离钵

【技能点 7-1-2】稀奶油的生产

稀奶油的生产工艺与液态乳的生产工艺基本相同。一般从牛乳中分离脂肪，当达到所需的脂肪含量时，进行热处理，热处理可采用巴氏杀菌、高温瞬时灭菌和保持灭菌等方式。

（一）稀奶油的生产工艺流程

稀奶油加工工艺流程如图 7-4 所示。

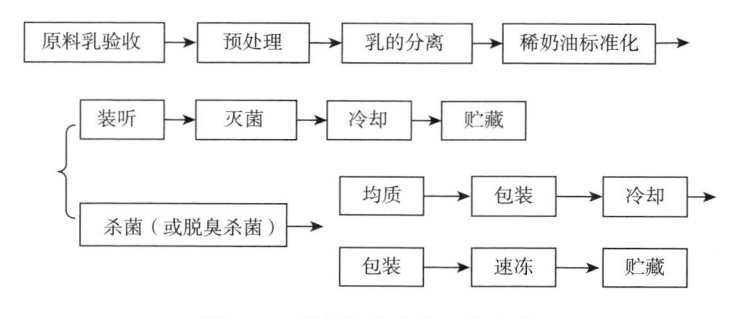

图 7-4 稀奶油的生产工艺流程

（二）稀奶油生产操作要点

1. 乳的分离

（1）静置法 所谓静置法，是指将牛乳放在容器中静置 24~36h，由于乳脂肪密度比较低，逐渐上浮到乳的表面，这种可形成含脂率 15%~20% 的稀奶油。利用这种方法分离稀奶油所需时间长，生产能力低，脂肪损失比较多。目前仅在牧区使用。

（2）离心分离法 采用离心分离技术，分离的基本依据是脂肪球与水相之间的密度差。采用高速旋转地离心分离机，利用离心时离心力的作用，使密度不同的两部分分离。最终可得到 35%~45% 的稀奶油和含脂率很低的脱脂乳。这种方法大大缩短了乳的分离时间和提高了奶油的生产率，并使卫生条件得到了极大地改善，提高了产品的质量。被工厂普遍采用。

2. 标准化

稀奶油生产中要对脂肪含量进行标准化，不同种类的稀奶油脂肪含量是不同的。若含脂率高于要求则成本增加，若含脂率低于要求则会影响其特性，如黏度和搅打性质等。对于生产奶油用的稀奶油，可以不对脂肪含量进行标准化，但若含脂率过高，会使搅拌过程难以进行，若含脂率过低，则酪乳过多。标准化的方法同原料乳的标准化。

3. 稀奶油的杀菌和真空脱臭

稀奶油热处理的目的是杀死其中的腐败微生物，钝化能够导致稀奶油腐败的酶类，提高奶油的保藏性，保证食用奶油的安全。

　　稀奶油杀菌的方法一般有间歇式和连续式两种，小型工厂多采用间歇式。大型工厂则多采用板式换热器或高温瞬时杀菌器，连续进行杀菌。

　　常用的热处理的温度和时间有以下几种组合：72℃、15min；77℃、5min；82~85℃、30s；116℃、3~5s。

　　若生产稀奶油的原料乳来源于牧场，则稀奶油中会有牧草的异味，因为大多数异味是易挥发性物质，因此可以采用真空杀菌脱臭机来达到杀菌脱臭的目的。

　　4. 稀奶油的均质、包装与储藏

　　低脂稀奶油和一次分离稀奶油需要进行高压均质；二次分离稀奶油可以采用低压均质，以提高黏度；而发泡稀奶油不能均质，否则会使产品的搅打发泡能力降低。

　　杀菌、均质后的奶油应迅速冷却到2~5℃进行包装。常用的包装形式有瓶装、灌装和利乐纸盒包装等。无论是哪种包装，都应注意以下问题：①避光，光照会引起脂肪自动氧化产生酸败；②密封、不透气；③不透水、不透油；④防止包装材料本身含有某些化学物质，也要防止印刷标签的油墨、染料等渗入奶油中；⑤包装容器的设计要有利于摇动，以便内容物的摇匀。

　　包装好的稀奶油在出售前和加工前应储藏在2~8℃的冷库中或冰箱中，成品运输时应采用冷藏运输。

【质量控制】

（一）稀奶油质量标准

　　稀奶油的质量标准应符合《GB 19646—2010 食品安全国家标准　稀奶油、奶油和无水奶油》中的规定。包括原料要求、感官要求、理化指标、污染物限量、真菌毒素限量、微生物限量、其他包装要求等。产品在出厂前按照 GB 19646—2010 进行检验，各项指标要符合表 7-2 中的质量要求。

表 7-2　　　　　　　　　　　　稀奶油质量标准

项目		指标	检验方法
感官要求	色泽	呈均匀一致的乳白色、乳黄色或相应辅料应有的色泽	取适量试样置于 50mL 烧杯中，在自然光下观察色泽和组织状态。闻其气味，用温开水漱口，品尝滋味
	滋味和气味	具有稀奶油、奶油、无水奶油或相应辅料应有的滋味和气味，无异味	
	组织状态	均匀一致，允许有相应辅料的沉淀物，无正常视力可见异物	

续表

项目		指标			检验方法
		稀奶油	奶油	无水奶油	
理化指标	水分/%≤	—	16.0	0.1	奶油按 GB 5009.3 的方法测定 无水奶油按 GB 5009.3 中的卡尔费休法测定
	脂肪含量/%≥	10.0	80.0	99.8	GB 5413.3[①]
	酸度[②]（°T）≤	30.0	20.0	—	GB 5413.34
	非脂乳固体[③]含量/%≤	—	2.0	—	—

[①]无水奶油的脂肪（%）= 100%-水分（%）。

[②]酸度不适用以发酵稀奶油为原料的产品。

[③]非脂乳固体含量（%）= 100%-脂肪（%）-水分（%）（含盐奶油还应减去食盐含量）。

以罐头工艺或超高温瞬时灭菌工艺加工的稀奶油产品应符合商业无菌的要求，按GB/T 4789.26 规定的方法检验。其他产品应符合以下的规定。

		采样方案[①]及限量（若非指定，均以 CFU/g 或 CFU/mL 表示）				
		n	c	m	M	
微生物限量	菌落总数[②]	5	2	10000	100000	GB 4789.2
	大肠菌群	5	2	10	100	GB 4789.3 平板计数法
	金黄色葡萄球菌	5	1	10	100	GB 4789.10 平板计数法
	沙门菌	5	0	0/25（g/mL）	—	GB 4789.4
	霉菌≤			90		GB 4789.15

[①]样品的采样、分析及处理按 GB 4789.1 和 GB 4789.18 执行。

[②]菌落总数不适用于以发酵稀奶油为原料的产品。

n、c、m、M 指不同采样方案，参见 GB 4789.1。

污染物限量	应符合 GB 2762 的规定
真菌毒素限量	应符合 GB 2761 的规定
食品添加剂和营养强化剂	食品添加剂和营养强化剂质量应符合相应的安全标准和有关规定。食品添加剂和营养强化剂的使用应符合 GB 2760 和 GB 14880 的规定。

（二）稀奶油质量控制要点

1. 原料乳的接受和处理

（1）控制

①原料乳具有良好的品质，未受到饲料的污染。

②牛乳存放的时间要尽可能短。

③在泵送等工序中对牛乳的损害尽可能小。

（2）监测

①对原料乳品质进行实验室检验。

②对原料乳可能受到饲料的影响要有正确的感官评价。

③有正规的生产系统来保证在规定的时间内处理完原料乳。

④由经验丰富的操作人员来操作设备。

（3）检测

①最终成品的品质。

②检查生产记录。

③对设备进行周期性的检查和维修。

2. 稀奶油的离心分离和标准化的生产控制点

（1）控制

①牛乳预热到合适的温度。

②保证稀奶油的含脂率。

③如果需要，稀奶油标准化到合适的含脂率。

④在处理稀奶油时对其的损害要小。

（2）监测

①预热：设备配有温度自动记录仪。

②脂肪含量：监测自动控制系统；手工操作时要分析检测实际的脂肪含量；由经过训练、经验丰富的操作人员进行脂肪的标准化。

③处理：检查设备的气密性和运转情况。

（3）检测

①预热：检查温度自动记录仪的记录。

②脂肪含量：校准自动控制设备的常规基准；对常规基准进行精密度试验分析；分析成品稀奶油的脂肪含量。

③处理：设备的运转保持在推荐的范围内。

任务二　奶油加工技术

【任务描述】

奶油是将乳分离后得到的稀奶油经一系列加工过程而制成的含脂肪高的一类乳制品，根据制造方法、选用原料、生产地区的不同，奶油可分为不同的种类，如甜性奶油、酸性奶油、重制奶油等。本任务的主要学习和实施内容涉及奶油的加工工艺及技术要点，奶油常见质量缺陷和防治措施，奶油搅拌机构造及使用方法，甜性奶油、酸性奶油及其生产工艺以及奶油的质量控制标准。

【知识准备】

【知识点7-2-1】奶油生产工艺流程

典型奶油生产工艺流程如图7-5所示，工厂化奶油的批量和连续化生产的一般生产流程如图7-6所示。

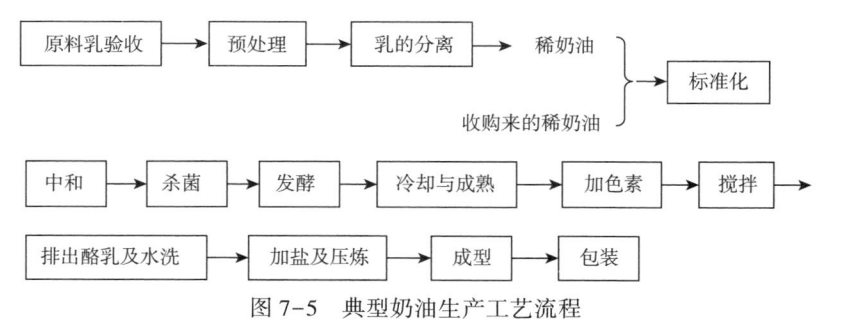

图7-5 典型奶油生产工艺流程

注：无发酵工艺的为甜性奶油，有发酵工艺的为酸性奶油。

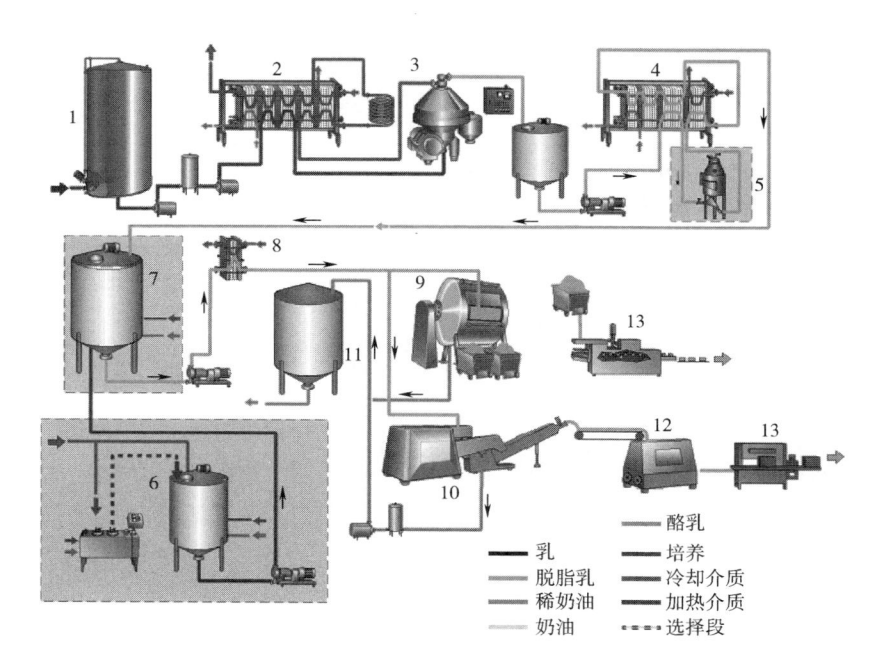

图7-6 奶油的批量和连续化生产的一般生产流程

1—乳的验收 2—脱脂乳的热处理和巴氏消毒 3—脂肪分离 4—稀奶油的巴氏杀菌 5—真空分离器
6—发酵剂制备 7—稀奶油的成熟和酸化（如果使用） 8—温度处理 9—搅拌/操作，间歇式
10—搅拌/操作，连续式 11—酪乳回收 12—带有螺杆输送器的奶油仓 13—包装机

【知识点 7-2-2】奶油加工技术要点

（一）原料乳要求

1. 生乳

应符合《GB 19301—2010 食品安全国家标准　生乳》的要求。

2. 其他原料

应符合相应的安全标准和/或有关规定。

（二）稀奶油

稀奶油在加工前必须先行检验，以决定其质量，并根据其质量划分等级，以便按照等级制造不同的奶油。制造奶油的稀奶油，应达到稀奶油标准的一级品和二级品。切勿将不同等级的稀奶油混杂，以免影响优质的奶油。含抗生素或消毒剂的稀奶油不适于生产酸性奶油。根据感官鉴定和分析结果，可按表 7-3 进行分级。

表 7-3　　　　　　　　　　　　　稀奶油不同级别设置

等级	滋味及气味	组织状态	在下列含脂率时的酸度/°T				乳浆的最高酸度/°T
			25%	30%	35%	40%	
I	具有纯正、新鲜、稍甜的滋味，纯洁的气味	均匀一致，不出现奶油团，无混杂物，不冻结	16	15	14	13	23
II	略带饲料味和外来的气味	均匀一致，奶油团不多，无混杂物，有冻结痕迹	22	21	19	18	30
III	带浓厚的饲料味、金属味、甚至略有苦味	有奶油团，不均匀一致	30	28	26	24	40
不合格	有异常的滋、气味，有化学药品及石油产品的气味	有其他混合物及夹杂物	—	—	—	—	—

方法：生产操作时将离心机开动，当达到稳定时（一般为 4000～9000r/min），将预热到 35～40℃（分离时乳温为 32～35℃）的牛乳输入进行分离。

（三）稀奶油的标准化

1. 目的

为了在加工时减少乳脂的损失和保证产品的质量，在加工前必须将稀奶油进行标准化。

2. 要求

用间歇方法生产新鲜奶油及酸性奶油时，稀奶油的含脂率以 30%～35% 为宜；连续法生产时，规定稀奶油的含脂率为 40%～45%。夏季由于容易酸败，所以用比较浓的稀奶油进行加工。根据标准当获得的稀奶油含脂率过高或过低时，可以利用皮尔逊法进行计算调节。

例　题

【例】今有120kg含脂率为38%的稀奶油用以制造奶油。根据上面标准，需将稀奶油的含脂率调整为34%，如用含脂率0.05%的脱脂乳来调整，则应添加多少脱脂乳？

解：按皮尔逊法

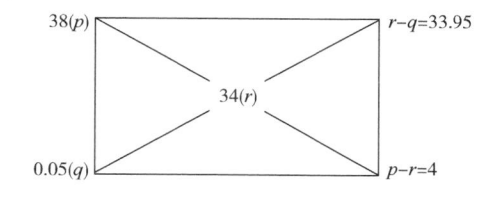

从上图可以看出，33.95kg稀奶油需加脱脂乳（含脂0.05%）4kg，则120kg稀奶油需加的脱脂乳为：（120×4）/33.95＝14.14（kg）

另外，稀奶油的碘值是成品质量的决定性因素。如不校正，高碘值的乳脂肪（即含不饱和脂肪酸高）生产出奶油过软。当然也可根据碘值，调整成熟处理的过程，硬脂肪（碘值低于28g/100g）和软脂肪（碘值高达42g/100g）也可以制成合格硬度的奶油。

（四）稀奶油的中和

稀奶油的中和直接影响奶油的保存性，左右成品的质量。制造甜性奶油时，奶油的pH（奶油中水分的pH）应保持在中性附近（6.4～6.8），滴定酸度为16～18°T。

1. 目的

（1）防止脂肪的损失　因为如果酸度高的稀奶油不进行中和即行杀菌时，会造成稀奶油中的酪蛋白受热凝固，一些脂肪会被包在凝块中，搅拌时损失在酪乳中，因此脂肪损失很大，影响产量。

（2）稀奶油中和后，可以改善奶油的香味　一般中和到酸度为20～22°T，不应加碱过多，否则产生不良风味。

（3）制成的奶油酸度过高时，贮藏中仍易引起水解，并促进氧化。

2. 要求

生产甜性奶油时，稀奶油水分中的pH应保持在近中性，以pH6.4～6.8或稀奶油的酸度以16°T左右为宜；生产酸性奶油时pH可略高，稀奶油酸度20～22°T。

3. 中和剂的选择及添加方法

稀奶油的中和常选用的中和剂有石灰、碳酸钠、碳酸氢钠、氢氧化钠等。石灰价格便宜，同时还能提高奶油的营养价值，但难溶于水，必须调成乳剂加入，还需要均匀搅拌，不然很难达到中和的目的。碳酸钠因易溶于水，中和可以很快进行，同时不易使酪蛋白凝固，但二氧化碳会很快产生，若容器过小，会导致稀奶油溢出，所以先配成10%的溶液，再徐徐加入。

一般使用的中和剂为石灰［Ca（OH）₂］和碳酸钠。添加时必须调成20%的乳剂，经计算后加入。石灰不仅价格低廉，同时可以增加奶油中钙的含量，提高其营养价值。

（五）真空脱气

可将具有挥发性异常风味物质除掉，首先将稀奶油加热到78℃，然后输送至真空机，其真空室的真空度可以使稀奶油在62℃时沸腾。

（六）稀奶油的杀菌

1. 杀菌的目的

（1）杀死能够导致奶油变质的腐败菌和危害人体健康的病原菌。

（2）钝化奶油中的脂肪酶，防止引起脂肪分解产生酸败，提高奶油的保藏性和增加风味。

（3）除去奶油中导致不良风味的各种挥发性物质，改善奶油的香味。

2. 杀菌方法

杀菌温度直接影响奶油的风味，应根据奶油种类及设备条件来决定杀菌温度，脂肪的导热性很低，能阻碍温度对微生物的作用；同时为了使酶完全破坏，可以进行高温巴氏杀菌，一般采用85~90℃的温度处理。若稀奶油中含有金属气味时，应采用75℃、10min杀菌，若有其他特异气味时，应将温度提高到93~95℃。

杀菌方法可以分为间歇式和连续式两种，小型企业多采用间歇式，最简单的方法就是将盛有稀奶油的桶放到热水槽内，水槽再用蒸汽加热，使稀奶油温度达到85~90℃保持10s。加热过程中要进行搅拌。大型工厂则多采用连续式杀菌的方法，即通过板式换热器进行超高温瞬时灭菌，或采用高压蒸汽直接接触稀奶油，瞬间加热至88~116℃后，再进入减压室冷却。对稀奶油的脱臭具有很好的效果。

3. 冷却

稀奶油经杀菌后，应迅速进行冷却。迅速冷却对奶油质量有很大作用，既有利于物理成熟，又能保证无菌和制止芳香物质的挥发，这样就可以获得比较芳香的奶油。甜性奶油需要冷却到10℃以下。

采用片式杀菌器进行杀菌，可以连续进行冷却。制造甜性奶油，要求冷却到10℃以下，酸性奶油则冷却至稀奶油的发酵温度。用表面冷却器进行冷却时，对稀奶油的脱臭有很大效果，可以改善风味。大型工厂多采用成熟槽进行冷却。

（七）稀奶油的发酵

甜性奶油杀菌后直接进行冷却和物理成熟，而生产酸性奶油时，一般都是先进行发酵，然后才进行物理成熟。

1. 发酵的目的

（1）乳酸菌发酵产生乳酸，可以抑制奶油中腐败菌的繁殖。

（2）发酵过程中产生独特的风味物质，所以酸性奶油比甜性奶油具有更浓的芳香风味。

2. 常用的发酵剂

生产酸性奶油用的纯发酵剂是产生乳酸的菌类和产生芳香风味的混合菌种。一般选用的菌种有下列几种：乳酸链球菌（*Streptococcus lactis*），乳脂链球菌（*Str. cremoris*），嗜柠檬酸链球菌（*Str. citrverus*），副嗜柠檬酸链球菌（*Str. paracttlovorus*），丁二酮乳链球菌（*Str. diacetilactis*，弱还原型），丁二酮乳链球菌（*Str. diacetilactis*，强还原型）。乳链球菌和乳油链球菌产酸能力较强，但产香能力较弱，嗜柠檬酸链球菌和副嗜柠檬酸链球菌能使柠檬酸分解生成丁二酮等具有挥发性的芳香物质。弱还原型的丁二酮乳链球菌或者再加上乳油链球菌制成混合菌种的发酵剂，就能产生更多的挥发性酸和羟丁酮及丁二酮。发酵剂的制备方法同酸乳的相似。

3. 稀奶油的发酵

酸性奶油生产中，稀奶油的发酵和物理成熟可在成熟罐中同时进行，经杀菌、冷却的稀奶油泵入成熟罐中，温度调到18~20℃后添加相当于稀奶油1%~7%的工作发酵剂（一般稀奶油碘值较高，添加量较大，碘值较低，添加量较小），添加时进行搅拌，缓慢添加，使其均匀混合。发酵温度保持在18~20℃，每隔1h搅拌5min，达到所要求的酸度后，停止发酵。不同的稀奶油发酵的最终酸度见表7-4。

表7-4　　　　　　　　　　不同稀奶油的发酵终点酸度

稀奶油中的脂肪含量/%	最终酸度/°T		稀奶油中的脂肪含量/%	最终酸度/°T	
	加盐奶油	不加盐奶油		加盐奶油	不加盐奶油
24	30.0	38.0			
26	29.0	37.0	34	26.0	33.0
28	28.0	36.0	36	26.0	32.0
30	28.0	35.0	38	25.0	31.0
32	27.0	34.0	40	24.0	30.1

（八）稀奶油的物理成熟

1. 物理成熟概念

稀奶油冷却至脂肪的凝固点，以使部分脂肪变为固体结晶状态，这一过程称之为稀奶油物理成熟，又称为老化或熟化。

2. 物理成熟的目的

为了把稀奶油搅拌成奶油，脂肪球必须有一定的硬度及弹性，脂肪球的这种物理状态可以通过降低稀奶油的温度来达到。脂肪的导热性差，且又被包围在一层脂肪球膜中，脂肪球达到外界的冷却温度甚为缓慢，甚至需几小时，经杀菌冷却后的稀奶油，需在低温下保存一段时间，目的是使乳脂肪中大部分甘油酯由乳浊液状态转变为结晶体状态，结晶形成的固体相越多，在搅拌和压炼过程中乳脂肪损失越少。

3. 物理成熟的原理

奶油中的脂肪一部分以脂肪球形式存在，称为分散相，一部分以黏合的游离的脂肪形式存在，称为连续相。乳脂肪的存在状态取决于温度。脂肪连续相的大小和他的脂肪酸的组成对奶油产品的黏稠性能有决定性作用。包围在脂肪球周围的脂肪连续相可视为脂肪球的"润滑剂"，如果这种润滑剂的数量不足，则奶油会变得硬而脆。足够的润滑剂意味着奶油涂抹性及可塑性会增加，但这要求脂肪连续相"润滑剂"的熔点要低，以保证其在低温下能保证液体状态不变。

液体结晶变成固体时会放热，所以体系需要冷却，并且要有晶核存在的条件下才能结晶。稀奶油物理成熟时，为了形成少量的液体脂肪包围大部分固体脂肪的状态，成熟的温度应低于乳脂肪的凝固温度，温度越低，成熟所需的时间越短，在稀奶油中加入晶核或在低温下进行机械振动都是促使形成的重要因素。

4. 物理成熟的方法

稀奶油物理成熟的方法应根据稀奶油的脂肪组成来确定。一般根据不同的碘值采用不同的温度处理。对于甜性奶油的冷却成熟温度控制，在选择温度处理方法时不用考虑其中的发酵步骤。只要选择的处理温度能够使奶油具有良好的黏稠度和硬度以及低的脂肪损失即可。

对于低碘值的甜性奶油，需先冷却至 $6 \sim 8 ℃$，在此温度下保持约 $2h$，然后再加热至 $18 \sim 21 ℃$，保持 $0.5 \sim 3h$，然后再降温至搅拌温度 $10 \sim 12 ℃$。

对于高碘值的稀奶油，应快速冷却至 $6 \sim 8 ℃$，保持此温度过夜直至第二天早晨的搅拌操作前。脂肪结晶时产生的热量会增加稀奶油的温度，若稀奶油的温度上升超过 $10 ℃$，则在搅拌前需将稀奶油降温至 $6 \sim 10 ℃$。

5. 成熟度控制

夏季 $3 ℃$ 时脂肪最大可能的硬化程度为 $60 \% \sim 70 \%$，而 $6 ℃$ 时为 $45 \% \sim 55 \%$。成熟温度应与脂肪的最大可能变成固体状态的程度相适应。

（九）稀奶油的搅拌

将稀奶油置于搅拌器中，利用机械的冲击力使脂肪球膜破坏而形成脂肪团粒，这一过程称为"搅拌"。搅拌时分离出来的液体称为"酪乳"。

1. 搅拌的目的

稀奶油的搅拌是奶油制造最重要的操作。目的是使脂肪球相互聚集而形成奶油粒，同时分离酪乳，即将稀奶油的水包油型乳状液转化为奶油的油包水性乳状液。此过程要求在较短时间内形成奶油粒，且酪乳中脂肪含量越少越好。

2. 搅拌方法

搅拌是奶油制造的一个重要工艺过程。先将冷却成熟好的稀奶油的温度调整到所要求的范围后装入搅拌机，开始搅拌时，搅拌机转 3~5 圈，停止旋转排出空气，再按规定的转速进行搅拌到奶油粒形成为止。在遵守搅拌要求的条件下，一般完成搅拌所需的时间为 30~60min。

3. 影响搅拌的因素

为了使搅拌顺利进行，使脂肪损失减少，并制成的奶油粒具有弹性、清洁完整、大小整齐，必须注意控制下列各种条件。

（1）脂肪球的大小　在搅拌过程中损失重要的是小的脂肪球，小脂肪球在搅拌时脂肪球中的液体脂肪不易被挤压出来，不能形成"黏稠"的性质，不易形成奶油粒，故易损失在酪乳中。

（2）稀奶油的含脂率　稀奶油的含脂率决定脂肪球间距离的大小。含脂率越高间距越小，形成奶油粒也越快。但如果含脂率过高，奶油粒形成速度过快，使小的脂肪球来不及形成奶油粒便同酪乳排出。造成脂肪的损失。同时含脂率过高，黏度过大，易随搅拌器同转，不易形成泡沫，反而影响奶油粒的形成。一般稀奶油的含脂率以 34%~40% 为好。

（3）稀奶油的成熟程度　物理成熟对成品的质量和数量有决定性意义。固体脂肪球较液体脂肪球漂浮在气泡周围的能力强数倍。如果成熟不够，易形成软质奶油，并且温度高形成奶油粒速度快，有一部分脂肪未能集中在气泡处形成奶油粒，而损失在酪乳中，使奶油产率降低。

（4）搅拌的温度　搅拌温度决定着搅拌时间的长短及奶油粒的好坏。搅拌时间随着搅拌温度的提高而缩短，因为温度高时液体脂肪多，泡沫多，泡沫破坏快，因此奶油粒形成迅速。但奶油质量较差，脂肪损失大。相反，如果温度过低，奶油粒过于坚硬，压炼操作不能顺利进行，结果容易制成水分过少，组织松散的奶油。搅拌时奶油的温度，冬季以 10~14℃、夏季以 8~10℃ 最适宜。

（5）搅拌机中稀奶油的添加量　搅拌时，如搅拌机中装的量过多或过少，均会延长搅拌时间。一般小型手摇搅拌机要装入其容积的 30%~36%，大型电动搅拌机装入 50% 为适宜。如果稀奶油装得过多，则因形成泡沫困难而延长搅拌时间，但最少不得低于 20%。

（6）搅拌的转速　稀奶油在非连续操作的滚筒式搅拌机中进行搅拌时，一般采取 40r/min 左右的转速。如转速过快或过慢，均延长搅拌时间（连续操作的奶油制造机例外）。

（7）稀奶油的酸度　稀奶油的酸度也会影响奶油的搅拌。酸性奶油比甜性奶油更容易搅拌。稀奶油经发酵后乳酸增多，使稀奶油的 pH 降低，酪蛋白易凝固，使稀奶油的黏性降低，脂肪球容易碰撞形成脂肪粒。实验表明，稀奶油的 pH 在 4.2 时，搅拌所需时间最短，酸度再继续增加时，搅拌时间又加长。故单考虑搅拌时间及损失的脂肪，则 pH 以 4.2~4.6 为最适当。但是，这种高酸度的稀奶油制成的奶油成品中，含蛋白质凝块多，易变质，保存性差，因此，制造酸性奶油用的稀奶油的酸度以 35.5°T 以下，一般以 30°T 最适宜。

4. 搅拌程度的判断

（1）在窥视镜上观察，由稀奶油状变为较透明、有奶油粒生成。

（2）搅拌到终点时，搅拌机里的声音有变化。

（3）手摇搅拌机在奶油粒快出现时，可感到搅拌较费劲。

（4）停机观察时，形成的奶油粒直径以 0.5~1cm 为宜，搅拌终了后放出的酪乳含脂率一般为 0.5% 左右，如酪乳含脂率过高，则应从影响搅拌的各因素中找原因。

5. 奶油颗粒的形成过程

稀奶油中脂肪球分散在脱脂乳中，既含有结晶的脂肪，又含有液态的脂肪。脂肪结晶在接近脂肪球膜处形成了一层外壳。当稀奶油被剧烈搅拌时，形成了蛋白质泡沫层。因为表面活性作用，脂肪球的膜被吸到气-水界面，脂肪球被集中到泡沫中。继续搅拌时，蛋白质脱水，泡沫变小，使得泡沫更为紧凑，对脂肪球压力增大，引起液体脂肪从脂肪球中被压出，并使脂肪球膜破裂。脂肪球的破裂，使脂肪凝结形成奶油粒。开始时这些是肉眼看不见的，但当搅拌继续时，它们变得越来越大，聚合成奶油粒，使剩余在液体即酪乳中的脂肪含量减少。

（十）奶油的调色

夏天的原料乳色泽较浓，而冬天的原料乳色泽较浅。因此，奶油的颜色在夏季放牧期呈现黄色，冬季则颜色变淡，甚至呈白色。奶油作为商品时，为了使颜色全年一致，冬季可添加色素。色素添加通常是在杀菌后搅拌前直接加入到搅拌器中。

使用的色素必须是符合国家规定的油溶性不含毒素的食用色素。最常用的一种称为胭脂树红（安那妥，annatto），是天然植物性色素。安那妥 3% 的溶液称作奶油黄，色素的添加量可以对照"标准奶油色"的标本来确定，一般为 0.01%~0.05%。现在也常用胡萝卜素等来调整奶油的颜色。

（十一）酪乳的排出和奶油粒的洗涤

奶油粒形成后，一般漂浮在酪乳表面，需要将奶油和酪乳尽量完全分离。此过程决定了奶油成品中非脂乳固体的含量。而洗涤的目的则是洗去奶油粒表面的残余物，这些物质通常是乳糖、蛋白质、盐类等成分。这些物质含量越高，越容易造成微生物腐败。

洗涤的方法是将酪乳排出后，奶油粒用杀菌冷却后的清水在搅拌机中进行。洗涤用水要求符合饮水标准，并经加热煮沸后冷却使用。加水量为稀奶油量的50%作用，但水温需根据奶油的软硬程度而定。夏季水温宜低，冬季水温稍高。注水后慢慢转动3~5圈进行洗涤，停止转动将水放出。必要时可进行几次，直到排出清水为止。

1. 水温

水洗用的水温在3~10℃的范围，一般夏季水温宜低，冬季水温稍高。

如奶油太软需要增加硬度时，第一次的水温应较奶油粒的温度低1~2℃，第二次、第三次各降低2~3℃。水温降低过急时，容易产生奶油色泽不均匀。

2. 水洗次数

2~3次。稀奶油风味不良或发酵过度时可洗3次，通常2次即可。每次的水量以与酪乳等量为原则。

3. 水质

要求奶油洗涤后，有一部分水残留在奶油中，所以洗涤水应是质量良好，符合饮用水的卫生要求。含铁量高的水易促进奶油脂肪氧化，需加注意。如用活性氯处理洗涤水时，有效氯的含量不应高于200mg/kg。

4. 洗涤的目的

是为了除去奶油粒表面的酪乳和调整奶油的硬度，同时如用有异常气味的稀奶油制造奶油时，能使部分气味消失。但水洗会减少奶油粒的数量。

（十二）奶油的加盐

1. 加盐的目的

甜性奶油加盐的目的有两个，一个是改善风味，二是抑制微生物的繁殖，提高其保存性。

2. 加盐方法

加盐时先将盐在120~130℃的干燥箱中焙烤3~5min，然后过30目筛。待奶油搅拌机中排除洗涤水后将烘烤过筛的盐均匀撒在奶油表面，静置5~10min后旋转奶油搅拌机3~5圈，再静置10~20min后则可进行压炼。用连续式奶油制造机生产奶油时则需加盐水。盐粒的大小不宜超过50μm。

3. 加盐量

奶油成品中食盐含量以2%为标准，由于在压炼时部分食盐流失，所以添加时，通常按2.5%~3.0%的数量加入。加入后静置10min左右，然后开始压炼。按照奶油的理论产量，计算所需食盐的量。用于奶油生产的食盐必须符合国家特级或一级标准。

奶油的理论产量可按照下式计算：

$$m_1 = \frac{m_2(F_C - F_S)}{F_B - F_S}$$

式中　m_1——奶油的理论产量，kg

　　　m_2——进行搅拌的稀奶油数量，kg

　　　F_C——稀奶油含脂率，%

　　　F_B——奶油含脂率，%

　　　F_S——酪乳含脂率，%

得到理论产量后，奶油中应加的食盐数量可按下式计算：

$$m = \frac{m_1 \times c}{100} \times 1.03$$

式中　m——食盐量，kg

　　　m_1——奶油理论产量，kg

　　1.03——损失食盐校正系数

　　　c——奶油中所要求的食盐含量，%

（十三）奶油的压炼

经过洗涤的奶油仍以颗粒状存在。将奶油粒压成奶油层的过程称为压炼。小规模加工奶油时，可在压炼台上用手工压炼。一般工厂均在奶油制造器中进行压炼。

1. 压炼的目的

奶油粒之间有一定的间隙，因此有水分和空气。压炼的目的，是为使奶油粒变为组织致密的奶油层，使水滴分布均匀，使食盐全部溶解，并均匀分布于奶油中。同时调节水分含量，即在水分过多时排除多余的水分，水分不足时，加入适量的水分并使其均匀吸收，以期得到具有良好的黏稠度、外观及保存性质的产品。

2. 压炼方法及调整水分

奶油压炼的方法，有搅拌机内压炼和搅拌机外专用压炼机压炼两种，现在大多采用机内压炼方法。也可以采用真空压炼法，该法生产的奶油中，空气量较低，因此所制得的奶油比普通奶油稍硬一些。真空压炼中，空气体积量约占0.3%，而在常压下压炼的奶油，占4%~7%。

3. 奶油压炼质量要求

在正常压炼的情况下，奶油中直径小于15μm的水滴的含量要占全部水分的50%。直径达1mm的水滴占30%，直径大于1mm的大水滴占5%。奶油压炼过度会使奶油中含有大量空气，致使奶油中物理化学性质发生变化。正确压炼的新鲜奶油、加盐奶油和无盐奶油，水分都不应超过16%。在制成的奶油中，水分应成为微细的小滴均匀分散。当用铲子挤压奶油块时，不允许有水珠从奶油块内流出。

（十四）奶油的包装

不同用途的奶油，包装有所不同。餐桌用奶油是直接涂抹食用的（也称涂抹奶油），需用小包装，一般用硫酸纸、塑料夹层纸、铝箔纸等包装材料。也有用小型马口铁罐真空密封包装或塑料盒包装。小包装一般用半机械压型手工包装或自动压型包装机包装。

烹调或食品加工用奶油一般都用较大型的马口铁罐、木桶或纸箱包装。

包装规格：小包装几十到几百克，大包装 25～50kg，根据不同的要求有多种规格。

小包装用的包装材料应具有下列条件：①韧性好，并柔软；②不透水，不透气，具有防潮性；③不透油；④无臭无味，无毒；⑤能遮蔽光线；⑥不受细菌污染。

包装时应特别注意：保持卫生，切勿以手接触奶油，要使用消毒的专用工具；包装时切勿留有间隙，以防发生霉斑或氧化等变质。

（十五）奶油的贮藏和运输

1. 贮藏

成品奶油包装后须立即送入冷库内冷冻贮藏，冷冻速度越快越好。

一般在 -15℃以下冷冻和贮藏，如需较长期保藏时必须在 -23℃以下。奶油出冷库后在常温下放置时间越短越好，在 10℃左右放置最好不得超过 10d。

奶油的另一个特点是较易吸收外界气味，所以贮藏时应注意不得与有异味的物质贮放在一起，以免影响奶油的质量。

2. 运输

注意保持低温，以用冷藏汽车或冷藏火车等运输为好，如在常温运输时，成品奶油到达用货部门时的温度不得超过 12℃。

【技能训练】

【技能点 7-2-1】甜性奶油的制作

（一）材料仪器

2000mL 三角烧杯 1 个（带塞），10cm 见方的纱布 1 块，100mL 烧杯 1 个，刀 1 个，硫酸纸（20cm×20cm）2 张，洗涤剂共用，食盐共用。

（二）工艺流程

乳的分离 ⟶ 原料稀奶油 ⟶ 中和 ⟶ 杀菌 ⟶ 冷却 ⟶ 物理成熟 ⟶ 搅拌 ⟶

排酪乳 ⟶ 洗涤 ⟶ 加盐压炼包装 ⟶ 贮藏

↑

加色素

（三）操作要点

1. 原料

原料稀奶油要求含脂率 30%～35%，经巴氏杀菌后在 6℃～10℃ 物理成熟10～12h。

2. 搅拌

成熟的稀奶油（杀菌时已灌入大三角瓶中，在瓶内杀菌，冷却，成熟）进行人工搅拌，两手抓紧瓶塞不要开盖，上下用力摔打，摔打十几下以后打开塞排放气，再盖紧摔打，放气反复几次后，再摔打约 30min，待瓶壁出现透亮时，要注意小心摔打，不要过劲，当瓶壁完全透亮时马上停止，观察温度控制在8～10℃。

3. 排出乳酪

瓶口用纱布包住后将瓶内酪乳倒出，注意不要让奶油粒流失。

4. 洗涤

洗涤水要求质量是杀菌后的冷却水，每次用量与排出酪乳量相同，水温要求在8～10℃，加入水后上下摔打2～3下，排出洗涤水，再洗涤1～2次，但水温比第一次低1～2℃。

5. 压炼加盐和色素

在洗涤好的奶油粒上撒入1%的食盐和色素，上下摔打几下再加入1%的盐，摔打几下后，最后加入1%的色素，摔打几下至色泽和质地均匀，断面无游离水珠为止，表面光滑细腻。

6. 包装

将压炼好的奶油用力倒在硫酸纸上，用木制模具成型，模具一般为长方形，使产品大小在50g、100g或250g等之后再用硫酸纸或铅箔纸包装，外面包上装潢纸。

【技能点7-2-2】奶油搅拌机的操作及维护

奶油搅拌机是奶油加工中使用的关键设备，可用于稀奶油的摔油、压炼、加盐、成型等工序，目的是使物理成熟后的稀奶油油包水的乳浊液变成水包油乳浊液。根据结构的不同，奶油搅拌机可分为两类，即带轧辊的摔油机（图7-7）和不带轧辊的摔油机。

（一）带轧辊的摔油机

1. 结构

带轧辊的摔油机由搅乳桶、轧辊和传动机构三部分组成，其中搅乳桶为承受稀奶油的容器，形状有圆柱形、锥形、方形或长方形。在搅乳桶中有轧辊与挡板，挡板的形状与安装位置和尺寸与搅拌器速度有关。

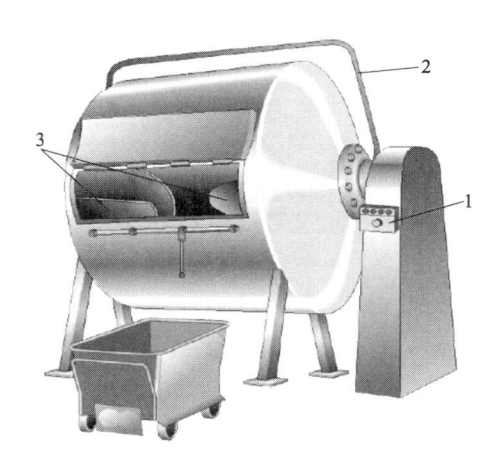

图 7-7　带轧辊的摔油机
1—控制板　2—紧急停止　3—角开挡板

2. 工作原理

稀奶油在送到搅拌器之前，将温度调整到适合搅拌的温度，随后泵入摔油机的搅乳桶，在传动机构的带动下，搅动稀奶油。当稀奶油搅拌时，会形成蛋白质泡沫，脂肪球被集中在泡沫中，随着搅拌的进行球膜破裂，液体脂肪被压出并黏附固体脂肪。脂肪球形成奶油粒，通过轧辊压炼，分出酪乳，制成奶油。

稀奶油一般在搅拌器中占 40%~50% 的空间，以留出搅拌起泡的空间。搅乳桶的转速不宜过快或过慢，要求旋转时对稀奶油所产生的离心力略小于其本身重力。

3. 操作

（1）在搅拌前先用 50℃ 的温水洗涤 2~3 次，然后用 83℃ 以上的热水旋转 15~20min，热水排出后加盖密封。每周用含氯 0.01%~0.02% 的溶液消毒两次，并用 1% 碱溶液彻底洗涤一次。

（2）稀奶油用过滤器除去不溶性固形物后投放在搅拌器中，容量为搅拌器容量的 1/3~1/2，加盖密闭后旋转。转速随搅拌器大小而异。一般旋转 5min 需要打开排气孔排气，反复 2~3 次。

（3）奶油粒的形成情况可以从搅拌器的窥视镜观察，当形成像大豆粒大小的奶油粒时，搅拌结束，经开关排出酪乳，并用纱布或过滤器过滤，以便挡住被酪乳带走的小颗粒，减少乳脂肪的损失。

（二）无轧辊的摔油机

1. 结构

此种形式的摔油机无轧辊，具有特定的形状，比如蝶形、角形和菱形等，桶中有挡板。

2. 工作原理

搅拌桶翻转滚动时，稀奶油从一端急剧向另一端落下，引起碰撞，脂肪球膜破裂，酪乳分离，固态的乳脂肪聚集形成奶油粒，奶油粒又聚集形成较大的奶油块，达到搅拌和压炼的目的。

3. 操作

（1）准备　操作前应将搅拌器清洗消毒，加入已经消毒成熟处理过的含脂35%左右的稀奶油约180L（不得超过转轴中心）。稀奶油的温度调整在9~14℃，随气候变化决定。

（2）搅拌　奶油搅拌时，搅拌桶的转速为38r/min，开始每转3~5转后放一次汽，放2~3次进入正常搅拌，搅拌时间为30~60min，随稀奶油的温度及搅拌程度决定，奶油粒3mm时，即可停止搅拌，排放酪乳，为了防止奶油粒的损失，可用筛网过滤。

（3）洗涤和压炼　一般用无菌水洗2次即可，洗涤水的温度为4~8℃，每次加进去的洗涤水总量等于放出的酪乳总量，洗涤时转速为38r/min，每次洗涤5~10转即可，运转后静置2~3min，让奶油粒浸在洗涤水中充分冷却。洗涤水排放后进行压炼，真空度维持在0.046MPa，压炼转速10~20r/min，时间10min左右，若产品需要加盐应在压炼前加入。在进行压炼时，如奶油温度过高，筒外可喷冰水（水的温度及流量随气候变化决定），使筒内奶油粒的温度降低，在压炼过程中，如发现筒内有多余的水分，应立即破坏真空，放出积水后再继续压炼。

压炼完成后，停车把出料门盘到适当位置，使奶油集中于出料门，以便取出。

（4）设备清洗　奶油取出后用热碱水对搅拌桶进行清洗，最后用清水淋洗干净。

（5）调整、安全操作、维护　可将手柄放在"调整"位置上，然后用手移动来调整搅拌筒的位置，在加料、出料的情况下，欲使搅拌筒固定不动，可将手柄放在"停止"位置上，这时离合器锥面固定在机体上，搅拌筒固定不动。

为了安全操作，启动时应将防护装置的保护杆放下，在停止后才能将保护杆抬起。

操作时随时注意润滑情况，保持减速器的润滑油的液面位置。

在安装或检修时必须将前后轴承的中心调整到水平一致，调整时扳动底部的调整螺栓。

【质量控制】

（一）奶油的质量标准

奶油的质量标准应符合《GB 19646—2010 食品安全国家标准　稀奶油、奶油、无水奶油》的规定。包括原料要求、感官要求、理化指标、污染物限量、真菌毒素限量、微生物限量、其他包装要求等。产品在出厂前按照 GB 19646—2010 进行检验，各项指标要求参见本学习情境任务一表 7-2 中的质量要求。

（二）奶油常见的质量问题及控制措施

奶油常见的质量缺陷及防治措施见表 7-5。

表 7-5 　　　　　　　　　　奶油常见质量问题及控制措施

	质量问题	产生原因	控制措施
异味	酵母味和霉味	原料乳或稀奶油在加工过程中受酵母菌或霉菌的污染	严格原料乳的验收和加工过程中的卫生工作
	金属味	设备或容器生锈，洗涤不彻底	严格车间和设备的洗涤
	油脂臭味	油脂储藏温度高、时间长、暴露在光线中或含有金属离子时易氧化	奶油在低温、避光的环境中储藏，避免使用金属容器盛放
	酸败味	杀菌强度不够；原料乳的酸度过高；洗涤次数不够；储藏温度过高	加大杀菌强度；使用高质量的原料乳；增加洗涤次数；低温储藏
	苦味	使用末乳；被酵母菌污染	避免使用末乳；加强生产中卫生管理
	鱼腥味	卵磷脂水解，生产三甲胺造成的	生产中加强杀菌和卫生措施
	干酪味	奶油被霉菌或细菌污染，导致蛋白质水解	加强生产环境的消毒工作
	肥皂味	中和过度；操作不规范导致局部皂化	减少碱的用量或改进操作
	平淡无味	原料乳不新鲜；洗涤或脱臭过度	选用高质量的原料乳；改良洗涤或脱臭工艺
组织状态缺陷	水分过多	稀奶油在物理成熟阶段冷却不足；搅拌过度；奶油搅拌机中注入的稀奶油量过少；洗涤水温过高；洗涤时间过长；压炼时间过长	采取合适的冷却处理时间；降低搅拌时间和强度；调整奶油的加入量；调整洗涤工艺条件，降低水温，缩短时间；改善压炼方法，加强脱水处理
	奶油发黏	搅拌温度过高；洗涤水温过高；压炼温度过高；稀奶油冷却温度处理不当	严格控制搅拌温度；洗涤水温度不能超过10℃；选择合适的稀奶油冷却温度；控制压炼时间
	奶油易碎	稀奶油冷却处理方法不当；压炼不足	根据稀奶油的碘值，选择合适的冷却温度处理方法；压炼时注意奶油切面没有游离水即可
	砂状	此缺陷出现在加盐奶油中，盐粒粗大，未能溶解；有时出现粉状，并无盐粒存在，乃是中和时蛋白质凝固，混合于奶油中	加颗粒小的盐；中和操作得当，防止局部蛋白质变性
	组织状态不均匀（有水珠；有空隙）	压炼方法不当；搅拌过度奶油粒冷却不良；包装时未压满包装容器	改良压炼方法；控制压炼时间；控制奶油冷却温度和时间；包装时尽量装满包装容器

续表

	质量问题	产生原因	控制措施
	色泽发白	奶油中胡萝卜素含量太少	添加胡萝卜素加以调节
色泽	条纹状	此缺陷出现在干法加盐的奶油中，盐得得不匀；压炼不足洗涤水温度过高	调整压炼方法和辅料的添加方法；按要求严格控制搅拌和洗涤条件
	表面褪色	奶油暴露在阳光下，发生光氧化	避光储藏
	色暗而无光泽	压炼过度或稀奶油不新鲜	避免压炼过度；避免使用不新鲜的原料稀奶油

【巩固提升】

（一）填空题

1. 稀奶油的脂肪含量为（　　　　）。

2. 稀奶油的灭菌方式有（　　　　）、（　　　　）和（　　　　）三种。

3. 稀奶油的生产中，乳脂分离采用的设备是（　　　　），分离的依据的是（　　　　）。

4. 奶油的含脂率不小于（　　　　）。根据制造方法的不同，分为（　　　　）、（　　　　）、（　　　　）和（　　　　）。

5. 稀奶油的中和直接影响奶油的保存及成品的质量。制造甜性奶油时，奶油的 pH（奶油中水分的 pH）应保持在（　　　　），滴定酸度为（　　　　）。常采用的中和剂是（　　　　）、（　　　　）、（　　　　）、（　　　　）等。

6. 稀奶油加盐的目的是（　　　　）。奶油成品中食盐含量以（　　　　）为标准，由于在压炼时部分食盐流失，所以添加时应按（　　　　）的数量加入。

7. 为了使奶油颜色全年一致，当颜色太淡时，可添加色素（　　　　），通常添加量为稀奶油的（　　　　）。

8. 搅拌时奶油的温度，冬季以（　　　　）、夏季以（　　　　）最适宜。

9. 甜性奶油杀菌后要求冷却到（　　　　）以下，而酸性奶油则冷却至（　　　　）温度。

10. 酸性奶油生产中，稀奶油的发酵和物理成熟可在成熟罐中同时进行，经杀菌、冷却的稀奶油泵入成熟罐中，温度调到（　　　　）后添加（　　　　）工作发酵剂［一般稀奶油碘值较高，添加量为（　　　　）；碘值较低，添加量为（　　　　）］。

（二）名词解释

稀奶油、奶油、甜性奶油、稀奶油的中和、稀奶油的物理成熟、酸性奶油。

（三）简答题

1. 采用乳脂分离机对牛乳进行乳脂分离时，影响乳脂分离的因素有哪些？

2. 试述甜性奶油生产中搅拌的目的及影响搅拌的因素。

3. 试述奶油粒洗涤的目的。

4. 试述甜性奶油和酸性奶油在工艺要求上有哪些区别。

5. 试述酸性奶油发酵的目的及常用的发酵剂。

6. 为什么稀奶油发酵后更容易搅拌？

（四）技能测试题

1. 若先加入牛乳再启动离心机，会导致什么结果？为什么？

2. 若原料乳脱脂不良，可能的原因有哪些？可采用哪些措施来克服？

3. 在操作乳脂分离机时，要注意哪些问题？

4. 如果物理成熟时间过短，会导致什么现象？为什么？

5. 如果搅拌温度过低，会导致什么现象？为什么？

6. 稀奶油相转换发生在哪个步骤？为什么？

7. 奶油常见的质量缺陷有哪些？产生的原因有哪些？可采用哪些措施来控制？

【知识拓展】

（一）奶油的连续式生产工艺

传统的奶油生产法为间歇生产法，随着奶油生产技术的发展，在工艺上趋于连续化生产，这种连续化生产的工艺采用的设备是连续式奶油制造机。这种设备以传统的搅拌法为基础，将物理成熟后的稀奶油连续进入连续式奶油制造机，在其中连续完成搅拌、洗涤、排液、加盐、压炼等工艺。降低了劳动强度，提高了生产效率。连续奶油生产机所用酸性稀奶油每小时可生产 200~500kg 的奶油，用甜性稀奶油每小时可生产 200~10000kg 的奶油。

连续式奶油制造机的构造如图 7-8 所示。

工作过程：稀奶油首先加到双重冷却的有搅打设施的搅拌桶中，搅拌设施由变速电动机带动。在搅拌桶中，脂肪球快速转化为奶油粒，转化后的奶油团粒和酪乳通过分离口，也称第一压炼口，在第一压炼口奶油与酪乳分离。奶油团粒在此用循环冷却酪乳洗涤。在分离口，螺杆把奶油进行压炼，同时也把奶油输送到下一道工序。在离开压炼工序时，奶油通过一锥形槽道和一个带孔的盘，即榨干段，以除去剩余的酪乳，然后奶油颗粒继续到第二压炼段。每个压炼段都有自己不同的电机，使它们能按不同的速度操作以得到最理想的结果，正常情况下第一阶段螺杆的转动速度是第二段的两倍。紧接着最后压炼阶段可以通过高压喷射器将盐加入到喷射室。下一个阶段是真空压炼区，此段和一个真空泵连接，在此可将奶油中的空气含量减少到和传统制造奶油的空气含量相同。最后阶段由 4 个小区组成，每个区通过一个多孔的盘相分隔，不同大小的孔盘和不同形状的压炼叶轮使奶油得到最佳处理。第一小区也有一喷射器用于最后调整水分含量，一旦经过调整，奶油的水分含量变化限定在 0.1% 的范围内保证稀奶油的特性保持不

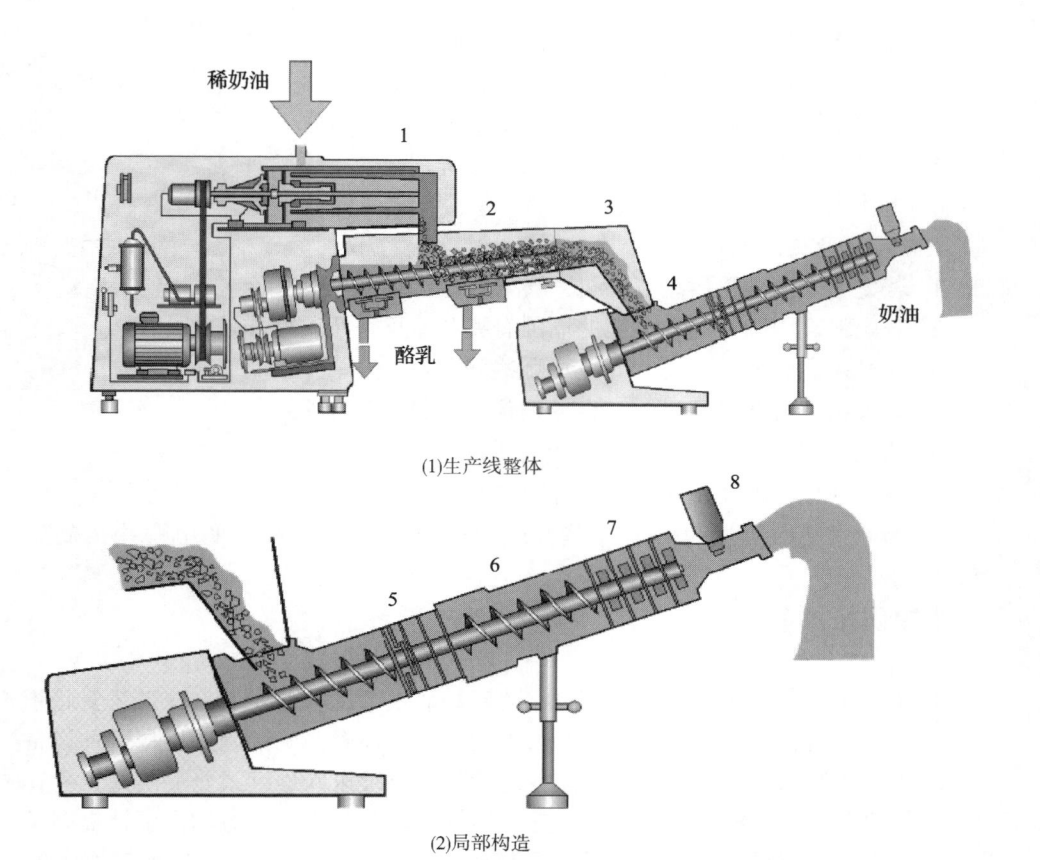

图7-8　连续式奶油制造机的构造

1—搅拌桶　2—分离口（第一压炼段）　3—榨干段　4—第二压炼段
5—喷射室　6—真空压炼区　7—后处理段　8—传感器

变。感应水分含量、盐含量、密度和温度的传感器，配备在机器的出口处，可以用来对上述参数进行自动控制。最终成品奶油从该机器的末端喷头呈带状连续排出，进入奶油仓，再被输送到包装机。

（二）无水奶油的生产

无水奶油又称黄油，其水分含量不超过0.1%，具有保质期长的优点，因此，广泛用于食品工业，如冰淇淋和巧克力工业。在婴儿食品和方便食品中，黄油也得到了日益广泛的使用。

无水奶油的生产主要根据两种方法进行，一种是直接用稀奶油作为原料来生产（生产工艺流程如图7-9所示），这种方法是以乳化破裂原理为基础的，其原理是将巴氏杀菌的稀奶油浓缩，然后利用机械作用力破坏脂肪球膜，使脂肪游离，形成含有分散水滴的连续脂肪相，然后将分散的水滴从脂肪相中分离出去，便得到无水奶油。

图 7-9　无水奶油生产工艺流程（一）

无水奶油的另一种生产方法是采用奶油为原料，可以使多余的奶油转化成一种易储藏的产品（生产工艺流程如图 7-10 所示）。

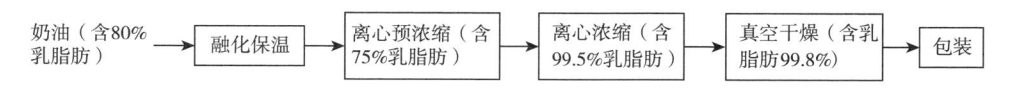

图 7-10　无水奶油生产工艺流程（二）

（三）重制奶油的生产

重制奶油指的是一般用质量较次的奶油或稀奶油进一步加工制成的含水量小于 2%，含脂率大于 98%，不含蛋白质的奶油。具有特有的奶油香味，在常温下保存期比甜性奶油的保存期长得多，可直接食用，用于烹调或食品加工。

重制奶油的生产方法有煮沸法和熔融法。

1. 煮沸法

这种方法一般用于小型企业，是将稀奶油搅拌分出奶油粒后，将其放入锅内，或将稀奶油直接放入锅内，用慢火长时间煮沸，使其水分蒸发，随着水分的减少和温度的升高，蛋白质逐渐析出，煮到油面上的泡沫减少时，即可停止煮沸。然后静置降温，使蛋白质沉淀后，将上层澄清油装入容器即可。

2. 熔融法

一般用于较大规模的工业化生产首先将奶油放在带夹层缸内加热熔融后加温至沸点。对于变质有异味的奶油，经一段时间的沸腾，随水分蒸发的同时，异味也被除去，然后停止加温，静置冷却，使水分、蛋白质分层降在下部，或用离心机将奶油与水、蛋白质分开，将奶油装入包装容器。

学习情境八
乳品品质评鉴

问题导入

1. 市场上的乳制品琳琅满目，你该如何选择优质的乳制品呢？
2. 应该从哪些方面来衡量一种乳制品的品质？
3. 你知道有人会把"喝牛乳"当成一种职业吗？
4. 作为一名乳品品质评鉴师，你该怎样评价每一份乳制品的品质呢？

目标管理

1. 知识目标
(1) 了解食品品质的构成因素及特点。
(2) 掌握乳品感官品鉴的基本要求。
(3) 熟悉不同乳制品分析样品的准备方法。
2. 技能目标
(1) 会进行巴氏杀菌乳、灭菌乳、乳粉、酸乳、干酪、再制干酪、奶油等乳制品的感官评鉴及结果计算。
(2) 能说出巴氏杀菌乳、灭菌乳、乳粉、酸乳、干酪、再制干酪、奶油等乳制品的理化指标、微生物指标检测项目及相应的国标检验方法。

岗位认知

(1) 乳品品质评鉴师　乳品评鉴师是使用口、舌、鼻、眼睛等感觉器官，依据乳制品感官质量评鉴标准，对乳及乳制品质量的优劣做出判定的人员。主要工作内容包括对原料乳进行感官质量评价。对加工过程中的乳品进行感官质量分析、对储存过程中乳品的感官质量进行鉴定、进行乳品分等分级的感官质量评价、对新开发乳品的感官质量进行评价、对乳品配料和工艺提出改进意见等。

（2）乳品检验员　从事乳制品的原辅料、成品、半成品及包装材料检验的人员。从事的工作包括采集样品，进行样品的理化指标、微生物指标的检验，记录、计算和判定检验数据，完成检验报告，检查维护分析仪器设备，负责检验室的卫生、安全工作。

任务　乳品品质评鉴技术

【任务描述】

乳品的品质反映了乳品的综合特征，决定着各种乳制品的可接受程度。本任务的主要内容涉及食品品质基础，乳品感官评鉴基本要求，乳品分析样品准备，以及巴氏杀菌乳、灭菌乳、酸乳、全脂乳粉、干酪、再制干酪及奶油等多种乳制品产品的品质评鉴方法。

【知识准备】

【知识点 8-1】食品品质基础

食品是多种成分组成的复杂体系，具有多种特征，这些特征共同构成了食品的品质。食品的品质对于食品工业和消费者同样重要。消费者需要安全、卫生和优质的产品。高质量的产品可以确保在整个产业链中的任何一个部分都获得利益，保证企业的收益。食品工业必须生产品质符合要求并一致的产品，才能保证产品的竞争力和在市场上获利。

（一）食品的品质

食品的品质（food quality）是指食品的优质程度，包括风味、表观和营养成分，以及应达到的卫生标准，也可以说品质是食品的综合特征，直接决定着食品的可接受性。

食品品质评价是指依据科学系统的方法，对食品外在和内在的特征进行检验分析，并与特定的标准进行比较，作出评价。

食品的品质构成要素主要有感官品质、内在品质和卫生品质。

1. 食品的感官品质

感官品质就是指通过人体的感觉器官能够感受到的品质指标的总和，主要是指食品的外观、质地和风味等因素。

（1）外观因素　包括大小、形状、光泽度、透明度、色泽和组织状态等。

（2）质地因素　包括软、硬、汁液、以及粗、砂等状态的手感和口感。

（3）风味因素　包括用舌头感觉到的酸、甜、苦、咸和用鼻子嗅到的芳香族化合物赋予的气味等。

2. 食品的内在品质

食品的内在品质主要指营养价值，包括碳水化合物、脂肪、蛋白质、维生素和矿物质等营养成分的质和量。

3. 食品的卫生品质

食品的卫生品质是指直接关系到人体健康的品质指标的总和。包括微生物：类菌落总数、大肠菌群，其他致病菌检测；有毒化学物类：有毒重金属、农药、兽药，有毒添加剂；杂质类：异物。

（二）食品的色泽

食品中的色素物质按照来源可以分为三类。

（1）天然色素　包括动植物色素，如叶绿素、花青素、血红素等和微生物色素，如红曲色素等。

（2）人工色素　如胭脂红、柠檬黄、日落黄等。

（3）食品加工和保藏过程中因化学变化产生的色素　如酚类物质氧化产生的褐色物质、美拉德反应产生的色素物质。

（三）食品的香气

食品中的气味物质种类繁多，但含量极微。挥发性物质的种类和数量的不同，使得各种食品具有各自特定的香气。香气物质的结构复杂，分子中都含有形成气味的原子团，这些原子团称为发香团。食品中香气物质的发香团主要有羟基（—OH）、醛基（—CHO）、羰基（>C＝O）、醚（R—OR）、酯（—COOR）、苯基（—C_6H_5）、酰胺基（—$CONH_2$）等都是形成气味的原子团。发香团表示香气的存在，但与香气的种类无关。

如鲜乳的香气物质，主要为挥发性脂肪酸、羰基化合物、微量的甲硫醚，它们是牛奶的主体香气成分。过度加热会产生一种臭味，主要含有甲酸、乙酸和丙酮酸；在阳光下放置时间过长，也会因为蛋氨酸的降解产生臭味。鲜干酪的香气物质主要有挥发性脂肪酸和羰基化合物、丁二酮、3-羟基丁酮、异戊醛等。

（四）食品的滋味

1. 味的分类

不同国家对食品滋味的分类稍有不同，如日本分为甜、酸、苦、咸、辣五种；欧美分为甜、酸、苦、咸、辣、金属味六种；中国分为甜、酸、苦、咸、辣、涩、鲜七种。

2. 基本味感

从生理学角度看，只有甜、酸、苦、咸四种基本味感，它们是直接刺激味蕾内的味觉细胞而产生的味感。

（1）甜味物质　能给人一种舒适可口的味感。甜味物质主要是糖及其衍生物糖醇，此外一些氨基酸、胺类等非糖物质也具有甜味，但不是重要的甜味来源。

（2）酸味　是因舌黏膜受氢离子刺激而引起的一种味感，因此，凡是在溶液中能解离出氢离子的化合物都有酸味，包括无机酸和有机酸。

（3）苦味　是四种基本味感（酸、甜、苦、咸）中味感阈值最小的一种，是最敏感的一种味觉。单纯的苦味并不是令人愉快的味感，但当与甜、酸或其他味感恰当组合时，却形成了一些食品的特殊风味，如茶、咖啡、啤酒、苦瓜、莲子等。食品中的苦味物质有生物碱类（如茶碱、咖啡碱）、糖苷类（如苦杏仁苷、柚皮苷）、萜类（如蛇麻酮），另外天然疏水性的氨基酸和碱性氨基酸以及无机盐类的钙离子、铵根离子等也具有苦味。然而在农产品中主要的苦味成分是一些糖苷类物质。

（4）涩味　是由于使舌黏膜蛋白质凝固、麻痹味觉神经而引起收敛作用的一种味感。主要来源是单宁类物质，当果实中含有 $1\% \sim 2\%$ 的可溶性单宁时就会有强烈的涩味。除了单宁类物质之外，儿茶素、无色花青素以及一些羟基酚酸也有涩味。

（5）辣味　是刺激口腔黏膜、鼻腔黏膜、皮肤和三叉神经而引起的一种烧痛感。

【知识点 8-2】乳品感官评鉴基本要求

（一）感官评鉴实验室要求

感官评鉴实验室应设置于无气味、无噪声区域中。为了防止评鉴前通过身体或视觉的接触，使评鉴员得到一些片面的、不正确的信息，影响他们感官反应和判断，评鉴员进入评鉴区时要避免经过准备区和办公区。

1. 评鉴区

评鉴区是感官评鉴实验室的核心部分，气温应控制在 $20 \sim 22℃$ 范围内，相对湿度应保持在 $50\% \sim 55\%$，通风情况良好，保持其中无气味、无噪声。应避免不适宜的温度和湿度对评鉴结果产生负面的影响。评鉴区通常分为三个部分，即品评室、讨论室和评鉴员休息室。

（1）品评室　品评室应与准备区相隔离，并保持清洁，采用中性或不会引起注意力转移的色彩，例如白色。房间通风情况良好，安静。根据品评室空间大小和评鉴人员数量分割成数个评鉴工作间，内设工作台和照明光源。

①评鉴工作间：每个评鉴工作间长和宽约 1m。评鉴工作间过小，评鉴员会感到"狭促"；但过分宽大会浪费空间。为了防止评鉴员之间相互影响，评鉴工作间之间要用不透明的隔离物分隔开，隔离物的高度要高于评鉴工作台面 1m 以上，两侧延伸到距离台面边缘 50cm 上以。评鉴工作间前面要设样品和评鉴工具传递窗口。一般窗口宽为 45cm、高 40cm（具体尺寸取决于所使用的样品托盘的大小）。窗口下边应与评鉴工作台面在同一水平面上，便于样品和评鉴工具滑进滑出。评鉴工作间后的走廊应该足够宽，使评鉴员能够方便地进出。

②评鉴工作台：评鉴工作台的高度通常是书桌或办公桌的高度（76cm），台面为白色，整洁干净。评鉴工作台的一角装有评鉴员漱口用洁净水龙头和小型不锈钢水斗。台上配备数据输入设备或者留有数据输入端口和电源插座。

③照明光源：评鉴工作间应装有白色昼型照明光源。照度至少应在

300～500lx，最大可到 700～800lx。可以用调光开关进行控制。光线在台面上应该分布均匀，不应造成阴影。观察区域的背景颜色应该是无反射的、中性的。评鉴员的观察角度和光线照射在样品上的角度不应该相同，评鉴工作间设置的照明光源通常垂直在样品之上，当评鉴员落座时，他们的观察角度大约与样品成 45°角。

（2）讨论室　讨论室通常与会议室的布置相似，但室内装饰和家具设施应简单，且色彩不会影响评鉴员的注意力。该区对于评鉴员和准备区来说，应该比较方便，但评鉴员的视线或身体不应接触到准备区。其环境控制、照明等可参照评鉴室。

（3）评鉴员休息室　评鉴员休息室应该有舒适的设施，良好的照明，干净整洁。同时注意防止噪音和精神上的干扰对评鉴员产生不利的影响。

2. 准备区

根据样品的贮存要求，准备区要有足够的贮存空间，防止样品之间的相互污染。准备用具要清洁，易于清洗。要求使用无味清洗剂洗涤。准备过程中应避免外界因素对样品的色香味产生影响，破坏样品的质地和结构，影响评鉴结果。样品的准备要具有代表性，分割要均匀一致。样品的准备一般要在评鉴开始前 1h 以内，并严格控制样品温度。评鉴用器具要统一。

（二）人员要求

感官评鉴人员是以乳制品专业知识为基础，经过感官分析培训，能够运用自己的视觉、触觉、味觉和嗅觉等器官对乳制品的色、香、味和质地等诸多感官特性作出正确评价的人员，参加评鉴人员不少于 7 人。作为乳制品感官评鉴人员必须满足下列要求：

①必须具备乳制品加工、检验方面的专业知识；

②必须是通过感官分析测试合格者，具有良好的感官分析能力；

③应具有良好的健康状况，不应患有色盲、鼻炎、龋齿、口腔炎等疾病；

④具有良好的表达能力，在对样品的感官特性进行描述性时，能够做到准确、无误，恰到好处；

⑤具有集中精力和不受外界影响的能力，热爱评鉴工作；

⑥对样品无偏见、无厌恶感，能够客观、公正地评价样品；

⑦工作前不使用香水、化妆品，不用香皂洗手；

⑧不在饮食后 1h 内进行评鉴工作；

⑨不在评鉴开始前 30min 内吸烟。

（三）样品呈送要求

将选定用于感官评鉴的样品事先存放于恒温箱中，保证在统一呈送时样品温度恒定和均一，防止因温度不均匀造成样品评鉴失真。食品感官评鉴中由于受很多因素的影响，所以每次用于感官评鉴的样品数应控制在 4～8 个，每个样品的分量应控制在 30~60g/mL；对于实验所用器皿一般采用玻璃材质，也可采用没有其他异味的一次性塑料或纸杯作为感官评鉴实验用器皿。有些样品如奶油等需要添加到不同的中性食品载体中（在选择样品和载体食品混合比例时，应避免两者之间的拮抗或协同效应，比如咸奶油不能使用咸面包作为感官评鉴的载体）。操作时，将样品定量的混入所选用的载体中或载体上面，然后呈送给评鉴人员。样品的摆放顺序应注意让样品在每个位置上出现的几率是相同的或采用圆形摆放法。样品的制备标示应采用盲法，不应带有任何不适当的信息，以防对评鉴员的客观评定产生影响，样品应随机编号，对有完整商业包装的样品，应在评鉴前对样品包装进行预处理，以去除相应的包装信息。

【知识点 8-3】乳品分析样品的准备

（一）抽样方法

根据企业所申请取证的产品品种，每个品种均按要求进行抽样检验。在企业的成品库内随机抽取发证检验样品。所抽样品须为同一批次保质期内的产品，抽样基数不得少于 200 个最小包装。巴氏杀菌乳、灭菌乳、酸乳抽样数量不少于 20 个最小包装（总量不少于 3500mL）；乳粉、炼乳、奶油、干酪、抽样数量不少于 10 个最小包装（总量不少于 3000g）。样品分成 2 份，一份检验，另一份备查。样品确认无误后，由抽样人员与被抽样单位在抽样单上签字、盖章，当场封存样品，并加贴封条。封条上应当有抽样人员签名、抽样单位盖章及封样日期。

由于酸乳、巴氏杀菌乳产品保质期较短，保存温度较低，应注意样品的保存温度。且必须在产品的保质期内完成检验和结果的反馈工作。

（二）分析样品的预准备

1. 鲜乳、全脂、低脂乳、脱脂乳、酪乳和乳清（其他液体样品参照进行）

将样品反复从一个容器中倒入另一容器中，使样品完全混合。如果脂肪有上浮和挂壁的情况，则应将样品缓慢加热到不超过 37.8℃ 的温度，充分混合，冷却到 15~25℃ 后取样。

2. 炼乳样品的准备（黏性样品参照进行）

（1）淡炼乳样品 将炼乳罐来回翻倒和振摇，打开炼乳罐，将炼乳全部移入另一带密封盖的容器中，反复多次地来回在两个容器间转移炼乳，以使脂肪和其他附着在炼乳罐壁上的样品全部从炼乳罐中转移至第二个容器中。

（2）甜炼乳样品 打开炼乳罐，用勺或刮铲搅动使样品完全混合。搅动时要上下螺旋方向搅动，以使顶层、壁上的炼乳及底层容器角上的炼乳都动起来，与其他炼乳混合好。将样品从罐中全部转移至另一带密封盖的较大容器中，加盖待用。

3. 稀奶油和奶油样品的准备

这样的样品在测定前应在 0~4℃ 保存。将样品的温度调节到 30~40℃，必要时，要使用水浴锅。缓慢翻转、振晃样品，样品黏稠时要使用刮铲，使样品完全混合。迅速冷却样品，使其温度降至 20℃ 。

4. 粉类样品的准备

将样品在容器内充分摇匀。必要时，将所有样品全部移入一密封容顺内充分混合后再取样品分析。

5. 硬质干酪样品的准备

将采取的小块干酪样品充分混合，用牛角勺取 30~40g 于研钵中，轻轻研碎，备用。

6. 冰淇淋样品的准备

将样品置于室温下的称量瓶中，充分搅拌混匀，但用力不要过大，以免溅出。盖好盖子。如果样品很稠厚，可用水浴器皿加温至 30~40℃ ，以促进混合，然后将样品冷却至室温。

也可将样品置于烧杯中，在微波炉内快速解冻，待温度接近室温时，从微波炉中取出样品，称样分析。

【技能训练】

【技能点 8-1】 巴氏杀菌乳品质评鉴

（一）巴氏杀菌乳感官评鉴

1. 样品制备

将选定用于感官评鉴的样品事先存放于 15℃ 恒温箱中，保证在统一呈送时样品温度恒定和均一，防止因温度不均匀造成样品评鉴失真。由于液体乳容易造成脂肪上浮，在进行评鉴之前应将样品进行充分混匀，再进行分装，保证每一份样品都均匀一致。呈送给评鉴人员的样品的摆放顺序应注意让样品在每个位置上出现的几率是相同的或采用圆型摆方法。食品感官评鉴中由于受很多因素的影响，故每次用于感官评鉴的样品数应控制在 4~8 个，每个样品的分量应控制在 30~60mL ；对于实验所用器皿应不会对感官评定产生影响，一般采用玻璃材质，也可采用没有其他异味的一次性塑料或纸杯作为感官评鉴实验用器皿。样品的制备标示应采用盲法，不应带有任何不适当的信息，以防对评鉴员的客观评定产生影响，样品应随机编号，对有完整商业包装的样品，应在评鉴前对样品包装进行预处理，以去除相应的包装信息。

2. 评鉴方法

（1）色泽和组织状态　将样品置于自然光下观察色泽和组织状态。

（2）滋味和气味　在通风良好的室内，取样品先闻其气味，后品尝其滋味，多次品尝应用温开水漱口。

3. 评分标准

巴氏杀菌乳感官评鉴按照百分制评定，全脂巴氏杀菌乳和脱脂巴氏杀菌乳的评鉴项目及评分标准分别参见表 8-1 和表 8-2。

表 8-1　　　　　　　　　全脂巴氏杀菌乳感官评鉴项目及评分标准

项　目	特　征	得　分
滋味和气味（60分）	具有全脂巴氏杀菌乳的纯香味，无其他异味	60
	具有全脂巴氏杀菌乳纯香味，稍淡，无其他异味	55~59
	具有全脂巴氏杀菌乳固有的香味，且此香味延展至口腔的其他部位，或舌部难以感觉到牛乳的纯香，或具有蒸煮味	53~56
	有轻微饲料味	51~54
	滋、气味平淡，无乳香味	49~52
	有不清洁或不新鲜滋味和气味	47~50
	有其他异味	45~48
组织状态（30分）	呈均匀的流体。无沉淀，无凝块，无机械杂质，无黏稠和浓厚现象，无脂肪上浮现象	30
	有少量脂肪上浮现象外基本呈均匀的流体。无沉淀，无凝块，无机械杂质，无黏稠和浓厚现象	27~29
	有少量沉淀或严重脂肪分离	20~26
	有黏稠和浓厚现象	10~20
	有凝块或分层现象	0~10
色泽（10分）	呈均匀一致的乳白色或稍带微黄色	10
	均匀一色，但显黄褐色	5~8
	色泽不正常	0~5

表 8-2　　　　　　　脱脂巴氏杀菌乳感官评鉴项目及评分标准

项目	特　征	得分
滋味和气味（60分）	具有脱脂巴氏杀菌乳的纯香味，香味停留于舌部，无油脂香味，无其他异味	60
	具有脱脂巴氏杀菌乳的纯香味，且稍清淡，无油脂香味，无其他异味	55~59
	有轻微饲料味	53~57
	有不清洁或不新鲜滋味和气味	51~56
	有其他异味	45~53
组织状态（30分）	呈均匀的流体。无沉淀，无凝块，无机械杂质，无黏稠和浓厚现象	30
	有少量沉淀	20~29
	有黏稠和浓厚现象	16~22
	有凝块或分层现象	0~17
色泽（10分）	呈均匀一致的乳白色或稍带微黄色	10
	均匀一色，但显黄褐色	5~8
	色泽不正常	0~5

4. 数据处理

（1）得分　采用总分 100 分制，既最高 100 分；单项最高得分不能超过单项规定的分数，最低是 0 分。

（2）总分　在全部总得分中去掉一个最高分和一个最低分，按下列公式计算，结果取整：

$$总分 = \frac{剩余的总得分之和}{全部评鉴员数 - 2}$$

（3）单项得分　在全部单项得分中去掉一个最高分和一个最低分，按下列公式计算，结果取整：

$$单项得分 = \frac{剩余的单项得分之和}{全部评鉴员数 - 2}$$

（二）巴氏杀菌乳理化指标测定

（1）脂肪　按《GB 5413.3—2010 食品安全国家标准　婴幼儿食品和乳品中脂肪的测定》检验。

（2）非脂乳固体　按《GB 5413.39—2010 食品安全国家标准　乳和乳制品中非脂乳固体的测定》检验。

（3）蛋白质　按《GB 5009.5—2016 食品安全国家标准　食品中蛋白质的测定》检验。

（4）酸度　按《GB 5413.34—2010 食品安全国家标准　乳和乳制品酸度的测定》检验。

（三）巴氏杀菌乳微生物指标检验

（1）菌落总数　按《GB 4789.2—2016 食品安全国家标准　食品微生物学检验　菌落总数测定》检验。

（2）大肠菌群　按《GB 4789.3—2016 食品安全国家标准　食品微生物学检验　大肠菌群计数》平板计数法检验。

（3）金黄色葡萄球菌　按《GB 4789.10—2016 食品安全国家标准　食品微生物学检验　金黄色葡萄球菌检验》定性检验。

（4）沙门菌　按《GB 4789.4—2016 食品安全国家标准　食品微生物学检验　沙门菌检验》检验。

【技能点 8-2】灭菌乳品质评鉴

（一）灭菌乳感官评鉴

1. 样品的制备

取在保质期且包装完好的样品静置于自然光下，在室温下放置一段时间，保证产品温度在（20±2）℃。同时取 250mL 烧杯一只，准备观察样品使用。准备品尝用温开水和品尝杯若干。

2. 评鉴方法

（1）将样品置于水平台上，打开样品包装，保证样品不倾斜、不外溢。

（2）首先闻样品的气味，然后观察样品外观、色泽、组织状态，最后品尝样品的滋味。

（3）色泽和组织状态　取适量样品徐徐倾入 250mL 烧杯中，在自然光下观察色泽和组织状态。

（4）滋气味　用温开水漱口，然后品尝样品的滋、气味。

3. 评分标准

灭菌乳感官评鉴按照百分制评定，全脂灭菌纯牛乳各评鉴项目及评分标准参见表 8-3，部分脱脂灭菌纯牛乳和脱脂灭菌纯牛乳各评鉴项目及评分标准参见表 8-4，全脂灭菌调味乳各评鉴项目及评分标准参见表 8-5。

表 8-3　　　　　　　　全脂灭菌纯牛乳感官评鉴项目及评分标准

项目	特征	得分
滋味和气味（50分）	具有灭菌纯牛乳特有的纯香味，无异味	50
	乳香味平淡，不突出，无异味	45~49
	有过度蒸煮味	40~45
	有非典型的乳香味，香气过浓	35~39
	有轻微陈旧味，奶味不纯或有奶粉味	30~34
	有非牛奶应有的让人不愉快的异味	20~29
组织状态（30分）	呈均匀的液体，无凝块，无黏稠现象	30
	呈均匀的液体，无凝块，无黏稠现象，有少量沉淀	25~29
	有少量上浮脂肪絮片，无凝块，无可见外来杂质	20~24
	有较多沉淀	11~19
	有凝块现象	5~10
	有外来杂质	5~10
色泽（20分）	具有均匀一致的乳白色或微黄色	20
	颜色呈略带焦黄色	15~19
	颜色呈白色至青色	13~17

表 8-4　部分脱脂灭菌纯牛乳、脱脂灭菌纯牛乳感官评鉴项目及评分标准

项目	特征	得分
滋味和气味（50分）	具有脱脂后灭菌牛乳的香味，奶味轻淡，无异味	50
	有过度蒸煮味	40~49
	有非典型的乳香味，有外来香味	30~39

续表

项目	特征	得分
滋味和气味 （50分）	有轻微陈旧味，奶味不纯，或有乳粉味	25~29
	有非牛乳应有的让人不愉快的异味	20~24
组织状态 （30分）	呈均匀的液体，无凝块，无黏稠现象	30
	呈均匀的液体，无凝块，无黏稠现象，有少量沉淀	25~29
	有少量上浮脂肪絮片，无凝块，无可见外来杂质	20~25
	有较多沉淀	11~19
	有凝块现象	5~10
	有外来杂质	5~10
色泽 （20分）	具有均匀一致的乳白色	20
	颜色呈略带焦黄色	15~19
	颜色呈白色至青色	13~17

表 8-5　　　　全脂灭菌调味乳感官评鉴项目及评分标准

项目	特征	得分
滋味和气味 （50分）	具有灭菌调味乳应有的香味，无异味	50
	调香气味不舒适，过浓或感觉不到	40~45
	有轻微陈旧味	30~39
	有令人不愉快的异味	20~25
组织状态 （30分）	呈均匀的液体，无凝块，无黏稠现象	30
	呈均匀的液体，无凝块，无黏稠现象，有少量沉淀	25~29
	有少量上浮脂肪絮片，无凝块，无可见外来杂质	20~24
	有较多沉淀	11~19
	有凝块现象	5~10
	有外来杂质	5~10
	有水析现象	5~10
色泽 （20分）	具有均匀一致的乳白色或调味乳应有的色泽	20
	不是应有的颜色或颜色不典型	15~19
	呈现令人不愉快的颜色	13~14

4. 数据处理

参见技能点 8-1。

（二）灭菌乳理化指标的测定

（1）脂肪 按《GB 5413.3—2010 食品安全国家标准 婴幼儿食品和乳品中脂肪的测定》检验。

（2）非脂乳固体 按《GB 5413.39—2010 食品安全国家标准 乳和乳制品中非脂乳固体的测定》检验。

（3）蛋白质 按《GB 5009.5—2016 食品安全国家标准 食品中蛋白质的测定》检验。

（4）酸度 按《GB 5413.34—2010 食品安全国家标准 乳和乳制品酸度的测定》检验。

（三）灭菌乳微生物指标检验

微生物指标按《GB 4789.26—2013 食品安全国家标准 食品微生物学检验商业无菌检验》的方法检验。

【技能点 8-3】 酸乳品质评鉴

（一）酸乳感官评鉴

1. 样品制备

取适量样品放入 50mL 敞口透明容器中，置于 4~6℃冷藏环境中。不得与有毒、有害、有异味，或对产品产生不良影响的物品同处存放。评鉴开始前取出，使评鉴时温度在 6~10℃范围内。

2. 评鉴方法

（1）色泽 取适量样品于 50mL 透明容器中，在灯光下观察色泽。

（2）滋味和气味 先闻气味，然后用温开水漱口，再品尝样品的滋味。

（3）组织状态 取适量试样于 50mL 透明容器中，在灯光下观察其组织状态。

3. 评分标准

酸乳感官评鉴按照百分制评定，各评鉴项目及评分标准参见表 8-6。

表 8-6   酸乳感官评鉴项目及评分标准

项目	特征		得分
	纯酸牛乳、原味酸牛乳、果料酸牛乳		
	凝固型	搅拌型	
滋味和气味（40分）	具有酸牛乳固有滋味和气味或相应的果料味，酸味和甜味比例适当		35~40
	过酸或过甜		20~35
	有涩味		10~20
	有苦味		5~10
	异常滋味或气味		0~5

续表

项目	特征		得分
	纯酸牛乳、原味酸牛乳、果料酸牛乳		
	凝固型	搅拌型	
组织状态 （50分）	组织细腻、均匀、表面光滑、无裂纹、无气泡、无乳清析出	组织细腻、凝块细小均匀滑爽、无气泡、无乳清析出	40～50
	组织细腻、均匀、表面光滑、无气泡、有少量乳清析出	组织细腻、凝块大小不均、无气泡、有少量乳清析出	30～40
	组织粗糙、有裂纹、无气泡、有少量乳清析出	组织粗糙、不均匀、无气泡、有少量乳清析出	20～30
	组织粗糙、有裂纹、有气泡、乳清析出	组织粗糙、不均匀、有气泡、乳清析出	10～20
	组织粗糙、有裂纹、有大量气泡、乳清析出严重、有颗粒	组织粗糙、不均匀、有大量气泡、乳清析出严重、有颗粒	0～10
色泽 （10分）	呈均匀乳白色、微黄色或果料固有的颜色		8～10
	淡黄色		6～8
	浅灰色或灰白色		4～6
	绿色、黑色斑点或有霉菌生长、异常颜色		0～4

4. 数据处理

参见技能点 8-1。

（二）酸乳理化指标的测定

（1）脂肪 按《GB 5413.3—2010 食品安全国家标准 婴幼儿食品和乳品中脂肪的测定》检验。

（2）非脂乳固体 按《GB 5413.39—2010 食品安全国家标准 乳和乳制品中非脂乳固体的测定》检验。

（3）蛋白质 按《GB 5009.5—2016 食品安全国家标准 食品中蛋白质的测定》检验。

（4）酸度 按《GB 5413.34—2010 食品安全国家标准 乳和乳制品酸度的测定》检验。

（三）酸乳微生物指标检验

（1）大肠菌群 按《GB 4789.3—2016 食品安全国家标准 食品微生物学检验 大肠菌群计数》平板计数法检验。

（2）金黄色葡萄球菌 按《GB 4789.10—2016 食品安全国家标准 食品微生物学检验 金黄色葡萄球菌检验》定性检验。

（3）沙门菌　按《GB 4789.4—2016食品安全国家标准　食品微生物学检验　沙门氏菌检验》的方法检验。

（4）酵母、霉菌　按《GB 4789.15—2016食品安全国家标准　食品微生物学检验　霉菌和酵母计数》检验。

（5）乳酸菌　按《GB 4789.35—2016食品安全国家标准　食品微生物学检验　乳酸菌检验》的方法检验。

【技能点8-4】　全脂乳粉品质评鉴

（一）全脂乳粉感官评鉴

1. 器材准备

（1）样品制备　从包装完好的产品中取适量（50~100g）的样品放于敞口透明容器中，不得与有毒、有害、有异味或是影响样品风味的物品放在一起，评鉴温度在6~10℃范围内。

（2）器具准备　硫酸纸若干、透明洁净的200mL烧杯一只、蒸馏水若干、大号塑料勺、黑色塑料盘、秒表一只。

2. 评鉴方法

（1）色泽、组织状态的评定　在充足的日光或白炽灯光下，将待检乳粉取5g分别放在硫酸纸上，观察乳粉的色泽和组织状态。

（2）冲调的评定

①下沉时间：量取50~55℃的蒸馏水100mL放入200mL烧杯中，称取13.6g待检乳粉，将乳粉迅速倒入烧杯的同时启动秒表开始计时。待水面上的乳粉全部下沉后结束计时，记录乳粉下沉时间。

②小白点、挂壁和团块：检验完乳粉的"下沉时间"后，立即用大号塑料勺沿容器壁按每秒转动二周的速度进行匀速搅拌，搅拌时间为40~50s。然后观察复原乳的挂壁情况；将复原乳（2mL）倾倒黑色塑料盘中观察小白点情况；最后观察容器底部是否有不溶团块。

③滋、气味：首先用清水漱口，然后用鼻子闻复原乳气味，最后喝一口（约5mL）复原乳，仔细品味再咽下。

3. 评分要求及标准

全脂乳粉感官评鉴按照百分制评定，各评鉴项目及评分标准参见表8-7。

表8-7　全脂乳粉感官评鉴项目及评分标准

项目	特征	得分
滋味和气味（40分）	浓郁的乳香味	40
	乳香味不浓，无不良气味	32~39
	夹杂其他异味	24~31
	乳香味不浓同时明显夹杂其他异味	16~23

续表

项目		特征	得分
组织状态 （20分）		颗粒均匀、适中、松散、流动性好	20
		颗粒较大或稍大、不松散，有结块或少量结块，流动性较差	16~19
		颗粒细小或稍小，有较多结块，流动性较差；有少量肉眼可见的焦粉粒	12~15
		粉质黏连，流动性非常差；有较多肉眼可见的焦粉粒	8~11
冲调性 （30分）	下沉时间 （10分）	≤10s	10
		11~20s	8~9
		21~30s	6~7
		≥30s	4~5
	挂壁和小白点 （10分）	小白点≤10，颗粒细小；杯壁无小白点和絮片	10
		有少量小白点，颗粒细小；杯壁上的小白点和絮片≤10个	8~9
		有少量小白点，周边较多，颗粒细小；杯壁有少量小白点和絮片	6~7
		有大量小白点和絮片，中间和四周无明显区别；杯壁有大量小白点和絮片而不下落	4~5
	团块 （10分）	0	10
		1≤团块≤5	8~9
		5<团块≤10	6~7
		团块>10	4~5
色泽 （10分）		色泽均一，呈乳黄色或浅黄色；有光泽	10
		色泽均一，呈乳黄色或浅黄色；略有光泽	8~9
		黄色特殊或带浅白色；基本无光泽	6~7
		色泽不正常	4~5

4. 数据处理

参见技能点 8-1。

（二）全脂乳粉理化指标测定

（1）脂肪　按《GB 5413.3—2010 食品安全国家标准　婴幼儿食品和乳品中脂肪的测定》检验。

（2）蛋白质　按《GB 5009.5—2016 食品安全国家标准　食品中蛋白质的测定》检验。

（3）复原乳酸度　按《GB 5413.34—2010 食品安全国家标准　乳和乳制品酸度的测定》检验。

（4）杂质度　按《GB 5413.30—2016 食品安全国家标准　乳和乳制品杂质

度的测定》检验。

（5）水分　按《GB 5009.3—2016 食品安全国家标准　食品中水分的测定》检验。

（6）非脂乳固体　非脂乳固体（%）= 100%-脂肪（%）-水分（%）。

（三）全脂乳粉微生物指标检验

（1）菌落总数　按《GB 4789.2—2016 食品安全国家标准　食品微生物学检验　菌落总数测定》检验。

（2）大肠菌群　按《GB 4789.3—2016 食品安全国家标准　食品微生物学检验　大肠菌群计数》平板计数法检验。

（3）金黄色葡萄球菌　按《GB 4789.10—2016 食品安全国家标准　食品微生物学检验金黄色葡萄球菌检验》平板计数法检验。

（4）沙门菌　按《GB 4789.4—2016 食品安全国家标准　食品微生物学检验　沙门氏菌检验》的方法检验。

【技能点 8-5】冰淇淋品质评鉴

（一）冰淇淋感官评鉴

1. 评鉴方法

（1）冰淇淋口感的判定方法　用门齿咬下一部分的冰淇淋，冰冷的性质会反映在可感觉到的嘎吱嘎吱的声音，然后用舌头、脸颊和下颚在嘴巴中四处移动冰淇淋，在该过程中，注意体会在移动过程中的阻力程度（稠度）以及仍然是冻结着的样品的平滑感（质地）在用舌头将冰淇淋顶在上颚上的同时感受该过程中的阻力感以及期间可感受到的平滑感，注意在冰晶融化之后，嘴巴中仍然留有的感觉，这些持久的质地例如有沙感和油腻感。

（2）冰淇淋风味的判定方法　在冰淇淋融化之后不要马上吞咽，而是应当闭上嘴，首先将注意力集中于嘴巴所感觉到的味道（甜、咸、苦、酸）上，然后，在嘴巴仍为闭着的情况下，用鼻子呼气，以便让产品受热产生的蒸汽能够与鼻腔后部的气味接收区接触，当已经结束对一部分冰淇淋的评价之后，仍不应将冰淇淋咽下，而是应以某种适当的方式将其吐出。在吐出样品之后，应留有一段时间来感受其所留下的香味感觉，这些残留的感觉被称为"余味"，也是整个香味评判中重要的一个组成部分，一个高质量的产品只会留下清新、纯净的感觉，而这仅仅是由一丝其所特有香味的余味以及基本的奶味组成，有任何令人不愉快的感觉，只能表明产品质量不够好。

注意：当要对多个冰淇淋样品进行评价时，应当在评价不同样品之间用室温下的白开水进行漱口。

2. 评分要求及标准

冰淇淋感官评鉴按照百分制评定，各评鉴项目及评分标准参见表 8-8。

表 8-8 冰淇淋感官评鉴项目及评分标准

项目	特征	得分
色泽与形态 （25分）	形态完整、不变形、不软榻、不收缩	20~25
	形态不完整、有点黏	15~20
	形体过黏，有凝块	10~15
组织状态 （25分）	细腻、润滑、无明显粗糙冰晶、无气孔	20~25
	有小冰晶或细微颗粒感	15~20
	较大冰晶或组织粗糙	10~15
滋味 （25分）	甜度适中，可口	20~25
	甜度不足或过甜	15~20
	有咸味，酸败味	10~15
气味 （25分）	乳香味纯正、豆香味适中	20~25
	乳香味不明显、豆香味有点重	15~20
	豆味多于乳味	10~15

3. 数据处理

参见技能点 8-1。

（二）冰淇淋理化指标的测定

冰淇淋总固形物含量等理化指标的测定参照《SB/T 10009—2008 冷冻饮品检验方法》。

1. 冰淇淋总固形物含量的测定

（1）测定方法　将试样在（102±2）℃的鼓风干燥箱内加热至质量恒定。加热前后的质量差即为总固形物的含量。

（2）仪器和设备

①分析天平：感量为 0.1mg。

②干燥器：内盛有效干燥剂。

③鼓风干燥箱：温控（102±2）℃。

④称量皿：具盖，内径 70~75mm，皿高 25~30mm。

⑤电热恒温水浴器。

⑥平头玻璃棒：棒长不超过称量皿的直径。

（3）试样的制备

①清型：取有代表性的样品至少 200g，置于 300mL 烧杯中，在室温下融化，搅拌均匀。

②组合型：取有代表性样品的主体部分至少 200g，置于 300mL 烧杯中，在室温下融化，搅拌均匀。

③将以上制备的试样立即倒入广口瓶内，盖上瓶盖备用。

④如样品黏度大，可先将盛有样品的烧杯置于 30~40℃ 的电热恒温水浴器内进行搅拌。

（4）海砂的处理　取直径 0.3~0mm 的海砂放入大烧杯内，用 6mol/L 盐酸溶液煮沸 30min。冷却后倒出盐酸溶液，用蒸馏水冲洗至中性。置于（102±2）℃鼓风干燥箱内烘干 2h，备用。

（5）分析步骤

①称量皿和海砂的干燥：用称量皿称取上面处理过的海砂约 10g。将玻璃棒放在称量皿内，连同皿盖置于（102±2）℃鼓风干燥箱内，加热 1h，加盖取出，置于干燥器内冷至室温，称量，精确至 0.001g，重复干燥直至质量恒定。

②试样的称取：用称量皿称取试样 5~10g，精确至 0.001g。用玻璃棒将海砂和试样混匀，并将玻璃棒放入称量皿内。

③试样的烘干：将盛有试样、玻璃棒的称量皿置于（102±2）℃鼓风干燥箱内（皿盖斜放在皿边），加热约 2.5h，加盖取出。置于干燥器内冷却 0.5h，称量。重复加热 0.5h，直至连续两次称量差不超过 0.002g，即为质量恒定，以最小称量为准。

（6）分析结果的表述　总固形物含量以质量分数表示（计算结果精确至小数点后 1 位），按下式计算：

$$w(\%) = \frac{m_2 - m}{m_1 - m} \times 100$$

式中　w——试样中总固形物的含量，%

　　　m——海砂、称量皿、皿盖和玻璃棒的质量，g

　　　m_1——海砂、试样、称量皿、皿盖和玻璃棒的质量，g

　　　m_2——烘干后称量皿、海砂、残留物、皿盖和玻璃棒的质量，g

（7）允许差　同一样品两次测定结果之差，不得超过平均值的 5%。

2. 冰淇淋脂肪含量的测定

（1）测定方法　用乙醚和石油醚从冷冻饮品试样的氨水乙醇溶液中抽取脂肪，蒸发溶剂，然后称量脂肪，计算冷冻饮品中脂肪的含量。

（2）试剂　所有试剂均为分析纯；实验室用水应符合《GB/T 6682—2008 分析实验室用水规格和试验方法》中三级水规格。

①氨水。

②乙醇。

③乙醚：乙醚要去除过氧化物：量取 150mL 乙醚，加 5mL 无水亚硫酸钠溶液（100g/L），振摇 2min，静置，备用。

④石油醚：《GB/T 15894—2008 化学试剂　石油醚》的标准，沸程 30~60℃。

⑤乙醚-石油醚混合液：临用前将等体积乙醚与石油醚混合。

⑥2g/100mL 氯化钠溶液：称取 2g 氯化钠，溶于 98mL 水中，混匀。

⑦10g/100mL 碘化钾溶液：称取 10g 碘化钾，溶于 90mL 水中，混匀。

（3）仪器和设备

①分析天平：感量为 0.1mg。

②脂肪抽出器：平底烧瓶 150~250mL。

③具塞锥形瓶：150mL。

④分液漏斗：125~250mL。

⑤鼓风干燥箱：温控（102±2）℃。

⑥电热恒温水浴器。

⑦干燥器：内盛有效干燥剂。

（4）试样的制备　见冰淇淋总固形物含量的测定中式样的制备。

（5）分析步骤

①空白试验：测定试样脂肪含量的同时，用相同并等量的试剂按本标准（分析步骤3）测定所述的相同操作方法，以 10mL 蒸馏水代替样品进行空白试验。空白试验的最后称量结果超过 0.0005g 时则就应检验试剂是否纯净，并进行纯化或改为纯净的试剂。

②平底烧瓶的处理：将平底烧瓶放在鼓风干燥箱中，（102±2）℃ 干燥 30~60min，取出置于干燥器内，冷至室温，称量，重复干燥，直至质量恒定。

③测定：

a. 称取制备的试样（数量使抽提的脂肪为 0.3~0.6g）于具塞锥形瓶中，精确至 0.001g。

b. 于装有试样的锥形瓶内加入氯化钠溶液 2mL，并小心混匀，然后加入 2.0mL 氨水混匀。将锥形瓶置于（65±5）℃ 水浴中，保温 15min，取出后，迅速冷却至室温。将溶液移至分液漏斗，加入 10mL 于分液漏斗中充分混合。如出现结块，必须重新测定。

c. 向分液漏斗中加入 25mL 乙醚，用水浸湿过的塞子塞好分液漏斗，振摇 1min，然后取下塞子，加入 25mL 石油醚，用最初几毫升石油醚冲洗塞子和分液漏斗颈部内壁，使其流入分液漏斗中。重新用水浸湿过的塞子塞好分液漏斗，再振摇 1min，使分液漏斗静置，至上层液体澄清并明显分层为止（约数分钟）。

d. 取下塞子，用少量乙醚-石油醚的混合液冲洗塞子和分液漏斗颈部内壁，使冲洗液流入分液漏斗中，开启分液漏斗下部活塞，将下层液流入锥形瓶中，然后用倾注法小心地将上层清液移入已经干燥至质量恒定的平底烧瓶中。

e. 将锥形瓶中的溶液再移入分液漏斗，重复上述操作过程，再进行二次抽提，但只使用 10mL 乙醚和 10mL 石油醚，上层清液一并移入已经干燥至质量恒定的平底烧瓶中。

f. 将平底烧瓶置于 45~50℃ 水浴中，用脂肪抽出器回收溶剂约 20min，然后将水浴温度逐步加至 80℃，尽可能地蒸发掉溶剂（包括乙醇）。当不再有溶剂气味时，将平底烧瓶置于（102±2)℃。鼓风干燥箱中加热 1h，取出放入干燥器内，冷至室温，然后称重，重复此加热操作，加热时间为 30min，冷却并称量，直至质量恒定。

（6）分析结果的表述　脂肪含量以质量分数表示（计算结果精确至小数点后 1 位)，按下式计算：

$$w = \frac{(m_1 - m_2) - (m_3 - m_4)}{m} \times 100\%$$

式中　w——试样中脂肪的含量，%

　　　m——试样的质量，g

　　　m_1——加热至质量恒定后的烧瓶加脂肪的质量，g

　　　m_2——用于试验部分的加热至质量恒定的烧瓶质量，g

　　　m_3——加热至质量恒定后的烧瓶加空白试验的质量，g

　　　m_4——用于空白试验的加热至质量恒定后的烧瓶质量，g

（7）允许差　同一样品两次测定结果之差，不得超过平均值的 5%。

3. 冰淇淋膨胀率的测定

冰淇淋在凝冻时，空气通过凝结机的搅拌作用混进冰淇淋混合料中，且由于冰淇淋的部分水在凝冻过程中，体积也会稍有增加，使冰淇淋成品体积比混合料的体积要大。冰淇淋体积的增加用膨胀率来表示。

（1）测定方法　采用蒸馏水定容法，取一定体积的冰淇淋融化，加乙醚消泡后滴加蒸馏水定容，根据滴加蒸馏水的体积计算冰淇淋体积增加的百分率。

（2）试剂　乙醚，蒸馏水。

（3）仪器和设备

①量器：容积为 25.0~50.0mL，中空薄壁，无底无盖，便于插入冰淇淋内取样。

②容量瓶：20.0mL、250mL。

③滴定管：0~50mL、最小刻度 0.1mL。

④单标移液管：2mL。

⑤长颈玻璃漏斗：直径 75mm。

⑥薄刀。

⑦电冰箱：温度达到 -18℃ 以下。

⑧电热恒温水浴器。

（4）分析步骤

①试样量取：先将量器及薄刀放在冰箱中预冷至 -18℃，然后将预冷的量器迅速平稳地按入冰淇淋试样的中央部位，使冰淇淋充满量器，用薄刀切平两头，并除去取样器外黏附的冰淇淋。

②测定：

a. 将取试样放入插在 250mL 容量瓶中的玻璃漏斗中，另外用 200mL 容量瓶准确量取 200mL 蒸馏水，分数次缓慢地加入漏斗中，使试样全部移入容量瓶，然后将容量瓶放在（45±5）℃的电热恒温水浴器中保温，待泡沫基本消除后，冷却至与加入的蒸馏水相同的温度。

b. 用单标移液管吸取 2mL 乙醚，迅速注入容量瓶内，去除溶液中剩余的泡沫，用滴定管滴加蒸馏水，至容量瓶刻度为止，记录滴加蒸馏水的体积。

（5）分析结果的表述　膨胀率以体积分数表示（平行测定的结果用算术平均值表示，所得结果应保持至一位小数），按下式计算：

$$\Phi = \frac{V_1 + V_2}{V - (V_1 + V_2)} \times 100$$

式中　Φ——试样的膨胀率，%

　　　　V——取样器的体积，mL

　　　　V_1——加入乙醚的体积，mL

　　　　V_2——加入蒸馏水的体积，mL

（二）冰淇淋微生物指标的测定

冰淇淋微生物指标的测定按《GB 2759—2015 食品安全国家标准　冷冻饮品和制作料》中规定的方法测定。

【技能点 8-6】干酪的品质鉴定

（一）干酪的感官评鉴

1. 样品制备及评鉴方法

评鉴前将样品从冷藏环境中取出，放置一段时间使评鉴温度在 6~10℃ 范围内。在包装评分结束后小心打开干酪包装，进行干酪外型、色泽的评分。上述评分结束后，将干酪取样刀纵向插入至干酪高度的 3/4 处，旋转 180° 以上，抽出取样刀，取下小样，每个干酪小样 50g 左右，置于白色瓷碟中进行评鉴。

2. 评分要求及标准

干酪感官评鉴按照百分制评定，硬质干酪的各评鉴项目及评分标准参见表 8-9。

表 8-9　　　　　　　　　　　　硬质干酪感官评分标准

项目	特征	得分
滋味和气味（50分）	具有该种干酪特有的滋味和气味，香味浓郁	50
	具有该种干酪特有的滋味和气味，香味良好	48~49
	滋、气味良好但香味较淡	45~47
	滋、气味合格，但香味淡	42~44
	滋、气味平淡无乳香味者	53~58
	具有饲料味	38~41

续表

项目	特征	得分
滋味和气味 （50分）	具有异常酸味	40~44
	具有霉味	38~41
	具有苦味	35~41
	氧化味	32~41
	有明显的其他异常味	35~41
组织状态 （25分）	质地均匀、软硬适度，组织极细腻，有可塑性	25
	质地均匀、软硬适度，组织极细腻，可塑性较好	24
	质地基本均匀、软硬适度，组织极细腻，有可塑性	23
	组织状态粗糙，较硬	16~22
	组织状态疏松，易碎	17~20
	组织状态呈碎粒状	15~19
	组织状态呈皮带状	15~20
纹理图案 （10分）	具有该种干酪正常的纹理图案	10
	纹理图案略有变化	8~9
	有裂痕	5~7
	有网状结构	5~6
	契达干酪具有孔眼	4~7
	断面粗糙	3~5
色泽 （5分）	色泽呈白色或淡黄色，有光泽	5
	色泽略有变化	3~4
	色泽有明显变化	1~2
外形 （5分）	外形良好，具有该种产品正常的形状	5
	干酪表皮均匀，细致，无损伤，无粗厚表皮层，有石蜡混合物涂层或塑料膜真空包装	5
	外形无损伤但外形稍差者	4
	表层涂蜡有散落	3~4
	表层有损伤	3~4
	轻度变形	3~4
	表面有霉菌者	2~3
包装 （5分）	包装良好	5
	包装合格	4
	包装较差	2~3

注：①有轻度饲料味、轻度霉味者作合格论，滋味气味评分低于39分者不得用作加工干酪的原料；②荷兰干酪允许有微酸味；③不杀菌加工的荷兰干酪，允许有气孔。

3. 评鉴过程

按感官评分表内容逐项评定，要注意先检查包装和外形，再检查其他各项。

（二）干酪理化指标测定

1. 干酪中水分的测定

在称量皿中放入约 20g 海砂和一只小玻璃棒，于 98~100℃烘箱中烘至质量恒定。称 2~3g（精确到 0.2mg）经研磨的干酪样品，将海砂和干酪样品用小玻璃棒搅拌均匀，再置于 102~105℃烘箱中干燥 3h，至两次质量差不大于 2mg 为止。按照下式计算水分。

$$水分含量（\%）= \frac{m_1 - m_2}{m_1 - m} \times 100\%$$

式中　m——称量皿加海砂和玻璃棒质量，g

　　　m_1——称量皿加海砂、玻璃棒及样品质量，g

　　　m_2——称量皿加海砂、玻璃棒及样品干燥后质量，g

2. 脂肪含量的测定（哥特里-罗兹法）

于 50mL 烧杯中称取样品 1g（精确到 0.2mg），加水 9mL 和浓氨水 1mL，加热并用玻棒不断搅拌成均匀的乳浊液，以石蕊试纸测试，用 6mol/L 盐酸中和，再加 10mL 盐酸及精制海砂约 0.5g，加盖。慢慢加热，煮沸 5min，冷却后用 25mL 乙醚将内容物转入抽脂瓶内，再用 25mL 石油醚冲洗，洗液并入抽脂瓶中。充分混合，静置 30min，待液层分离后，读取醚层体积。放出醚层于已知的脂肪瓶中，并记录放出醚层的体积将脂肪瓶内的混合醚在水浴上蒸馏回收。把脂肪瓶放在 98~100℃的烘箱中干燥 1h，取出，于干燥器中冷却 25~30min，于天平上称量，而后再放入烘箱中干燥 30min。冷却，称量，直至前后两次质量差不超过 2mg。按照下式计算脂肪含量。

$$W = \frac{\frac{m_2 - m_1}{V_1}}{m \times \frac{V_1}{V_0}} \times 100\%$$

式中　W——样品中脂肪的质量分数；%

　　　m——样品的质量，g

　　　m_1——空瓶的质量，g

　　　m_2——空瓶加脂肪的质量，g

　　　V_0——醚层的总量，mL

　　　V_1——放出的醚层的量，mL

3. 食盐含量测定

称取 5g（精确到 0.01g）样品于小烧杯内，分次加入 50mL 90℃蒸馏水，用带橡皮头玻璃棒充分研碎，然后移入 100mL 容量瓶中定容到刻度。过滤后吸取 50mL 滤液，加 0.5mL 10%的铬酸钾溶液，用 0.1mol/L 硝酸银滴定到砖红色，按照下式计算食盐含量。

$$食盐含量 = \frac{c \times V \times 0.0585}{m} \times 100\%$$

式中　　c——硝酸银的浓度，mol/L

　　　　V——滴定消耗 0.1mol/L 硝酸银溶液的毫升数，mL

　　　　m——实际滴定用样品质量，g

　0.0585——每毫升 0.1mol/L 硝酸银相当的氯化钠数量，g

4. 干酪成熟度的测定

称取 5g 样品放入研钵中，加 45mL 40～45℃ 蒸馏水，研磨成稀薄的混浊液态，静止数分钟后过滤（不得使脂肪及未溶解的蛋白质进入滤液中）。于两个三角瓶中各加 10mL 滤液，然后于第一个烧瓶内加 3 滴 1% 酚酞指示剂，用 0.1mol/L NaOH 滴定到粉红色，消耗 NaOH 数为 V_1。往第二个烧瓶内加 10～15 滴 0.1% 麝香草酚酞，用 0.1mol/LNaOH 滴定到蓝色。消耗 NaOH 数为 V_2。最后，可按下式进行计算。

$$干酪成熟度 = (V_1 - V_2) \times 100$$

此法的原理是以成熟的干酪对碱的缓冲作用作为干酪成熟度的标志。干酪在成熟过程中，随成熟度的增加，可溶于水的干酪部分对酸、碱的缓冲性也增加，在用碱滴定时缓冲性增加较明显，尤其在 pH 8～10 范围内，因为 pH 超过 8 时，被滴定的蛋白质分解产物的数量随干酪成熟度而增加。成熟干酪一般的成熟度为 80～100。

（三）干酪微生物指标的测定

（1）菌落总数　按《GB 4789.2—2016 食品安全国家标准　食品微生物学检验　菌落总数测定》检验。

（2）大肠菌群　按《GB 4789.3—2016 食品安全国家标准　食品微生物学检验　大肠菌群计数》平板计数法检验。

（3）金黄色葡萄球菌　按《GB 4789.10—2016 食品安全国家标准　食品微生物学检验　金黄色葡萄球菌检验》平板计数法检验。

（4）沙门菌　按《GB 4789.4—2016 食品安全国家标准　食品微生物学检验　沙门氏菌检验》的方法检验。

（5）单核细胞增生李斯特氏菌　按《GB 4789.30—2016 食品安全国家标准　食品微生物学检验　单核细胞增生李斯特氏菌检验的方法》检验。

（6）酵母、霉菌　按《GB 4789.15—2016 食品安全国家标准　食品微生物学检验　霉菌和酵母计数》检验。

【技能点 8-7】**再制干酪品质评鉴**

（一）再制干酪感官评鉴

1. 样品准备

（1）切片再制干酪　评鉴开始前将样品从冷藏环境中取出。样品贮藏时不得与有毒、有害、有异味或是影响样品风味的物品放在一起。每一单片作为基本样品。

（2）涂抹再制干酪　从包装完好的产品中取适量（50~100g）的样品放于透明容器中，评鉴开始前在室温下放置半小时左右，放置时注意不得与有毒、有害、有异味或是影响样品风味的物品放在一起。

2. 评鉴方法

（1）外形和包装　在灯光下观察样品。

（2）滋味和气味　在通风情况良好的条件下，取适量样品先闻其气味，后品尝其滋味，多次品尝应用温开水漱口。

（3）组织状态　将产品切开或抹开，在灯光下观察其组织状态。

3. 评分要求及标准

再制干酪感官评鉴按照百分制评定，切片再制干酪和涂抹再制干酪的各评鉴项目及评分标准分别参见表8-10和表8-11。

表8-10　　　　　　　　　　切片再制干酪感官评鉴项目及评分标准

项目	特征	得分
滋味和气味 （50分）	具有该种干酪特有的滋味和气味，香味温和，无强烈气味	50
	具有该种干酪特有的滋味和气味，香味较温和，无强烈气味	48~49
	滋、气味良好，但香味较淡	45~47
	滋、气味合格，但香味淡	42~44
	滋、气味平淡无乳香味	38~43
	有不洁气味	38~41
	有霉味	38~41
	有苦味	35~41
	后甜味	32~41
	有明显的异常味	35~41
组织状态 （25分）	质地均一、表面光滑，呈半柔软并富于弹性	25
	质地均一、表面光滑，呈半柔软，弹性较好	24
	质地基本均匀、稍软或稍硬，有弹性	23
	质地粗糙，无光泽	16~22
	组织状态呈油灰状、无弹性	17~20
	组织状态呈粉粒状	15~19
	组织状态呈橡胶状	0~14

续表

项目	特征	得分
色泽 （10分）	淡黄色至橘黄色，有光泽	10
	色泽略有变化	6～9
	色泽有明显变化	0～6
外形 （10分）	外形良好，具有该种产品正常的形状，片与片之间撕开无黏连	10
	外形较好，片与包装间有微小黏连	8～9
	外形一般，有黏连，表面有细小裂痕或断面	0～8
包装 （5分）	包装良好，密闭无漏气，边缘整齐、整洁	5
	包装合格，无裂口，外表面不整洁	4
	包装较差，密闭性差	0～3

表 8-11　　　　　　　　涂抹再制干酪感官评鉴项目及评分标准

项目	特征	得分
滋味和气味 （50分）	具有该种干酪特有的滋味和气味，香味温和，无强烈气味	50
	具有该种干酪特有的滋味和气味，香味较温和，无强烈气味	48～49
	滋、气味良好但香味较淡	45～47
	滋、气味合格，但香味淡	42～44
	滋、气味平淡无乳香味	38～43
	有不洁气味	38～41
	有霉味	38～41
	有明显的其他异常味	35～41
组织状态 （25分）	质地均一、表面光滑，呈奶油状，可涂抹性好	25
	质地均一、表面光滑，呈奶油状，可涂抹性较好	24
	质地基本均匀、表面光滑，稍软或稍硬，有涂抹性	23
	质地基本均匀，表面稍有乳清析出	20～23
	组织内部呈颗粒状，质地粗糙	16～22
	组织状态呈粉粒状，可涂抹性差	0～16
色泽 （10分）	白色或淡黄色，有光泽	10
	色泽略有变化	8～9
	色泽有明显变化	6～7
外形 （10分）	外形良好，具有正常的细腻质地	10
	外形较好，稍有结块或颗粒	6～9
	组织状态过稀，呈流动状	0～6

续表

项目	特征	得分
包装 （5分）	包装良好，密闭好无渗漏，包装外表面无脏物	5
	包装合格，密闭性好，包装不整洁	4
	包装较差，包装不严密，外表面脏	0～3

4. 数据处理

参见技能点 8-1。

（二）再制干酪理化指标的测定

（1）脂肪　按《GB 5413.3—2010 食品安全国家标准　婴幼儿食品和乳品中脂肪的测定》检验。

（2）最小干物质　按《GB 5009.3—2016 食品安全国家标准　食品中水分的测定》检验。

（三）再制干酪微生物指标的测定

（1）菌落总数　按《GB 4789.2—2016 食品安全国家标准　食品微生物学检验　菌落总数测定》检验。

（2）大肠菌群　按《GB 4789.3—2016 食品安全国家标准　食品微生物学检验　大肠菌群计数》平板计数法检验。

（3）金黄色葡萄球菌　按《GB 4789.10—2016 食品安全国家标准　食品微生物学检验　金黄色葡萄球菌检验》平板计数法检验。

（4）沙门菌　按《GB 4789.4—2016 食品安全国家标准　食品微生物学检验　沙门氏菌检验》的方法检验。

（5）单核细胞增生李斯特氏菌　按《GB 4789.30—2016 食品安全国家标准　食品微生物学检验　单核细胞增生李斯特氏菌检验的方法》检验。

（6）酵母、霉菌　按《GB 4789.15—2016 食品安全国家标准　食品微生物学检验　霉菌和酵母计数》检验。

【技能点 8-8】奶油品质评鉴

（一）奶油感官评鉴

1. 样品准备

将选定用于感官评鉴的样品事先存放于 10～12℃ 恒温箱中，保证在统一呈送时样品温度恒定和均一，防止因温度不均匀造成样品评鉴失真。食品感官评鉴中由于受很多因素的影响，所以每次用于感官评鉴的样品数应控制在 4～8 个，每个样品的分量应控制在 30～60g；对于实验所用器皿一般采用玻璃材质的碟，也可采用没有其他异味的一次性碟作为感官评鉴实验用器皿，并根据样品的不同特性添加到不同的中性食品载体中（在选择样品和载体食品混合比例时，应避免两者之间的拮抗或协同效应，如咸奶油不能使用咸面包作为感官评鉴的载体）。

操作时，将样品定量的混入所选用的载体中或载体上面，然后呈送给评鉴人员，样品的摆放顺序应注意让样品在每个位置上出现的几率是相同的或采用圆形摆方法。样品的制备标示应采用盲法，不应带有任何不适当的信息，以防对评鉴员的客观评定产生影响，样品应随机编号，对有完整商业包装的样品，应在评鉴前对样品包装进行预处理，以去除相应的包装信息。

2. 评鉴方法

（1）外形和色泽　将样品置于自然光下观察。

（2）滋味和气味　在通风良好的室内，取样品先闻其气味，后品尝其滋味，多次品尝应用温开水漱口。

（3）组织状态　用小刀切取部分试样，置于白色盘中，在自然光下观察其组织状态。

3. 评分要求及标准

奶油感官评鉴按照百分制评定，各评鉴项目及评分标准分别参见表8-12。

表 8-12　　　　　　　　　　奶油感官评鉴项目及评分标准

项目	特征	得分
滋味和气味（65分）	具有奶油的纯香味，无其他异味	65
	味纯、但香味较弱	61~63
	平淡而无滋味	50~55
	有较弱的饲料味	45~50
	有较显著的不愉快异味	40~45
组织状态（20分）	组织状态正常	20
	较柔软发腻、粘刀或脆弱、疏松者	12~15
	有孔隙或水珠	12~15
	外表浸水	12~15
色泽（5分）	正常、均匀一致	5
	过白或着色过度	2~3
	色泽不一致	1~2
外形（5分）	外形良好，具有该产品正常的形状	5
	包装合格	4
	包装较差	3

4. 数据处理

参见技能点8-1。

（二）奶油理化指标的测定

（1）水分　按《GB 5009.3—2016 食品安全国家标准　食品中水分的测定》检验。

（2）脂肪　按《GB 5413.3—2010 食品安全国家标准　婴幼儿食品和乳品中脂肪的测定》检验。

（3）酸度　按《GB 5413.34—2010 食品安全国家标准　乳和乳制品酸度的测定》检验。

（4）非脂乳固体　非脂乳固体（%）= 100% - 脂肪（%）- 水分（%）。含盐奶油还应减去食盐含量。

（三）奶油微生物指标的测定

（1）菌落总数　按《GB 4789.2—2016 食品安全国家标准　食品微生物学检验　菌落总数测定》检验。

（2）大肠菌群　按《GB 4789.3—2016 食品安全国家标准　食品微生物学检验　大肠菌群计数》平板计数法检验。

（3）金黄色葡萄球菌　按《GB 4789.10—2016 食品安全国家标准　食品微生物学检验　金黄色葡萄球菌检验》平板计数法检验。

（4）沙门菌　按《GB 4789.4—2016　食品安全国家标准　食品微生物学检验　沙门氏菌检验》的方法检验。

（5）霉菌　按《GB 4789.15—2016 食品安全国家标准　食品微生物学检验　霉菌和酵母计数》检验。

【知识拓展】

世界食品品质评鉴大会

世界食品品质评鉴大会（Monde Selection，译为"世界品质评鉴大会""国际优质食品组织"或"蒙特奖"）成立于 1961 年，由欧洲共同体和比利时经贸部共同创立，总部设立在比利时首都布鲁塞尔，是当今世界上历史最悠久、最权威的国际品质研究机构，组委会每年都会召集 70 多位全球知名专家，对来自 80 多个国家 3000 多种产品进行严格的评审。其金奖荣誉素有食品业"诺贝尔奖"之称。

世界各国每年有超过 1000 种商品参加品质评鉴。奖项以商品性质分类，由研究员比较各食品或产品的安全、味道、包装、原材料等各方面进行审查后评定。业内人士公认，如果获得 Monde Selection 世界品质嘉奖，就相当于达到国际食品评价基准的要求，意味着该食品已经获得了世界各国包括食品业发达国家的认可与推崇。

随着大会的不断召开，不少中国乳品公司的产品都获得了奖项，如"飞鹤""现代牧业""蒙牛""光明"等乳企品牌都曾在世界食品品质评鉴大会上获奖。中国国产奶粉品牌能够在大会上获得奖项，证明获奖产品的品质已达到很高水平，也意味着该食品已经获得了世界各国包括食品业发达国家的认可与推崇。同时，这些奖项也是对长期严格控制产品品质的企业的认可和表彰。近年来，中国乳品企业在世界食品品质评鉴大会上获得的主要奖项有：

2010 年蒙牛早餐奶荣获银奖

2012 年光明乳业"莫斯利安酸奶"荣获金奖

2012 年蒙牛"未来星小小儿童成长牛奶"荣获金奖

2013 年诺心 LECAKE"雪域牛乳芝士蛋糕"荣获特别金奖

2014 年现代牧业集团生产的现代牧业纯牛乳荣获食品类金奖，这是第一款常温纯牛乳获此殊荣

2015 年现代牧业集团生产的常温纯牛乳蝉联世界食品品质评鉴大会金奖

2015 年飞鹤乳业旗下星飞帆产品获得世界食品品质评鉴大会金奖

2016 年飞鹤乳业旗下星飞帆、超级飞帆产品获得世界食品品质评鉴大会金奖

2016 年现代牧业常温纯牛奶是中国国内第一个连续 3 届获此殊荣的纯奶产品，还获得了一尊特殊的奖杯——国际高品质奖杯

2017 年圣元国际首次亮相便脱颖而出，一举摘取多项重磅大奖，两款配方乳粉分别获得金奖及超级金奖

2018 年飞鹤、君乐宝、圣元、宜品等中国乳粉品牌纷纷亮相，并摘取大奖

附录　乳及乳制品相关法律法规及标准汇总

（一）政策及法律法规

乳品质量安全监督管理条例（国务院，2008.10）

乳制品工业产业政策（国家发改委2008年实施，2009年修订）

乳制品生产企业落实质量安全主体责任监督检查规定（国家质检总局，2009.9）

婴幼儿配方乳粉生产企业监督检查规定（国家食药监总局，2013.11）

企业生产乳制品许可条件审查细则（国家质检总局，2010版）

婴幼儿配方乳粉生产许可审查细则（国家食药监总局，2013版）

关于禁止以委托、贴牌、分装等方式生产婴幼儿配方乳粉的公告（国家食药监总局，2013.11）

进出口乳品检验检疫监督管理办法（国家质检总局，2013.1）

生鲜乳生产收购记录和进货查验制度（农业部，2011.4）

生鲜乳收购站标准化管理技术规范（农业部，2009.3）

婴幼儿配方乳粉产品配方注册管理办法（国家食药监总局，2016.6）

关于进口婴幼儿配方乳粉产品配方注册执行日期的公告（国家质检总局、国家食药监总局，2017.11）

关于进口婴幼儿配方乳品境外生产企业延续注册有关事宜的公告（国家认监委，2018）

关于推进奶业振兴保障乳品质量安全的意见（国务院，2018）

（二）卫生和良好生产规范

GB 14881—2013 食品安全国家标准　食品生产通用卫生规范

GB 23790—2023 食品安全国家标准　婴幼儿配方食品良好生产规范

GB 12693—2023 食品安全国家标准　乳制品良好生产规范

GB/T 27342—2009 危害分析与关键控制点（HACCP）体系　乳制品生企业要求

（三）通用要求

GB 2760—2011 食品安全国家标准　食品添加剂使用标准

GB 14880—2012 食品安全国家标准　食品营养强化剂使用标准

GB 2761—2011 食品安全国家标准　食品中真菌毒素限量

GB 2762—2022 食品安全国家标准　食品中污染物限量

GB 2763—2021 食品安全国家标准　食品中农药最大残留限量

GB 7718—2011 食品安全国家标准　预包装食品标签通则

GB 28050—2011　食品安全国家标准　预包装食品营养标签通则

动物性食品中兽药最高残留量（农业部 235 号公告）

关于三聚氰胺在食品中的限量值的公告（2011 年第 10 号）

（四）产品标准

GB 19644—2010 食品安全国家标准 乳粉

GB 19302—2010 食品安全国家标准 发酵乳

GB 25190—2010 食品安全国家标准 灭菌乳

GB 19301—2010 食品安全国家标准 生乳

GB 19645—2010 食品安全国家标准 巴氏杀菌乳

GB 25191—2010 食品安全国家标准 调制乳

GB 13102—2022 食品安全国家标准 炼乳

GB 19646—2010 食品安全国家标准 稀奶油、奶油和无水奶油

GB 5420—2021 食品安全国家标准 干酪

GB 11674—2010 食品安全国家标准 乳清粉和乳清蛋白粉

GB 31601—2015 食品安全国家标准 孕妇及乳母营养补充食品

GB 7101—2022 食品安全国家标准 饮料

GB 25192—2022 食品安全国家标准 再制干酪和干酪制品

（五）分析检验标准

GB 5009.2—2016 食品安全国家标准 食品相对密度的测定

GB 5009.3—2016 食品安全国家标准 食品中水分的测定

GB 5009.4—2016 食品安全国家标准 食品中灰分的测定

GB 5009.5—2016 食品安全国家标准 食品中蛋白质的测定

GB 5009.6—2016 食品安全国家标准 食品中脂肪的测定

GB 5009.239—2016 食品安全国家标准 食品酸度的测定

GB 5413.30—2016 食品安全国家标准 乳和乳制品杂质度的测定

GB 5413.38—2016 食品安全国家标准 生乳冰点的测定

GB 4789.18—2010 食品安全国家标准 食品微生物学检验 乳与乳制品检验

GB 4789.35—2016 食品安全国家标准 食品微生物学检验 乳酸菌检验

GB 5413.39—2010 食品安全国家标准 乳和乳制品中非脂乳固体的测定

GB 5413.5—2010 食品安全国家标准 婴幼儿食品和乳品中乳糖、蔗糖的测定

GB 5413.18—2010 食品安全国家标准 婴幼儿食品和乳品中维生素 C 的测定

GB 5413.14—2010 食品安全国家标准 婴幼儿食品和乳品中维生素 B_{12} 的测定

GB 5413.16—2010 食品安全国家标准 婴幼儿食品和乳品中叶酸（叶酸盐活性）的测定

GB 5413.17—2010 食品安全国家标准 婴幼儿食品和乳品中泛酸的测定

GB 5413.31—2013 食品安全国家标准 婴幼儿食品和乳品中脲酶的测定

GB 5413.29—2010 食品安全国家标准 婴幼儿食品和乳品中溶解性的测定

GB 5413.20—2022 食品安全国家标准 婴幼儿食品和乳品中胆碱的测定

GB 5413.36—2010 食品安全国家标准 婴幼儿食品和乳品中反式脂肪酸的测定

GB 5413.6—2010 食品安全国家标准 婴幼儿食品和乳品中不溶性膳食纤维的测定

GB 29989—2013 食品安全国家标准 婴幼儿食品和乳品中左旋肉碱的测定

GB 5413.40—2016 食品安全国家标准 婴幼儿食品和乳品中核苷酸的测定

GB 1903.17—2016 食品安全国家标准 食品营养强化剂 乳铁蛋白

GB 23200.86—2016 食品安全国家标准 乳及乳制品中多种有机氯农药残留量的测定 气相色谱–质谱/质谱法

GB 23200.90—2016 食品安全国家标准 乳及乳制品中多种氨基甲酸酯类农药残留 量的测定 液相色谱–质谱法

GB 23200.85—2016 食品安全国家标准 乳及乳制品中多种拟除虫菊酯 农药残留量的测定 气相色谱–质谱法

GB 23200.87—2016 食品安全国家标准 乳及乳制品中噻菌灵残留量的测定 荧光分光光度法

GB/T 22388—2008 原料乳与乳制品中三聚氰胺检测方法

GB/T 4789.27—2008 食品卫生微生物学检验 鲜乳中抗生素残留检验

GB/T 22400—2008 原料乳中三聚氰胺快速检测 液相色谱法

（六）设备标准

GB 12073—1989 乳品设备安全卫生

GB/T 10942—2017 散装乳冷藏罐

GB/T 13879—2015 贮奶罐

GB/T 8186—2011 挤奶设备 结构与性能

（七）包装材料标准

GB 9683—1988 复合食品包装袋卫生标准

GB 4806.7—2016 食品安全国家标准 食品接触用塑料复合膜、袋

GB/T 19741—2005 液体食品包装用塑料复合膜、袋

GB/T 18192—2008 液体食品无菌包装用纸基复合材料

参 考 文 献

［1］曾寿瀛．现代乳与乳制品加工技术［M］．北京：中国农业出版社，2003．

［2］马兆瑞，秦立虎．现代乳制品加工技术［M］．北京：中国轻工业出版社，2010．

［3］赵建新，于国萍．乳品化学［M］．北京：中国轻工业出版社，2001．

［4］谢继志．液态乳制品科学与技术［M］．北京：中国轻工业出版社，2000．

［5］郭本恒．乳制品生产工艺与配方［M］．北京：化学工业出版社，2007．

［6］李凤林，兰文峰．乳与乳制品加工技术［M］．北京：中国轻工业出版社，2010．

［7］武建新．乳品生产技术［M］．北京：科学出版社，2008．

［8］顾瑞霞．乳与乳制品工艺学［M］．中国计量出版社，2006．

［9］张兰威．乳与乳制品工艺学［M］．北京：中国农业出版社，2006．

［10］蔡健，常峰．乳品加工技术［M］．北京：化学工业出版社，2008．

［11］武建新．乳品技术装备［M］．北京：中国轻工业出版社，2000．

［12］郭本恒．现代乳品加工学［M］．北京：中国轻工业出版社，2001．

［13］陈志．乳品加工技术［M］．北京：化学工业出版社，2006．

［14］张和平，张家程．乳品工艺学［M］．北京：中国轻工业出版社，2007．

［15］李凤林．乳及发酵乳制品工艺学［M］．北京：中国轻工业出版社，2007．

［16］阮征．乳制品安全生产与品质控制［M］．北京：化学工业出版社，2005．

［17］周光宏．畜产品加工学［M］．北京：中国农业出版社，2002．

［18］刘玉德．食品加工设备选用手册［M］．北京：化学工业出版社，2006．

［19］殷涌光．食品机械与设备［M］．北京：化学工业出版社，2006．

［20］范允实．冷饮生产技术［M］．北京：中国轻工业出版社，2008．

［21］蔡云升. 冷冻饮品生产技术［M］. 北京：中国轻工业出版社，2008.

［22］蔺毅峰. 冰淇淋加工工艺与配方［M］. 北京：化学工业出版社，2008.

［23］郭成宇. 现代乳制品工程技术［M］. 北京：化学工业出版社，2004.

［24］刘海森，何唯平，蔡云升. 软冰淇淋生产工艺与配方［M］. 北京：中国轻工业出版社，2008.

［25］张和平，张列兵. 现代乳品工业手册［M］. 北京：中国轻工业出版社，2005.

［26］孔保华. 乳品科学与技术［M］. 北京：科学出版社，2004.

［27］孙来华，姜旭德. 畜产品加工技术及实训教程：乳制品生产分册［M］. 北京：科学出版社，2010.

［28］罗红霞. 乳制品加工技术［M］.2 版. 北京：中国轻工业出版社，2015.